Die Dreschmaschinen,

ihre Bauart und ihr praktischer Betrieb.

Von

Ingenieur Friedrich Balassa,

Vorstand der landwirtschaftlichen Maschinenbauabteilung der kgl. ungarischen Staats-Maschinenfabrik in Budapest.

Nach dem ungarischen Original bearbeitet von

Dr.-Ing. Alwin Nachtweh,

ord. Prof. a. d. Kgl. Technischen Hochschule zu Hannover, mit Lehrauftrag an der Kgl. Georg August-Universität zu Göttingen, Direktor des Maschinenprüfungsamtes für landwirtschaftliche Maschinen und Geräte zu Hannover.

Mit 436 Abbildungen im Text.

München und Berlin.
Druck und Verlag von R. Oldenbourg.
1912.

Vorwort.

Das vorliegende Werk bildet eine Übertragung ins Deutsche nach einem ungarischen Original. Da ich selbst der ungarischen Sprache nicht mächtig bin, hat der ungarische Verfasser, welcher recht gut Deutsch spricht, die deutsche Übersetzung als Unterlage für die vorliegende Bearbeitung geliefert. Es ist selbstverständlich, daß es notwendig war, diese Übersetzung ziemlich stark umzuarbeiten. Immerhin war ich bemüht, die Originalität des ungarischen Werkes, zumal für die vorliegende Auflage, zu wahren, so daß ich an der Einteilung nur wenig und an der Anordnung und an sonstigen Eigentümlichkeiten des ungarischen Originalwerkes fast gar nichts geändert habe, selbst wenn sie mir persönlich nicht ganz zusagten.

Um nun dem deutschen Leserkreise dieses Buches einen Einblick in die Entstehung und vor allem in den Zweck des Werkes zu geben, lasse ich nachstehend, unter Fortlassung unwichtiger Dinge, den Wortlaut des Vorwortes, wie ihn der ungarische Verfasser der ersten Auflage seines Buches gegeben hat, folgen. Der ersten Auflage, welche im Februar 1904 erschien, ist im November 1907 eine zweite Auflage gefolgt, und zu Beginn des neuen Jahres soll die dritte Auflage in ungarischer Sprache herausgegeben werden.

Herr Balassa schreibt vor seiner ersten Auflage:

»Mit großen Schwierigkeiten und nach mühevoller Arbeit ist das vorliegende Buch zustande gekommen; nur die als Handschrift geltenden Aufzeichnungen von Adalbert Melegh standen mir zur Verfügung, um ein brauchbares Lehrbuch für Wärter und Maschinisten von Dreschmaschinen sowie für Eigentümer derselben zu schaffen.

Seit ungefähr zehn Jahren leite ich den Lehrkursus, welcher an der Kgl. Ungarischen Höheren Gewerbeschule in Budapest für Wärter von Lokomobilen und Dreschmaschinen besteht, und seit etwa 20 Jahren habe ich in meiner amtlichen Stellung die weitestgehende Gelegenheit, den Betrieb und die Wartung von Dreschmaschinen zu beobachten. Die Erfahrung zeigte mir, daß nicht nur in der ungarischen, sondern auch in der ausländischen Fachliteratur ein Werk fehlt, welches über die konstruktiven Details und über die fachgemäße Wartung der verschiedenen Dreschmaschinensysteme ein klares und übersichtliches Bild gibt und dem Anfänger sowie dem technisch weniger geschulten Landwirt einen verständlichen Einblick in dieses Gebiet verschaffen könnte.

Nachdem ich nun überzeugt war, daß ein solches Lehrbuch einem wirklichen Mangel abhelfen könnte, und ich entschlossen war, dieses Werk im Interesse der beteiligten Kreise zu schreiben, mußte ich mit zwei Hindernissen rechnen: es fehlte mir einerseits die freie Zeit und anderseits die Teilnahme der Fabrikanten, da mir diese ihre Unterstützung versagten. Beide Ursachen werden die Unvollständigkeit und Mängel des vorliegenden Buches entschuldigen, weshalb ich Berichtigungen und Ergänzungen aller Art von jedermann dankbarst aufnehmen werde.

Wenn ich trotzdem wirklich interessante Konstruktionen und in den meisten Fällen gute Schnittzeichnungen und Ansichten von Maschinendetails bringen konnte, so verdanke ich dies meiner langjährigen Tätigkeit auf dem Gebiete des Dreschmaschinenbaues und den Sammlungen meines Freundes A. Melegh, der mir dieselben bereitwilligst zur Verfügung stellte.

In meinem Buche war ich bestrebt, den Text nach Möglichkeit kurz, bündig und klar zu halten und bei der Aufnahme aller Dreschmaschinenarten eine möglichst große Vollständigkeit zu erreichen; ich mußte mich dabei allerdings auf die hauptsächlichsten Konstruktionen beschränken. Die älteren Typen von Dreschmaschinen werden nur insoweit berücksichtigt, als Maschinenwärter und Eigentümer älterer Maschinen auch über die Konstruktion ihrer Maschine in dem Buche eine gewisse Aufklärung finden könnten.«

So weit der Verfasser des ungarischen Werkes.

Wenn ich es nun übernommen habe, dieses Buch auch den deutschen Fachgenossen zugänglich zu machen, so war für mich vornehmlich der Umstand maßgebend, daß ich bereits beim Durchsehen der ungarischen Ausgabe die Empfindung bekam, daß hier wirklich ein interessantes Werk eines praktischen Mannes vorliegt, und daß auch das Bedürfnis nach dem Vorhandensein eines solchen Buches nicht abgeleugnet werden kann. Das Buch ist also vornehmlich für die Fabrikanten und die Wärter von Dreschmaschinen bestimmt, wird aber auch dem praktischen Landwirt von größtem Nutzen sein, da dieser ein Interesse daran haben muß, die in seinem Betriebe arbeitenden Maschinen kennen zu lernen und sich im Notfalle bei Betriebsstörungen darüber zu orientieren welches die solche Störungen verursachenden Details sind.

Wenn ich mich, wie bereits erwähnt, in der vorliegenden Auflage absichtlich und nach reiflicher Überlegung vollständig an das ungarische Original gehalten habe, so geschah dies, um die Originalität des Buches zunächst möglichst wenig zu stören. In einer weiteren Auflage beabsichtige ich jedoch, eine Erweiterung des Werkes insoweit eintreten zu lassen, als ich die Absicht habe, viel mehr, als es jetzt möglich war, für deutsche Verhältnisse typische Konstruktionen unserer deutschen landwirtschaftlichen Maschinenindustrie aufzunehmen und anderseits dem sehr wichtigen und heute auf einer hohen Stufe stehenden Gebiete des Strohpressenbaues im Rahmen dieses Buches Aufnahme zu verschaffen. Ich möchte aber schon bei der vorliegenden Auflage allen jenen deutschen Fabrikanten meinen Dank aussprechen die mir für dieselbe wertvolles Material überlassen haben.

Ich bitte daher den deutschen Leserkreis um eine freundliche Aufnahme des vorliegenden Werkes und hoffe, mit Herausgabe desselben in der Tat eine Lücke in der bestehenden Fachliteratur ausgefüllt zu haben.

Hannover, im Oktober 1912.

Professor Dr.-Ing. A. Nachtweh.

Inhaltsverzeichnis.

Seite

Einleitung 1

Die verschiedenen Arten des Drusches 1

Handdrusch 1

Drusch durch tierische Kraft 3

Dreschmaschine 5

Die Arten der Dreschmaschine 5

I. Teil: Die Transmissionsbestandteile der Dreschmaschine 10

1. Die Wellen 10

Gerade Wellen 11

Die gekröpften oder Kurbelwellen 12

Kupplungen 13

2. Die Lager 13

Geschlossene oder Augenlager 14

Stehlager mit festen Schalen 15

Geteilte Lager 16

Beilagen 17

Lager mit kugelförmigen Schalen 18

Rollen- und Kugellager 20

Zwischen seitlichen Schrauben drehbare Lager 21

Holzlager 22

Lagerschalen aus Weißmetall 22

Das Schmieren der Lager 25

Die Schmierapparate 25

Selbstöler 27

Fettschmierung 28

Automatisches Schmiergefäß 28

Ringschmierung 29

Fehlerhafte Lager 31

3. Die Räderübertragung 33

Der Riemenantrieb 34

Riemenscheiben 36

Riemen 38

Zahnräder 40

Kettentrieb 43

Berechnungen der Riemenscheiben und Zahnräder 43

Seite
II. Teil: Die wirksamen Teile der Dreschmaschine 45
1. Die Stiftendreschmaschinen 45
Die Trommel 45
Die Kreuze 46
Die Stifte 47
Die geschlossene Trommel 49
Der Korb 52
Einstellung des Korbes 53
Die Handdreschmaschine 55
2. Die Schlagleistendreschmaschinen 59
Die Trommelwelle 60
Die Leisten 61
Die Leistenschrauben 62
Die Schlagleisten 63
Montage der Trommel 65
Ausbalanzierung der Trommel 67
Arten der Schlagleistentrommeln 68
Gewicht, Tourenzahl und Behandlung der Trommel 69
Der Korb 71
Die Einstellung und Behandlung des Korbes 77
Das Einlegen in die Maschine 84
3. Die Strohschüttler 86
Drehzylinder 87
Endlose Bänder 88
Schwingende Strohschüttler 89
Fingerschüttler 89
Siebschüttler 90
Latten- oder Rechenschüttler 90
Kasten- oder Schaufelschüttler 91
Ergänzende Konstruktionsteile 101
Handhabung der Strohschüttler 102
Der Schütteltisch 103
Die Nachschüttler 105
Kurzstrohwelle 110
Die Triebstangen 112
4. Das untere Putzwerk 113
Der Kurzstrohreuter 114
Der Siebkasten 120
Das Kaffsieb 120
Das Körnersieb 121
Das Staubsieb 122
5. Verschiedene Putzwerke 124
6. Beförderung von Spreu und Kurzstroh durch Exhaustoren 126
7. Die Ventilatoren 128
8. Die Elevatoren 133
Der untere Teil des Elevators 136

Einleitung.

Die verschiedenen Arten des Drusches.

Der Drusch oder das Dreschen ist eine Arbeitsmethode, durch welche die Körner oder Samen unserer Kulturpflanzen in verschiedener Weise von den sie umschließenden Hülsen oder Hüllen befreit und hierauf in möglichst reinem Zustande gesammelt werden. Nach den allgemein üblichen Bezeichnungen nennt man:

»Dreschen« das Gewinnen der Ährenfrüchte, d. h. der Früchte der Cerealien; ebenso wird die Bezeichnung »Dreschen« für das Gewinnen der Früchte von Bohnen, Erbsen, Wicken u. dgl., d. h. von den Hülsenfrüchten verwendet;

»Rebeln« das Gewinnen der Körner aus den Kolben des Maises;

»Enthülsen« das Gewinnen der Samen von Klee und Luzerne.

Man unterscheidet bei der Arbeit des Dreschens zwei Gruppen:

1. das eigentliche Dreschen,
2. die Reinigungsarbeit.

Der Zweck des Dreschens ist, die Körner von den sie umgebenden Hüllen zu befreien, während die Reinigungsarbeit anstrebt, aus den gedroschenen Körnern alle Verunreinigungen sowie Beimengungen, die während des Dreschens entstehen, wie z. B. Stroh, Spreu und Kaff, zu beseitigen.

Die Arbeit des Dreschens kann verrichtet werden:

1. durch menschliche Kraft,
2. durch tierische Kraft,
3. durch motorische Kraft, d. h. unter Zuhilfenahme von Kraftmaschinen oder Motoren.

Die älteste Art des Drusches, welche bereits vor Jahrtausenden gebräuchlich war, ist der **Handdrusch.** Bei diesem Verfahren werden die Körner aus dem zu dreschenden Getreide in der Weise entfernt, daß die Ähren durch einen von Menschenhand bewegten Dreschflegel (flagellum) wiederholt geschlagen werden. Der Drusch geschieht auf der Tenne, d. h. auf einer Bodenfläche, auf welcher das zu dreschende Material ausgebreitet wird. Diese Tenne kann sich entweder im Freien oder auch unter Dach, d. h. in einer Scheune, befinden. Ein Tennenboden wird in einfachster Weise aus gutgestampfter Erde hergestellt oder aber es wird ein etwa 40 ÷ 60 cm starker Lehmschlag verfertigt, welchem man einen Überzug von Rindsblut mit Hammerschlag oder von Teergalle zum Schutz gegen Feuchtigkeit gibt. Neuerdings wird ein Tennenboden auch so hergestellt, daß man auf einer Unterlage von Stampfbeton eine etwa 15 ÷ 20 cm hohe Schicht aus Steinkohlenasche und Kalk oder Zement aufbringt. In geschlossenen Räumen findet man manchmal auch aus Eichenholz gefertigte Tennen, welche einen einfachen, auf Estrich gebrachten Bohlenbelag vorstellen; sie sind zwar die besten, aber auch die teuersten Tennen.

Beim Dreschen durch menschliche Kraft ist das zu benützende Werkzeug der oben bereits genannte Dreschflegel. Er besteht aus einem eschenen, ca. 1½ m langen Stiel (auch »Rute« genannt), welcher unten etwa 35 mm, oben etwa 25 mm dick ist. An diesem Stiel befindet sich, durch einen kurzen Riemen verbunden, der »Klöppel« aus Hartholz (Eiche), welcher in den verschiedenen Gegenden ganz verschieden lang und dick ist. Das Durchschnittsmaß der Länge dieses Klöppels beträgt etwa 70 cm; die Form ist zumeist rund mit nach oben sich verjüngendem Querschnitt. Mitunter sind diese Klöppel durch eine Eisen- oder Bleiarmierung beschwert. Der beide Teile verbindende Riemen stellt zwei gelenkartig ausgebildete Bügel vor, damit der Klöppel sich um den Stiel frei drehen kann. Die Arbeit mit dem Dreschflegel geschieht in der Weise, daß das Getreide mit den Ähren nach der einen Seite geordnet auf die Tenne gelegt wird und sodann eine gewisse Anzahl von Arbeitern die Klöppel der Flegel auf die Ähren fallen läßt. Die Arbeit geschieht taktweise und so, daß die Dreschflegel sich nicht kreuzen.

Als Nachteile dieser Arbeit wären zu nennen:

1. geringe Tagesleistung,
2. sehr anstrengende Arbeit,
3. ziemlich großer Verlust an Körnern, da ein Teil derselben in den Ähren zurückbleibt; er beträgt etwa 5 ÷ 10%.

Demgegenüber stehen als Vorteile:

1. gut erhaltenes, weiches, glattes Stroh,
2. tadellose, nicht zerbrochene Körner.

Beim Handdrusch brechen die Körner nicht, weil die Schläge des Flegels nicht zu stark sind und nicht allzu häufig aufeinander folgen. Dieses Unversehrtbleiben der Körner ist ein großer Vorteil, weil die verletzten Körner nicht keimfähig und daher zur Saat unbrauchbar sind[1]). Von diesem Gesichtspunkte aus ist der Handdrusch sämtlichen anderen Verfahren des Drusches vorzuziehen. Ebenso ist die Erzielung eines glatten, gut erhaltenen, weichen Strohes ein Vorteil, weil das unverletzte Stroh für viele Zwecke der Industrie verwendbar ist.

Das stündliche Arbeitsergebnis beim Handdrusch ist durchschnittlich 20 ÷ 40 kg Garben mit einem Erträgnisse von 7 ÷ 14 kg Getreide, d. h. ein Arbeiter ist imstande, je nach den obwaltenden Umständen innerhalb einer Stunde die obengenannte Menge an Körnern zu dreschen; seine Leistung wird etwa um ein Fünftel verringert, wenn er gleichzeitig die Reinigung besorgen muß. Das Arbeitsergebnis beim Handdrusch hängt ab:

1. vom Fleiße des Arbeiters,
2. von seiner Geschicklichkeit,
3. von dem Zustande des zu dreschenden Materials (ob feucht oder trocken),
4. von der Güte des zu dreschenden Materials (ob rein oder stark mit Unkraut vermengt),
5. von der Reife des zu dreschenden Materials (ob stark reif oder grün geschnitten).

Am leichtesten läßt sich Hafer dreschen, dann folgt Gerste, Roggen und endlich Weizen.

Das Ausdreschen kann auch durch **tierische Kraft** geschehen, und zwar meistens durch arbeitende Pferde. Die hierbei in Betracht kommenden Methoden sind zweierlei Art:

1. Die zu dreschende Frucht wird durch Pferde ausgetreten, indem man die Tiere über die ausgebreiteten Halme schreiten läßt, wodurch die Ähren ausgeschlagen werden;
2. das Tier schleppt eine Walze, wodurch das Ausdreschen erreicht wird.

---

[1]) Vgl. H. C. Schellenberg: »Hand- und Maschinendrusch in ihren Beziehungen zur Qualität des Saatgutes bei unsern Getreidearten«. Schweiz. landw. Jahrbuch. Bern 1899, S. 154.

Bei Anwendung der ersten Methode geschieht das Dreschen auf einer kreisförmigen Tenne. Die Pferde werden im Kreise herumgetrieben oder auch geritten, wobei jedoch zu beachten ist, daß die Hufe der Tiere unbeschlagen sein müssen, damit die ausgedroschenen Körner nicht verletzt oder zerbrochen werden. Während des Tretens wird das Stroh mehrmals gewendet, damit die Ähren möglichst vollständig ausgedroschen werden. Man nennt diese Methode auch das »Ausreiten« des Getreides, des Rapses etc. Mitunter werden die Pferde auf einer Spirallinie getrieben, indem man in der Mitte der kreisförmigen Tenne einen Pflock oder eine eiserne Stange einschlägt; an dieser Stange wird dann das Leitseil befestigt, welches sich dann, während das Tier getrieben wird, nach und nach auf dem Pflock aufwindet und beim Rückgange der Tiere wieder vom Pflocke abwindet.

Die Nachteile dieses Dreschverfahrens sind:

1. geringe Leistung,
2. ein ziemlich bedeutender Verlust an Körnern, weil ein wesentlicher Teil derselben in den Ähren zurückbleibt,
3. eine Beschädigung der Pferdehufe, da es für die Tiere nicht gut ist, längere Zeit unbeschlagen zu arbeiten.

Fritz[1]) gibt die stündliche Leistung von sechs Pferden mit drei Mann zu 35 kg Garben oder 1,4 hl Getreide an.

Bei der zweiten Dreschmethode unter Verwendung tierischer Arbeitskraft werden Walzen benützt. Dies sind entweder hölzerne Skelettwalzen oder massive Steinwalzen. Erstere sind sechs- oder achtkantig, mit vorstehenden Schlagleisten versehen und um eine Mittelachse drehbar. Die allgemeine Form der Walzen ist entweder zylindrisch, wobei die Tenne rechteckig oder quadratisch sein kann, oder aber kegelförmig bei der Verwendung kreisförmiger Tennen. Die zweckmäßigste Länge der Walzen ist 1,3 ÷ 1,5 m, der Durchmesser am stärkeren Ende ist 1,25 ÷ 1,35 m, am schwächeren Ende 1,10 ÷ 1,25 m. Zylindrische Steinwalzen sind etwas kleiner; der Durchmesser ist etwa 0,8 ÷ 0,9 m, die Länge beträgt 1,0 ÷ 1,2 m. Für die Steinwalzen verwendet man Granit, Gneis oder Kalkstein. Das durchschnittliche Gewicht solcher steinerner Dreschwalzen beträgt 2000 ÷ 3000 kg. Nach Fritz[2]) kann man mit einem Gespann und zwei Männern in einer Stunde 40 Garben mit einem Ertrage von 1,6 hl Körnern auswalzen.

---

[1]) Hermann Fritz: »Landw. Maschinen«, Berlin 1880, S. 468 und 469.
[2]) Ebenda.

Jahrtausende hindurch benützte man nur die bereits erwähnten Drescharten, und in vielen südlichen Ländern ist das »Ausreiten« und das »Auswalzen« heute noch die einzige Dreschmethode.

Eine Vervollkommnung der Drescharbeit entstand erst dadurch, daß man anstelle des einfachen Dreschflegels oder der Walzen Maschinen zu bauen begann, welche die Arbeit schneller und vollkommener verrichten sollten. Die ersten Spuren der Entstehung der **Dreschmaschine** finden sich im 17. und 18. Jahrhundert. Die einzelnen, hierbei in Betracht kommenden Erfindungen werden in dem geschichtlich außerordentlich wertvollen Werke von Hermann Fritz: »Handbuch der landwirtschaftlichen Maschinen« in sehr ausführlicher Weise behandelt[1]). Die erste Dreschmaschine jedoch, welcher man eine Zukunft voraussagen konnte, und aus welcher sich tatsächlich die heutigen Formen entwickelt haben, stammt aus dem Jahre 1785.

Andreas Meikle aus Tyrringham, Ost-Lothian in Schottland, war der erste, der in dem genannten Jahre eine *Schlagleistendreschmaschine* baute; die Konstruktion dieser Maschine war natürlich von ihrer heutigen Form sehr verschieden.

Es würde zu weit führen, an dieser Stelle alle nun folgenden Erfindungen einzeln aufzuführen, es sei daher wiederum auf die bereits angegebene Literaturquelle verwiesen. Immerhin muß noch das Jahr 1831 genannt werden, in welchem Samuel Turner aus Aurelius, New York, in den Vereinigten Staaten sich eine Maschine patentieren ließ, welche später Atkins aus Yorkshire in England ebenfalls zum Patent anmeldete. Diese Maschine war das Vorbild eines weiteren Dreschmaschinensystems, welches als *Stiften-* oder *amerikanisches Dreschmaschinensystem* bekannt wurde. Diese Maschine, welche zuerst durch Moffit in Europa eingeführt wurde[2]) und daher häufig dessen Namen trägt, muß als der Vorläufer der heutigen Stiften-Dreschmaschine bezeichnet werden.

Die Arten der Dreschmaschinen.

Die heute im Gebrauch stehenden Dreschmaschinen können nach verschiedenen Gesichtspunkten in mehrere Klassen eingeteilt werden.

---

[1]) Vgl. Hermann Fritz: »Handbuch landwirtschaftlicher Maschinen«, Berlin 1880, S. 437 u. ff.

[2]) 1855 hatte er sie in Paris ausgestellt.

Nach der *Bauart der Trommel* unterscheiden wir:

I. das schottische oder das Schlagleistensystem,

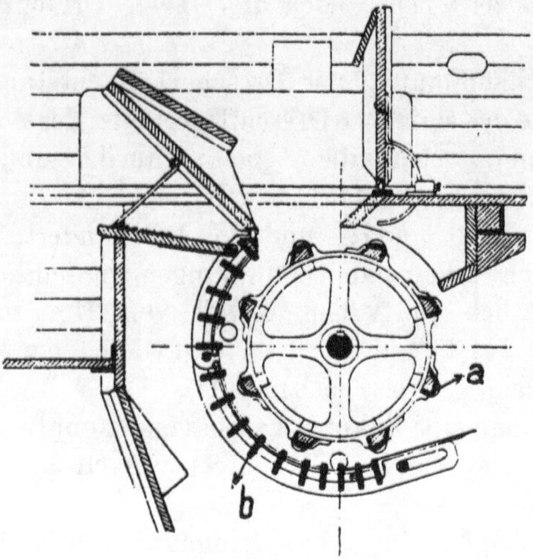

Abb. 1. Schlagleisten-Trommel und Korb.

II. das amerikanische oder das Stiftensystem, auch Moffitsches System genannt.

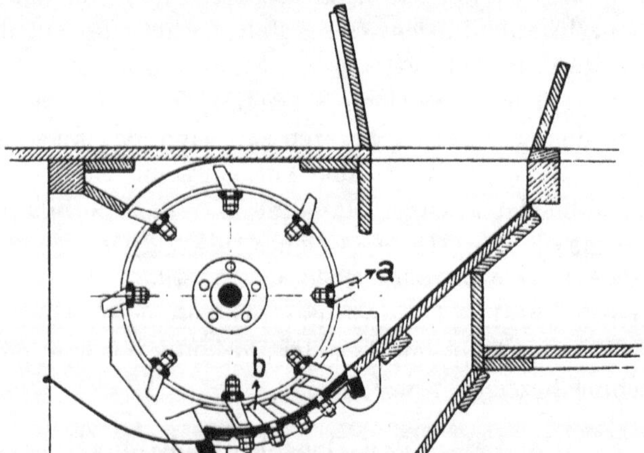

Abb. 2. Stiftentrommel und Korb.

Bei den Schlagleistendreschmaschinen sind auf der Oberfläche der Trommel parallel zur Rotationsachse sog. »Schlagleisten« *a* (Abb 1) angebracht, während der Korb mit flachen Eisenstäben *b*, die ebenfalls parallel zur Drehachse liegen, versehen ist.

Bei den Stiftendreschmaschinen sind auf der Oberfläche des Trommelmantels sowie auf der Innenseite des Korbes Stifte oder Zapfen *a* und *b* (Abb. 2) angebracht, mit deren Hilfe die Körner aus den Ähren ausgestreift oder ausgeschlagen werden. In beiden Fällen dreht sich die Trommel, während der Korb feststeht. In Abb. 1 dreht sich die Trommel im entgegengesetzten Sinne des Uhrzeigers, während der Drehsinn der Trommel in Abb. 2 mit demjenigen des Uhrzeigers übereinstimmt.

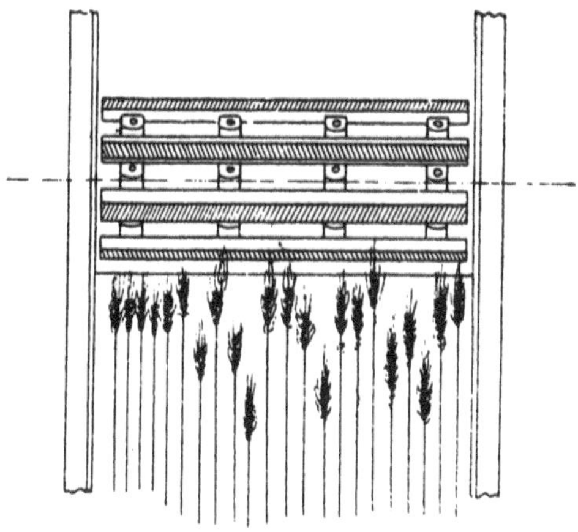

Abb. 3. Anordnung der Langdreschmaschine (Grundriß).

Nach der *Art und Weise*, wie *das Einlegen* der Halme in die obere Öffnung der Dreschmaschine vor sich geht, unterscheidet man:

A) L a n g d r e s c h m a s c h i n e n,

B) B r e i t d r e s c h m a s c h i n e n.

Die Langdreschmaschinen sind diejenigen, bei welchen das Einlegen nach der in Abb. 3 gekennzeichneten Weise unter einem Winkel von 90° zur Trommelwelle geschieht.

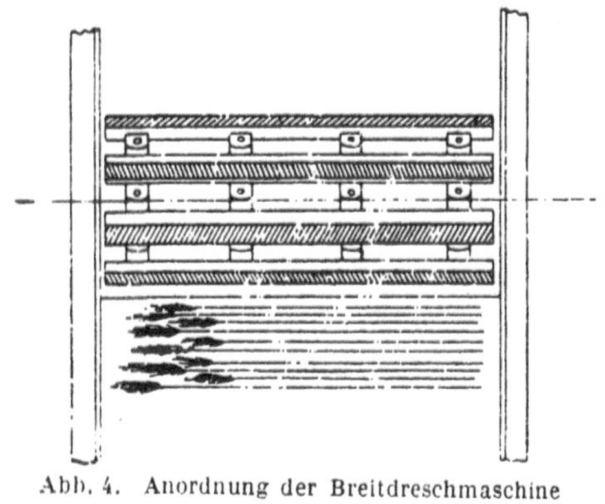

Abb. 4. Anordnung der Breitdreschmaschine (Grundriß).

Bei den Breitdreschmaschinen geschieht das Einlegen nahezu parallel zur Trommelwelle (Abb. 4), wobei die Ährenenden der Garben abwechselnd einmal an das linke Ende, das andere Mal an das rechte Ende der Trommel gelegt werden. Als Vorteil der Langdreschmaschinen ist die große Arbeitsleistung zu nennen, während die Breitdreschmaschinen die geringe Beschädigung des Strohes als Vorteil für sich in Anspruch nehmen können.

Nach der *Bauart der gesamten Maschine* unterscheidet man:

1. einfache Dreschmaschinen, welche nur dreschen, ohne die Reinigungsarbeiten mit zu verrichten,
2. kombinierte Dreschmaschinen, welche außer der Drescharbeit auch noch die Reinigungsarbeiten versehen.

Die kombinierten Dreschmaschinen können wiederum sein:

solche, welche außer Trommel und Korb noch Strohschüttler besitzen;

solche, welche außer den vorerwähnten Bestandteilen noch mit einem Kurzstrohreuter ausgerüstet sind;

solche, welche zu den genannten Teilen noch ein Putzwerk erhalten;

solche, welche außerdem noch mit einem Elevator, einem Entgranner, einem zweiten Putzwerk und dem Sortierzylinder versehen sind; es gibt daher kombinierte Dreschmaschinen mit sog. »einfacher« oder mit »doppelter« Reinigung.

Nach der *Möglichkeit der Inbetriebsetzung* unterscheidet man:

a) Handdreschmaschinen, welche durch menschliche Arbeitskraft angetrieben werden,

b) Göpeldreschmaschinen, welche durch 1 ÷ 4 Zugtiere am Göpel angetrieben werden,

c) Motordreschmaschinen, welche durch motorische Kräfte in Betrieb gesetzt werden.

Hinsichtlich der *Art der Aufstellung* unterscheidet man:

α) feststehende Dreschmaschinen, welche in das Gebäude fest eingebaut werden,

β) transportable Dreschmaschinen, welche, auf Rädern befindlich, von einem Platze zu einem andern gefahren werden können.

Nach dieser Einteilung in Klassen können wir nachstehende Tabelle aufstellen, wobei in den einzelnen Rubriken nur die für die Klassifizierung gewählten Zahlen oder Buchstaben eingetragen sind. Die Tabelle ist nach der Art der Betriebskraft zusammengestellt[1]).

---

[1]) Vgl. E. Perels: »Handbuch des Landw. Maschinenwesens«, Jena 1880, II. Bd. S. 194.

Handdreschmaschine	Göpeldreschmaschine	Motordreschmaschine
I (selten II)	I oder II	II (nur in Amerika I)
A	A oder B	B
a	b	c
1	1 oder 2	2
α	α oder β	β (ausnahmsweise α)

Die Dreschmaschinen finden ferner im Handel noch eine Bezeichnung, welche sich auf die Breite der Dreschmaschinentrommel bezieht; hierbei werden die verschiedenen Dimensionen in englischen Zoll (″) oder neuerdings in Millimetern angegeben. So unterscheidet man 32″, 36″, 40″, 42″, 48″, 54″, 60″, 66″, 72″ breite Dreschmaschinen. Die Bezeichnungen nach der notwendigen Betriebskraft, wobei die nominellen Pferdekräfte einer Lokomobile angegeben werden, sind vollkommen wertlos, weshalb sie auch hier nicht weiter benutzt werden sollen. Die Einteilung nach der Art des Antriebes ist ebenfalls nicht ganz richtig, weil die Handdreschmaschine ebenso durch einen Göpel betrieben werden kann wie die Göpeldreschmaschine durch einen Motor. Da man früher für die motorische Betriebsweise ausschließlich die Dampflokomobile verwendete, hat man die Maschinen mit großen Leistungen auch »Dampfdreschmaschinen« genannt; ihr Name wird heute zweckmäßig durch »Motordreschmaschinen« ersetzt, weil zu motorischem Antrieb neben der Dampfmaschine heutzutage noch Explosionsmotoren und Elektromotoren u. drgl. hinzugekommen sind.

I. Teil.

Die Transmissionsbestandteile der Dreschmaschine.

Man unterscheidet bei den Dreschmaschinen — gleichgültig, zu welcher Klasse sie gehören — die sog. »wirksamen Teile«, welche die eigentlichen Dresch- und Reinigungsarbeiten verrichten, und die sog. »Transmissionsteile«. welche die Bewegungen auf die einzelnen wirksamen Teile übertragen.

Wirksame Bestandteile sind: Dreschtrommel, Dreschkorb, Einlegevorrichtung, Strohschüttler, Kurzstrohreuter usw.

Transmissionsbestandteile sind: Wellen, Lager, Kupplungen, Riemenscheiben, Riemen, Zahnräder usw.

Wir werden uns in erster Linie mit denjenigen Transmissionsteilen befassen, welche sich an jeder Dreschmaschinengattung wiederholen. Die Kenntnis dieser Bestandteile, deren Handhabung von größter Bedeutung ist, ist deshalb besonders wichtig, weil von ihr der regelrechte, ungehinderte Betrieb, d. h. die Grundbedingung für ein richtiges Arbeiten der Dreschmaschine abhängt.

1. Die Wellen.

Die Wellen haben den Zweck, die wirksamen Teile in drehende Bewegung (Rotation) zu versetzen. So wird z. B. die Dreschtrommel, welche eine rasche Drehbewegung machen muß, mit einer Welle versehen, welche dann wiederum durch Riemenscheibe und Riemen in rotierende Bewegung versetzt wird. Je nach dem Zwecke findet man bei Dreschmaschinen gerade und gekröpfte Wellen, welche beide aus Flußstahl hergestellt werden.

Gerade Wellen. Die geraden Wellen der Dreschmaschine sind je nach Form, Abmessung und Bauart verschieden; ihre Abmessungen hängen von der Größe der zu übertragenden Kraft und von der minutlichen Umdrehungszahl ab. Die Durchmesser der Wellen

Abb. 5. Dresch-Trommel-Welle.

sind an den verschiedenen Stellen nicht immer gleich, obzwar zuweilen auch ganz glatte Wellen vorkommen. Damit die Welle sich in der Längsrichtung nicht verschieben kann, wird sie gewöhnlich auf der

Abb. 6. Kleine und große Ventilator-Welle.

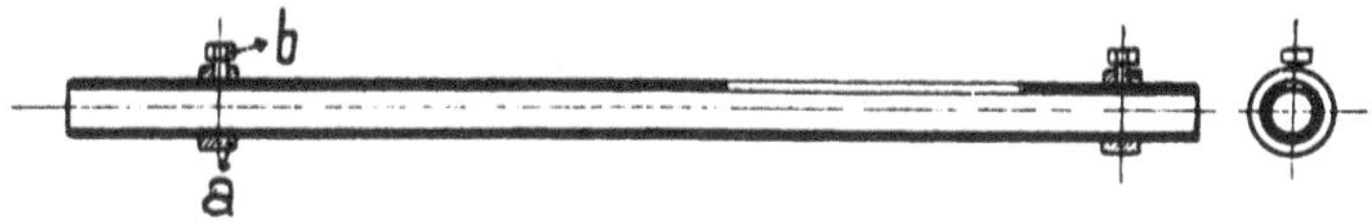

Abb. 7. Welle der Sortiertrommel.

einen Seite mit einem sog. »Bund« versehen, welcher mit der Welle aus einem Stück hergestellt ist. Man kann auch besondere Ringe auf der Welle befestigen, die dann den Namen »Stellring« führen (*a* in

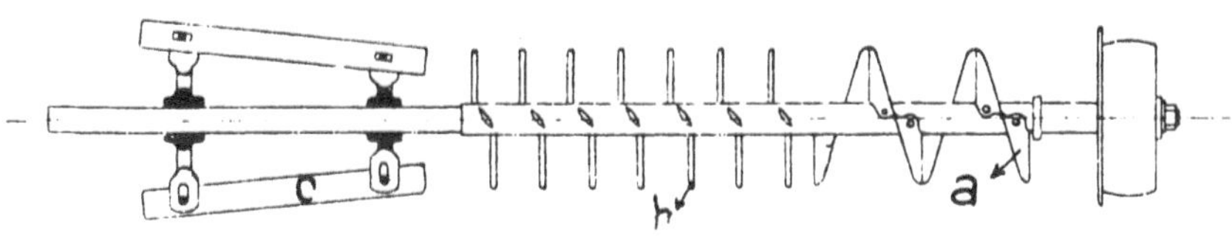

Abb. 8. Welle des Entgranners.

Abb. 9. Bürstenwelle (oberhalb der Sortiertrommel).

Abb. 7). Abb. 5 zeigt eine Trommelwelle, bei welcher die Bunde *a* mit der Welle aus einem Stück geschmiedet sind. Abb. 6 stellt die Welle des großen und kleinen Gebläses (Ventilators) dar. In Abb. 7 ist die hohle Welle des Sortierzylinders wiedergegeben, an welcher sich zwei Stellringe (*a*) befinden, welche in ihrer Stellung durch

Schrauben *b* festgestellt werden können. Die Welle des Sortierzylinders (auch Sortiertrommel genannt) ist hohl, weil die Bauart der Reguliervorrichtung dies erfordert.

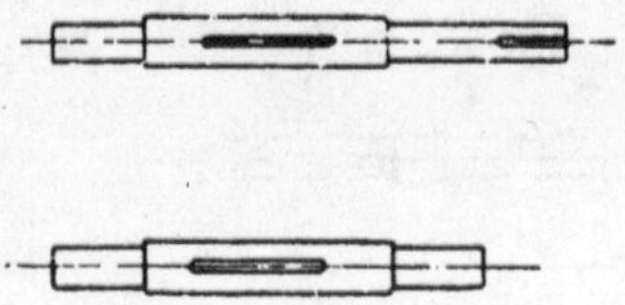

Abb. 10. Die beiden Elevatorwellen.

Eine besondere Form hat die Entgrannerwelle (Abb. 8), da auf ihr eine Schnecke *a*, die Messer *b* und die Leisten *c* angebracht werden müssen. Abb. 9 zeigt die Bürstenwelle und Abb. 10 die beiden Elevatorwellen. Die Achse der Fahrräder (Abb. 11) ist ebenfalls gerade, sie dreht sich nicht, sondern ist an dem Wagengestell befestigt, während sich die Fahrräder um die Zapfen der Achse drehen.

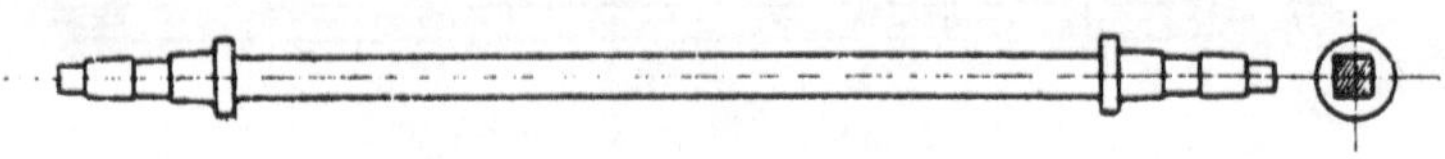

Abb. 11. Die Fahrräderachse.

Die gekröpften oder Kurbelwellen. Wenn wir durch die Drehbewegung einer Welle nicht nur eine kreisförmige Bewegung erreichen wollen, sondern die wirksamen Teile der Dreschmaschine hin und her bewegen müssen (horizontal oder vertikal), dann verwenden wir »gekröpfte« Wellen, d. s. die sog. »Kurbelwellen«. Bei solchen Wellen dienen mindestens zwei Zapfen zur Lagerung, während auf den übrigen Zapfen jene Teile angebracht sind, welche eine hin und her gehende Bewegung einleiten sollen.

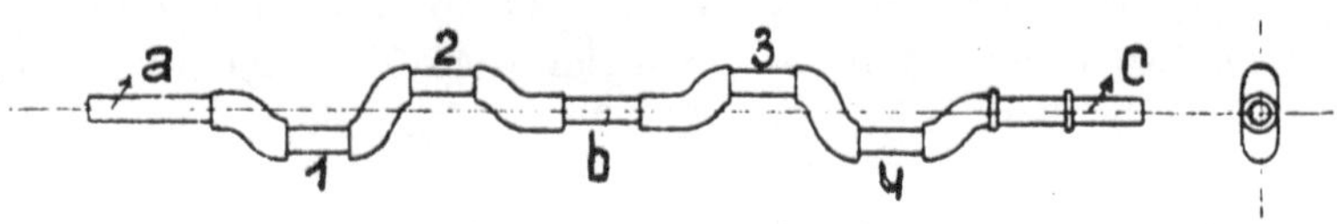

Abb. 12. Spreuschüttlerwelle.

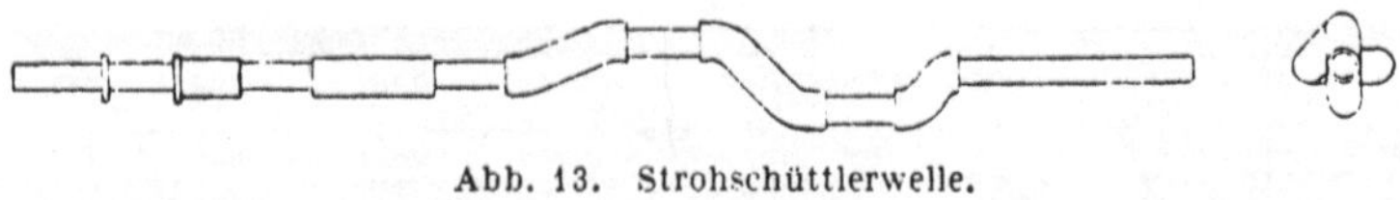

Abb. 13. Strohschüttlerwelle.

So z. B. dienen bei der Kurzstroh- oder Spreuschüttlerwelle (Abb. 12) die Zapfen *a*, *b* und *c* zur Lagerung, während die mit *1*, *2*, *3* und *4* bezeichneten Zapfen zur Aufnahme der Triebstangen bestimmt sind und mit denselben die hin und her gehende Bewegung ausführen.

Abb. 13 zeigt die Strohschüttlerwelle in ihrer Längsdarstellung und einer Seitenansicht. Auch sie ist ähnlich wie die in Abb. 12 dargestellte Welle mit Lagerzapfen und Triebstangenzapfen versehen.

In bezug auf die Bauart gibt es Kurbelwellen, welche aus einem Stück geschmiedet sind (Abb. 12 u. 13), und solche, welche aus einzelnen Teilen zusammengesetzt sind (Abb. 14). Bei den letzteren, welche eine ältere Konstruktion darstellen, geschehen die Verbindungen durch Keile; sie beanspruchen eine sehr genaue Bearbeitung und sind daher teuer.

Abb. 14. Zusammengesetzte Spreuschüttlerwelle.

Die Anzahl der Kurbelwellen wie auch deren Lage zueinander, ist je nach der Konstruktion und Größe der Maschine verschieden, Auf Einzelheiten derselben soll erst bei dem Kapitel der Strohschüttler und Kurzstrohschüttler eingegangen werden.

Kupplungen, wodurch kürzere Wellenenden miteinander verbunden werden, kommen bei Dreschmaschinen nicht vor. Sie finden lediglich bei der Einleitung der Antriebskraft auf die Trommel zum Zwecke rascher Aus- und Einschaltung Verwendung.

2 Die Lager.

Die Lager dienen zur Unterstützung der Wellen. Die zweckmäßige Lagerung einer Welle stellt an die Lagerkonstruktion folgende Anforderungen:

1. Erreichung möglichst geringer Reibung,
2. richtige Wahl des Lagerschalenmaterials,
3. zweckmäßige Nachstellbarkeit im Falle eintretender Abnützung.

Bei den Dreschmaschinen werden je nach Beanspruchung und Arbeitsleistung des betreffenden Elementes zum Teil sehr einfache, zum Teil aber auch die vollkommensten Lagerkonstruktionen verwendet. Die hierbei zur Anwendung kommenden Lager lassen sich in fünf Hauptgruppen teilen:

1. geschlossene oder »Augenlager« (auch »Froschlager« genannt),
2. normale Stehlager mit festen Schalen,
3. Stehlager mit Kugelschalen (Sellersches System),
4. um einen Fixpunkt drehbare Lager,
5. Rollen- und Kugellager.

Geschlossene oder Augenlager. Es sind die einfachsten Lagerkonstruktionen, weil bei ihnen das Lager aus einem Stück besteht, und zur Aufnahme der Welle lediglich eine Bohrung (ein Auge) vorgesehen ist. Das Lager erscheint daher geschlossen, kann nicht geöffnet werden und ist zuweilen mit einer besonders eingesetzten Büchse versehen. Das Material des Lagers ist gewöhnlich Gußeisen wie das Gestell, an dem es angegossen ist; wenn es mit einer Büchse versehen ist, wird diese aus Bronze oder Messing angefertigt. Diese einfache Lagerkonstruktion kann überall dort Anwendung finden, wo es sich um geringe Leistungen handelt, die Tourenzahl nicht zu groß und die Reibung nur gering ist. Da das Material für das Augenlager Gußeisen und für die Büchse Messing oder Bronze ist, findet eine Abnützung in erster Linie nur an den Lagerteilen und nicht an der Welle statt, weil das Material der Welle härter ist als dasjenige der Lagerteile. Derartig geschlossene Lager werden an Dreschmaschinen an folgenden Stellen angewendet: bei der Lagerung des Sortierzylinders (Abb. 15), bei der Lagerung der Elevatorwellen und bei der Bürstenwalze (Abb. 16). Bei den Lagern der Bürstenwalze geschieht die Befestigung derartig, daß die Lagerung der Welle nachstellbar wird. Daher sind, wie in Abb. 16 dargestellt, am Fuß der seitlichen Konsole zwei längliche Ausschnitte angebracht. Die Bürste nützt sich allmählich ab, muß deshalb gegen die Oberfläche des Sortierzylinders herangerückt werden, um eine ständige Berührung herbeizuführen.

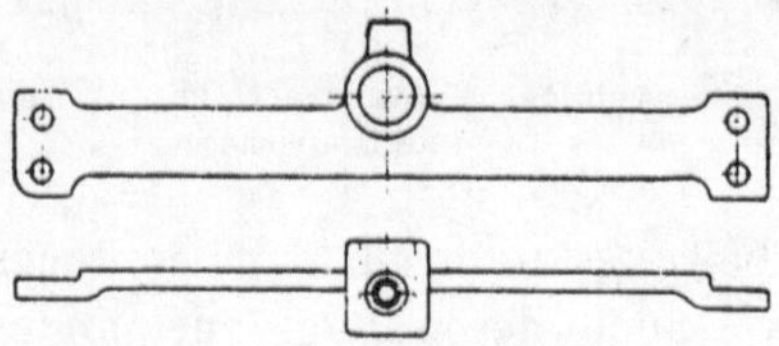
Abb. 15. Augenlager des Sortierzylinders.

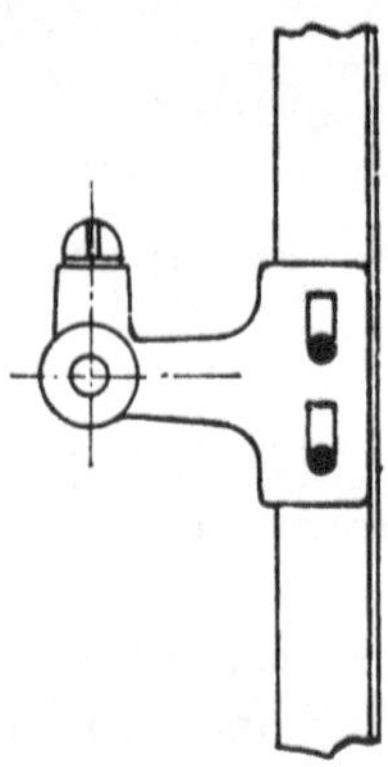
Abb. 16. Augenlager der Bürstenwalze.

An Stelle der in einem geschlossenen Lager zur Anwendung kommenden Metallbüchse können solche Lager auch mit Weißmetall ausgegossen werden. Sind die Innenflächen derartiger Lager abgenützt, dann kann die Büchse erneuert werden; ist von vornherein eine Büchse nicht vorgesehen, so kann bei eintretender Abnützung die Lagerbohrung von neuem auf einen größeren Durchmesser ausgebohrt und dann mit einer entsprechenden Büchse versehen werden. Das Weißmetall wird nicht als selbständige Büchse eingesetzt, sondern in die gußeiserne Hülse des Augenlagers in den Zwischenraum zwischen ihr und der Welle eingegossen.

Stehlager mit festen Schalen. Damit das Lager nach der Abnützung mit Leichtigkeit richtig eingestellt werden kann, wird statt der geschlossenen Lager eine Konstruktion benützt, bei welcher die Nachstellbarkeit der Lagerschalen möglich ist. Eine solche Konstruktion ist in Abb. 17 dargestellt. Die wesentlichen Teile dieses Lagers sind folgende: der Lagerkörper mit angegossenem Fuß *a*, der Lagerdeckel *b*, die Deckelschrauben *c*, die obere Lagerschale *d*, die untere Lagerschale *f* und das mit einem kleinen abnehmbaren Deckel versehene Schmiergefäß *g*. Der Lagerkörper ist jener Teil des Lagers, welcher mittels Schrauben (den Fußschrauben) auf dem betreffenden Gestellteil der Maschine befestigt wird. In diesem Körper liegt die untere Lagerschale, welche mit der im Deckel untergebrachten oberen Schale die Umhüllung der Welle bildet und diese unterstützt. Der Deckel kann durch die Deckelschrauben *c* dem Lagerkörper näher gebracht oder von demselben entfernt werden.

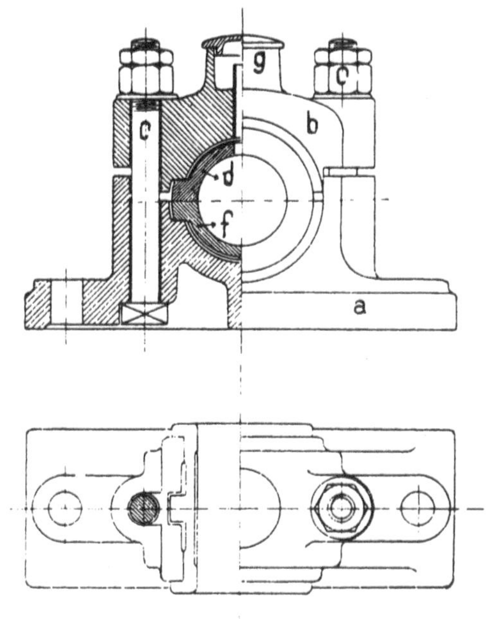

Abb. 17. Normales Stehlager mit festen, nachstellbaren Schalen.

In bezug auf die einzelnen Teile des normalen Stehlagers ist folgendes zu bemerken: der Lagerkörper und Lagerdeckel werden gewöhnlich aus Gußeisen hergestellt; bei größeren Wellen wird auch Stahlguß verwendet. Die äußere Form des Lagerkörpers ist je nach den Maschinenteilen, an welchen das Lager befestigt ist, verschieden. Die innere Fläche des Lagerkörpers und -deckels ist zur Aufnahme der Schale bestimmt; sie kann zylindrisch oder polygonal sein. Die innere Fläche muß ferner so ausgebildet werden, daß die Lagerschalen in derselben absolut festsitzen und sich nicht verschieben können. Ist die innere Fläche des Lagerkörpers und des Lagerdeckels zylindrisch, dann wird die Fläche mit Vertiefungen versehen, in welche Angüsse der Lagerschalen eingepaßt werden müssen, um das Verschieben der Schalen zu verhindern, was in Abb. 17 auf der linken Hälfte gezeigt ist. Die verschiedenartigen Schalenformen sind in Abb. 18 dargestellt. Die äußeren Flächen der Schale sind mit den inneren Flächen des Deckels und des Lagerkörpers übereinstimmend und ebenfalls mit sog. Arbeitsleisten versehen, d. h. mit Flächen, welche zum Zwecke des genauen Aufeinanderpassens bearbeitet sein müssen. Ist der äußere Teil der Lagerschalen polygonal (Abb. 18 in der Mitte), so ist die Schale bereits dadurch gegen Verdrehen gesichert. Die innere Fläche der Lagerschalen muß genau bearbeitet sein und sich der Oberfläche des Zapfens gut anpassen. Das Material der Lagerschalen ist Bronze oder Messing von verschiedener Zusammensetzung, ferner Weißmetall oder eine andere Legierung; man findet auch Lagerschalen aus Gußeisen, Holz u. dgl. Von der Ausbildung der Schmiergefäße wird in einem, späteren Abschnitte die Rede sein (siehe Seite 25 u. ff.)

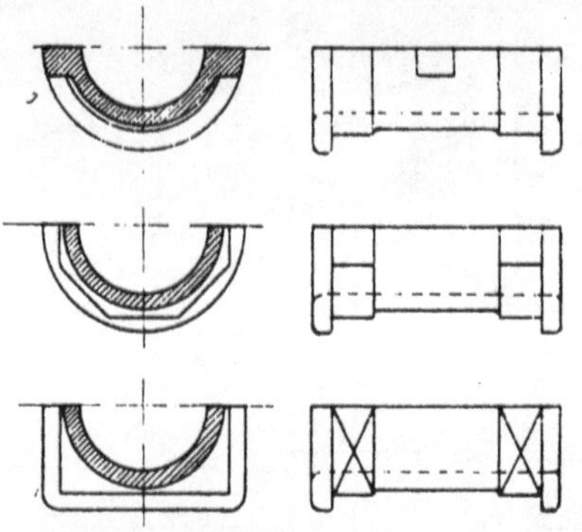

Abb. 18. Verschiedene Ausführungen von Lagerschalen.

Geteilte Lager. Das Lager kann auf zwei Arten geteilt werden. Abb. 17 zeigt die horizontale Teilung, während Abb. 19 die Konstruktion eines unter einem gewissen Winkel gegen die Horizontale geteilten Lagers darstellt. Diese letztgenannten Lager sind im Grunde genommen den anderen Ausführungen vollkommen gleich, die Teilung ist nur nach der Richtung des Riemenzuges verändert. Die Abnützung der Lagerschalen geschieht nämlich hauptsächlich in der Richtung des Riemenzuges. Wenn daher ein horizontal geteiltes Lager bei einem Riemenantrieb verwendet wird, so entsteht die größte Abnützung an den in Abb. 20 mit *a* bezeichneten Stellen, wo eine Nachstellung nicht möglich ist. In solchen Fällen wird es zweckmäßig sein, die in Abb. 19 dargestellte Teilung zu verwenden, weil dann die Abnützung an den Stellen *b* geschieht und die Lagerschale nachgestellt werden kann.

Eine andere Anordnung zeigt Abb. 21, bei welcher die Lagerteilung in vertikaler Richtung gegen einen horizontalen Zug des

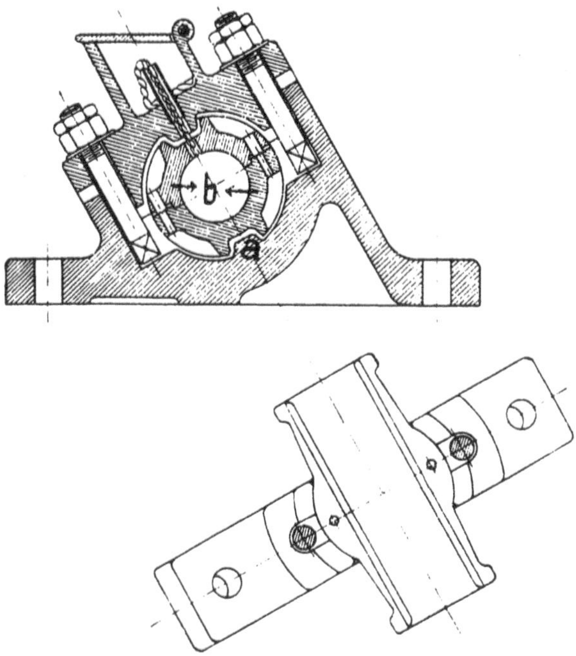

Abb. 19. Schräg geteiltes Lager.

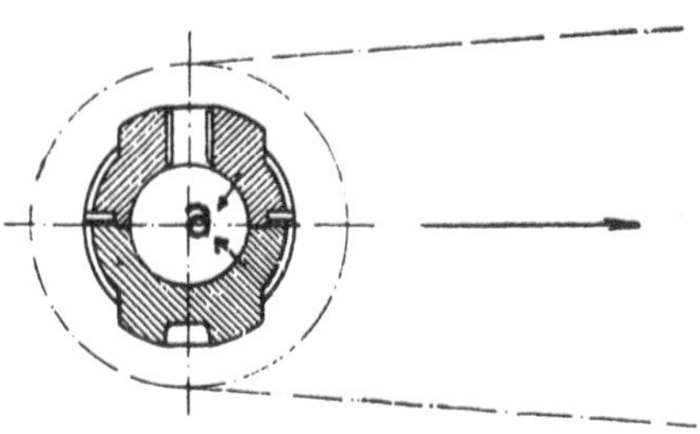

Abb. 20. Lager mit Riemenzug in der Teilung der Schalen.

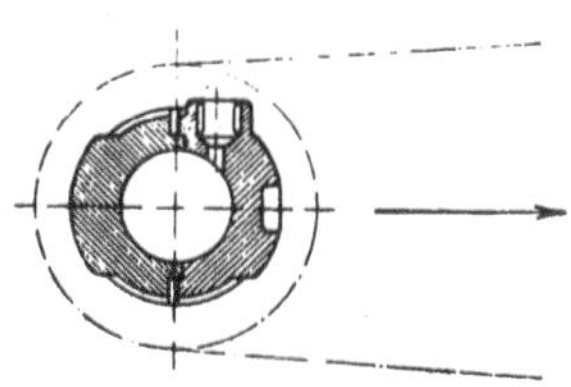

Abb. 21. Lager mit Riemenzug senkrecht zur Teilung der Schalen.

Riemens vorgenommen ist, um hier ein zweckmäßiges Nachstellen beider Lagerschalen zu ermöglichen.

Beilagen. Zwischen der oberen und unteren Lagerschale werden bei den meisten Dreschmaschinen »B e i l a g e n« angebracht, und zwar sind dies aus dünnem Holz oder aus Metall gefertigte Streifen, welche nach der Grundrißform des Lagers ausgeschnitten sein müssen

(Abb. 22). Der Zweck dieser Beilagen ist, im Falle einer Abnützung der beiden Lagerschalen dieselben rasch und einfach nachstellen zu können. Dadurch, daß man die Beilage dünner macht, kann man die obere und untere Lagerschale einander nähern. Sind diese Beilagen schon so weit ausgenützt, daß die beiden Lagerschalen an den Rändern aufeinander aufliegen, so muß man die Schalen in der Weise einstellen, daß die obere und untere Schale bei Anwendung einer neuen Beilage genau auf dem Zapfen aufpassen. Als Material für diese Beilagen verwendet man meistens Weißbuchenholz oder dünne Messingblechstreifen, in der durch Abb. 22 dargestellten Form, welche aufeinander gelegt werden. Die Anwendung von Papier ist nicht zweckmäßig. Die Beilagen haben auf beiden Seiten der Schale sog. Ölfangleisten (*a—a* in Abb. 22), um das Ausfließen des Öles an den Seiten zu verhindern.

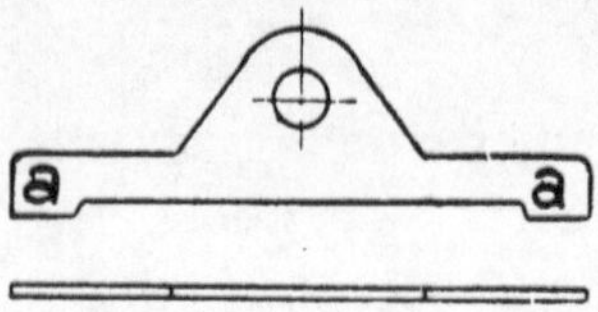

Abb. 22. Beilage.

Lager mit kugelförmigen Schalen. Eine Konstruktion dieser Lager zeigen die Abb. 19, 20 und 21, wobei zu bemerken ist, daß bei dem in Abb. 19 dargestellten Lager die beiden Schalen in der Mitte eine vollständige Kugelfläche besitzen, während die in Abb. 20 und 21 dargestellten Lager oben und unten mit nur einem Teil einer Kugelfläche ausgestattet sind. Der Lagerkörper und der Deckel derartiger Lager sind so geformt, daß sie die Kugelform der Schale umschließen. Die Schale kann sich daher drehen, worin der wesentliche Unterschied zwischen dem normalen und einem Lager mit Kugelschalen liegt. Bei dem normalen Lager mit festen Schalen darf sich die Schale nicht drehen, während bei dem Lager mit Kugelschalen diese sich verdrehen müssen. Die Konstruktionsunterschiede zwischen beiden genannten Lagerarten lassen sich aus folgender Zusammenstellung ersehen:

Beim normalen Lager mit festen Schalen:	Beim Lager mit Kugelschalen:
1. die Lagerschalen sind innen und außen bearbeitet;	1. die Lagerschalen sind nur innen bearbeitet, dagegen außen nicht;
2. Lagerkörper und Lagerdeckel sind innen bearbeitet;	2. Lagerkörper und Lagerdeckel werden nicht bearbeitet;
3. die Lagerschalen müssen in den Körper und Deckel genau eingepaßt werden;	3. das Einpassen der Lagerschalen entfällt;

4. das Material der Schalen ist Messing oder in Messing eingegossenes Weißmetall (Komposition);	4. das Material der Schalen ist fast immer Gußeisen;
5. die Länge der Schalen ist nur gering (etwa das $1\frac{1}{2} \div 2$ fache des Wellen-Durchmessers).	5. die Länge der Schalen ist sehr groß (meist das 4 fache des Wellen-Durchmessers).

Die V o r t e i l e der Lager mit Kugelschalen sind darauf zurückzuführen, daß bei den festen Schalen bereits bei geringen Montagefehlern große Reibungsverluste und ein Heißlaufen eintreten kann, während die Lager mit Kugelschalen in solchen Fällen sich frei bewegen können. Aus diesem Grunde können die Schalen mit Kugelflächen sehr lange halten (Abb. 23). Die Folgen dieser großen Schalenlänge sind:

1. der auf die Flächeneinheit entfallende Zapfendruck ist kleiner als bei den Lagern mit festen Schalen,
2. das Öl, welches den Zapfen in dünner Schicht umgibt, wird nicht so leicht aus dem Lager herausgedrückt,

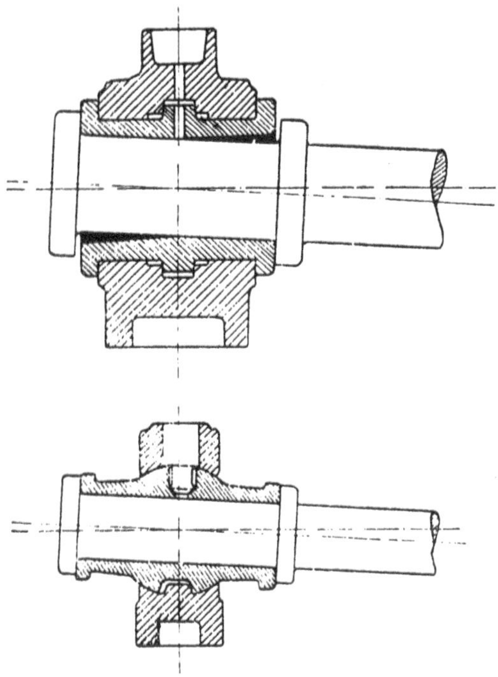

Abb. 23. Lager mit festen (oberes Bild) und ein Lager mit Kugellagerschalen (unteres Bild).

3. bei geringem Flächendrucke kann auch ein minderwertiges Schalenmaterial (Gußeisen statt Messing) verwendet werden,
4. die Abnützung ist infolge des kleineren Flächendruckes (Auflagerdruckes) geringer, die Instandhaltung der Lagerschalen also leichter und billiger als bei Lagern mit festen Schalen.

Bei Kugelschalenlagern ist daher auch das Schalenmaterial billiger, der Verbrauch kleiner, die Instandhaltung leichter, die Abnützung eine geringe und die Handhabung eine einfache. Bei den Kugelschalenlagern ist ferner sehr wichtig, daß die Schalen gut aufeinander gepaßt sind und sich in der Längsrichtung der Welle nicht verschieben. Aus diesem Grunde sind die Schalen auf der Teilstelle mit entsprechenden Arbeitsleisten und Führungen versehen, was in der Konstruktion Abb. 19 ersichtlich ist.

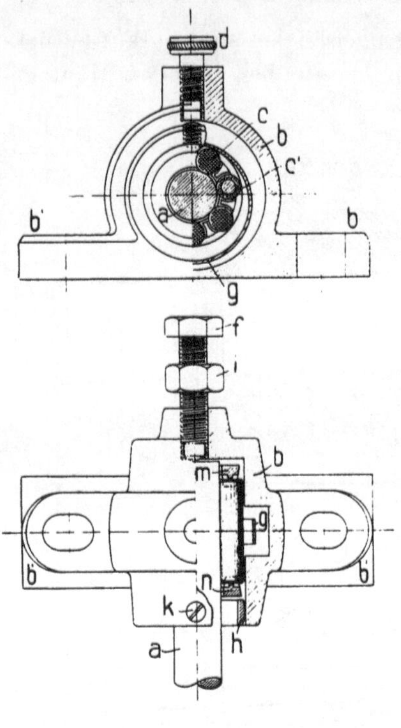

Abb. 24. Rollenlager mit Ringschmierung. Aufriß und Grundriß, rechte Hälfte im Schnitt.

Rollen- und Kugellager. Außer den schon oben erwähnten Lagern gibt es auch solche, bei welchen die Wellen nicht in Schalen, sondern zwischen Rollen oder Kugeln laufen. Bei dieser Anordnung ist die am Umfange des Zapfens auftretende Reibung sehr gering (Abb. 24 ÷ 27). Statt der in den bisher besprochenen Lagern auftretenden *gleitenden* Reibung kann hier nur die viel kleinere *rollende* oder *Kugel*-Reibung auftreten. Man nennt deshalb wohl alle vorher besprochenen Lager zusammenfassend die »*Gleit-Lager*«.

Ein Rollenlager ist zunächst in Abb. 24 dargestellt. Die Welle *a* ist von einer Anzahl (im vorliegenden Falle 7) Stahlrollen *c* umschlossen. Diese Stahlrollen *c* sind in zwei besonders ausgebildeten Ringen *m* und *n* (vgl. auch Abb. 25) gehalten. Dieses Rollenbündel ist auf die zu lagernde Welle einfach aufgeschoben und im Gehäuse *b* des Lagers untergebracht. Die Schmierung erfolgt durch den Ring *g*, das Öl kann oben nach Öffnen der Verschlußschraube *d* eingefüllt werden. Um das Rollenbündel vor dem seitlichen Herausfallen zu schützen, wird ein Ring *h* eingeschoben, der durch die kleine Schraube *k* gehalten wird. Die Welle kann durch die seitliche Schraube *f* verschoben und dann durch die Mutter *i* in ihrer Lage festgestellt werden. Diese Einrichtung ist für die Stiften Dreschtrommeln sehr wichtig.

Die beiden Ringe m und n (Abb. 25) werden durch zwei eingenietete Stifte s zusammengehalten. Zwei Rollen c' sind daher hohl, durch welche diese Stifte s hindurchgehen; die anderen

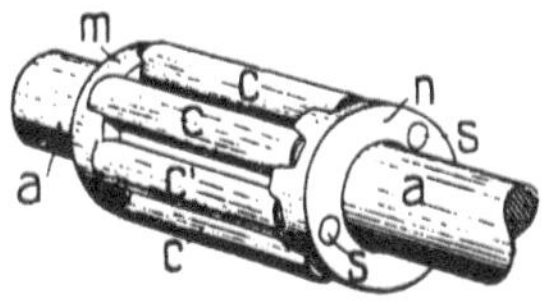

Abb. 25. Rollenbündel, perspektivisch.

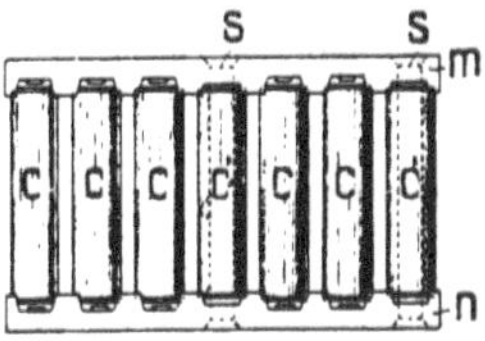

Abb. 26. Rollenbefestigungs-Ringe, aufgerollt.

Rollen c sind massiv. In Abb. 26 ist das Rollenbündel im aufgerollten Zustand dargestellt, um die Verbindung der beiden Ringe deutlicher zu zeigen. Ein Kugellager zeigt die Abb. 27. Auf

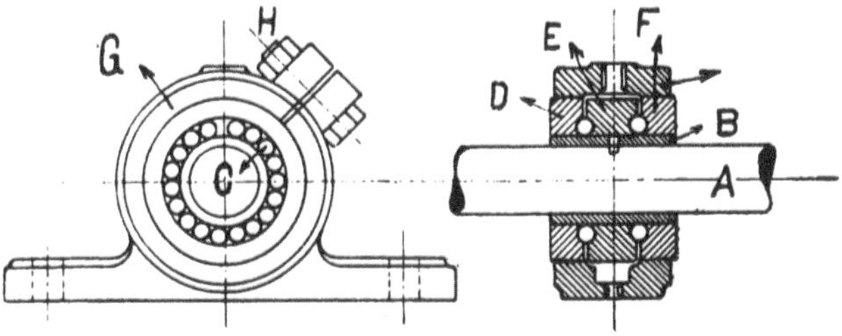

Abb. 27. Kugellager.

die Welle A wird ein Stellring B aufgezogen, welcher nach Bedarf ausgewechselt werden kann. Die Kugeln C sind innerhalb dreier Ringe D, E, F gehalten; von diesen Ringen sind die beiden äußeren in dem Lagerkörper G verstellbar angeordnet. Zum Fixieren dieser Schalen dient die Schraube H, welche in zwei Einsätzen des Lagerkörpers untergebracht ist. Die Ölung geschieht in einfachster Weise von oben. Der Wellenring B, sowie auch die Kugeln sind gehärtet, um die Abnützung möglichst zu verringern.

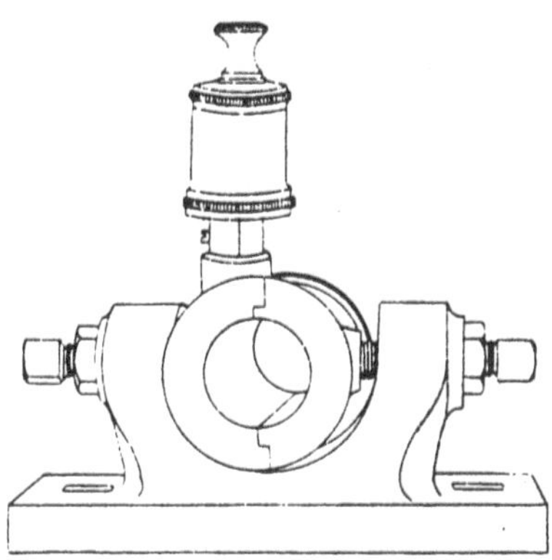

Abb. 28. Zwischen zwei seitlichen Schrauben drehbares Lager.

Zwischen seitlichen Schrauben drehbare Lager. Die zur Lagerung einer Welle dienenden Schalen sind in der vorliegenden Konstruktion (Abb. 28) derart, um einen Zapfen drehbar angeordnet, daß das Lager der jeweiligen Lage der Welle leicht folgen kann.

Holzlager sind jene einfachen Konstruktionen, bei denen der Lagerkörper und Deckel aus Holz, gewöhnlich aus Weißbuchen-

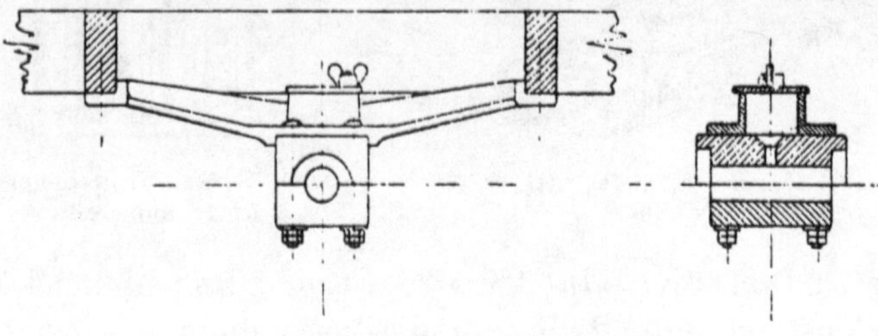

Abb. 29. Holzlager für Strohschüttler.

holz, hergestellt sind und bei denen eigentliche Lagerschalen überhaupt nicht vorhanden sind. Diese älteren und einfachen Konstruktionen werden bei größeren Dreschmaschinen überhaupt nicht mehr angewendet (Abb. 29).

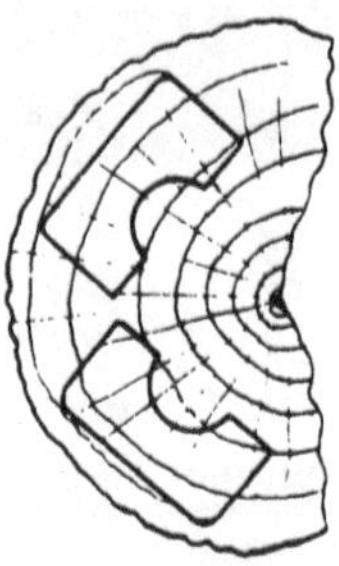

Abb. 30. Herausarbeiten der Holzlagerschalen.

Abb. 29 zeigt ein derartiges Holzlager, welches bei einzelnen Maschinen für die Lagerung der Strohschüttlerwelle noch Anwendung findet.

Die Herstellung eines Holzlagers soll nach der in Abb. 30 dargestellten Weise geschehen, und zwar derart, daß die Drehrichtung der Welle mit der Richtung der Jahresringe übereinstimmt; die Längsfasern des Holzes sollen parallel zur Wellenachse liegen. Vor dem Gebrauch soll das bearbeitete Holzlager in Leinöl ausgekocht werden. Das Schmieren dieser Holzlager geschieht mit einem Gemisch von Öl und Talg, welches bei warmer Witterung dicker, bei kalter dünner genommen werden soll. Es gibt auch solche Konstruktionen, bei denen der Lagerkörper und Deckel aus Holz und die Lagerschalen aus Weißmetall angefertigt sind. In diesen Fällen ist die Herstellungsweise des Lagerkörpers und des Deckels außerordentlich einfach.

Lagerschalen aus Weißmetall (Komposition). Das sog. Weißmetall ist eine Legierung von 80 Gewichtsteilen Zinn, 14 Gewichtsteilen Antimon und 6 Gewichtsteilen Kupfer. Bei den gewöhnlichen Bronzeschalen ist die Zusammensetzung meist so, daß 80% Kupfer, 18% Zinn und 2% Zink legiert werden. Die Bronze- und Weißmetall-Legierungen kommen im Handel in den verschiedensten Mischungsverhältnissen vor. Als besondere Eigenschaften dieser Weißmetall-Legierungen sind hervorzuheben, daß sie auf dem gewöhnlichen Feuer, also bei geringer Temperatur, in einem eisernen Löffel geschmolzen, d. h. sehr leicht gießbar gemacht werden können, und daß sie dann die Form sehr gut ausfüllen. Diese Eigenschaften machen die genannten Legierungen, welche im Handel in einzelnen prismatischen Stücken käuflich sind, besonders für die Herstellung der Lagerschalen an Dreschmaschinen brauchbar, weil sie von jedermann leicht verwendet werden können. Die weiteren Vorzüge dieer Lager sind, daß wegen ihrer Weichheit bei nachlässiger Handhabung der Zapfen nicht verletzt wird, daß ferner die gegossenen Lagerschalen nicht bearbeitet zu werden brauchen und daß sie sich leicht ersetzen lassen.

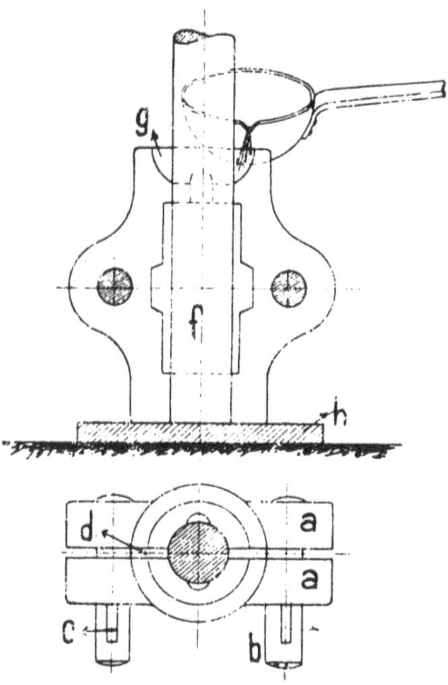

Abb. 31. Form zum Gießen der Weißmetall-Lager.

Die Weißmetall-Lagerschalen bestehen gewöhnlich aus zwei Teilen. In diesem Falle wird zum Gießen gewöhnlich eine in Abb. 31 dargestellte Vorrichtung verwendet. Dieselbe besteht aus zwei Gußeisenformhälften (*a*—*a* in Abb. 31), welche die inneren Formteile der herzustellenden Schale enthalten müssen. Beim Gießen werden diese beiden Formteile durch Zapfen *b* und Keile *c* zusammengehalten. Zwischen diesen beiden Formteilen ist ein Eisenblech *d* eingefügt, damit eine Teilung der beiden Lagerschalen entsteht. In die Vorrichtung wird in der Mitte ein Zapfen *f*, der sog. Kern, eingesetzt, dessen Durchmesser mit dem inneren Durchmesser der herzustellenden Lagerschalen übereinstimmen muß und an dessen anderer Seite sich die trichterförmige Öffnung *g* für den Einguß befindet, in welche das flüssige Weißmetall eingegossen werden kann. Beim Gießen wird die ganze Vorrichtung auf eine Eisenplatte *h* gestellt und durch Überziehen des Kernes *f* und der Formhälften *a* mit einer flüssigen Graphitschichte oder mit Lehmwasser dafür gesorgt, daß ein Festbrennen des Weißmetalles an den Formteilen nicht möglich ist. Um gute Lagerschalen zu erhalten, ist auf folgendes zu achten:

1. Das zu beschaffende Weißmetall muß von guter Qualität sein;
2. der Kern *f* soll gut bearbeitet, seine Oberfläche rein und der Graphitüberzug möglichst glatt sein;
3. der Kern *f* soll genau in die beiden Formhälften passen und vollkommen senkrecht in die Form gestellt werden;
4. die beiden Formhälften der Gießvorrichtung sollen gut zusammengehalten werden;
5. das Weißmetall soll beim Gießen möglichst dünnflüssig sein;
6. die einzelnen Formteile sollen vor dem Gießen genügend vorgewärmt werden.

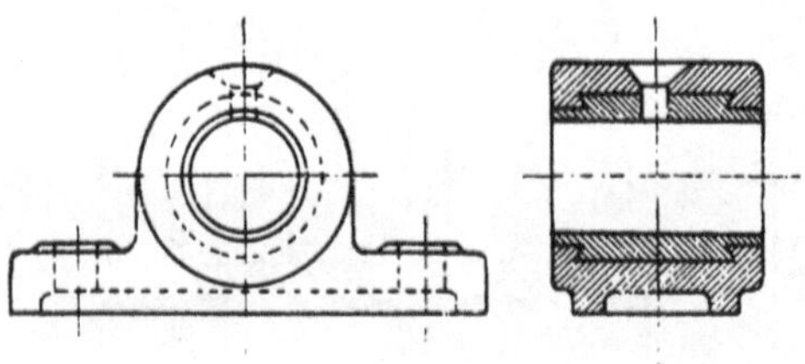

Abb. 32. Augenlager mit eingegossener Weißmetall-Schale.

Nach dem Guß wird die Form zerlegt und die erstarrten Schalen herausgenommen; bei gut gelungenem Guß brauchen diese nicht bearbeitet zu werden. Hierauf wird in die eine Lagerschalenhälfte das Schmierloch eingebohrt, in beide Teile die Schmierkanäle eingeschnitten, worauf die Schalen gebrauchsfertig sind. Solche Weißmetall-Lagerschalen werden bei den Stroh- und Kurzstrohschüttlerwellen, manchmal auch an anderen Stellen verwendet. Wenn die Form und die Abmessungen der Schalen verschieden sind, müssen für je zwei Schalen besondere Gußformen vorbereitet werden.

Neben seiner Verwendung als Lagerschale kann Weißmetall auch *zum Ausgießen* von Lagerkörpern benützt werden, wie dies z. B. in Abb. 32 dargestellt ist. Das Weißmetall wird hierbei um einen als Kern zu benützenden, gedrehten Bolzen direkt in den Lagerkörper eingegossen.

Als andere Verwendung des Weißmetalls ist diejenige zu bezeichnen, bei der die eigentliche Lagerschale aus Bronze oder Messing verfertigt wird, wobei das Weißmetall nur zum Ausgießen dieser Schalen Verwendung findet. Bei sehr vielen Dreschmaschinen werden die Lagerschalen des Trommellagers in dieser Weise ausgeführt.

Das Schmieren der Lager. Eine gute und gewissenhafte Schmierung ist für die Erhaltung der Maschinen sehr wichtig, denn die infolge nicht genügender Schmierung an bewegten Teilen auftretende Reibung erhöht die Abnützung dieser Teile ganz beträchtlich. Bei Dreschmaschinen sind die bewegten Teile in großer Anzahl vorhanden, so daß auch die durch mangelhafte Schmierung hervorgerufenen Reibungsverluste sehr groß werden können. Man wird infolgedessen als wichtigste Hauptbedingung für den richtigen Betrieb einer Dreschmaschine eine vollkommene und ordnungsmäßige Schmierung hinstellen müssen.

Zum *Schmieren* verwendet man: Öl, Fette oder Talg, von denen das zuletzt genannte kein gutes Schmiermaterial ist, so daß sich eigentlich die Schmiermittel auf die beiden erstgenannten Stoffe beschränken.

Beim Gebrauch des Öles ist die Qualität desselben ganz besonders wichtig; für diese sind folgende Faktoren bestimmend: der Fettgehalt und die Dichtigkeit. Ohne Fettgehalt ist kein Schmieren möglich, während andererseits eine gewisse Dichtigkeit notwendig ist, damit das Öl aus den Lagern durch den Achsendruck nicht herausgepreßt werden kann. Man unterscheidet *Pflanzenöle*, z. B. Rapsöl, und *Mineralöle*, welche meist durch die Destillation des Petroleums gewonnen werden. Bei den Pflanzenölen setzen sich leicht Pflanzenteile ab und bleiben in den Lagern als Rückstand zurück. Wenn wir von dem zu brauchenden Öl einen Tropfen auf eine Glasscheibe bringen und diese Scheibe mit einer zweiten Glasscheibe abdecken, so verdunsten die Bestandteile des Öles nach einer gewissen Zeit derart, daß bei Mineralölen kein Rückstand zu finden ist, während bei Pflanzenölen eine zusammenhängende Masse übrigbleibt. Aus diesem Grunde müssen die Lager, wenn sie mit Pflanzenöl geschmiert worden sind, zuweilen mit Petroleum ausgewaschen werden. Alle Ölsorten enthalten in kleineren oder größeren Mengen Säuren, welche auf das Lager nachteilig wirken. Man überzeugt sich von der Größe der in den Ölen enthaltenden Säuremengen dadurch, daß man in das Öl ganz feine Kupferkörnchen einstreut; je mehr Säuren in dem Öl enthalten sind, desto grüner färbt sich dasselbe.

Die Schmierapparate. Eine gewöhnliche sog. Schmierbüchse ist in Abb. 33 zu sehen. Diese besteht aus folgenden Teilen: dem Ölbehälter *a*, dem Zuführungsrohre *b*, dem Docht *c* und dem Deckel *d*.

Der Ölbehälter besteht entweder aus einem besonderen Körper, auf den der Deckel aufgeschraubt wird, oder er ist mit dem Körper aus einem Stück gegossen. Das Schmierröhrchen kann auch mit dem Ölbehälter (Vase) aus einem Stück bestehen oder in denselben eingeschraubt sein. Der Docht wird aus Baumwollfasern zusammengedreht und an einem Draht befestigt, dessen Enden umgebogen und oben auf das Rohr aufgelegt sind, wie dies in Abb. 33 zu sehen ist. Einen Deckel verwendet man, damit Staub und andere Verunreinigungen nicht in das Öl gelangen können. Der Deckel ist entweder mit Scharnieren befestigt oder einfach auf den Rand des Ölbehälters aufgesetzt. Bei Lagern, welche Bewegungen oder Erschütterungen unterworfen sind, z. B. bei Triebstangen, muß der Deckel auf den Behälter aufgeschraubt oder durch Federn festgehalten sein.

Das Ölen geschieht nun in der Weise, daß der Behälter bis zum oberen Teile des Röhrchens mit Öl gefüllt wird, hierauf wird der Docht

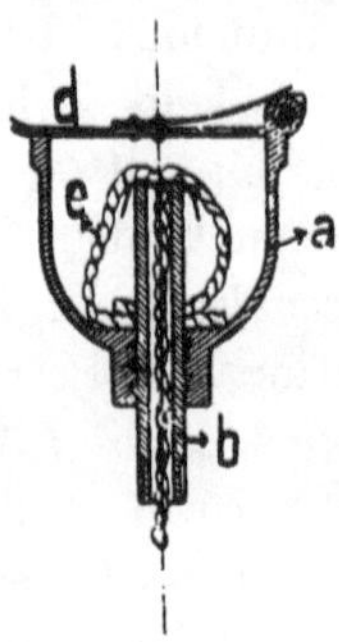

Abb. 33. Öl-Schmierbüchse.

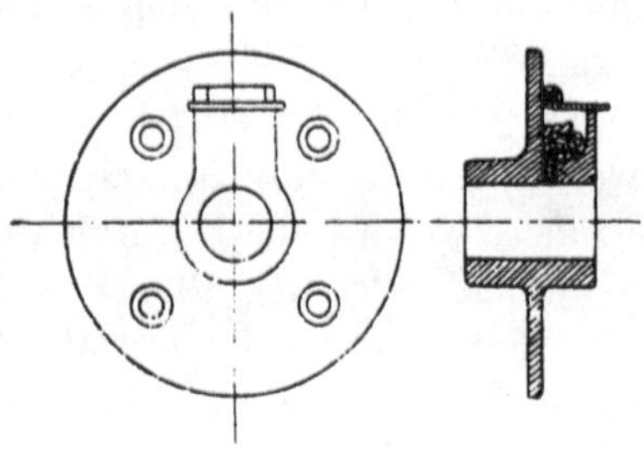

Abb. 34. Schmierbüchse ohne Zuführungsrohr.

mit dem freien Ende in das Öl gelegt und mit dem an dem Draht befestigten Ende in das Röhrchen eingeführt, so daß der Docht beinahe ganz bis zur Welle gelangt, dieselbe jedoch nicht berühren darf. Die Lagerschale, durch welche das Öl geleitet wird, hat gewöhnlich eine trichterartige Öffnung, damit die Zuführung des Öles gesichert erscheint.

Eine *Regelung der Schmierung* erfolgt in zweierlei Weise:

1. durch Vermehrung oder Verringerung der Wollfäden,
2. durch stärkere oder schwächere Drehung dieser Fäden.

Wird die Zahl der Fasern im Docht vermehrt oder werden dieselben schwächer gedreht, dann gelangt mehr Öl in das Lager, im entgegengesetzten Falle weniger.

Es gibt auch Schmiergefäße ohne Zuführungsröhrchen, welche bei kleineren Wellen, z. B. bei den Elevatorlagern, Anwendung finden.

Bei diesen wird der Docht einfach in die Öffnung des Lagers gesteckt, wie dies aus der Abb. 34 ersichtlich ist.

Bei den obenerwähnten Schmiergefäßen geschieht das Ölen des Lagers so lange, als der Docht in die Schmieröffnung eingeführt ist. Es ist daher, wenn der Betrieb eingestellt wird, unbedingt notwendig, den Docht mit Hilfe des Drahtes aus dem Schmierröhrchen herauszuziehen, damit das Öl nicht vollständig herausfließt. Am zweckmäßigsten ist es, bei dieser Gelegenheit den Docht in dem Ölbehälter selbst aufzubewahren.

Selbstöler. Mit diesem oder mit dem Namen »Nadel-Schmierbecher« bezeichnet man die Ausführung eines Schmiergefäßes, welches in Abb. 35 dargestellt ist. Ein derartiger Selbstöler besteht aus dem Ölbehälter *a*, dem Verschlußpfropfen *b* und dem Ölerstift (der Nadel) *c*.

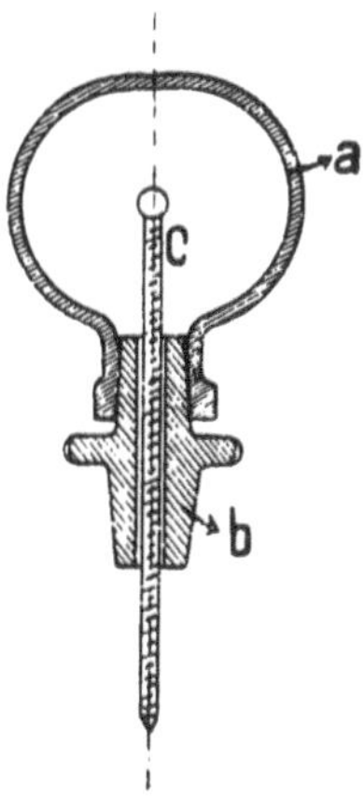

Abb. 35. Nadel-Schmierbecher.

Der Ölbehälter ist gewöhnlich aus Glas, damit das Öl sichtbar ist, kann aber auch aus Metall angefertigt werden. Der Verschlußpfropfen ist zumeist aus Holz, hat zwei konische Enden, in der Mitte eine gerändelte Scheibe; mit dem einen verjüngten Ende kann er in das Glasgefäß *a* gesteckt werden, während das andere Ende in die betreffende Vertiefung des Lagerdeckels eingesetzt wird.

Der Ölerstift *c* wird meist aus Eisen oder Messing angefertigt, ist entweder glatt oder besitzt Einkerbungen in der Längsrichtung, kann aber auch mit Gewinde versehen sein, um das Herabfließen des Öles schneller oder langsamer erfolgen zu lassen. Das eine Ende des Stiftes besitzt einen Knopf oder ist breitgeschlagen, damit der Stift nicht aus dem Pfropfen herausfallen kann. Das andere Ende des Ölerstiftes ist etwas zugespitzt und gut abgerundet, damit es mit dieser Seite die zu ölende Achse berühren kann. Die Wirkung dieses Selbstölers geschieht in der Weise, daß der Glasbehälter mit Öl gefüllt wird, sodann durch den Pfropfen verschlossen und hierauf in die durch Abb. 35 erkenntliche Lage gebracht wird, wobei das spitze untere Ende des Stiftes die Welle berühren muß. Nur wenn diese letztere in Bewegung ist, findet infolge der Erschütterungen ein Ausfließen des Öles aus dem Behälter längs des Stiftes statt, wobei der Öltropfen von der Welle übernommen wird und sich vermöge der Schmiernuten in den Lagerschalen auf die

Lagerfläche gleichmäßig verteilt. Bewegt sich die Welle nicht, dann steht der Ölerstift still und ein Schmieren findet nicht statt.

Eine *Regelung* des Öles geschieht bei diesen Selbstölern dadurch, daß der Durchmesser des Ölerstiftes größer oder kleiner genommen wird, wodurch man die Durchflußöffnung verändern kann.

Fettschmierung erfolgt aus einem Schmiergefäß, wie es in Abb. 36 dargestellt ist. Es besteht aus einem unteren Teile, welches mittels Schraubengewinde auf den Lagerdeckel aufgeschraubt wird, und aus einem oberen deckelartigen Teile, welches wiederum auf den unteren Teile aufgeschraubt ist. Die Fettmasse wird in den deckelartigen Oberteil sowie in die Vertiefung des Unterteiles eingestrichen. Hierauf schraubt man den Oberteil auf den Unterteil auf und kann nun durch weiteres Drehen des Deckels das Fett durch das Schmierrohr des Unterteiles nach und nach der Welle zuführen. Diese Schmiergefäße werden auch »Stauffer«-Schmierbüchsen genannt.

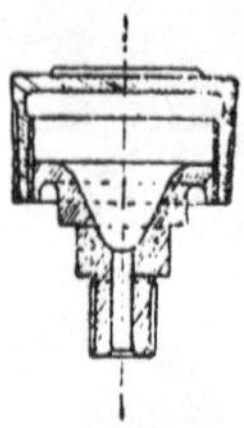

Abb. 36. Stauffer-Schmierbüchse.

Das **automatische Schmiergefäß** (vgl. Abb. 37), welches man auch die »Tovote«-Schmierbüchse nennt, besteht aus folgenden Teilen: dem unteren und dem oberen Teil, dem Kolben und der Kolbenstange, der Feder *c* und der Regulierschraube *a*. An dem oberen Teil des Schmiergefäßes ist eine Öffnung, durch welche die Kolbenstange hindurchgeht. Der Kolben wird aus zwei kreisförmigen Blechplatten gebildet, zwischen denen eine abdichtende Ledermanschette aus Schweinsleder angeordnet ist. Die Stange kann hohl oder voll sein und besitzt zwei schmale Rippen, manchmal auch einen quer angebrachten Stift, welcher durch die oben angedeutete Deckelöffnung hindurchgezogen werden muß. Wird der Kolben so weit gehoben, daß der Querstift, bzw. die untere Kante der Rippen, oberhalb der ⊂⊃-förmigen Öffnung zu stehen kommt, so kann die Kolbenstange um 90° verdreht werden, wodurch der Stift oder die Rippen auf den Deckel des Behälters zu liegen kommen, und der Kolben kann nicht mehr zurückgehen. Oberhalb des Kolbens ist die Spiralfeder *c* angebracht.

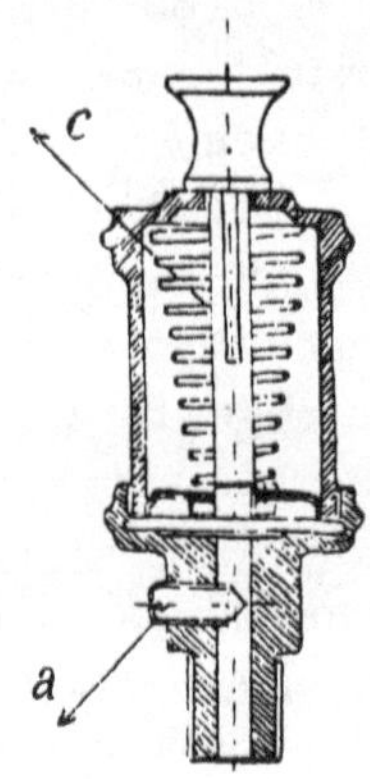

Abb. 37. Automatische Tovote-Schmierbüchse.

Vor der Inbetriebsetzung dieses Schmiergefäßes wird der Kolben in seine höchste Lage gebracht, der Oberteil des Gefäßes unter dem Kolben mit Fett gefüllt und sodann der Unterteil angeschraubt. Hierauf kann man das Schmiergefäß auf dem Lager befestigen.

Wird nun durch eine zweckmäßige Drehung des Stiftes an seinem oberen Knopfe der Kolben freigegeben, so preßt die Feder die Fettmenge durch die Öffnung des Unterteiles in das Lager. Eine Regelung des Schmierens erfolgt hier durch die kleine Schraube *a*. Je nachdem man dieselbe tiefer oder weniger tief einschraubt, verkleinert sich die Durchflußöffnung, so daß hierdurch die Menge des zugedrückten Fettes verringert werden kann.

Die *Fettschmierung* hat gegenüber der Ölschmierung folgende Vorteile:

1. die Kosten sind geringer;
2. die Verwendung von geschlossenen Schmiergefäßen vermeidet das Eindringen von Staub zu der Schmiermasse;
3. diejenigen Teile der Dreschmaschine, welche nicht gut zugänglich sind, können leicht ständig geschmiert werden;
4. die Handhabung ist sehr einfach;
5. durch die jeweilige Lage der Kolbenstange ist leicht zu erkennen, ob noch Fett im Behälter ist oder nicht.

Die Vorteile der *Ölschmierung* sind:

1. die Sicherheit der Schmierung;
2. die vollkommene Instandhaltung von Zapfen und Lager;
3. die bessere Konservierung der Maschine.

Es ist noch zu bemerken, daß die Fette sehr leicht gefälscht werden können und hierdurch die geschmierten Teile der Maschine rasch dem Verderben zugeführt werden.

Ringschmierung. Bei den Lagern für die Dreschtrommel werden neuerdings Konstruktionen verwendet, welche ihrer eigenartigen Schmierung wegen ganz besonders vorteilhaft erscheinen müssen. Eine derartige Konstruktion ist aus Abb. 38 zu ersehen. In Abb. 24 ist auch bereits ein Lager mit Ringschmierung dargestellt. Die Teile dieser Schmierung sind:

Der Fuß *a*, der Deckel *b*, die Dichtung *c*, die untere Lagerschale *d*, die obere Lagerschale *f*, die Ringe *g* und *h*, die Lederabschlüsse *i*, die Lagerdeckelschrauben *j*, die Öleinfüllöffnung *k* und die Ölablaßschrauben *p*. Das Schmieren geschieht in der Weise, daß durch Entfernen der Verschlußschraube *k* das Öl so lange in das Ölgefäß im

Fuße des Lagers eingefüllt wird, bis dasselbe an der Füllöffnung sichtbar wird; hierauf wird der Behälter durch die Schraube *k* wieder geschlossen.

Durch die Bewegung der Welle werden die Ringe *g* und *h* an der Drehbewegung teilnehmen und hierdurch das Öl aus dem Ölbehälter heben und in die Kanäle der oberen Lagerschale fördern. Die Teile *a* und *b* sind aus Gußeisen, die Lagerschalen aus Bronze. Zu bemerken ist, daß diese Lagerschalen mit Kugelflächen versehen sind, so daß eine Beweglichkeit derselben möglich ist.

Die Lederabschlußringe *i* verhindern den seitlichen Ausfluß des Öles und den Staubeintritt von außen. Ein Heraustreten des

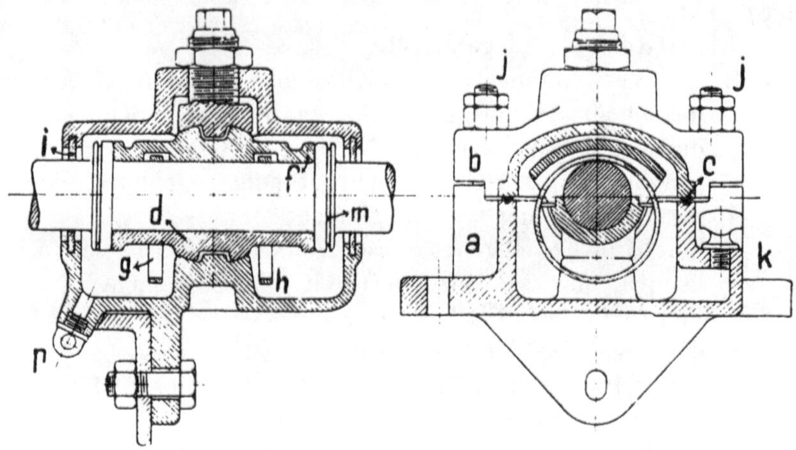

Abb. 38. Ring-Schmierung an einem Stehlager mit Kugelschalen.

Öles auf die Oberfläche der Welle verhindern ferner die beiden neben dem Wellenbunde geordneten ringförmigen Ölfangrinnen *m*.

Der Vorteil dieser Lagerkonstruktion liegt darin, daß das Öl immer im Behälter bleibt und bei richtiger Behandlung nicht ausfließen kann, so daß die Ausnützung des Schmiermaterials die denkbar günstigste wird. Die Schmierung ist somit während des Betriebes kontinuierlich, da das Öl durch die auf der Welle hängenden Ringe ständig in die Lagerschalen gefördert wird. Wird das Schmiermaterial durch die Abnützung der Lagerschalen nach ein bis zwei Betriebswochen schmutzig, so muß dasselbe nach Entfernung der Schraube *p* herausgelassen und durch neues Öl ersetzt werden. Das schmutzige Öl kann gereinigt und hierauf zur Schmierung weniger wichtiger Teile wieder verwendet werden.

Fehlerhafte Lager. Wenn die Temperatur der Lagerschalen während des Betriebes nicht gleichmäßig bleibt, sondern fortwährend steigt, dann ist das Lager fehlerhaft und der Fehler muß unbedingt beseitigt werden.

Die Erwärmung des Lagers kann so groß werden, daß das Schmiermaterial auf der Lagerschale zu verdampfen beginnt und sogar in Brand gerät, sodaß schließlich die Drehung der Welle unmöglich wird. Die Ursachen einer derartigen Betriebsstörung können entweder im Inneren des Lagers liegen oder durch äußere Umstände hervorgerufen sein. Im Falle des Warmlaufens ist zunächst die Schmierung des Lagers genau zu untersuchen und in Ordnung zu bringen, falls an ihr Fehler entdeckt werden; ferner ist die zugeführte Ölmenge zu vergrößern.

Die Ursachen einer fehlerhaften *Ölschmierung* können sein:

1. im Ölbehälter fehlt das Öl;
2. das Öl ist schlecht, ev. verschmutzt;
3. der Docht ist nicht in Ordnung oder verschmutzt und fördert infolgedessen das Öl nicht: er saugt nicht;
4. das Schmierrohr ist verstopft;
5. das Öl rinnt zwischen Lager und Lagerdeckel heraus;
6. die Oberflächen der Schalen und des Zapfens sind verschmutzt;
7. die Ölkanäle sind verstopft, so daß das Öl nicht richtig verteilt werden kann.

Die beiden letzten Punkte lassen sich *nur* durch eine innere Untersuchung des Lagers feststellen.

Die Fehler einer *Fettschmierung* können sein:

1. das Fett fehlt in dem Behälter;
2. das verwendete Fett ist gefälscht oder schmutzig;
3. der Deckel des Fettbehälters wurde nicht nachgeschraubt;
4. bei einer automatischen Schmierung (Abb. 37) ist der Kolben nicht dicht, so daß das Fett über denselben hinaustritt;
5. die Gewinde der Schmierbüchse schließen schlecht, wodurch das Fett statt in das Lager nach außen gedrückt werden kann;
6. die Feder bei dem automatischen Schmiergefäß ist gebrochen oder ihre Spannung hat sehr nachgelassen;
7. das Schmierloch ist verstopft;
8. die inneren Flächen der Lagerschale oder die Ölkanäle sind verschmutzt.

Weitere Ursachen des *Warmlaufens* können sein:

1. die Riemenspannung ist zu groß; wenn nämlich die Riemen zu kurz genommen werden, können durch die auf den Wellen sitzenden Riemenscheiben infolge des zu starken Riemenzuges die Wellen verbogen werden, sodaß die Lager warmlaufen.

Als Ursachen, welche *außerhalb des Lagers* liegen können, sind zu nennen:

2. ungleichmäßiges und schlechtes Einlegen der Garben in die Dreschmaschine, wodurch Stöße entstehen können;
3. Fehler bei der Aufstellung der Maschine (Montagefehler);
4. das schlechte Laufen von unrichtig konstruierten Zahnrädern;
5. die auffällige Lockerung des Rahmens oder eine einseitige Verbiegung desselben;
6. die Lockerung der Lagerschrauben.

Weitere Fehler, die im *Inneren des Lagers* auftreten können, sind folgende:

1. die Lagerschrauben sind entweder zu fest oder zu locker angezogen;
2. die Lagerschalen sind schlecht aufgepaßt;
3. die oberen Flächen des Zapfens sind nicht glatt, oder sie sind verschmutzt;
4. die inneren Flächen des Lagers sind verschmutzt;
5. die Schmierkanäle sind fehlerhaft oder schlecht angeordnet oder verschmutzt;
6. die Beilagen zwischen den Lagerschalen haben eine fehlerhafte Form, so daß das Öl seitwärts hinausfließen kann;
7. die aufgepaßten Lagerschalen sind vertauscht.

Bei *Ringschmierlagern*:

8. das verschmutzte Öl ist nicht erneuert worden;
9. die Lederabschlüsse sind fehlerhaft und lassen das Öl durchlaufen.

Wenn ein Lager warmläuft, so wird zunächst, wie bereits oben erwähnt, stärker geschmiert, sodann werden die angeführten Fehlerquellen der Reihe nach untersucht. Der Betrieb wird nur im äußersten Falle eingestellt, so daß die Maschine nur dann zum Stillstand gebracht zu werden braucht, wenn das Warmlaufen eines Lagers immer stärker wird und eine innere Untersuchung desselben als unerläßlich erscheint. Das Kühlen mit Wasser ist nicht zu empfehlen. Im äußersten Notfalle streut man Schwefelblume in das Lager, welche infolge der Hitze schmilzt und eine Wärmeabfuhr bewirkt. Stets wird im Falle eines Warmlaufens bei der nächsten Arbeitspause das Lager geöffnet werden, eine Untersuchung und Reinigung stattfinden und im Notfalle eine Ausbesserung desselben eintreten müssen. Ist der Zapfen oder die Lagerfläche eingefressen, so werden diese Flächen mit Schmirgelleinwand abgeputzt und die Schale von neuem aufgepaßt. Ist die Beschädigung des Lagers eine größere, so muß der Zapfen und die Schale auf der Drehbank von neuem bearbeitet werden.

3. Die Räderübertragung.

Als weitere *Transmissionsteile* sind noch zu nennen:

die Räderübertragungen, deren Aufgabe es ist, die rotierende Bewegung von einer Welle auf die andere zu übertragen. Diese Räder können in zwei große Gruppen eingeteilt werden, welche wiederum in je zwei Untergruppen zerfallen:

I. Reibungsräder, welche eingeteilt werden in
   a) unmittelbare Reibungsräder,
   b) mittelbare Reibungsräder (Riemen- oder Seiltrieb);

II. Zahnräder, welche zerfallen in
   a) unmittelbare Zahnräder,
   b) mittelbare Zahnräder (Kettentrieb).

Die *unmittelbaren oder direkten Reibungsräder* werden bei Dreschmaschinen wenig verwendet; im wesentlichen bestehen dieselben aus zwei Rädern, deren glatte Oberflächen derart aneinander gepreßt werden (Abb. 39), daß die Bewegung des einen Rades auf das andere übertragen wird. Der Nachteil solcher Reibungsräder besteht darin, daß die Oberflächen sich rasch abnützen und dann die Übertragung mangelhaft wird.

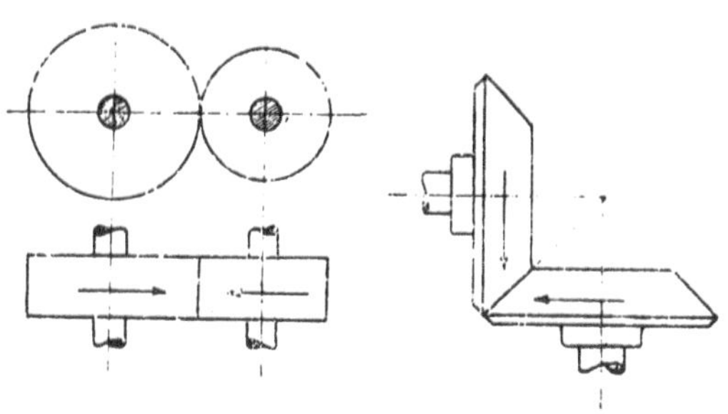

Abb. 39. Unmittelbare Reibungsräder.

Sehr viel häufiger verwendet man beim Dreschmaschinenbetrieb die *indirekten Reibungsräder*, d. h. den *Riemen- oder Seiltrieb*, bei welchem die Übertragung in der Weise geschieht, daß auf die in gewisser Entfernung voneinander stehenden Räder ein Riemen oder ein Seil aufgelegt wird, so daß die Bewegung des einen Rades auf das andere Rad durch das Seil oder den Riemen übertragen wird, wobei auch gewisse Geschwindigkeitsänderungen herbeigeführt werden können.

Der Riemenantrieb. Der Zweck dieses Riemenantriebes ist, die Drehbewegung einer Welle auf die andere zu übertragen und dabei,

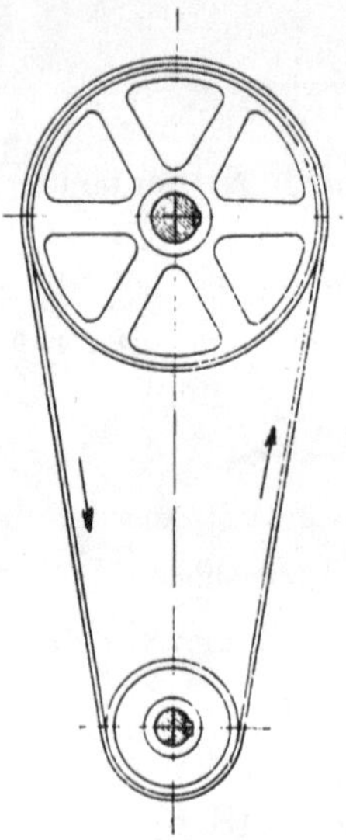

Abb. 40. Offener Riementrieb.

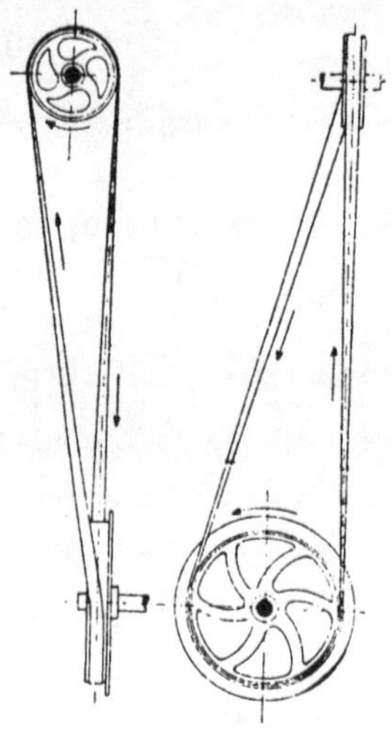

Abb. 41. Geschränkter Riementrieb.

wenn es nötig erscheint, die Umdrehungszahl und die Umdrehungsrichtung zu verändern.

Die treibende und die angetriebene Welle können dabei zueinander stehen:

1. parallel (Abb. 40);
2. unter einem rechten Winkel (Abb. 41);
3. unter einem beliebigen Winkel (Abb. 43).

Der *parallele Riementrieb* kann

1. offen (Abb. 40);
2. geschränkt (Abb. 41);
3. gekreuzt sein (Abb. 42).

Der geschränkte Riementrieb wird durch Abb. 41 veranschaulicht. Bei dieser Übertragung durch Riemen ist darauf zu achten, daß die Auflaufpunkte des Riemens auf die Scheiben stets übereinander liegen, weil sonst der Riemen abgleitet.

Der offene Riementrieb ist aus Abb. 40 ersichtlich; hierbei drehen sich die beiden Wellen in derselben Richtung. Ein solcher Riementrieb besteht an der Dreschmaschine z. B. zwischen der Trommelwelle und dem Kurzstrohschüttler.

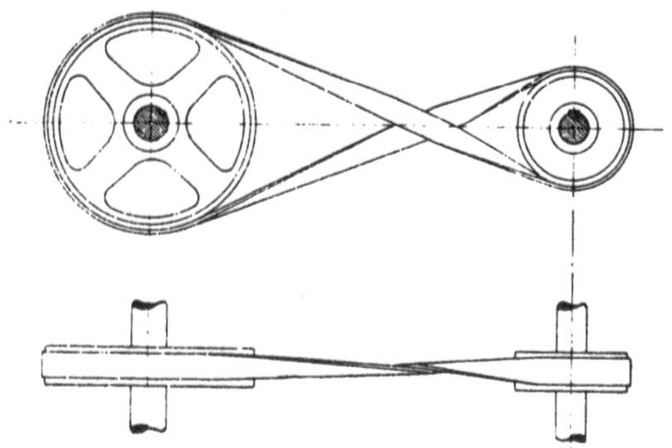

Abb. 42. Gekreuzter Riementrieb.

Der gekreuzte Riementrieb wird in Abb. 42 dargestellt und zeigt, daß sich in diesem Falle die Wellen entgegengesetzt drehen, was z. B. zwischen der Trommelwelle und der Strohschüttlerwelle notwendig wird.

Der Antrieb zweier Wellen, die unter einem rechten Winkel zueinander liegen, erfolgt bei manchen Dreschmaschinen

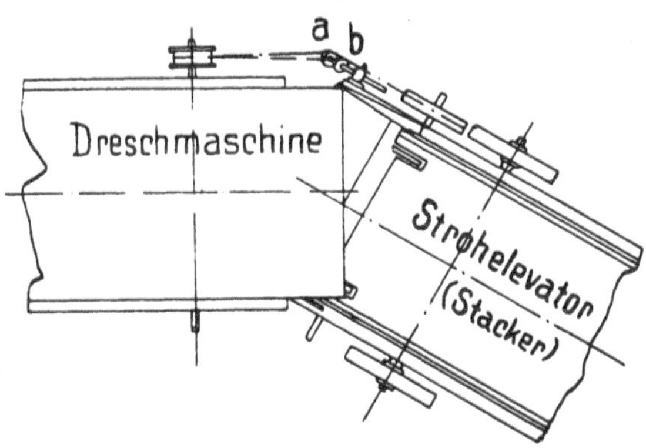

Abb. 43. Winkel-Riementrieb mit Führungsrollen zwischen Dreschmaschine und Strohelevator.

zwischen den Wellen des kleinen und des großen Ventilators, während der Antrieb unter einem spitzen Winkel zwischen der Dreschmaschine und dem Strohelevator (Stacker) Anwendung findet, was in der Grundrißdarstellung (Abb. 43) ersichtlich ist. In einem solchen

Falle sind Führungsrollen *a* und *b* erforderlich, welche in bestimmter Lage zueinander anzuordnen sind, so daß der Riemen auf seinem Wege eine richtige Unterstützung findet, damit er auf den Riemenscheiben bleibt und nicht herunterfällt. Solche Führungsrollen *a* und *b* sind in Abb. 43 außen an dem Stacker angeordnet und bequem verstellbar.

Riemenscheiben. Die Riemenscheibe ist eine mit einer Zylinderfläche ausgerüstete Scheibe, welche zur Aufnahme eines Riemens geeignet sein muß. Die Riemenscheiben werden aus Gußeisen, Holz, Schmiedeeisen, Papiermaché u. dgl. verfertigt.

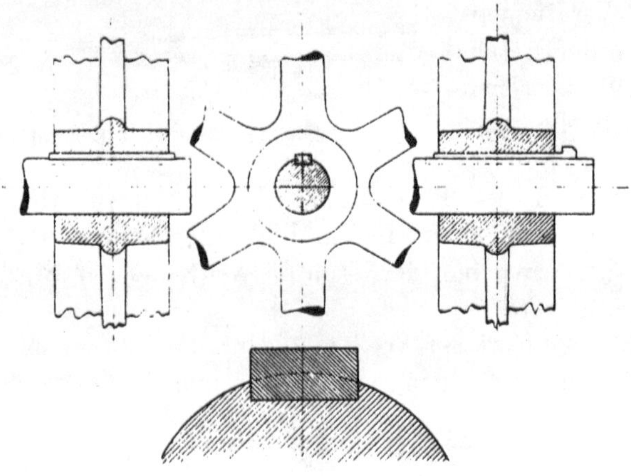

Abb. 44. Nabe und Wellen-Keil.

Die Hauptteile einer Riemenscheibe sind:

1. die Nabe,
2. die Arme (Speichen),
3. der Kranz.

Die *Nabe* ist derjenige Teil, welcher auf der Welle befestigt wird; die Wandstärke der Nabe wird nach dem Durchmesser der Welle berechnet. Die Befestigung erfolgt durch einen aus Stahl hergestellten und gehärteten Keil. Der Keil wird teilweise in die Welle, teilweise in die Nabe eingelassen und sorgfältig bearbeitet, so daß ein Lockerwerden desselben unmöglich ist. Der Querschnitt des Keiles ist ein Rechteck, dessen kürzere Seite nach der in Abb. 44 angegebenen Darstellung senkrecht angeordnet ist. Die *Arme* verbinden die Nabe mit dem Kranz; ihre Form ist entweder gerade (radial) oder gebogen. Die Anzahl der Arme ist je nach dem Durchmesser der

Riemenscheibe verschieden. Ihr Querschnitt ist elliptisch, wobei die größere Abmessung in die Ebene der Scheibe fallen muß. Derjenige Teil der Arme, welcher der Nabe näher liegt, wird stärker, derjenige in der Nähe des Kranzes schwächer in seinen Abmessungen gehalten.

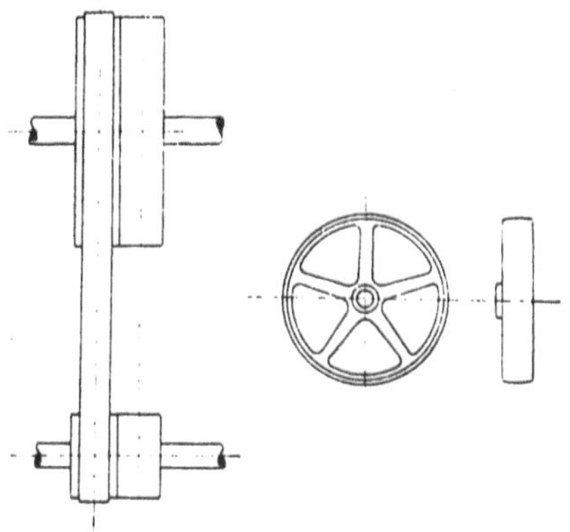

Abb. 45.
Gerade und gewölbte Riemenscheiben.

Der *Kranz* der Riemenscheibe ist je nach Bedarf breiter oder schmäler und richtet sich nach der Breite des zur Verwendung kommenden Riemens. Die Oberfläche des Kranzes ist gerade oder gewölbt (bombiert), was in Abb. 45 dargestellt ist.

Die Dicke des Kranzes ist gewöhnlich nicht groß und nur in dem Falle stärker, wenn eine Riemenscheibe gleichzeitig als Schwungrad benutzt wird. Die gewöhnliche Außenform der Kranzfläche ist die gewölbte, damit der Riemen in seiner Lage gesichert wird, weil der Riemen stets die höchste Stelle der Scheibe zu erlangen anstreben wird. Diese Wölbung darf jedoch nicht zu stark sein, weil sich sonst der Riemen nicht gleichmäßig auf die Oberfläche auflegt und die gewünschte Reibung dadurch verringert wird, was wiederum ein Gleiten des Riemens zur Folge hat.

Riemenscheibenkränze mit geraden Außenflächen (Abb. 45) werden nur dort verwendet, wo auf ein und dieselbe Welle zwei Riemenscheiben nebeneinander angebracht werden müssen, von denen die eine mit der Welle fest verbunden (aufgekeilt) ist, während die andere lose auf der Welle sitzt. Diese Scheiben führen dann dem entsprechend die Namen »Voll-« (oder »Fest«-) und »Los«- (oder »Leer«-) Scheibe. Wird der Riemen auf die feste Scheibe gebracht, dann dreht sich die Welle mit, wird er hingegen auf die lose Scheibe geschoben, so bewegt sich die Scheibe, während die Welle stillsteht. Die Oberflächen der Scheibe sind daher gerade, damit ein Verschieben des Riemens von der Festscheibe auf die Losscheibe leicht und sicher erfolgen kann. Solche Anordnungen finden wir an Dreschmaschinen z. B. bei dem Selbsteinleger, wo die Welle der Einlegevorrichtung von der Strohschüttlerwelle bewegt wird und zuweilen stillgestellt werden muß.

Die Riemenscheiben sind häufig auf einer oder auch auf beiden Seiten mit Rändern versehen (vgl. Abb. 46 und 47). Es gibt auch sog. ölfangende Ränder an den Riemenscheiben, wenn die Scheibe neben

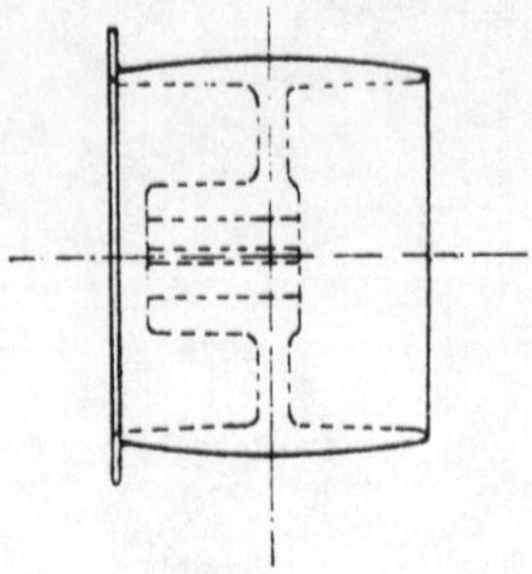

Abb. 46. Riemenscheibe mit einseitigem Rand

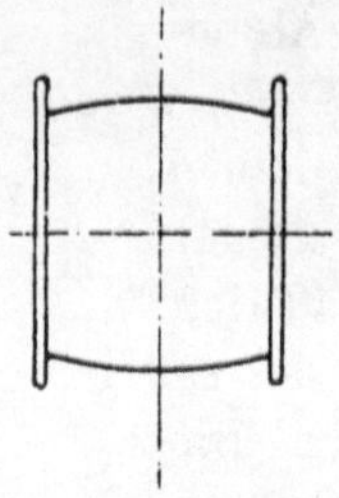

Abb. 47. Riemenscheibe mit beidseitigem Rand.

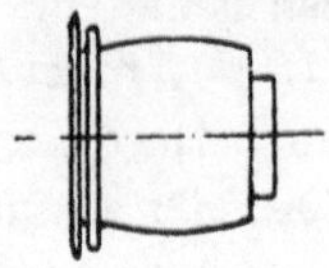

Abb. 48. Riemenscheibe mit einseitigem Ölfang-Rand.

einem Lager liegt, wodurch das Übertreten des Öles auf die Oberfläche der Riemenscheibe vermieden werden soll (Abb. 48).

Eine besondere Form hat häufig die untere Riemenscheibe des Elevators (Abb. 49), damit die Körner, welche zwischen die Riemenscheibe und den Riemen gelangen, nicht zerdrückt werden können.

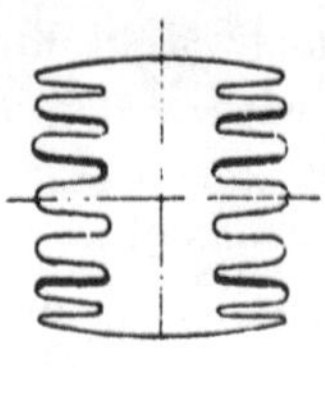

Abb. 49. Untere Elevator-Riemenscheibe.

Es gibt auch Riemenscheiben, welche mit verschiedenen Durchmessern nebeneinander angeordnet und aus einem Stück gegossen sind (Abb. 50); das sind sog. »Stufenscheiben«.

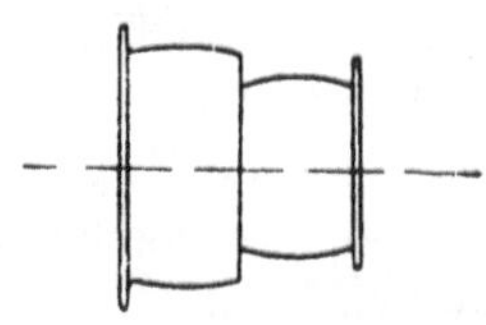

Abb. 50. Riemenscheibe.

Riemen. Der Riemen wird aus der Haut des Rindes verfertigt, und zwar aus dem Rücken und einem Teile des Bauches. Die Riemen aus letzterem sind schwach, schwammig und reißen leicht, während die aus dem Rückenteile des Felles geschnittenen Riemen stark und dauerhaft sind. Die bei den Dreschmaschinen zur Anwendung kommenden Riemenbreiten liegen zwischen 30 und 250 mm, die Dicke derselben beträgt 2 ÷ 7 mm.

Werden Riemen von stärkeren Dickenabmessungen benötigt, als oben angegeben, so werden zwei Riemen aufeinander gelegt und durch Leimen oder Nähen miteinander verbunden.

Der Riemen wird derartig verwendet, daß die Haarseite des Leders nach außen liegt, während die Fleischseite auf der Riemenscheibe anliegt und hier die zur Übertragung der Bewegung notwendige Reibung zwischen dem Kranz des Rades und dem Riemen erzeugt.

Außer den Lederriemen kommen auch solche aus Baumwolle, aus Kameelhaar, aus Gummi u. dgl. zur Anwendung; die letzteren jedoch in nur geringem Maße.

Das wichtigste bei einem Riemenantrieb ist, daß der Riemen sich gut an die Scheibe anschmiegen muß, und daß die nötige Riemenspannung vorhanden ist. Ist diese Spannung zu gering, so gleitet der Riemen; ist die Spannung zu groß, so leidet der Riemen, und die Lager laufen leicht warm. Bei einem Gleiten des Riemens bleibt die mit der Welle rotierende Riemenscheibe zurück und erreicht nicht die notwendige Umdrehungszahl. Man kann diesem Übelstande in ober-

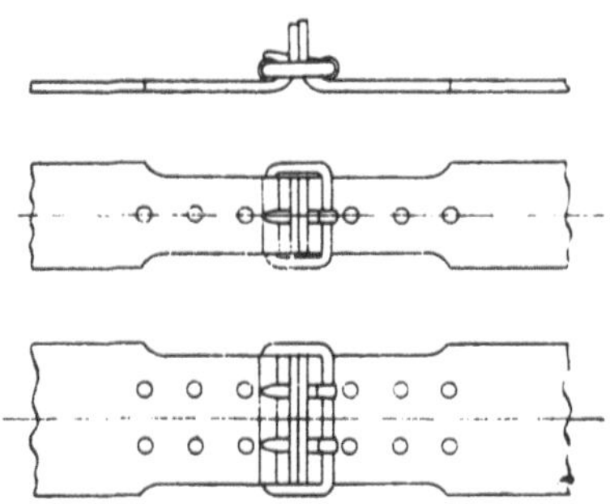

Abb. 51. Einfache Riemenschnalle.

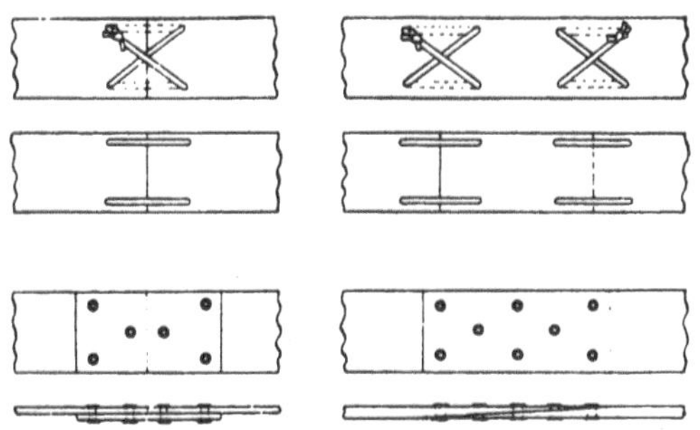

Abb. 52. Verschiedene Riemen-Verbindungen.

flächlicher Weise dadurch abhelfen, daß man gepulvertes Kolophonium unter den auflaufenden Riemen streut, so daß zwischen Riemen und Scheibe eine größere Reibung entsteht. Durch ein solches Vorgehen wird aber der Riemen verdorben, die Oberfläche wird aber nachher viel leichter gleitend, so daß der Fehler nicht behoben erscheint. Ein zu loser Riemen wird durch Nachspannen verbessert. Der einfachste *Riemenspanner* ist die in Abb. 51 dargestellte Riemenschnalle, welche nur bei sehr geringem Durchmesser der Scheibe unbrauchbar wird, weil sich dann der Riemen an die Oberfläche der Scheibe nicht genügend anschmiegen kann und der Riemen infolgedessen gleitet. Das richtige Spannen des Riemens erfolgt durch das Nähen, und zwar durch die Verwendung von Nähriemen, welche in Abb. 52 dargestellt sind, oder auch durch Leimen oder durch gleichzeitiges Nieten, durch die Verwendung von Schrauben (Abb. 52 unten) oder durch andere verbindende Elemente.

An der Stelle der Verbindung eines Riemens sind die Enden keilförmig zuzuspitzen, damit beim Zusammenpassen die Gesamtdicke des Riemens an der Verbindungsstelle nicht größer wird als an den übrigen Stellen. Man pflegt die Riemen vor dem Auflegen auf die Scheiben zu spannen, doch dehnen sich auch derartig vorgespannte Riemen stets noch während des Betriebes, so daß zu Beginn eines solchen die Riemen öfters nachgespannt werden müssen.

Bei der Handhabung der Riemen ist noch folgendes zu beachten:

1. die Verbindungsstelle eines Riemens soll mit ihrer Kante nicht gegen den Rand der Scheibe laufen, weil hierdurch die Verbindung verletzt werden könnte;
2. der Riemen ist sauber zu erhalten und vor Schmutz zu bewahren;
3. der Riemen darf nicht naß werden;
4. der Riemen soll stets in der Mitte der Scheibe laufen, soll sich seitwärts nicht reiben und den Rand der Scheibe nicht berühren;
5. das Herunterfallen der Riemen ist zu vermeiden;
6. der Riemen muß zeitweise von anhaftendem Fett befreit, mit lauwarmem Seifenwasser und mit einem Schwamm abgewaschen werden;
7. man muß den Riemen jährlich wenigstens ein- bis zweimal einfetten, damit er nicht spröde und brüchig wird;
8. der Riemen soll während des Winters so aufbewahrt werden, daß Mäuse, Ratten oder andere Nagetiere denselben nicht beschädigen können.

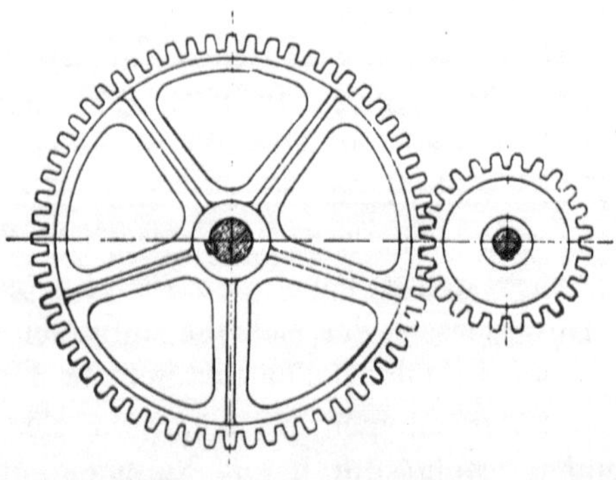

Abb. 53. Zwei Stirnräder.

Zahnräder. *Direkte* (Abb. 53) und *indirekte Zahnräder* (Kettentrieb) finden bei landwirtschaftlichen Maschinen im allgemeinen sehr oft Anwendung, weshalb sie hier eingehender behandelt werden sollen.

Ein Zahnrad ist ein scheibenartiger Körper, an dessen Umfange die Zahnformen regelmäßig angeordnet sind und durch welche die Bewegungsübertragung vermittelt wird. Diese Übertragung ist eine zwangläufige und geschieht in der Weise, daß die Zähne des treibenden Rades in die Lücken des getriebenen Rades eingreifen, wodurch die Bewegungsübertragung stattfindet.

Man unterscheidet der *Form* nach Stirnräder und Kegelräder[1]), dem *Material* nach eiserne Räder und Räder mit Holzzähnen. Bei den Stirnrädern liegen die Wellen parallel zueinander (Abb. 53), bei den Kegelrädern (konischen Rädern) schneiden sich die Achsen der Wellen unter einem rechten oder einem schiefen

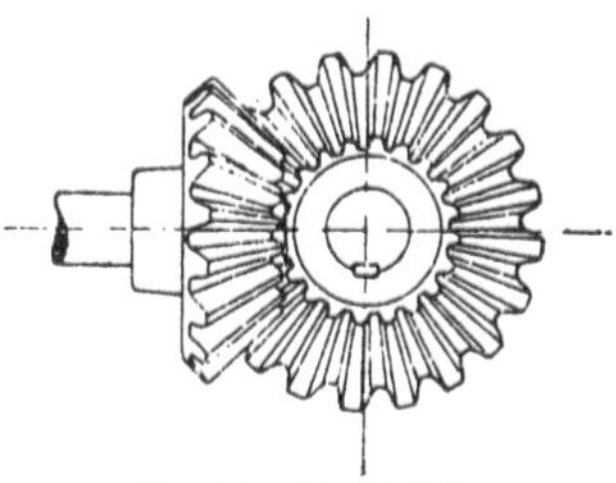

Abb. 54. Kegelräder.

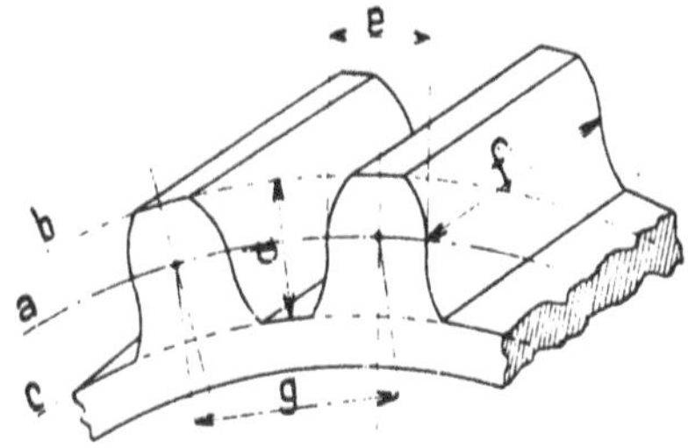

Abb. 55. Zahnradform.

Winkel (Abb. 54). Die wichtigsten Abmessungen des Zahnkranzes eines gewöhnlichen Stirnrades, welche in Abb. 55 dargestellt sind, sind folgende:

1. der Teilkreis *a*;	4. die Zahnhöhe *d*;
2. der Kopfkreis *b*;	5. die Zahndicke *e*;
3. der Grundkreis oder Fußkreis *c*;	6. die Zahnbreite *f*;
	7. die Zahnradteilung *g*.

Der Teilkreis ist das Wichtigste des Zahnrades, denn derselbe bestimmt den Durchmesser des Rades. Wenn wir z. B. sagen, der Durchmesser des Zahnrades ist 500 mm, so verstehen wir unter diesem Maße stets den Durchmesser des Teilkreises. Wir finden den Teilkreis eines beliebigen Zahnrades, indem wir die Zahnhöhe *d* in sieben gleiche Teile teilen, dann liegt der Teilkreis bei dem vierten Punkte vom Grundkreise *c* an gerechnet oder, was dasselbe ist, im dritten Punkte vom Kopfkreise *b* aus gerechnet. Der obere Teil des Zahnes wird durch den Kopfkreis, der untere durch den Grund- oder Fußkreis begrenzt,

[1]) Es gibt der Form nach noch andere Zahnräder, die aber bei Dreschmaschinen keine Anwendung finden und deshalb hier nicht aufgeführt werden sollen.

während die Entfernung zwischen beiden Kreisen die Zahnhöhe ergibt. Die Dimension des Zahnes auf dem Teilkreise gemessen nennen wir die Zahndicke *e*. Die Teilung *g*, welche wir stets auf dem Teilkreise *a* messen, ist gleich der Entfernung von Zahnmitte des einen Zahnes bis Zahnmitte des nächsten Zahnes oder, was dasselbe ist, gleich der Summe aus Zahndicke und Zahnlücke. Die Zahnlücke ist stets 1,1 mal so groß wie die Zahndicke, deshalb ergibt sich die Teilung aus der Dicke des Zahnes, indem wir dieses Maß mit 2,1 multiplizieren:

$$g = 2{,}1 \cdot e.$$

Ist z. B. die Zahndicke 20 mm, dann wird die Zahnlücke

$$20 \cdot 1{,}1 = 22 \text{ mm}$$

und die Teilung

$$20 + 22 = 42 \text{ mm}$$

oder gleich der Zahndicke 20 multipliziert mit 2,1, was ebenfalls 42 mm ergibt.

Zwei Zahnräder laufen in richtiger Weise, wenn die Teilkreise, deren Durchmesser verschieden sein können, einander berühren (Abb. 56). Hieraus ist zu ersehen, daß zwischen dem Kopfkreise des

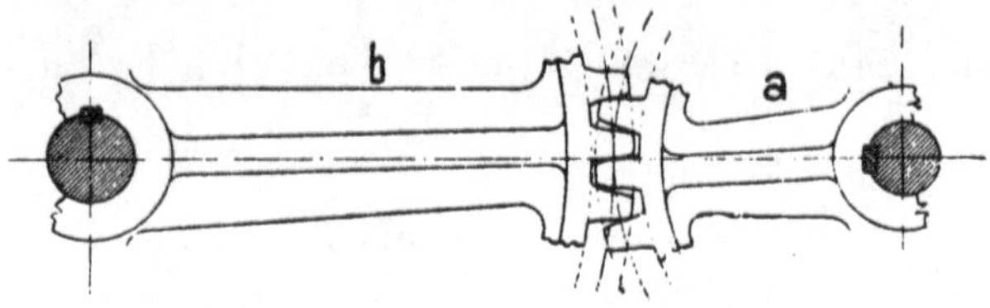

Abb. 56. Richtig eingestellte Zahnräder.

einen Rades *a* und dem Fußkreise des anderen Rades *b* ein kleiner Zwischenraum entsteht, welcher unbedingt notwendig ist, damit die Räder sich richtig bewegen und die Zähne richtig in- und auseinandergreifen können. Wenn hingegen die Teilkreise sich nicht berühren, sondern etwas voneinander abstehen, so wird das Eingreifen der Zahnräder fehlerhaft. In diesem Falle würden sich nur die oberen Teile der Zähne berühren, wodurch leicht Brüche hervorgerufen werden können.

Bei Zahnrädern ist daher sehr wichtig:

1. daß dieselben richtig montiert sind, damit sich die Teilkreise genau berühren;
2. daß wenigstens zwei Zähne, und zwar in der ganzen Zahnbreite, miteinander im Eingriff stehen.

Sind die Zähne abgenützt, so entsteht ein sog. »toter Gang«; die Zahnräder müssen dann ersetzt werden. Ganz unrichtig ist es, zwischen die Zahnräder Öl mit beigemengtem Sand zu streichen, weil dadurch nur die Abnützung der Zähne vermehrt wird.

Holzzähne werden benützt, wo das eine Rad einer schnelleren Abnützung ausgesetzt ist und wo ein geräuschloser ruhiger Gang erwünscht wird. In diesem Falle ist das eine Rad ganz aus Eisen, während das andere in das eiserne Rad Zähne aus Hartholz eingesetzt erhält: In rechteckigen Öffnungen des gußeisernen Zahnkranzes werden die Holzzähne eingefügt und durch Keile oder Eisenstifte befestigt. Wenn sich die Holzzähne abgenützt haben, so kann man sie leicht ersetzen.

Kettentrieb, d. h. indirekt arbeitende Zahnräder, entstehen dadurch, daß man die zweckmäßig ausgebildeten Zahnräder durch eine um die Zähne des Rades gelegte Kette miteinander verbindet. Die Achsen dieser Räder können dabei in ziemlicher Entfernung voneinander stehen, so daß die Kette über den Umfang der Zahnräder gelegt erscheint wie ein Riemen bei den Riemenscheiben. Der Vorteil gegenüber dem Riementrieb liegt darin, daß die Kette auf den Zahnrädern nicht gleiten kann. Bei längerem Gebrauche kann es aber vorkommen, daß die Gelenkskette sich abnützt und daß dadurch ebenfalls Spielräume, die zu einem toten Gange führen, entstehen können. Kettentriebe werden bei Dreschmaschinen verhältnismäßig selten angewendet, so daß auf deren weitere Beschreibung hier nicht eingegangen zu werden braucht.

Berechnungen der Riemenscheiben und Zahnräder. Diese Berechnungen können im praktischen Betriebe häufig vorkommen. Es ist möglich, daß z. B. jemand, der eine ältere Lokomobile besitzt, sich eine Dreschmaschine anschaffen will. Damit die letztere richtig arbeitet, ist es notwendig, daß dieselbe eine bestimmte minutliche Umdrehungszahl für ihre Trommel erreiche, z. B. 1040. Der Durchmesser des Schwungrades an der Lokomobile kann gemessen werden; er beträgt z. B. 1600 mm. Ebenso kann man die Umdrehungszahl dieses Schwungrades bestimmen, sie wäre z. B. 130 in der Minute. Hiernach kann man nun den Durchmesser der Riemenscheibe bestimmen, welchen die Trommel der Dreschmaschine bekommen muß. Ist der Durchmesser des Schwungrades D und die Umdrehungszahl n_1, während die Umdrehungszahl der Trommelwelle n_2 sein soll, dann berechnet sich der Durchmesser d der Trommelriemenscheibe aus der Gleichung:

$$D \cdot n_1 = d \cdot n_2 \quad \ldots\ldots\ldots \quad (1)$$

und

$$d = D \cdot \frac{n_1}{n_2}.$$

Also der Durchmesser der Trommelriemenscheibe ist gleich dem Produkte aus Schwungraddurchmesser mal Tourenzahl desselben, geteilt durch die gewünschte Tourenzahl der neuen Trommelriemenscheibe. In dem als Beispiel gewählten Falle hätten wir also:

$$d = \frac{1600 \cdot 130}{1040} = 200 \text{ mm},$$

d. h., der Durchmesser der Riemenscheibe der Trommel muß 200 mm sein.

Ebenso kann man aus der oben angegebenen Gleichung (1) jede andere der vier Zahlen bestimmen, wenn nur die drei anderen bekannt sind.

Bei den Zahnrädern kann die Frage entstehen, wieviel Zähne das eine Rad besitzen muß, wenn wir die Durchmesser der zwei Zahnräder und die Anzahl der Zähne des einen Rades kennen. Wird der Durchmesser des einen Zahnrades mit der Anzahl der Zähne des anderen Rades multipliziert, so ist diese Summe genau so groß, wie das Produkt aus der Anzahl der Zähne des ersten Rades und dem Durchmesser des zweiten Rades.

Ist z. B. die Anzahl der Zähne des Rades $a = 75$, der Durchmesser des Rades $a = 675$ mm, der Durchmesser des Rades $b = 225$ mm und es wäre nun zu berechnen, wieviel Zähne das Rad b bekommt: dann muß nach der vorgenannten Regel sein:

$$75 \cdot 225 = 675 \cdot ?$$

hieraus ergibt sich die Zahl der Zähne des Rades b

$$= \frac{75 \cdot 225}{675} = \frac{16875}{675} = 25.$$

Wir ersehen also, daß das zweite Rad b für den Durchmesser von 225 mm 25 Zähne bekommen muß.

II. Teil.

Die wirksamen Teile der Dreschmaschine.

Es wurde schon früher angegeben, daß mit Rücksicht auf die *Bauart* der Dreschtrommel zwei große Gruppen von Dreschmaschinen unterschieden werden müssen:

1. die Stiftendreschmaschinen.
2. die Schlagleistendreschmaschinen.

1. Die Stiftendreschmaschinen.

Die Trommel. Dieselbe ist in Abb. 57 dargestellt und, wie bereits auf S. 5 erwähnt, amerikanischen Ursprunges. Zunächst waren diese Maschinen nicht sehr verbreitet, später hingegen haben sie wegen ihrer Vorteile immer mehr und mehr Benützung gefunden.

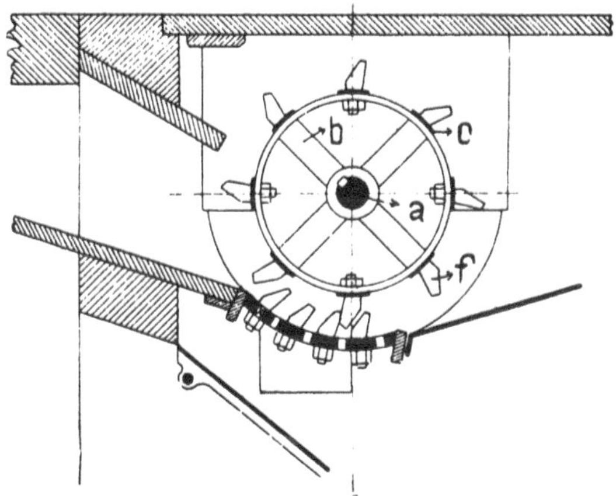

Abb. 57. Offene Stiftentrommel mit unten liegendem Korb.

Die Vorteile der Stiftentrommeln sind: billige Herstellung und große Arbeitsleistung, was gleichbedeutend ist mit geringem Kraftbedarf. Als Nachteile dieses Systems sind zu nennen: Das Zerbrechen der Körner und das Abzwicken ganzer Ähren. Der zuletzt genannte Nachteil ist so groß, daß bei amerikanischen Maschinen ein eigener Elevator angebracht werden muß, um die Ähren, welche ungedroschen mit dem Kurzstroh aus der Maschine kommen, wiederum der Dreschtrommel zuzuführen.

Die Vorteile des Systems sind bei kleinen Maschinen besonders auffallend, so daß wir Stiftentrommeln fast ausschließlich bei Hand- und Göpeldreschmaschinen finden (vgl. Zusammenstellung S. 9), während erst in den letzten Jahren auch bei kleinen Maschinen die Schlagleistentrommel Anwendung fand.

Die Trommel einer Stiftendreschmaschine kann sein:

1. offen,
2. geschlossen.

Hinsichtlich der *Lage* des Dreschkorbes zur Trommel ist zu unterscheiden, daß derselbe

1. oben,
2. unten,
3. seitwärts angebracht werden kann.

Die offene Trommel mit untenliegendem Korbe ist in Abb. 57 dargestellt. Man erkennt aus derselben die Trommelwelle *a*, die Trommelkreuze (Trommelarme) *b*, die Stifte *f* und die zur Anbringung der Stifte notwendigen Versteifungsleisten *c*. Die Trommel-

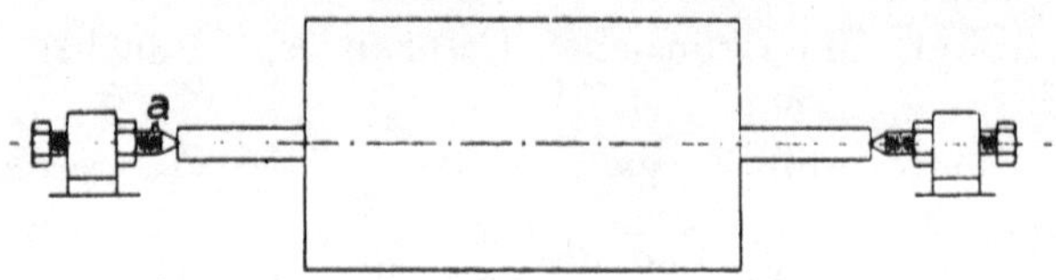

Abb. 58. Trommelwelle zwischen Stellschrauben.

welle ist eine gerade Welle, welche gegen seitliche Verschiebungen gesichert sein muß. Es gibt Konstruktionen (Abb. 58), bei welchen die Welle zwischen zwei Schrauben *a* gelagert ist. Durch Verstellen der Schrauben kann die Lage der Trommel in horizontalem Sinne leicht geändert werden, wodurch die Montage und Justierung der Maschine bedeutend erleichtert wird.

Die Kreuze. Sie sind in Abb. 57 (b) dargestellt und bilden das Gerippe (Skelett) der Trommel. Die Kreuze werden aus Gußeisen oder Schmiedeeisen hergestellt; im letzteren Falle sind nur die Arme (Speichen) aus Schmiedeeisen und in einer gußeisernen Nabe eingegossen, man kann aber auch das Kreuz aus einem schmiedeeisernen Blech herstellen und auf die Mitte desselben eine schmiedeeiserne oder gußeiserne Scheibe als Nabe aufnieten, so daß das Kreuz auf die Welle aufgekeilt werden kann.

Die Zahl der Kreuze ist von der Breite der Trommel abhängig. Bei kleineren Stiftendreschmaschinen werden gewöhnlich zwei angebracht, welche je an der Stirnwand der Trommel sitzen. Für größere Trommelbreiten verwendet man mehrere Kreuze und ordnet sie dann in gleichen Entfernungen voneinander an.

Die Versteifungsleisten *c* (Abb. 57) werden aus Schmiedeeisen angefertigt und auf dem Umfange der Kreuze in gleichem Abstande voneinander angeschraubt. Zu diesem Zwecke sind auf den Kreuzen

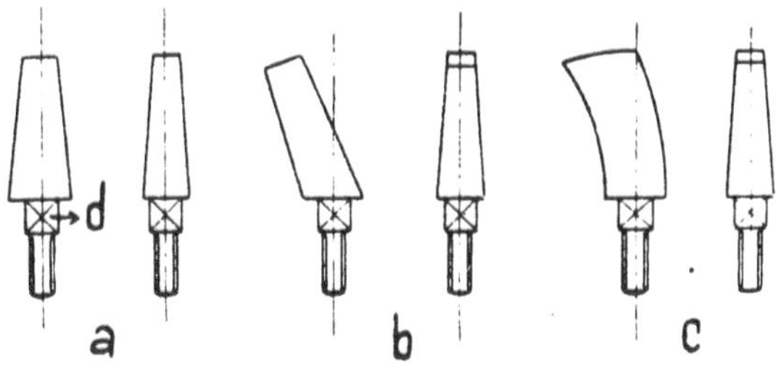

Abb. 59. Stiftenformen.

schmiedeeiserne Ringe angebracht, weil die Zahl dieser Leisten, auf denen die Stifte befestigt sind, gewöhnlich sechs oder acht beträgt, so daß auch noch zwischen den Kreuzen Stiftenreihen angeordnet werden müssen.

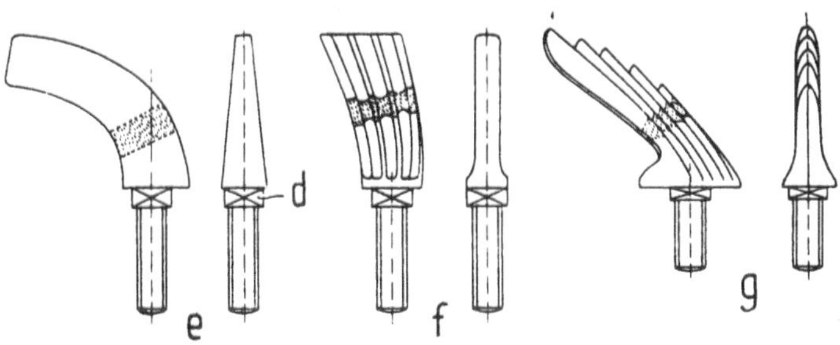

Abb. 60. Stiftenformen.

Die Stifte, welche in Abb. 59 und 60 dargestellt sind, wurden früher aus Gußeisen verfertigt, in neuerer Zeit aber fast nur aus schmiedbarem Guß (Temperguß), aus Stahl oder Tiegelgußstahl. Die Form derselben ist verschieden und durch die in Abb. 59 und 60 angegebenen Darstellungen gekennzeichnet. Die Zahl der Ausführungen ließe sich noch leicht auf das Doppelte erhöhen. Im allgemeinen gibt es symmetrische Stifte, welche nach beiden Drehrichtungen hin brauchbar sind (*a* in Abb. 59); meist verwendet man aber einseitige Stifte, welche nur nach einer Drehrichtung gebraucht werden können (*b*, *c*, *e*, *f* und *g* in Abb. 59 und 60). Die letzteren sind nach der entgegengesetzten Richtung abgebogen, nach der die Drehung erfolgen soll. Der obere Teil der Stifte, durch welche die eigentliche Arbeit des Drusches geschieht, hat eine konische Form, ist glatt, manchmal auch gerippt (*f* und *g* in Abb. 60); der untere Teil, welcher in die Versteifungsleisten eingesetzt wird, ist vierkantig (*d* in Abb. 59 und 60); der unterste Teil enthält Schraubengewinde und dient zur Aufnahme der Befestigungsmutter. Der Stift wird dadurch auf der Versteifungsleiste der Trommel in seiner Lage unveränderlich befestigt, daß der vierkantige Teil des Stiftes in eine passende viereckige Öffnung der Leiste eingefügt wird.

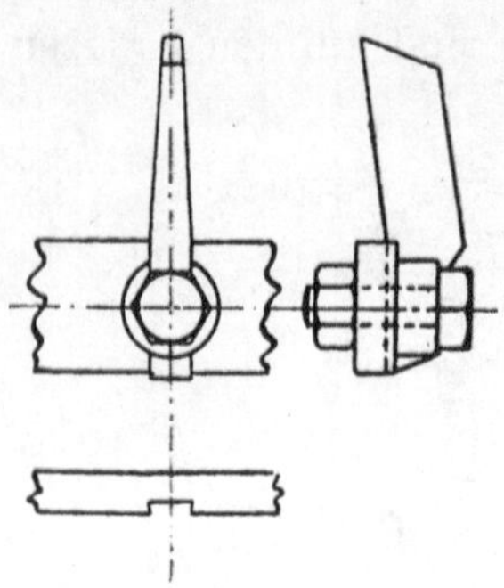

Abb. 61. Befestigung der Stiften in der Trommelleiste. 1. Art.

Da sich die Dreschtrommeln verhältnismäßig rasch bewegen, müssen die Stifte gegen ein Herausfallen gesichert sein. Dies geschieht durch eine Doppelmutter oder durch eine Unterlagsplatte, bei welcher die eine Seite auf die Fläche der Schraubenmutter, die andere Seite nach der Leiste hin abgebogen wird. Zuweilen wird auch eine federnde, schraubenförmige Unterlagsscheibe verwendet, welche zwischen Leiste und Schraubenmutter gesetzt wird und infolge ihrer Federkraft die Mutter auf das Gewinde preßt und dadurch ein selbständiges Lockern verhindert. In Abb. 61 ist eine Befestigungsart der Stifte mit Einkerbungen dargestellt. Diese Befestigungsart ist besser als diejenige mit gewöhnlichen Schrauben, sie ist jedoch etwas teurer. Eine noch bessere und einfache Befestigungsart von Stiften, die sehr sicher ist, zeigt Abb. 62. Der eigens geformte Stift ist in eine Einkerbung *e* der Winkel-Leiste eingefügt.

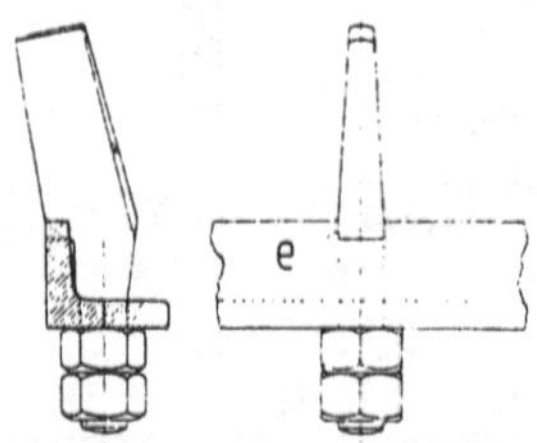

Abb. 62. Befestigung der Stiften in der Trommelleiste. 2. Art.

Auf den Versteifungsleisten sind in einer Reihe meist 4, 5 und 6 Stifte angeordnet, so daß die Zahl derselben auf der ganzen

[1]) Die Formen *g* (nach D. R. P. Nr. 174037) liefert Fr. Pirwitz in Rügenwalde, Pommern.

Trommel zwischen 32 und 48 Stück variiert. Die Anbringung der Stifte auf dem Umfange der Trommel ist schraubenförmig, so daß sich die in Abb. 63 dargestellte Abwicklung eines Trommelmantels ergibt. Würden wir diese Fläche auf den Trommelmantel übertragen, so müßten die geraden Linien dann Schraubenlinien bilden. Die Anordnung der Stifte auf der Trommel und auf dem Korbe zeigt in ihrer gegenseitigen Lage die Abb. 64, in welcher die Stiftentrommel *a*, der dazu gehörende Korb *b* mit vier oder (*c*) mit drei Stiftenreihen besetzt sein kann. Wenn wir die Körbe *b* und *c* miteinander vergleichen, so sehen wir, daß bei dem Korbe *b* die erste und die dritte, die zweite und die vierte Reihe gleichartig ausgebildet sind, während bei dem Korbe *c* die Stiftenanordnung ganz verschieden getroffen ist und in der mittleren Reihe die Entfernung der Stifte ganz bedeutend kleiner ist als in den

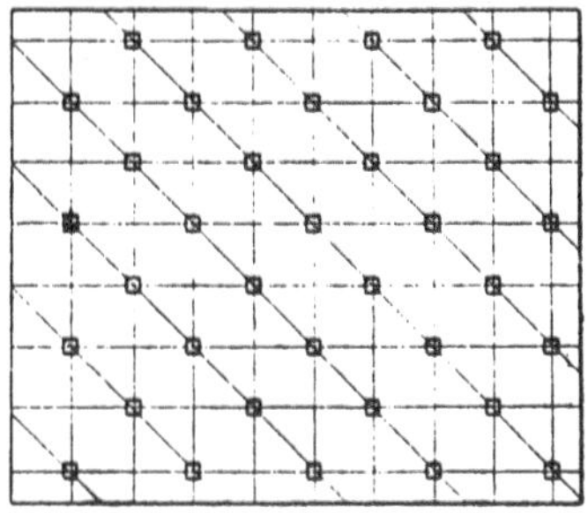

Abb. 63. Anordnung der Stifte auf der abgewickelten Trommelmantelfläche.

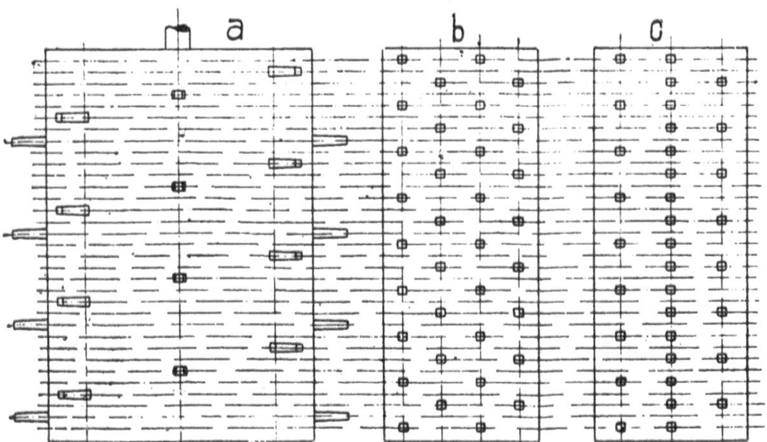

Abb. 64. Anordnung der Trommel- und Korbstifte.

beiden anderen Reihen. Die Mittellinie der Trommel und der Korbstifte müssen immer eine genaue gerade Linie bilden.

Die geschlossene Trommel. Sie ist in Abb. 65 dargestellt und besteht im wesentlichen aus denselben Teilen wie die offene Trommel.

Auch hier sind Trommelkreuze vorhanden, jedoch macht man dieselben hier zumeist aus einem etwa 4 ÷ 5 mm dicken Blech, auf dessen innerer Seite acht Leisten angeordnet sind; dieselben sind aber bedeutend schwächer als bei der offenen Trommel, weil die Trommel ohnehin durch das sie umhüllende Blech versteift ist. Auf das die Kreuze bildende Blech *b* wird in der Mitte eine Scheibe *c* aufgenietet, so daß mit Hilfe derselben die Kreuze auf die Welle aufgekeilt werden können. Die Bleche sind rechts und links von der Mitte mit fensterartigen Ausschnitten *d* versehen, welche durch Deckel abgeschlossen werden können. Offene Trommelkonstruktionen, bei denen die seitlichen Öffnungen nicht verschließbar sind, müssen als fehlerhaft bezeichnet werden, weil sich Staub und Unreinlichkeiten, die beim Dreschen entstehen,

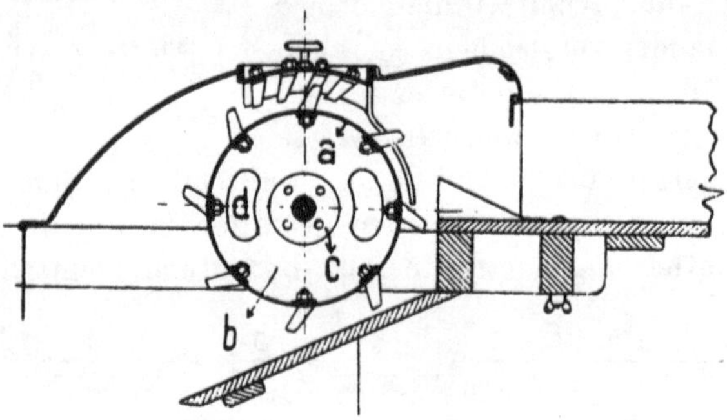

Abb. 65. Geschlossene Stiftentrommel mit oberem Korb.

im Innern der Trommel ungehindert anhäufen können. Nach Abnahme der seitlichen Deckel an den Öffnungen der Kreuze kann man das Innere der Trommel und die Muttern der Stiftenschrauben erreichen; man kann dieselben festziehen oder auch im Bedarfsfalle ganze Stifte austauschen.

Wenn wir die beiden Trommelkonstruktionen miteinander vergleichen, so kann die *offene Trommel* für sich folgende Vorteile in Anspruch nehmen:

1. Der Staub und Schmutz, welcher sich an den Versteifungsleisten festsetzt, fällt infolge der Bewegung der Trommel wieder herab;
2. die offene Trommel ist leicht zu reinigen und infolgedessen die Erreichung eines gleichmäßigeren Ganges möglich;
3. die Befestigung der Stiftenschrauben ist leichter zu beaufsichtigen und ein Austauschen der Stifte bequemer;

4. das Eigengewicht der offenen Trommeln ist größer als dasjenige der geschlossenen Trommeln, wodurch wieder eine größere Gleichmäßigkeit des Ganges der Trommel beim Betriebe der Maschine zu erreichen ist.

Bei *beiden Trommelsystemen* haben wir auf folgendes zu achten:

1. die Kreuze müssen auf der Welle so befestigt sein, daß eine unbeabsichtigte Änderung der Lagerstellen nicht erfolgen kann;
2. auf eine gute Lagerung der Trommel ist besonderes Gewicht zu legen;
3. die Trommel und die Stifte derselben sind in ihrer Lage zu den Stiften des Korbes richtig einzustellen;
4. die Stiften sind in die Versteifungsleisten genau einzupassen und in ihrer Lage zu sichern;
5. die lockeren oder abgenützten Stifte sind durch neue zu ersetzen;
6. die Trommel muß rein gehalten werden;
7. die seitlichen Deckel an den Kreuzen der geschlossenen Trommel dürfen nicht vergessen werden;
8. die Trommel ist vor dem Gebrauche auszugleichen, was bei den Schlagleistenmaschinen noch besonders besprochen werden wird;
9. es ist darauf zu achten, daß die Tourenzahl und die Umfangsgeschwindigkeit der Trommel die für die Drescharbeit notwendige Größe erreicht.

Unter Umfangsgeschwindigkeit der Trommel verstehen wir denjenigen Wert, welchen ein auf dem Umfange der Trommel befindlicher Punkt in einer Sekunde zurücklegt. Zwischen dem Umfange und dem Durchmesser eines jeden Kreises besteht der Zusammenhang, daß der Umfang des Kreises 3,14 mal so groß ist wie der Durchmesser, so daß der Umfang eines jeden Kreises aus dem Durchmesser berechnet werden kann. Wenn man nun einen Punkt des Umfanges annimmt, so legt dieser Punkt bei seiner Umdrehung einen Weg zurück, welcher gleich ist dem Umfange des Kreises. Macht nun die Trommel in der Minute n Umdrehungen, so ist der zurückgelegte Weg pro Minute 3,14 mal dem Durchmesser mal n und in einer Sekunde ist der zurückgelegte Weg der 60. Teil davon, so daß die

$$\text{Umfangsgeschwindigkeit } v = \frac{3{,}14 \cdot D \cdot n}{60} \quad . \quad . \quad . \quad (2)$$

wobei D den Durchmesser des Kreises bedeutet.

Bei der Berechnung ist der Durchmesser D der Trommel in Metern auszudrücken, so daß auch die Umfangsgeschwindigkeit v in Metern erhalten wird.

Bei den *kleinen Dreschmaschinen* beträgt diese Umfangsgeschwindigkeit 14 m, bei *größeren* Stiftendreschmaschinen etwa 20 m. Wird diese Geschwindigkeit überschritten, so werden die Körner zerbrochen; bleibt die Geschwindigkeit unter der angegebenen, so bleiben die Körner in den Ähren zurück. Gewöhnlich beträgt der Durchmesser der Stiftentrommeln 40 ÷ 45 cm, d. i. 0,4 ÷ 0,45 m, und die Umdrehungszahl der Trommel 1000, 900 oder 500 pro Minute. Die Trommeln mit kleinerem Durchmesser laufen rascher, diejenigen mit großem Durchmesser langsamer.

Der Korb. Der Korb bildet sozusagen die »Gegengarnitur« der Trommel, da er mit derselben zusammen arbeitet. Ein unterhalb der Trommel angeordneter Korb ist in Abb. 57, ein oberhalb derselben angebrachter in Abb. 65 dargestellt. Man ersieht aus diesen beiden Darstellungen, daß der Korb eine ebenfalls mit Stiften besetzte konzentrische Kreisfläche bildet. Zwischen den Stiften eines unteren Korbes (Abb. 57) sind immer Öffnungen angeordnet, damit die ausgedroschenen Körner bereits hier durchfallen können. Bei einem oberen Korbe hingegen sind diese Öffnungen nicht nötig. Der zur Trommel konzentrisch angeordnete Korb umschließt beiläufig den sechsten Teil des Umfanges. Hinsichtlich der zur Konstruktion des Korbes verwendeten Materialien unterscheidet man solche aus Schmiedeeisen und solche aus Gußeisen. Die Form und die Befestigungsart der Stifte in dem Korbe ist genau dieselbe wie bei der Trommel, nur mit dem Unterschiede, daß die Schraubenmuttern dieser Stifte nicht gesichert zu werden brauchen, weil der Korb feststeht und somit eine Lockerung der Stifte nicht zu befürchten ist. Außerdem ist der Korb auch während des Betriebes an seiner Außenseite zugänglich, so daß man die Schraubenmuttern fortwährend beaufsichtigen kann. Im Korbe befinden sich gewöhnlich vier Reihen Stifte; ihre Anordnung ist

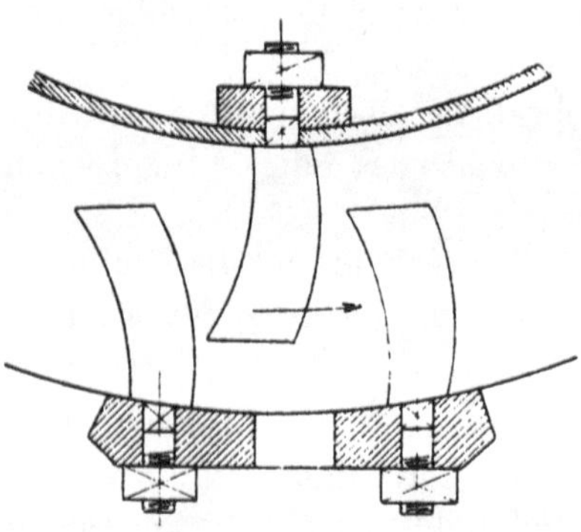

Abb. 66. Unrichtige Stiftenanordnung.

eine derartige, daß die Mittellinie der Trommelstifte die Entfernung der Mittellinie der Korbstifte gerade halbiert. Abb. 67 zeigt die richtige Lage der Korb- und Trommelstifte. Kommen die Stifte der Trommel einer oder der anderen Seite der Korbstifte zu nahe, so wird das Ausdreschen insofern fehlerhaft, weil an der einen Seite die Körner zerbrechen, an der anderen Seite die Ähren nicht vollständig ausgedroschen werden. Es ist ferner wichtig, daß die Oberflächen der Stifte gegeneinander richtig stehen, und zwar so, daß die konkaven Flächen gegeneinander zu liegen kommen. Die in Abb. 66 dargestellte Anordnung ist daher unrichtig; sie würde zur Folge haben, daß die Stifte scherenartig wirken und nicht dreschen.

Einstellung des Korbes. Die Güte und der Zustand der zu dreschenden Frucht ist sehr verschieden: bald werden die Ähren unreif, grün geschnitten sein, bald sind sie gut entwickelt oder die Körner sind

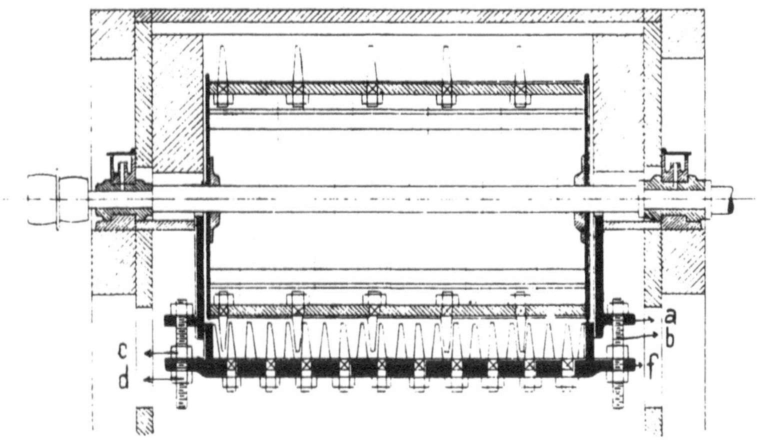

Abb. 67. Regelung des Stiftenkorbes durch Schrauben.

trocken oder feucht, gesund oder verfault, weich oder hart. Der Drusch muß allen diesen Umständen Rechnung tragen und eine zweckmäßige Regelung zulassen. Hierzu dient die Konstruktion des Korbes. Da die Stifte der Trommel und des Korbes, wie aus Abb. 67 ersichtlich, eine konische Form haben, wird die Entfernung zwischen den Stiften verkleinert, sobald man den Korb von dem Mittelpunkte der Trommel entfernt, oder vergrößert, wenn man den Korb zur Achse der Trommel hin bewegt. Es ist selbstverständlich, daß der Drusch kräftiger wird bei geringem Trommelabstande und schwächer wird bei größerer Entfernung der Stifte. Das allgemein verbreitete System der

Korbeinstellung ist dasjenige mit Schrauben. In Abb. 67 ist diese Trommelregelung dargestellt; sie zeigt die Schrauben *b*, welche in dem Teile *a* der gußeisernen Seitenstücke befestigt sind und durch die Verwendung der Muttern *c* und *d* den seitlichen Rand *f* des Korbes verstellen lassen. Hierdurch kann in zweckmäßiger Weise der Korb gehoben oder gesenkt werden. Werden z. B. die Muttern *d* nach unten

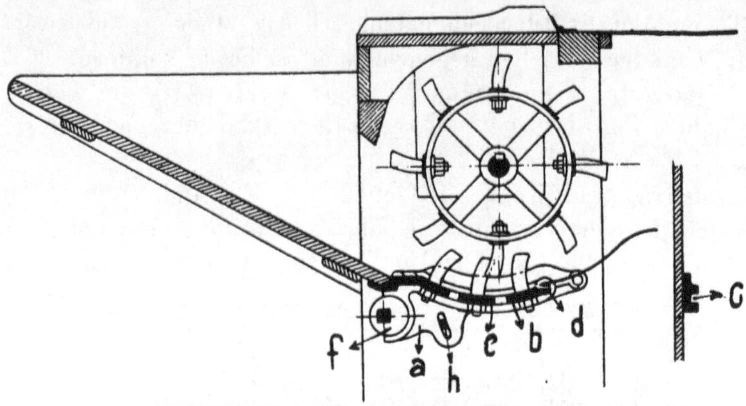

Abb. 68. Regelung des Stiftenkorbes durch Exzenter.

gedreht und die Muttern *c* nachgeschraubt, dann wird die Entfernung des Korbes von der Trommel größer.

Bei dieser Regelung des Korbes ist folgendes von Wichtigkeit:

1. die Einstellung muß zwischen beiden Seiten gleichmäßig geschehen, weil sonst der Drusch unrichtig wird;
2. nach der Einstellung sind die Schraubenmuttern *c* und *d* fest anzuziehen, damit sich der Korb nicht bewege.

Damit die Einstellung rechts und links gleichmäßig erfolgen könne, wird häufig diese Einstellung mittels Exzenter vorgenommen, was in Abb. 68 ersichtlich ist. In diesem Falle besteht der Korb aus zwei gußeisernen Seiten *a*, in welche die gebogene Korbplatte *b* hineingeschoben wird, so daß dieselbe in den Kanälen *c* liegt. Die Seitenteile sind an einer Stelle kreisförmig ausgebildet, so daß sich diese kreisförmigen Teile auf die zur Einstellung dienenden Exzenter auflegen. Außerdem sind sie an dem kreisförmig ausgebildeten entgegengesetzten Ende in einem Bolzen *d* drehbar gelagert und durch die Exzenter *f* gestützt, welche wiederum auf einer viereckigen Welle befestigt werden. Letztere ist in dem Maschinengestell gelagert und kann durch einen Hebel *g*, welcher in Abb. 69 dargestellt ist, gedreht werden, so daß hierdurch die Exzenter *f* verstellt werden und somit die Seitenteile *a* sowie auch den Korb *b* in ihrer Lage verändern. Ist die Einstellung erfolgt, so wird der Korb durch die Schrauben *h* an die Seitenwände angeschraubt, so daß eine weitere Verstellung des Korbes verhindert wird. Diese Schrauben *h* müssen natürlich gut festgezogen werden.

Damit ein Arbeiter die Einstellung leicht vornehmen kann, ist, wie aus Abb. 69 ersichtlich, eine Sperrklinke *j* angeordnet, welche dazu dient, den Korb so lange in der gewünschten Lage zu erhalten, bis die Schrauben *h* wieder angezogen sind.

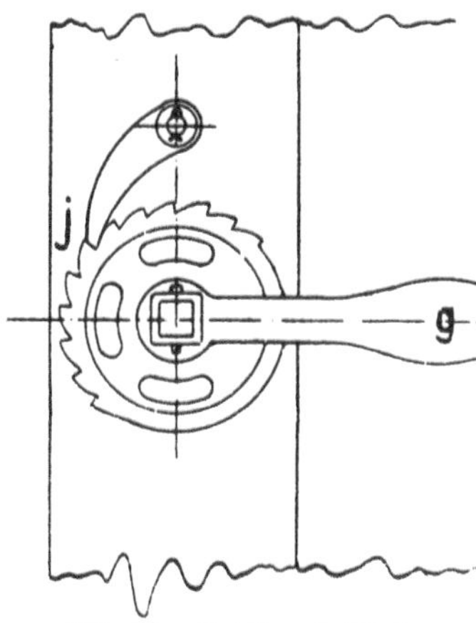

Abb. 69. Hebel und Klinke zur Regelung mittels Exzenter.

Die Einstellung des Korbes geschieht somit in folgender Weise:

1. die Schrauben *h* werden gelockert;
2. der Hebel *g* wird gedreht, bis er dem Korbe die gewünschte Stellung gegeben hat;
3. die Sperrklinke *j* wird in die Zähne des Sperrades eingelegt;
4. die Schrauben *h* werden festgezogen.

Es gibt auch eine Einstellung mit Schrauben und Zahnsegmenten- oder eine solche mit Hebelübersetzung, doch soll auf diese hier nicht eingegangen werden.

Die Handdreschmaschine (Abb. 70). Die einfachste Form der Stiftendreschmaschine ist die sog. Handdreschmaschine. Die Teile derselben sind: das Gestell, die Trommel, die Übersetzungen, die Einlegevorrichtung und die Strohabführung. Das Gestell wird aus Hartholz oder aus Eisen verfertigt und ist in zweckmäßiger Weise versteift. Die Trommel ist offen oder geschlossen, der Korb nach der vorhin angegebenen Konstruktion gebildet.

Bei diesen Maschinen gibt es Sicherheitsvorrichtungen, welche in dem Falle zur Wirkung kommen, wenn Steine oder Holzstücke in die Trommel gelangen sollten; der Korb hebt sich und dadurch wird der Bruch einzelner Teile vermieden. Die in Abb. 70 dargestellte Dreschmaschine kann für Handbetrieb oder für Göpelbetrieb verwendet werden. Im letzteren Falle wird die obere Übersetzungswelle auf dem unteren Teile des Gestelles angeordnet, wie dies in Abb. 70 dargestellt ist. Es wird dann eine durch ein Universalgelenk herbeigeführte Wellenverbindung notwendig, wie sie in Abb. 71 zu sehen ist. Sie wird auch der »Hooksche Schlüssel« genannt. In dieser Darstellung ist die Welle der Dreschmaschine A, diejenige des Göpels B; auf beiden Wellen sind die beiden Gabelstücke C und D angeordnet, welche das Kreuzstück E umschließen und mit demselben durch Stifte F

Abb. 70. Handdreschmaschine, auch eingerichtet zum Göpelantrieb.

verbunden sind. Zum Festlegen der Gabelstücke C und D auf den Wellen dienen die gehärteten Stellschrauben G. Durch eine derartige Wellenverbindung (Abb. 72) kann die treibende Kraft vom Göpel auf die Dreschmaschine innerhalb gewisser Grenzen unter einem Winkel α übertragen werden. Je größer der Winkel α wird, den die beiden zur Verbindung kommenden Wellen und die Zwischenwelle miteinander einschließen, um so größer wird innerhalb einer Umdrehung die Ungleichförmigkeit in der Bewegung. Die zulässige Grenze dieser Ungleichförmigkeit tritt dann ein, wenn der Winkel den Wert von 40° erreicht. In der Abb. 72 ist die Aufstellung der Dreschmaschine so gedacht, daß ihre Längsachse parallel zur Antriebswelle liegt; das ist insbesondere bei schmalen Scheunentennen nötig.

In Abb. 73 ist die Übersetzung bei einer Handdreschmaschine dargestellt. Sie zeigt, daß auf der Antriebswelle *a* ein größeres Zahnrad *b* aufgekeilt ist, während auf der anderen Seite der Welle in der Regel ein Schwungrad angebracht und auf diesem eine Handkurbel angeordnet wird. Das große Zahnrad *b* überträgt die Bewegung auf die Zwischenwelle *c*, welche ein kleines Zahnrad *d* und ein größeres Zahnrad *f* trägt: beide Zahnräder sind gewöhnlich aus einem Stück gegossen. Das Rad *b* greift in das Rad *c*, das Rad *f* in das Rad *g* ein, welches sich auf der Trommelwelle befindet.

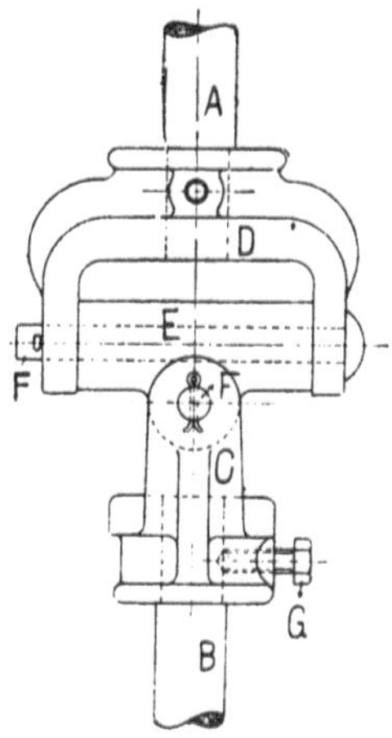

Abb. 71. Wellen-Kuppelung für Göpel-Dreschmaschinen.

Hat z. B. das Rad *b* 168 Zähne, das Rad *d* 32, so ist die Übersetzung zwischen beiden

$$168 : 32 = 5{,}25;$$

hat ferner das Rad *f* 120 und das Rad *g* 30 Zähne, so ist die Übersetzung $120 : 30 = 4$.

Die Übersetzung zwischen der Antriebswelle *a* und der Trommelwelle erhalten wir durch Multiplikation der beiden erwähnten Übersetzungsverhältnisse, und zwar im vorliegenden Falle

$$5{,}25 \cdot 4 = 21,$$

d. h., die Übersetzung in dieser Zahnräderübertragung ist 21.

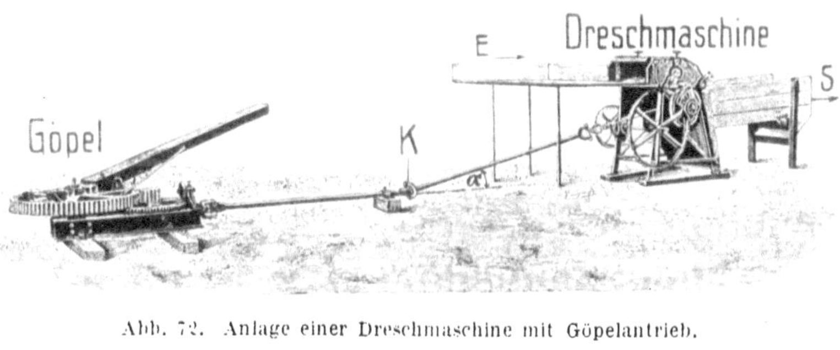

Abb. 72. Anlage einer Dreschmaschine mit Göpelantrieb.

Nehmen wir bei der Antriebswelle *a* eine minutliche Umdrehungszahl von 30 an, was etwa einer dauernden Leistung eines Arbeiters entspricht, so wird die Trommelwelle $30 \cdot 21 = 630$ Umdrehungen in der Minute machen.

Die Zahnräder müssen mit Schutzhüllen versehen sein.

Das Getriebe ist in der Regel so konstruiert, daß die Antriebswelle mit dem dazugehörigen Zahnrade in die unteren Lager eingelegt werden kann, wie dies in Abb. 70 dargestellt ist. In diesem Falle ist die Maschine zum Göpelantrieb geeignet.

Zum Einlegen des Dreschgutes, d. h. zur Speisung der Maschine, dient ein sog. Einlegebrett *E* (Abb. 72), auf welchem das zu dreschende Material so aufgelegt wird, daß die Ähren nach der Trommel hin zu liegen kommen. Das Material wird nun so weit vorgeschoben, bis es von der Trommel erfaßt und zwischen sie und den Korb hineingezogen wird. Bei sog. selbsttätigen Speisevorrichtungen sind zwei geriefte Speisewalzen angeordnet, welche vor der Trommel angebracht sind und das Dreschgut selbsttätig der Trommel zuführen.

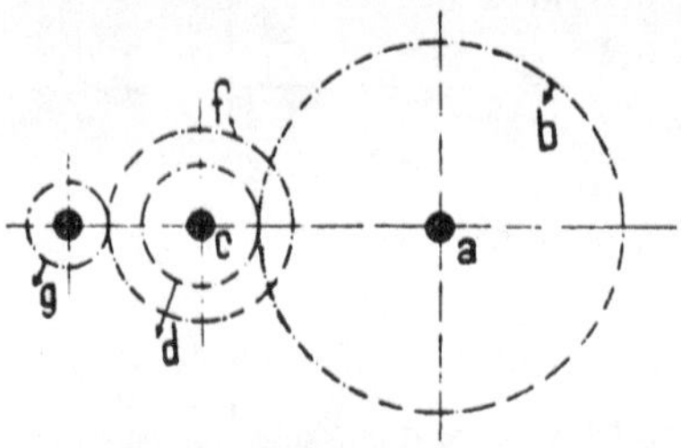

Abb. 73. Zahnradübersetzung für eine Handdreschmaschine.

Es gibt auch Göpel mit Riemenantrieb, dessen Vorteil darin besteht, daß im Falle des Eindringens eines Fremdkörpers zwischen Welle und Trommel der Riemen herabfallen kann und somit ein Zerbrechen der Maschinenteile vermieden wird. Diesem Vorteile gegenüber steht aber der Nachteil des Riemens, da dieser sich leicht dehnen kann, dann gleitet und auch rasch abgenützt wird, was zu Unregelmäßigkeiten im Betriebe führt. Besonders zu beachten sind die Trommelschutzdeckel, welche die Öffnungen rings um die Trommelwelle abschließen müssen, um einerseits Staub und Schmutz von dem Innern der Trommel abzuhalten, anderseits aber auch das Aufwickeln des Strohes auf die Trommel zu vermeiden.

Damit die Ähren zwischen Trommel und Seitenwänden nicht ungedroschen hindurchrutschen, sind vor der Trommel Leisten oder Winkel angebracht, welche entweder aus einem besonderen Stück bestehen oder mit den Seitenwänden zusammengegossen sind; durch diese Winkel werden die Öffnungen zwischen Trommel und Seitenwänden abgeschlossen.

Zur Bedienung einer Handdreschmaschine sind zwei, seltener vier Arbeiter notwendig, während für das Lösen der Garben, für das Einlegen und zum Strohtransport durchschnittlich sieben

Arbeiter benötigt werden. Die Arbeitsleistung eines Mannes ist bei der Maschine etwa $\frac{1}{3}$ größer als bei der Handarbeit. Dementsprechend ist die Arbeitsleistung der Maschine größer als die Arbeit eines Handdreschers.

Der Nachteil des Maschinendrusches liegt dagegen

1. in der größeren Menge von Körnerbruch,
2. im Zerdrücken des Strohes.

Der zweite Nachteil führt noch mit sich, daß das Stroh für industrielle Zwecke nicht weiter benutzt werden kann.

Trotzdem bedeutet die Maschine einen großen Fortschritt in bezug auf Zweckmäßigkeit und Wirtschaftlichkeit. Es gibt bei den Stiftendreschmaschinen außer der oben angeführten einfachen Maschine noch sog. kombinierte Dreschmaschinen. Dieses sind solche, bei welchen außer der Einrichtung zum Dreschen (Trommel und Korb) noch Strohschüttler, Kurzstrohreuter und manchmal noch Putzwerke vorhanden sind. Da diese Teile auch bei den Schlagleistenmaschinen Anwendung finden, so sollen diese Einrichtungen erst in dem Kapitel über Schlagleistenmaschinen besprochen werden.

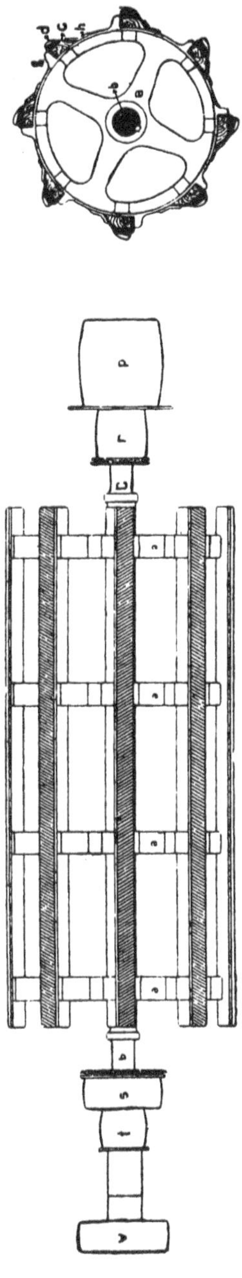

Abb. 74. Ansicht einer Schlagleisten-Dreschtrommel mit Riemenscheiben. Rechts Querschnitt.

2. Die Schlagleistendreschmaschinen.

Auch hier dreht sich die Trommel und der Korb steht fest. Auf der Oberfläche der Trommel sind statt der Stifte sog. Schlagleisten angebracht, wie sie in Abb. 80 und 81 zu sehen sind. Die Teile einer Schlagleistentrommel sind:

1. die Trommel,
2. die Trommelkreuze,
3. die Trommelleisten,
4. die Schlagleisten.

Die *Trommelwelle* (vgl. Abb. 5 S. 11) ist eine gerade, aus Stahl angefertigte Welle, welche auf der einen Seite mit Ringen, außerdem auf der ganzen Länge mit einer Keilnut zur Aufnahme der Trommelkreuze versehen ist. Auf die Trommelwelle wird, wie aus Abb. 74 ersichtlich ist, die Antriebsscheibe *p* befestigt; ferner daneben die Antriebsscheibe *r* für den Kurzstrohreuter, auf der anderen Seite die Antriebsscheibe *v* für den Entgranner, die Scheibe *s* für den Strohschüttler und die Scheibe *t* für den Antrieb des großen Ventilators.

Die Form und das Material der *Trommelkreuze* (oder »Trommelscheiben«) ist sehr verschieden. Gußeiserne Kreuze werden kaum ver-

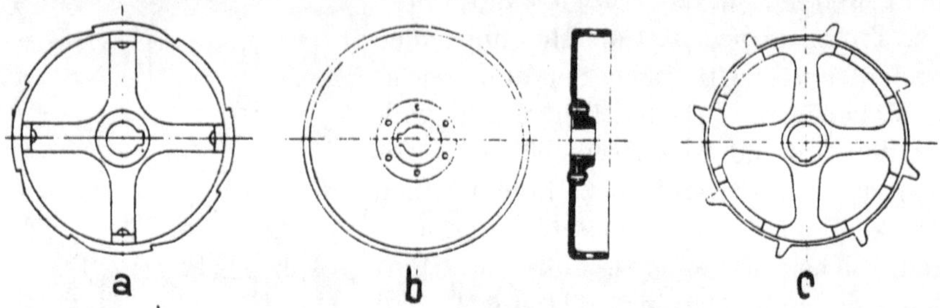

Abb. 75. Kreuze oder Trommelscheiben für Schlagleistentrommeln.

wendet, weil die Tourenzahl der Trommeln sehr groß ist; dagegen werden Trommelkreuze aus Weichguß, Schmiedeeisen, aus Blech oder auch aus Stahlguß hergestellt. Abb. 75 zeigt unter *a* ein Kreuz mit gepreßten, schmiedeeisernen Armen, an welche ein Ring angenietet ist, unter *b* ein Kreuz aus Stahlblech mit angenieteter, gußeiserner Nabe und unter *c* ein Kreuz aus Stahlguß. Ebenso stellt Abb. 76 zwei Kreuze aus schmiedbarem Guß (*d* und *e*) dar; bei *d* in Abb. 76 ist auch die Befestigung winkeliger Schlagleisten zu sehen. Die Arme der Kreuze sind nach Zahl und Form sehr verschieden (Abb. 75 und 76)[1]). Die Anzahl der auf der Welle sitzenden Kreuze ändert sich jeweils nach der Breite der Trommel; es können 3, 4, 5 oder auch noch mehr auf der ganzen Länge angeordnet sein, jedoch soll die Entfernung zwischen den einzelnen Kreuzen stets gleich sein. Die Befestigung geschieht durch zweckmäßig bearbeitete und gehärtete Stahlkeile.

---

1) Die Trommelscheiben können in verschiedenen Ausführungen fertig von Spezialfabriken bezogen werden, z. B. von Siecke & Schultz, Berlin SW 68.

Die *Leisten* der Trommel dienen zur Unterlage und Befestigung der Schlagleisten; sie sind an die Kreuze befestigt, werden aus Holz, Schmiedeeisen oder Stahl hergestellt. Sind die Leisten der Trommel aus Holz, so spricht man wohl auch von einer »H o l z t r o m m e l«, während alle übrigen Trommelkonstruktionen dagegen als »E i s e n - t r o m m e l n« bezeichnet werden. Die Holzleisten (Abb. 77, I) werden gewöhnlich aus sehr gutem und hartem Eschenholz angefertigt. Bei der Herstellung dieser Holzleisten ist es von Wichtigkeit, in welcher Weise die Leisten aus der ganzen Holzbohle herausgeschnitten werden. Liegen die Fasern des Holzes, wie in Abb. 77a, in

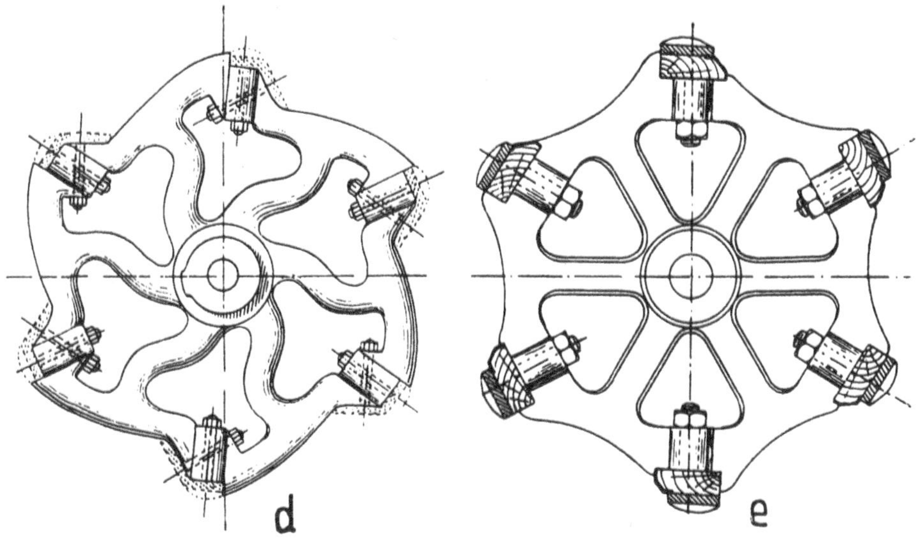

Abb. 76. Zwei Trommelscheiben aus schmiedbarem Guß.

der Längsrichtung der Leiste, so wird die Leiste richtig. Die Leiste wird dagegen unrichtig, wenn beim Ausschneiden derselben die Fasern, wie in Abb. 77b angegeben ist, liegen, weil in diesem Falle die Leiste sich sehr leicht biegt und die Leistenschrauben beim Anziehen die Fasern zusammendrücken. Derjenige Teil der Leiste, welcher in der Drehrichtung liegt, muß schräg abgeschnitten sein und mit einem Eisenstreifen *m* beschlagen werden (Abb. 77 I); dadurch wird die Holzleiste weniger rasch abgenützt.

Abb. 77 II zeigt eine andere Form der Leiste, und zwar eine solche aus Schmiedeeisen, welche bei älteren Dreschmaschinen verwendet wurde; dieselbe hat sich nicht bewährt, weil bei dieser Anordnung das Stroh und die Ähren zerbrochen wurden. Auf der Seite der Drehrichtung ist eine Rippe angebracht, auf welche sich die Schlagleisten stützen, und welche den Zwischenraum zwischen Trommelleiste und Schlagleiste abschließen soll.

In Abb. 77 II sind die aus Stahl bestehenden, zur Zeit bei den Dreschtrommeln in Anwendung stehenden Trommelleisten dargestellt, während Abb. 77 III eine ähnliche Konstruktion zeigt, welche aber zur Aufnahme einer andersgeformten Schlagleiste dient.

Bei allen hohen, hohlliegenden Leisten (Abb. 77 III) ist ein Ausfüllen des Hohlraumes mit Weichholz zu empfehlen, damit an

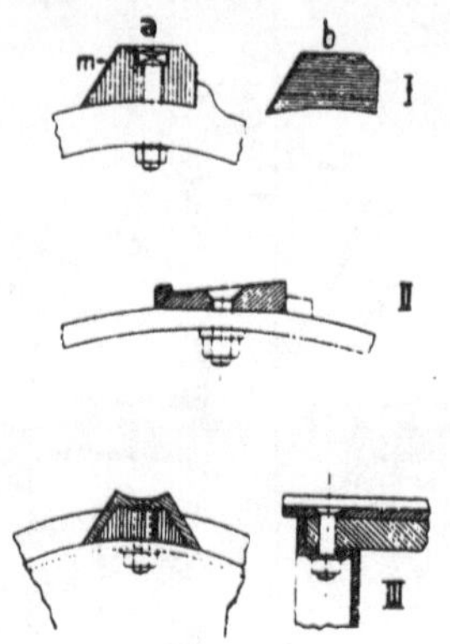

Abb. 77. Leisten für Schlagleistentrommeln.

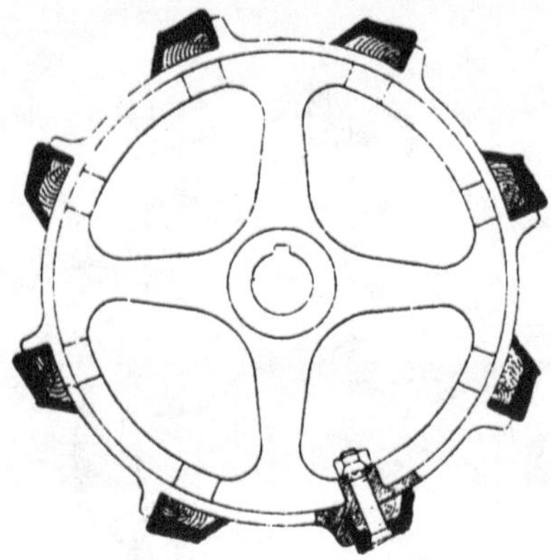

Abb. 78. Trommelscheibe mit Stahlleisten für Schlagleistentrommeln.

dieser Stelle das Ansammeln von Staub und Schmutzteilen vermieden werden kann. Man bezeichnet diese zuletzt genannten Trommeln mit Weichholzausfüllung nicht als Holztrommeln, weil die Leiste selbst aus Stahl angefertigt wird und das Holz nur als Unterlage dient.

Die Leistenschrauben, durch welche die Leisten auf dem Kreuze befestigt werden, sind in Abb. 77 dargestellt. Dieselben haben stets versenkte Schraubenköpfe von viereckiger oder konischer Form; in letzterem Falle müssen sie mit einer Nase gegen das Verdrehen versehen sein. Nur bei einer derartigen Ausführung können die Schraubenmuttern gut angezogen werden; diese letzteren sind auch gewöhnlich mit einer Sicherung zu versehen. Die Schraubenlöcher auf den Leisten haben eine längliche Form, damit die Montage der Trommel ohne Schwierigkeit erfolgen kann.

Die *Schlagleisten* selbst wurden zunächst aus Schmiedeeisen, später aus Weichguß verfertigt, zur Zeit verwendet man fast allgemein nur Schlagleisten, welche aus Stahl gewalzt werden. Sie sind mit schräg- oder längslaufenden Rippen versehen, deren Form und Höhe sehr verschieden sein kann. Es muß besonders hervorgehoben werden, daß die Schräglage der Rippen zweier aufeinanderfolgender Schlagleisten stets in entgegengesetzter Weise angeordnet ist, so daß von dem Speisebrett der Maschine aus gesehen die Rippen der einen Schlagleiste nach rechts, der nächsten nach links, dann wieder nach rechts usw. verlaufen (Abb. 79).

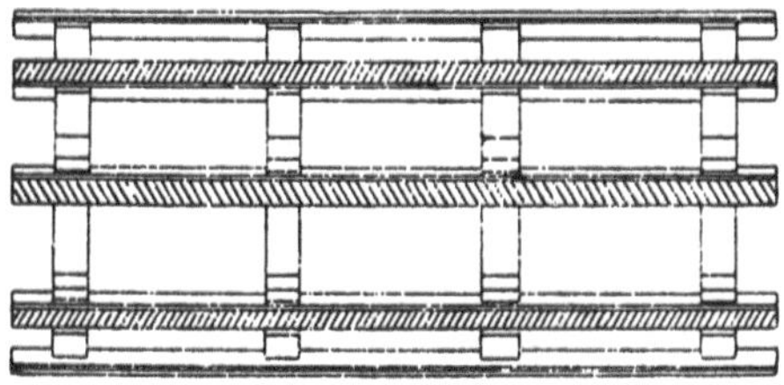

Abb. 79. Anordnung der Schlagleisten.

Infolge dieser Anordnung wird das Material durch die Trommel gleichmäßig hineingezogen, im entgegengesetzten Falle würde das Material auf die eine Seite geschoben werden. In Abb. 80 und 81 sind

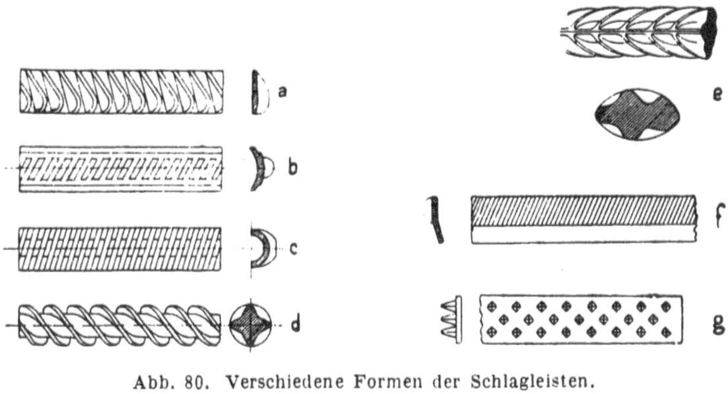

Abb. 80. Verschiedene Formen der Schlagleisten.

die verschiedenen Ausführungen von Schlagleisten dargestellt, und zwar in Abb. 80 die flachen Schlagleisten *a*, die kreisförmigen *b*, die halbkreisförmigen *c* und die ganzkreisförmigen *d*; ferner die ovalen *e*, die mit verlängerten Deckrippen versehenen *f* und die mit Stiften versehenen *g*. Außerdem sind in Abb. 81 noch Schlagleistenformen dargestellt: die längsgerippten *h*, die unterhalb ausgenommenen, längsgerippten *i*, ferner die winkeligen, mit verlängertem Deckschenkel versehenen *k* und die mit längs- und schräglaufenden Rippen versehenen Winkelschlagleisten *l*. Im allgemeinen gebraucht man die flache Schlagleiste, welche nur von der einen Seite benützt werden kann, während die Schlagleisten *b*, *c*, *h* und *i* von zwei Seiten, die Schlagleiste *e* von vier Seiten und die Schlagleiste *d* auf dem ganzen Umkreis benützt werden kann. Im letzteren Falle geschieht die Benützung in der Weise, daß nach Abnützung der Rippen die Schlagleiste einfach weitergedreht wird. Heutzutage verwendet man, namentlich bei größeren Maschinen, die Schlagleistenformen *f*, *k* und *l*. Die

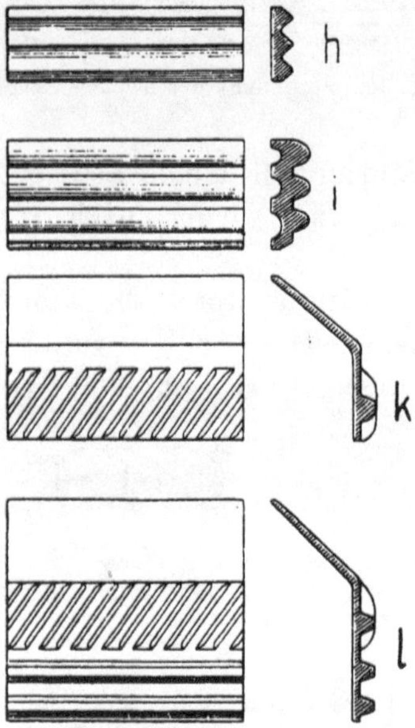

Abb. 81. Verschiedene Formen der Schlagleisten.

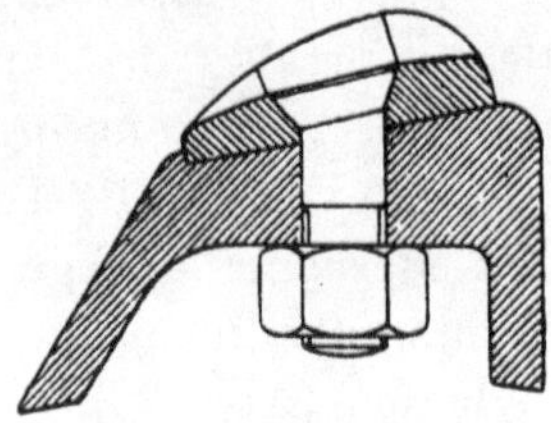

Abb. 82. Befestigung der Schlagleiste durch Schrauben.

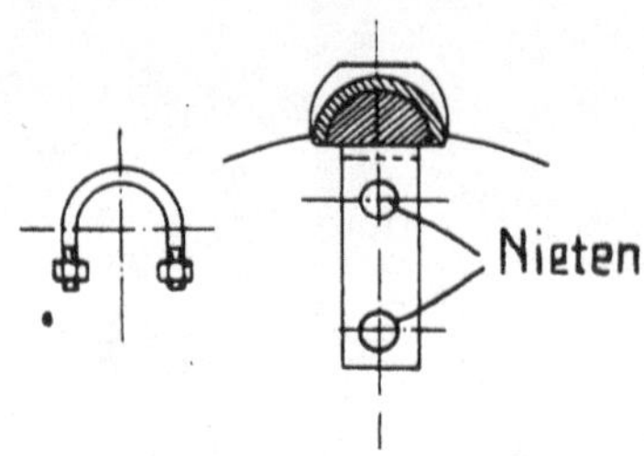

Abb. 83. Befestigung der Schlagleiste durch Nieten.

Befestigung der Schlagleiste auf den Trommelleisten ist durch die Abb. 82 dargestellt. Die Befestigungsschrauben sind an dem Kopf mit einer Rippe versehen, um jenen Teil der Rippe zu ersetzen, welcher durch das Bohren des Schraubenloches verloren geht.

Eine besondere Ausführungsform zeigt die Schraube in Abb. 83, welche zur Befestigung der kreisförmigen Schlagleisten nach Abb. 80c dient. Die Befestigungsart, welche in Abb. 83 rechts dargestellt wird, kommt zur Verwendung, wenn das Kreuz der Trommel aus Blech besteht und die Schlagleiste auf dieses Blech aufgenietet wird.

Montage der Trommel. Eine besondere Beachtung muß man der Montage der Trommel schenken, weil dieser wichtigste Teil der Dreschmaschine infolge seiner hohen minutlichen Umdrehungszahl (etwa 1000) sehr genau aufgestellt werden muß. In Abb. 84 ist ein Montierungsgestell dargestellt; es besteht aus zwei Gestellböcken, auf denen sich zwei offene Holzlager *a* befinden. Der Abstand *b* von Mitte zu Mitte Lager entspricht demjenigen der beiden Trommellager. Die Leiste *c* hat eine scharfe Kante, welche der Trommelachse zugekehrt ist und von derselben genau so weit entfernt ist wie der Radius der fertigen Trommel. Außerdem ist die Kante dieser Leiste *c* zur Trommelachse genau parallel.

Für eine genaue Montierung der Trommel ist nun folgendes zu beachten:

1. Hinsichtlich der Trommelwelle und der Lager ist das in dem betreffenden Kapitel auf S. 31 Angeführte zu berücksichtigen. Hier

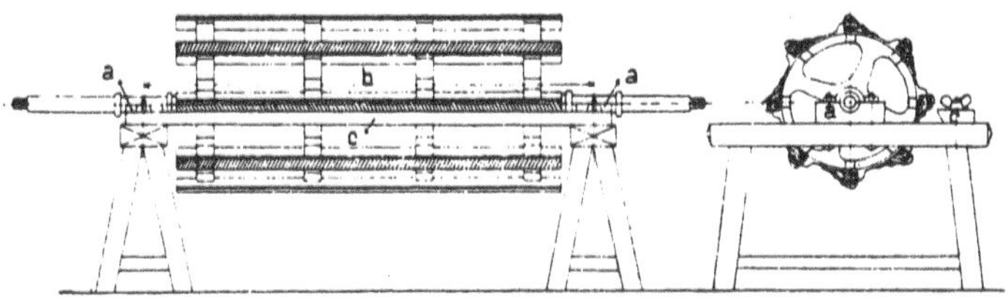

Abb. 84. Montage der Trommel.

soll nur nochmals bemerkt werden, daß die Welle genau gerade und exakt bearbeitet werden soll, und daß die Lager sehr genau aufgestellt und die Lagerschalen gut aufgepaßt werden müssen. Seitliche Verschiebungen der Trommelwelle sind nur in geringem Maße zulässig.

2. Die Kreuze (Trommelscheiben) müssen genau bearbeitet sein, insbesondere die Bohrung der Nabe sowie die Keilnuten, welche mit den zugehörigen Abmessungen der Trommelwelle genau übereinstimmen sollen. Ebenso müssen die Trommelleisten genau bearbeitet sein. Von besonderer Wichtigkeit ist das Aufkeilen der Trommelscheiben sowie die Befestigung der Keile, die genaue Einstellung der Kreuze; außerdem ist besonderer Wert darauf zu legen, daß die Mittellinien der Kreuze genau unter einem rechten Winkel zur Achse der Trommelwelle stehen.

3. Die Trommelleisten müssen vor ihrer Befestigung abgewogen werden; es dürfen nur solche zur Verwendung gelangen, welche gleich

schwer sind. Bei Holzleisten ist auf die Art des Ausschneidens des Holzes zu achten und besonders darauf, daß kein nasses Holz verwendet wird. Bei Eisenleisten können Gewichtsunterschiede infolge des Walzprozesses vorkommen, weil die Stegdicke leicht verschieden ausfallen kann. Die Leisten werden auf die festgekeilten Kreuze genau aufgepaßt und dabei besonders beachtet, daß sie auf sämtlichen Kreuzen gleichmäßig aufliegen. Die Leisten werden auf die Kreuze aufgeschraubt, doch können leicht durch diese Verschraubung Spannungen auftreten, deren weitere Folge eine unrunde Form der Dreschtrommel ist. Von großer Wichtigkeit ist ferner, daß die Befestigungsart der Leisten mit den Kreuzen eine ganz sichere sei, damit während des Betriebes ein Lockerwerden der zusammengeschraubten Teile unmöglich ist. Bei Holzleisten darf das Beschlagen derselben mit Eisen nicht vergessen werden, auch muß man darauf achten, daß der Eisenblechstreifen ein wenig über die Holzleiste hinausrage, damit hierdurch eine Unterstützung für die Schlagleiste eintrete und damit kein Spielraum zwischen Trommelleiste und Schlagleiste bleibe.

4. Die Befestigung der Schlagleisten erfolgt durch die Schlagleistenschrauben. Hierbei ist die wichtigste Forderung, daß die Kanten der Schlagleisten eine genaue Kreislinie bilden. Zur Kontrolle einer richtigen Befestigung wird jede festgeschraubte Schlagleiste bis zur Kante der Montierungsleiste *c* (Abb. 84) gedreht, wobei eine haarscharfe Berührung zwischen Schlagleiste und der Kante von *c* erfolgen muß. Liegt die eine Seite der Schlagleiste höher als die andere, so würde der Drusch unrichtig werden.

5. Ist die Trommel fertig montiert, so dürfen Spannungen nicht mehr vorhanden sein. Um sich hiervon zu überzeugen, werden die Keile der fertig montierten Trommel herausgenommen und die Trommelwelle herausgezogen. Kann man hierauf die Trommelwelle wiederum ohne Schwierigkeiten in die Bohrungen der Kreuznaben einführen, dann war die Trommel richtig montiert: waren jedoch in der Trommel Spannungen vorhanden, so wird das neue Einführen der Trommelwelle nur mit Schwierigkeiten gelingen. In diesem Falle muß die Trommel wiederum auseinandergenommen und nochmals besser montiert werden.

Eine vollkommen richtig montierte Trommel muß vor ihrem Gebrauche ausbalanciert werden. Zu diesem Zwecke werden auf der Trommelwelle alle jene Antriebsriemenscheiben befestigt, welche während des Betriebes auf der Trommelwelle sein müssen (vgl. Abb. 74).

Ausbalancierung der Trommel. Infolge der großen Tourenzahl der Trommel ist es wichtig, daß die am Umfange vorhandenen Massen ausgeglichen werden. Ist eine Stelle auf der Oberfläche der Trommel schwerer als die anderen Stellen, so wird durch dieses Übergewicht die Geschwindigkeit der Trommel jedesmal vergrößert, wenn sich diese Stelle nach abwärts bewegt, und verkleinert, wenn sie sich hebt. Dies erfolgt bei jeder Umdrehung einmal, und da die Tourenzahl sehr groß ist, werden Beschleunigungen und Verzögerungen aufeinander folgen, wodurch Stöße entstehen, welche auf die Maschine besonders nachteilig wirken und insbesondere Wellen und Lager stärker in Anspruch nehmen; außerdem werden diese Stöße auf die ganze Maschine übertragen.

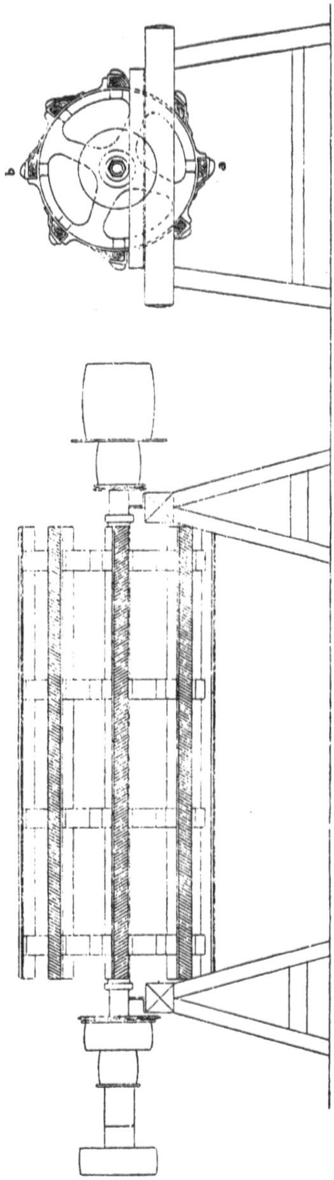

Abb. 85. Ausbalancieren der Trommel.

Zur Ausbalancierung der Trommel dient eine Einrichtung, welche in Abb. 85 dargestellt ist. Sie besteht aus zwei Gestellböcken, welche oben je eine Winkelschiene tragen, auf deren vertikalen Schenkeln die Welle der fertigen Trommel aufgelegt wird. Die Enden dieser Winkelschienen sind aufgebogen, damit die Trommel nicht herunterrollen kann. Die beiden Schenkel müssen vollkommen gerade und horizontale Linien bilden. Wenn nun die Trommel auf dieses Gestell gelegt wird, so wird sich der schwerere Teil der Trommel (a in Abb. 85) nach unten bewegen und die tiefste Stelle einnehmen. Man hilft in diesem Falle dadurch nach, daß man auf der entgegengesetzten Seite der Trommel (b) auf der Innenseite der Schlagleisten kleine Platten unterlegt, und zwar so viel, daß die Trommel nicht mehr von selbst in eine rollende Bewegung kommt. Dieser Vorgang wird nun für die ganze Oberfläche der Trommel fortgesetzt, bis eine tadellose Ausbalancierung erreicht ist.

Arten von Schlagleistentrommeln. Abb. 86 zeigt eine Trommel mit sehr hohen gewalzten Stahlschlagleisten, Abb. 87 eine Trommel mit ovalen, nach vier Seiten brauchbaren Schlagleisten mit Blechscheiben, die am Rande rechtwinkelig umgebördelt sind; in Abb. 88 ist eine sog. Holztrommel mit Holzleisten und Weichgußkreuzen dargestellt, in Abb. 89 eine eigenartige Trommel mit schraubenförmig gebogenen Schlagleisten und in Abb. 90 sieht man eine Trommel mit Blechscheiben, bei der die Schlagleisten auf einen kreisförmigen Winkelrand aufgenietet sind. In Abb. 91 wird eine Trommel ohne Trommelleisten gezeigt, sie besteht aus den neueren winkelartigen Schlagleisten, welche unmittelbar auf die Kreuze (vgl. auch Abb. 76d) aufgeschraubt werden

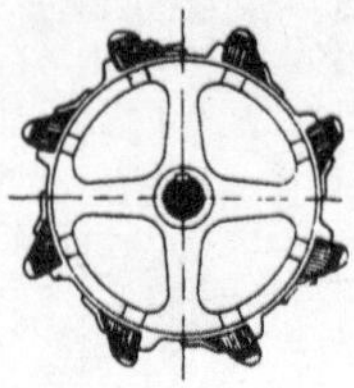

Abb. 86. Schlagleistentrommel mit hoher Leiste.

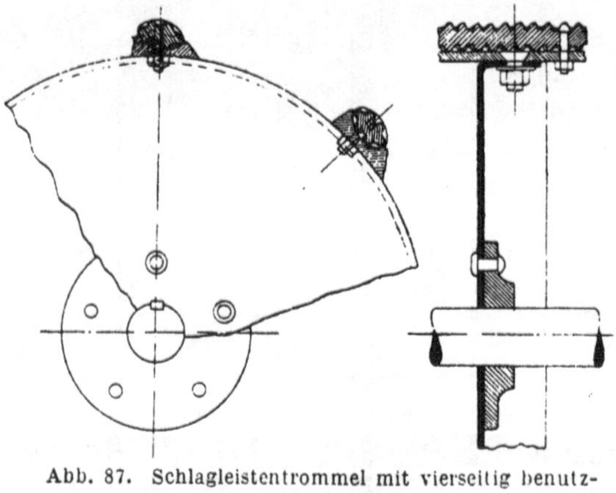

Abb. 87. Schlagleistentrommel mit vierseitig benutzbarer Schlagleiste.

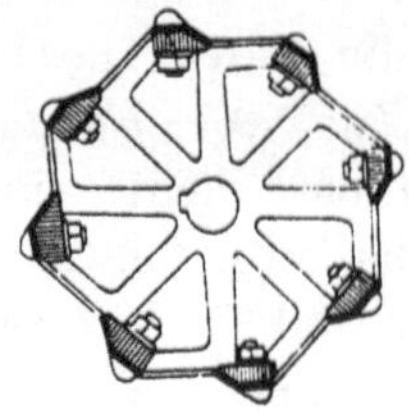

Abb. 88. Holztrommel.

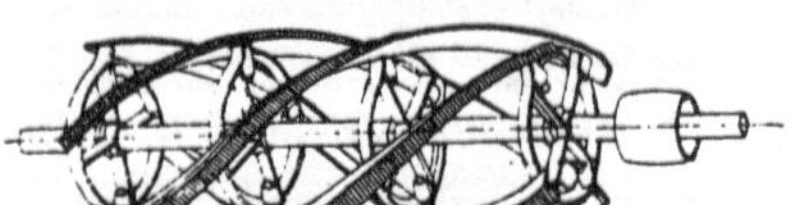

Abb. 89. Trommel mit schraubenförmig gewundenen Schlageisen.

können. Abb. 92 zeigt eine Trommel, bei der die winkelförmigen Schlagleisten in der durch die Abbildung gekennzeichneten Weise befestigt sind.

In Abb. 93 ist eine äußere Ansicht einer Schlagleistentrommel dargestellt; die Trommel hat Stahlschlagleisten von besonders hohem Profil, welche auf Eschenholzleisten aufgeschraubt sind. Die Kreuze sind aus Stahlguß.

Gewicht, Tourenzahl und Behandlung der Trommel. Der Drusch geschieht in der Regel nicht gleichförmig, denn die Garben können nicht ganz gleichmäßig eingelegt werden, ebenso ist auch das Garbenmaterial in seiner Gesamtbeschaffenheit oft verschieden. Dies ist die Ursache, daß die Trommel bald eine größere, bald eine kleinere Arbeit zu verrichten hat, weshalb die Betriebsmaschine (der Motor) die in der Tourenzahl sich zeigenden Unterschiede ausgleichen muß. Sie tut das durch ihren Regulator, jedoch nur bis zu einer gewissen Grenze; ein Teil dieser Unregelmäßigkeiten muß durch die Konstruktion der Dreschmaschine aufgenommen werden, welche diesen Umständen Rechnung tragen muß. Zu diesem Zwecke ist zunächst das *Eigengewicht* der Dreschtrommel von besonderer Bedeutung. Bei neueren Konstruktionen werden häufig schwere Trommeln verwendet, welche während des Betriebes eine große lebendige Kraft in der Trommel anhäufen können, und zwar in den Zeitperioden geringster Arbeitsleistung. Diese angehäufte lebendige Kraft kommt bei diesen schweren Trommeln dann wiederum zur Geltung, wenn die Maschine große Leistungen zu überwinden hat. Wird z. B. durch den Einleger eine nicht gut verteilte Garbe in die Trommel gebracht, so wird eine Dreschmaschine mit leichter Holztrommel oder eine solche mit leichter Eisentrommel die plötzlich erforderliche große Arbeitsleistung nicht überwinden können, d. h. die Tourenzahl der Trommel wird zurückgehen, ja es kann sogar die Maschine stehen bleiben. Dieser Übelstand läßt sich durch eine schwere Trommelkonstruktion mit hohen Stahlleisten und Stahlgußkreuzen vermeiden, weil dadurch die lebendige

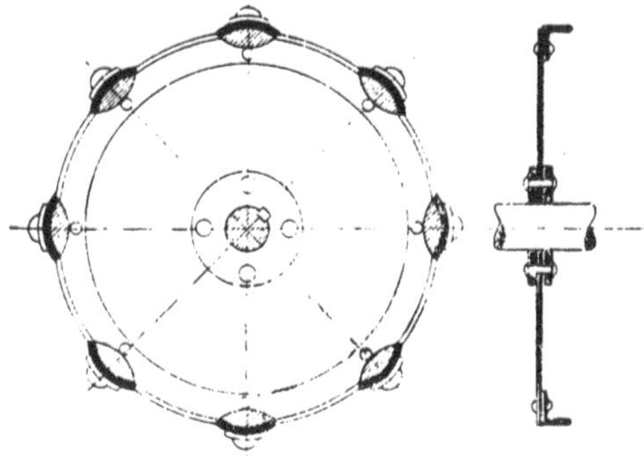

Abb. 90. Trommel mit kreisförmigen Schlagleisten.

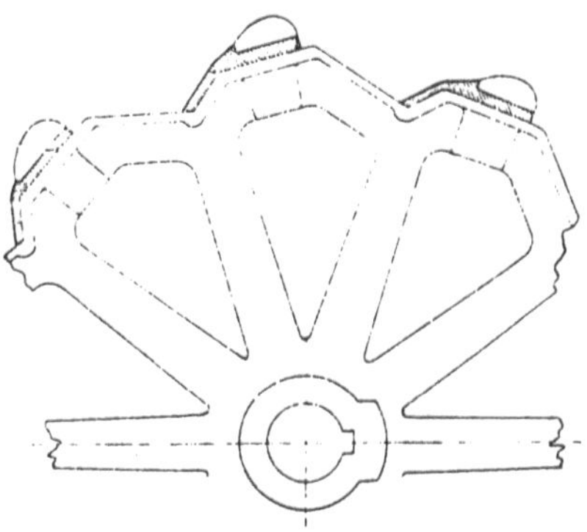

Abb. 91. Trommel ohne Unterlagsleisten.

Kraft dieser Trommel sehr groß wird, und auch die größeren Widerstände in den Fällen überwunden werden können, wo eine leichtere Trommel ihren Dienst versagen würde. Die schwere Trommel wirkt daher wie ein Schwungrad an einer Dampfmaschine, der Gang wird gleichmäßiger, die Arbeit der Maschine kontinuierlich und die ganze Arbeit auch in bezug auf die Reinigung vollkommener.

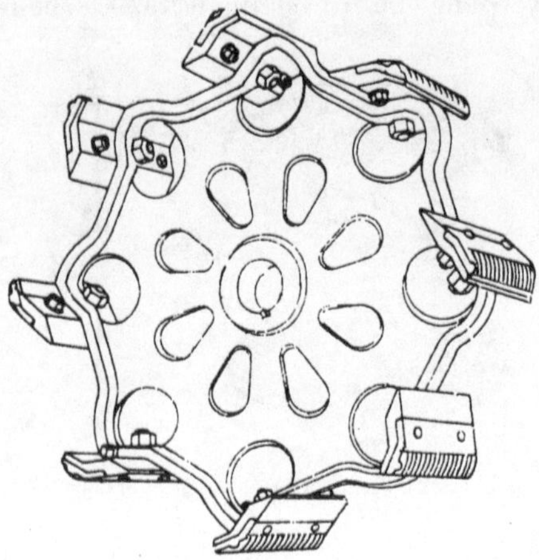

Abb. 92. Trommel mit flachen Unterlagsleisten.

Besonders wichtig ist die Größe der *Umfangsgeschwindigkeit* der Trommel, welche in derselben Weise bestimmt wird, wie dies bereits bei der Stiftentrommel (S. 51) beschrieben worden ist. Diese Umfangsgeschwindigkeit beträgt bei den Schlagleistentrommeln 28 bis 32 m, also durchschnittlich etwa 30 m. Sie läßt sich ausdrücken durch die Formel

$$v = \frac{\text{Durchmesser (in Metern)} \times 3{,}14 \times \text{Tourenzahl}}{60}$$

Der *Durchmesser* der Trommel schwankt zwischen 450 und 600 mm (0,45 bis 0,6 m). Da die Umfangsgeschwindigkeit eine konstante

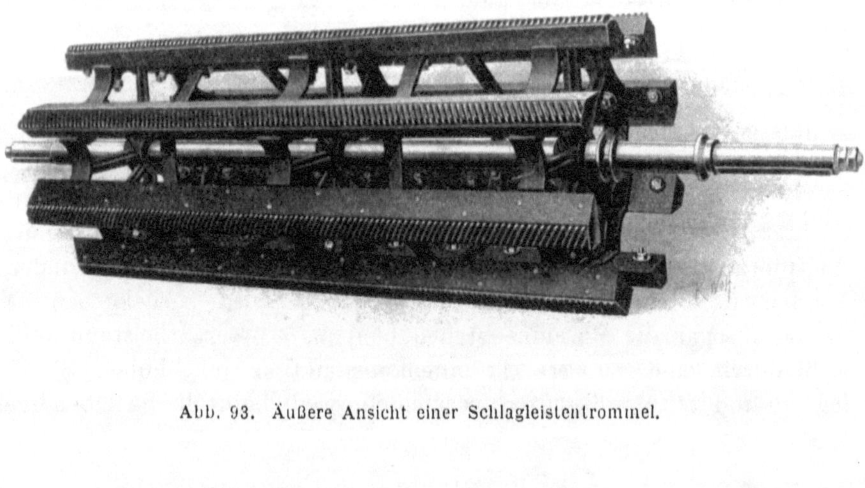

Abb. 93. Äußere Ansicht einer Schlagleistentrommel.

Zahl sein soll, so würde die minutliche Tourenzahl der Trommel eine Änderung des Durchmessers bedingen. Die Einhaltung der Umfangsgeschwindigkeit ist sehr wichtig, sie soll nicht unter 28 m und nicht über 32 m betragen. Werden diese Grenzen nicht eingehalten, so wird die Maschine im ersten Falle nicht ganz rein ausdreschen, im zweiten Falle wird sie Körner zerbrechen.

Bei der *Behandlung* der Trommel ist auf folgendes zu achten:

1. Die Trommel ist während der Betriebspausen genau nachzusehen, die Schrauben sind nachzuziehen, Keile und Schraubensicherungen zu kontrollieren und im Falle einer Lockerung ist ein Festziehen derselben zu besorgen.

2. Der Innenraum der Trommel ist stets rein zu halten; bei jeder Betriebspause, täglich wenigstens einmal, der vorhandene Schmutz zu entfernen.

3. Die Trommellager müssen genau beobachtet werden, dürfen nicht warmlaufen.

4. Abgenützte Schlagleisten sind auszuwechseln oder, wenn die Abnützung nicht zu groß ist, doch wenigstens auszubessern. Eine

Abb. 94. Abgenützte Schlagleiste.

Abnützung kann in der durch Abb. 94 dargestellten Weise hauptsächlich in der Mitte erfolgen, wobei eine Ausbesserung dadurch geschehen kann, daß die Seitenteile der Schlagleisten abgefeilt werden. Selbstverständlich muß diese Reparatur bei allen Schlagleisten erfolgen, um die Trommel bei der Drehung stets genau zylindrisch zu erhalten.

5. Wenn die Schlagleisten der Trommel oder andere Teile derselben ganz oder teilweise ausgewechselt werden, so muß die Trommel von neuem ausbalanciert werden.

Der Korb. Für ein richtiges Ergebnis beim Drusch ist die Konstruktion und die Behandlung des Korbes sehr wichtig. Der bei den Schlagleistendreschmaschinen gebräuchliche Korb ist in Abb. 95 dargestellt. Er besteht aus einem, zwei oder drei Teilen, gewöhnlich aber aus dem u n t e r e n und dem o b e r e n Korb (Abb. 95a u. b).

Die Teile einer solchen Korbkonstruktion sind: die Seitenteile *c*, die Korbleisten *d*, die Korbdrähte *h*, die Abstandshülsen *g*, die Korbstangen *j* und das Führungsblech *k*.

Die *Seitenteile c* sind aus starkem Schmiedeeisen hergestellt und bilden die Form des Korbes. Die Abmessungen dieser Teile sind gewöhnlich 60 ÷ 70 mm breit und 13 ÷ 15 mm dick.

Abb. 95. Dresch-Korb.

Die *Leisten d* haben die in Abb. 96 dargestellte Form und besitzen rechts und links Zapfen *a*, *b* und *c*, von welchen *b* und *c* zylindrisch sind und in die Seitenteile eingepaßt und vernietet werden, so daß die Leisten und die Seitenteile ein starres Ganzes bilden. Der Zapfen *c* hingegen ist im Querschnitt viereckig und legt sich über die Seitenteile; die Kante *d* bildet die wichtigste Seite der Leiste, weil sie der Trommel zugewendet ist.

Die *Drähte h* werden durch die Leiste hindurchgeführt, weshalb die Löcher in der Leiste in gleichem Abstande gebohrt werden müssen und zwar in einem Durchmesser von 5 ÷ 6 mm. (Abb. 96). Durch diese Drähte werden auf der Oberfläche des Korbes Schlitze gebildet, durch welche die ausgedroschenen Körner hindurchfallen können. Wie aus Abb. 95 ersichtlich, sind die Enden

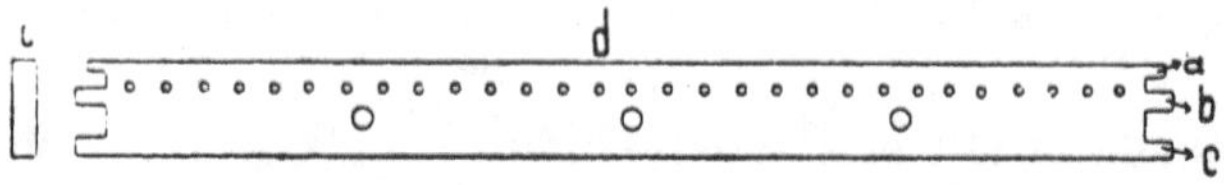

Abb. 96. Korb-Leiste.

dieser Drähte umgebogen, damit der Zwischenraum zwischen dem oberen und dem unteren Korbe ebenfalls einigermaßen geschlossen erscheint.

Die *Abstandshülsen g* sind aus Gasrohr hergestellt; sie werden zwischen die einzelnen Leisten eingefügt und durch kreisförmig gebogene Schrauben *f* mit den Leisten verbunden. Je nach der Breite der Trommel werden wenigstens zwei Reihen solcher Hülsen zur Verwendung kommen müssen, nötigenfalls auch mehr.

Die *Stangen j* (Abb. 95) haben den Zweck, den Korb in seiner Lage festzuhalten. Mit denselben hängen die Stellschrauben zusammen, von welchen später (s. S. 74 und 75) die Rede sein soll.

Das *Führungsblech k* wird auf der unteren Seite des Korbes fest oder beweglich angeordnet: es wird aus einem Stück Blech oder durch ein Gitter gebildet und hat die Aufgabe, das Dreschgut, welches aus

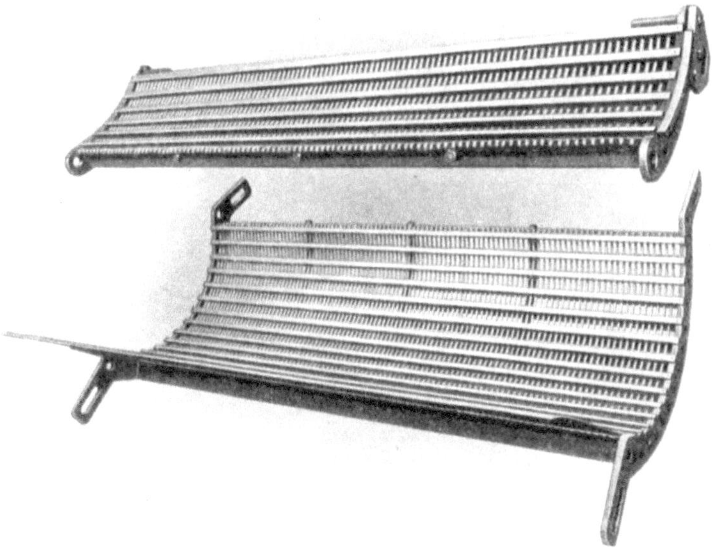

Abb. 97. Innere Ansicht der beiden Teile eines zweiteiligen Korbes.

der Trommel herausgeschleudert wird, zu führen und auf die weiteren Teile der Dreschmaschine überzuleiten. Abb. 97 zeigt die innere Ansicht der beiden Teile eines zweiteiligen Korbes. Er ist vollständig aus Schmiedeeisen gefertigt. An dem unteren Teile des Korbes ist in Abb. 97 unten auch das Führungsblech zu erkennen. Die Abb. 98 zeigt einen dreiteiligen Korb, bei welchem *a* das Führungsblech ersetzt.

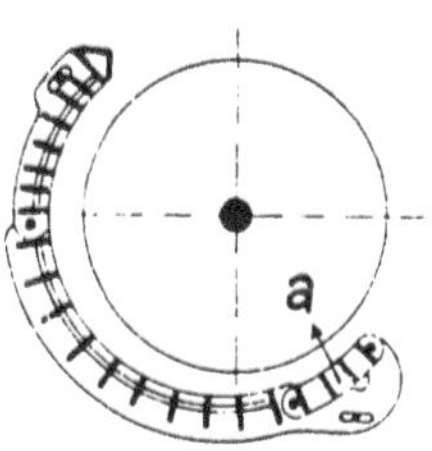

Abb. 98.
Dreiteiliger Korb.

Abb. 99 zeigt ebenfalls einen dreiteiligen Korb, bei welchem der obere und mittlere Teil durch die Schrauben *a* und *b*, der untere Teil durch einen Exzenter und ein Schneckenrad *d* verstellt wird. In einer besonderen Darstellung (Abb. 100) ist diese Exzenterverstellung besonders ersichtlich gemacht.

Die *Einstellung des Korbes* ist bei den Schlagleistenmaschinen ebenso wichtig wie bei den Stiftendreschmaschinen. Eine solche Anordnung ist in Abb. 101 zu sehen. Die Teile dieser Vorrichtungen sind: die Stangen, die Schrauben (*a*, *b* der Abb. 99), ferner die aus Grauguß oder Stahlguß hergestellten Führungen, welche zur Befestigung der Schrauben dienen. Bei der oberen und mittleren Einstellvorrichtung haben die Schrauben ringförmige Köpfe, durch welche die Stangen des Korbes geführt werden können. Die Stellschraube ist durch zwei Mutterschrauben auf der Führung befestigt; wird daher eine Mutterschraube gelockert und die andere nachgezogen, so wird hierdurch der ringförmige Kopf der Schraube und mit demselben die Korbstange und der Korb von der Trommel entfernt bzw. derselben genähert. Die obere und mittlere Korbstange sind dementsprechend ganz gewöhnliche, gerade, schmiedeeiserne Stangen, welche rechts und links mit Splinten und Unterlagscheiben gegen

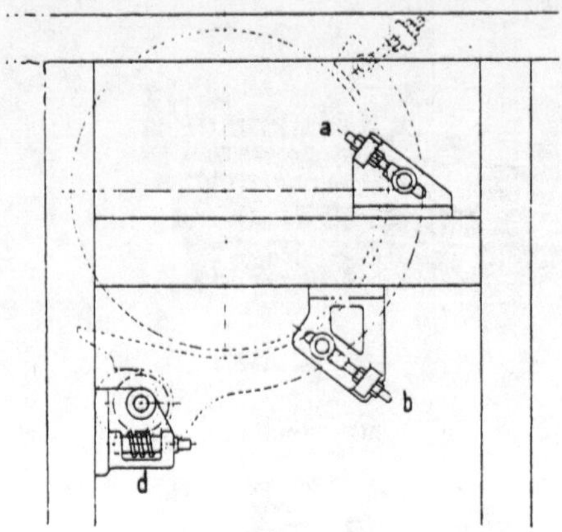

Abb. 99. Dreiteiliger Korb mit Exzenter-Regulierung.

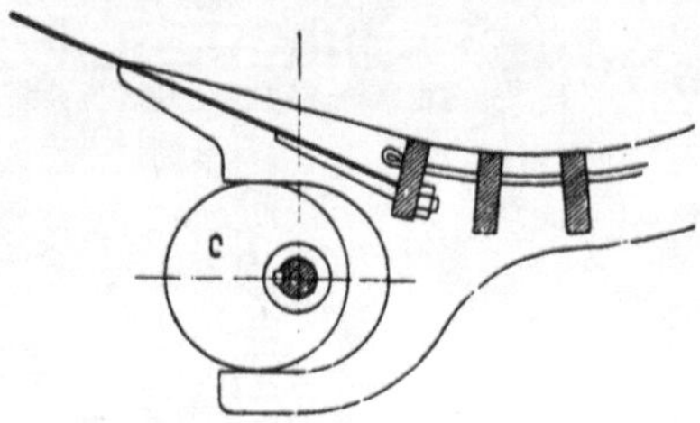

Abb. 100. Unterer Korb mit Exzenter und Führungsblech.

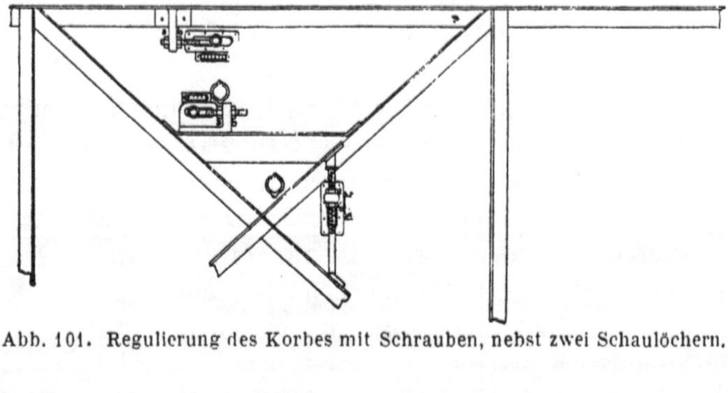

Abb. 101. Regulierung des Korbes mit Schrauben, nebst zwei Schaulöchern.

seitliche Verschiebungen gesichert sind. Es ist hier zu bemerken, daß behufs Verbindung des oberen und mittleren Korbteiles der obere Teil nach innen gebogen wird und so die Verbindung beider Teile durch die mittlere Korbstange besorgt wird.

Die untere Stange ist von der vorbeschriebenen verschieden (Abb. 102). Das eine Ende ist ringförmig, das andere mit Gewinde *a* versehen, auf welches nach der Montierung ein büchsenförmiger Kopf *b* befestigt wird. Diese Büchse wird auf der Stellschraube *f* durch die Schraubenmuttern *c* und *d* befestigt und so durch deren Einstellung die Verschiebung der Stange und mit derselben die Verschiebung des Korbes ermöglicht. Nach der obenerwähnten Beschreibung hat der Korb nicht nur eine vertikale, sondern eine horizontale Verstellung, und zu diesem Zwecke ist ein längerer Ausschnitt notwendig, welcher (Abb. 95) an dem unteren Korbteile zu sehen ist.

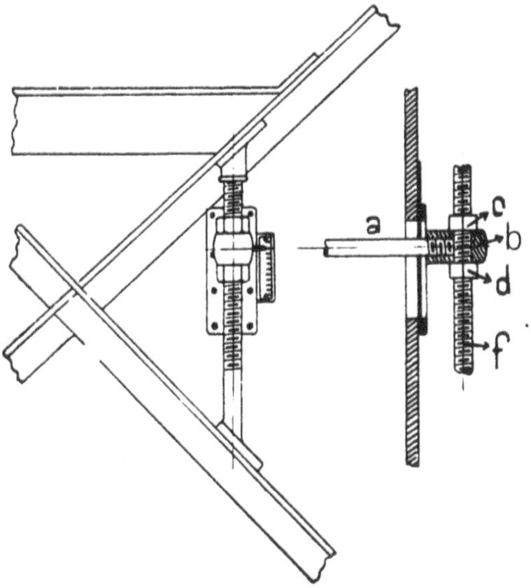

Abb. 102. Regulierung des unteren Korbes.

Zur *Kontrolle der Korbeinstellungen* dienen zwei Vorrichtungen: die eine ist eine Einstellskala, während die andere Kontrolle durch Schaulöcher besorgt werden kann. Beide Einrichtungen sind an der durch Abb. 103 dargestellten Außenwand einer Dreschmaschine deutlich zu erkennen. Die Schaulöcher erscheinen durch kleine kreisförmige Gußeisendeckel verschlossen.

Die Einstellskala wird neben den Einstellschrauben auf den Seitenteilen der Maschine angebracht und besitzt eine Millimetereinteilung. Die Stellschrauben besitzen je einen Zeiger, welcher auf der Skaleneinteilung die betreffenden Zahlen angibt. Diese Kontrollvorrichtung zeigt nicht immer die richtigen Maße an, welche in Wirklichkeit der Zwischenraum zwischen den Trommelschlagleisten und den Korbleisten hat, und zwar namentlich dann nicht, wenn Schlagleisten oder Korbleisten abgenützt oder repariert worden sind.

Es sind infolgedessen die oben bereits erwähnten Schaulöcher an den Seiten der Dreschmaschine vorhanden (Abb. 103), um eine weitere Kontrolle der Einstellung zu ermöglichen. Sie gestatten auf beiden Seiten der Maschine ein Beobachten der mittleren und unteren Einstellung.

Bei der richtigen Montage und Zusammensetzung des Korbes ist daher auf folgendes zu achten:

Abb. 103. Teil der Seitenwand einer Dreschmaschine mit Trommel-Antriebsscheibe, Trommel-Regulierungsschrauben und Schaulöchern.

1. Die Seitenteile und Leisten des Korbes müssen gut miteinander verbunden sein und die Zapfen sorgfältig vernietet werden.

2. Die Flächen der Leisten, welche der Trommelachse zugewendet sind, müssen vollkommen gerade liegen.

3. Diese Flächen der Korbleisten müssen scharfkantig sein.

4. Diese Arbeitsflächen der Leisten müssen die Seitenteile überragen.

5. Die Oberfläche des Korbes, welche der Trommel zugewendet ist, muß eine genaue Zylinderfläche darstellen, deren Durchmesser um etwa 50 mm größer sein muß als der äußerste Durchmesser der Trommel.

6. Die Entfernung von Draht zu Draht muß stets gleich sein.
7. Die Korbstangen sollen stets in gutem Zustande sein.
8. Die Befestigung der Führung für die Weiterleitung des Dreschgutes muß absolut sicher sein.

Zur Einstellung des Korbes gehört auch die *Einstellung des Führungsbleches*, wie dies in Abb. 104 dargestellt ist, woselbst das Blech *a* in seiner höchsten Stelle eingestellt erscheint; dieses Führungsblech *a* kann in seitlichen Führungslöchern gehoben oder gesenkt werden. Wird das Blech gehoben, so wird das gedroschene Material in steilem Bogen nach oben geführt und fällt in ziemliche Nähe der Trommel zurück; wird dagegen dieses Führungsblech tiefer gestellt, so wird das gedroschene Material weiter hinausgeschleudert und fällt erst in größerer Entfernung von der Trommel herab. Diese Einstellung des Führungsbleches hängt daher mit der Wirksamkeit der Strohschüttler zusammen, weshalb wir dies in dem betreffenden Kapitel später besprechen wollen.

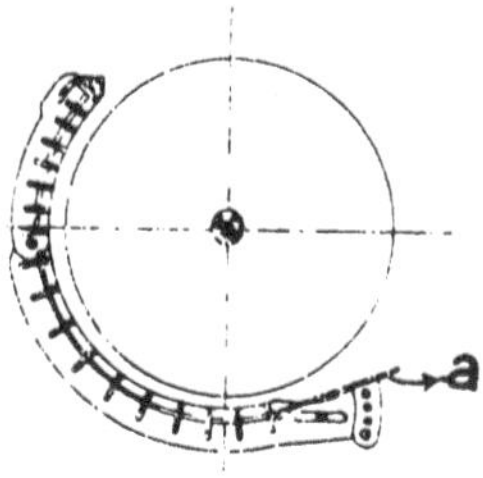

Abb. 104. Stellbares Korbführungsblech.

Die Einstellung und Behandlung des Korbes. Die Einstellung des Korbes ist für das Ergebnis und für die Güte des Drusches von Wichtigkeit. Der Korb muß so eingestellt werden, daß Körnerbruch nicht vorkommt, daß aber auch ungedroschene Körner nicht in der Ähre zurückbleiben; außerdem soll die stündliche Leistung möglichst groß sein. Es wird also mit anderen Worten *reine Arbeit* und *große Leistungsfähigkeit* verlangt. Die Einstellung ist abhängig:

1. von der Bauart des Korbes,
2. von der Umdrehungszahl der Trommel,
3. von der Abnützung und von dem Zustande der Trommel und des Korbes,
4. von dem zu dreschenden Material,
5. von seiner Qualität,
6. von dem Feuchtigkeitszustande des Dreschgutes,
7. von dem Reifegrade desselben.

Als Hauptregel gilt, daß der Zwischenraum zwischen Korb und Trommel von oben nach unten immer kleiner werden soll. (Abb. 105). Eine in Abb. 106 dargestellte Einstellung des Korbes ist daher ganz fehlerhaft. Es muß außerdem als selbstverständlich erscheinen, daß die Entfernung zwischen Korb und Trommel bei der verschiedenen Art

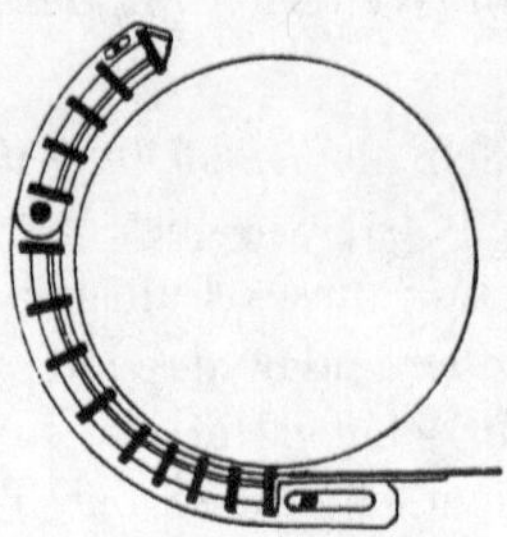

Abb. 105. Richtige Einstellung des Korbes.

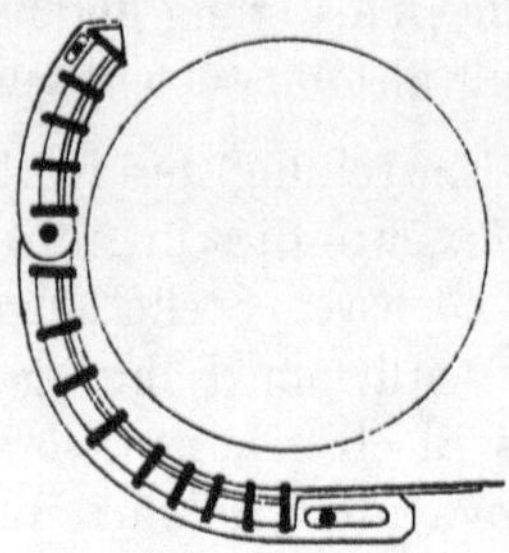

Abb. 106. Unrichtige Einstellung des Korbes.

des Dreschgutes sich ändern muß. Diese Entfernungen können jedoch annähernd für die verschiedenen Materialien nach der folgenden Tabelle[1]) angegeben werden:

Korbstellung	für Weizen, Roggen, Gerste, und Hafer mm	für Erbsen, Wicken und Buchweizen mm	für Raps und Rübsen mm
oben	25 ÷ 30	So weit wie möglich	So weit wie möglich
in der Mitte . . .	16	36	78 ÷ 80
unten	6 ÷ 7	12 ÷ 13	25 ÷ 52

Zur vorstehenden Tabelle sei ausdrücklich bemerkt, daß diese Angaben über die Maße des Korbabstandes nicht als festliegende Normen zu betrachten sind, sondern daß diese Zahlen sich je nach den Umständen sehr ändern können und oft erst versuchsweise bestimmt werden müssen.

Im allgemeinen wird man für die *Korbeinstellung* die *Regel* gelten lassen müssen[2]): »Man stelle den Korb so weit von der Trommel ab, daß beim geringsten weiteren Abstellen sofort Unreindrusch eintritt.«

In neuerer Zeit (etwa seit 1902) kommen in Deutschland bei Schlagleistendreschmaschinen auch Korbkonstruktionen vor, bei denen zwischen den einzelnen Flacheisenstäben gerippte Schlagleisten, wie sie an den Trommeln Verwendung finden, eingeschaltet sind. Man

[1]) Perels: »Handbuch des landw. Maschinenwesens« Jena, 1880, Band II, Seite 201.

[2]) Ebenda, Seite 201.

nimmt für die ganze Länge des Korbes etwa 3 Stück dieser gerippten Leisten und ordnet auch hier, wie bei der Trommel, immer eine Leiste mit nach rechts stehenden Rippen abwechselnd mit einer solchen mit nach links stehenden Rippen an.[1])

Bei der *Behandlung des Korbes* ist während des Dreschbetriebes noch auf folgendes zu achten:

1. Der Korb ist stets rein zu halten, d. h. während der Betriebspausen muß Staub und Schmutz aus demselben entfernt werden. Würde man die Öffnungen des Korbes verdeckt lassen, so könnten die ausgedroschenen Körner nicht hindurchfallen, und die Folge würde sein, daß diese Körner zerbrechen.

2. Wenn die Korbleisten — und zwar zumeist der mittlere Teil derselben — sich abnützen, so arbeiten sie unrichtig. In diesem Falle muß die gerade scharfe Kante der Leisten wieder hergestellt werden, und zwar gilt dies für alle Leisten, so daß die innere Fläche des Korbes nach der Reparatur wieder genau zylindrisch werden muß.

3. Die Kanten der Korbleisten werden sich abnützen und funktionieren dann nicht mehr richtig. Deshalb müssen diese Kanten wieder geschärft werden, d. h. es muß von den Kanten so viel abgefeilt werden, daß die Leisten wieder scharfe Ecken erhalten.

4. Die Stangen des Korbes nützen sich auf der Auflagerfläche des Korbes ab; in diesem Falle liegt der Korb nicht mehr fest, sondern bekommt sog. toten Gang. Bei schwächerer Abnützung kann man zum Zwecke der Reparatur diese Stangen mit einer Hülse versehen, bei stärkerer Abnützung hingegen wird man die Stangen durch neue ersetzen müssen.

5. Die Einstellschrauben müssen sowohl auf der rechten wie auf der linken Korbseite gleichmäßig eingestellt werden; von dieser Möglichkeit kann man sich auf der Einstellskala überzeugen. Wenn Schlagleisten und Korbleisten nach ihrer Abnützung repariert worden sind, dann ist die Höhe der Leisten vermindert worden und die Einstellskala zeigt nicht mehr die richtigen Maße für die Entfernung der Leisten von der Trommel. Wenn z. B. die Skala 10 mm Abstand anzeigt, so ist in Wirklichkeit bei reparierten Leisten diese Entfernung nicht mehr 10, sondern vielleicht 15 mm. Man wird in diesem Falle die richtige Entfernung durch die seitlichen Schaulöcher bestimmen und die Einstellskala, wenn möglich, richtigstellen.

[1]) D. R. P. Nr. 124 397 von Hermann Gierke in Rathenow.

6. Die Schraubenmuttern der Einstellschrauben müssen fest angezogen werden, damit die Lage des Korbes eine vollkommen sichere sei.

7. Bei enger Korbeinstellung, z. B. beim Dreschen sehr feuchten Getreides, muß die Einstellung mit großer Vorsicht erfolgen. In diesem Falle wird die Trommel von Hand gedreht, dann in langsame und endlich in die normale Tourenzahl versetzt und hierbei beobachtet,

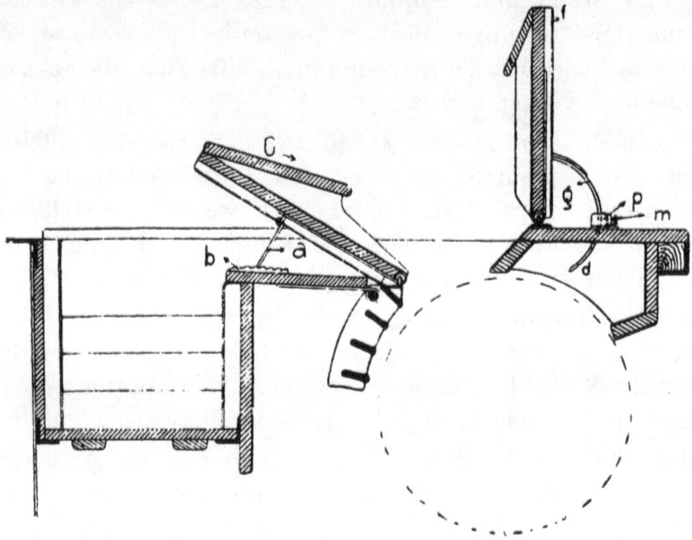

Abb. 107. Einlegerstand und Trommelschutzklappe offen.

ob die Trommel nicht die Leisten des Korbes berührt. Würde dies der Fall sein, so ist der Korb von der Trommel etwas weiter abzustellen.

8. Die Korbdrähte sind im Falle einer Verbiegung gerade zu richten und im Falle größerer Abnützung durch neue zu ersetzen.

9. Wird der Korb von Grund aus repariert, so werden die Leisten aus den Seitenteilen herausgenommen, wobei zum Zwecke der Demontierung die Zapfen der Leisten durch Abnieten herausgeschlagen werden müssen. Hierdurch wird der Korb allerdings schmäler, als er ursprünglich war, wodurch zwischen Korb und Seitenwände an beiden Seiten eine spaltartige Öffnung entsteht, durch welche ungedroschene Ähren leicht herausfallen können. Um dies zu vermeiden, werden bei solchen Reparaturen auf die Seitenwände nach der Korbform gebogene Holzleisten befestigt, um diesen Spalt zu schließen.

10. Es ist darauf zu achten, daß das Führungsblech des Korbes in richtiger Lage und nicht verbogen sei.

Diejenigen Konstruktionsteile der Dreschmaschine, welche mit der Trommel und dem Korbe in Verbindung stehen, sind: 1. der Stand des Einlegers, 2. das Speisebrett, 3. der Körnerfang, 4. die Sicherungen (namentlich die sog. Trommelklappe und die Sicherungen neben der Trommelöffnung usw.).

In dem *Einlegerstande* (Abb. 107) steht diejenige Person, der das Lösen der Garben und das Einlegen derselben in die Trommel zufällt; man nennt sie den »Einleger«. Der Speisetisch besteht aus einem mit Rippen versehenen Brett, ferner aus dem eigentlichen

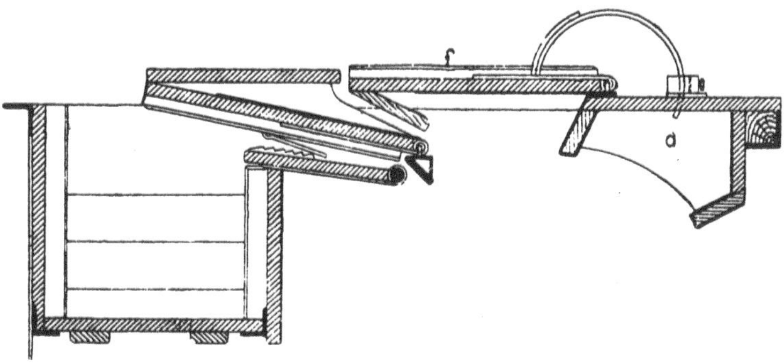

Abb. 108. Einlegerstand und Trommelschutzklappe geschlossen.

Speisebrett *c*, aus einem Abschlußbrett mit darauf befestigter Zahnleiste *b* und einer Stange *a*, endlich aus zwei Schrauben, welche das Speisebrett auf dem unteren Teil befestigen. Das Speisebrett und die inneren Teile des unteren Brettes sind mit Blech beschlagen, damit das Holz durch die herausspritzenden Körner nicht beschädigt wird. Die genannten Teile sind über dem oberen Korbe angeordnet, und zwar in der durch Abb. 107 dargestellten Weise, so daß auf die oberste Korbleiste ein Winkeleisen befestigt erscheint, auf welchem die bereits beschriebenen Teile scharnierartig angebracht sind.

Das *Speisebrett c* hat zwei längliche Ausschnitte, das untenliegende Brett hingegen zur Aufnahme der Verbindungsschrauben zwei Löcher; werden die Schrauben gelöst, so kann das Brett *c* der Trommel genähert oder von derselben entfernt werden, wie dies in Abb. 107 die Pfeilrichtung andeutet. Auf diese Weise können die aus der Trommel herausfliegenden Körner aufgefangen werden. Der ganze Speisetisch kann durch die Stange *a* und die Zahnleiste *b* je nach der Körperhöhe des Einlegers eingestellt werden.

Der *Körnerfang d* (vgl. Abb. 107 u. 108) ist ein halbgeschlossener Kasten, dessen Inneres ebenfalls mit Blech ausgeschlagen ist; er hat den Zweck, die durch die Trommelbewegung herausgeschleuderten Körner aufzufangen.

Die *Trommelklappe f* (Abb. 107 u. 108) dient dazu, 1. während der Betriebspausen die Trommelöffnung abschließen zu können und 2. im Falle jemand auf die Trommel fällt, einen automatischen Abschluß herbeizuführen. Die Klappe *f* dreht sich um Scharniere, hat in der Mitte ein kreisförmig gebogenes Flacheisen *g* zur Führung, welches in seiner Lage durch eine Stellschraube *m* (Abb. 107) festgestellt werden kann. Diese Stellschraube *m* drückt nur in dem Maße auf eine kleine Gummiplatte *p*, daß die Klappe *f* sich nicht durch ihr eigenes Gewicht schließen, hingegen durch ein kleines Übergewicht in die durch Abb. 108 dargestellte, geschlossene Lage kommen kann.

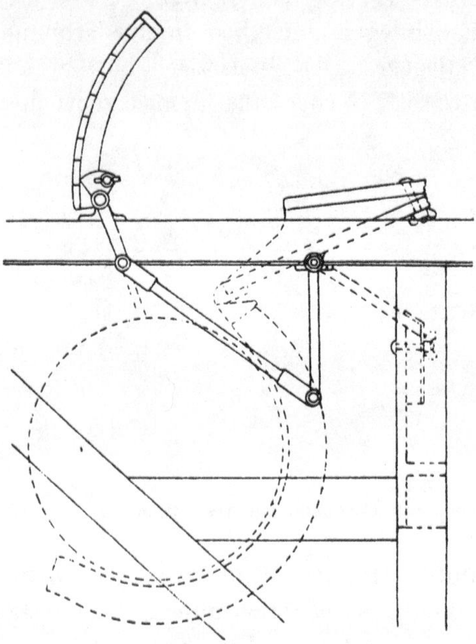

Abb. 109. Trommelschutzklappe und Einlegertisch durch Hebel verbunden.

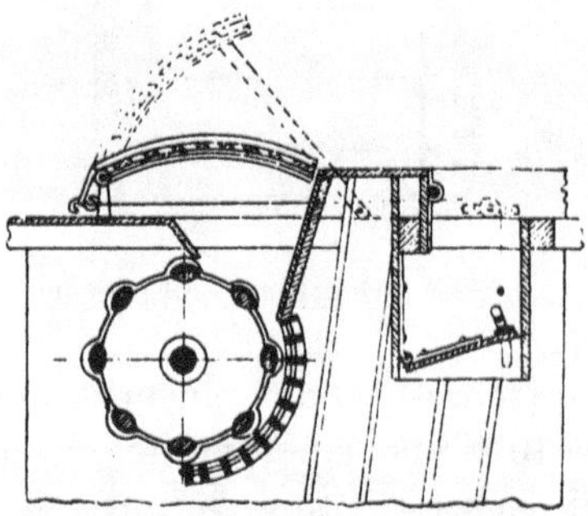

Abb. 110. Trommelschutzklappe und Einlegerstand verbunden.

Weitere Konstruktionen zur Sicherung der Trommelöffnung sind in den Abb. 109, 110, 111, 112 u. 113 angegeben.

In Abb. 109 ist die Klappe und der Tisch durch Hebel verstellbar verbunden, so daß mit dem Schließen der Klappe auch der Tisch verstellt wird.

Nach Abb. 110 wird die Klappe dadurch geöffnet, daß der Einleger auf das Bodenbrett seines Standes tritt und dieses durch sein Eigengewicht herabdrückt; verläßt er seinen Stand, so schließt sich die Klappe von selbst.

Abb. 111 zeigt eine Anordnung mit einer Schutzhaube, bei welcher die Speisung in der Pfeilrichtung und auf der entgegengesetzten Seite als sonst üblich erfolgt.

Abb. 112 zeigt oben die Verschlußklappe in geöffneter Lage. Von dem Arme *e*, welcher auf dem Rahmen befestigt ist, wird der Hebel *d* und die Stange *g* bewegt. Mit dem Hebel *d* ist das obere Brett des Speisetisches verbunden, welches das durch eine Feder gespannte Brett *B* herunterdrückt. Auf die Stange *g* ist ein Hebel und auf dessen Ende ein Daumen *f* befestigt, welcher mit dem auf dem unteren Teil der Trommelklappe befindlichen Arm korrespondiert. Wenn jemand auf die Klappe fällt, wird durch den Druck der mit der Stange *g* befestigte Arm und Daumen *f* verdreht, wodurch die Klappe geschlossen und zugleich durch den Arm *e* der

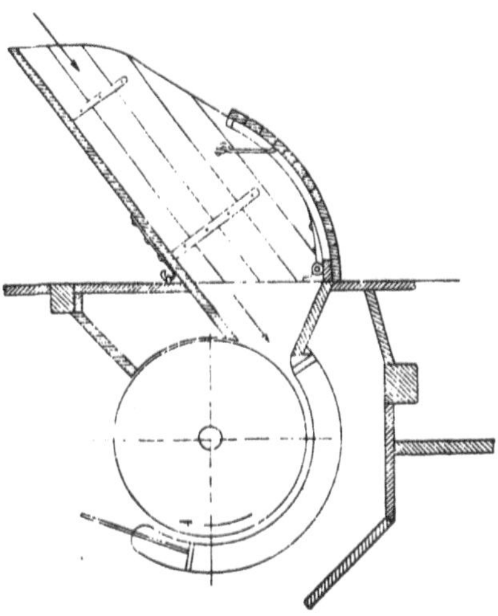

Abb. 111. Trommelschutzvorrichtung mit Speisung in entgegengesetzter Richtung.

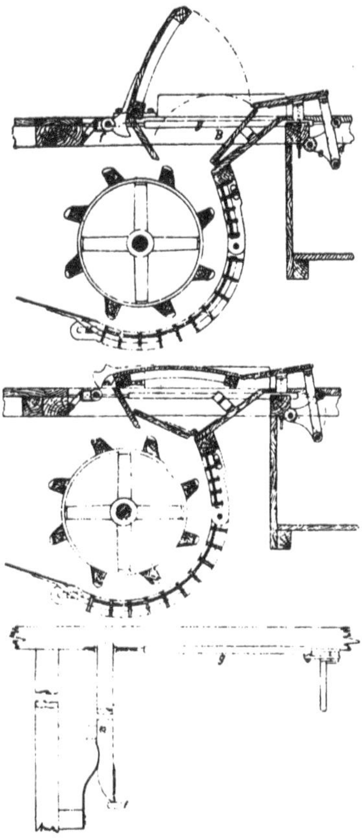

Abb. 112. Doppelte Trommelschutzklappe; oben offen, in der Mitte geschlossen.

Hebel *d* verstellt wird, so daß das Brett *B* in die durch Abb. 112 (mittlere Zeichnung) wiedergegebene, geschlossene Lage versetzt wird.

Einen ähnlichen doppelten Abschluß zeigt Abb. 113, bei welcher sich der obere Teil der Klappe umbiegt und das Brett oberhalb der Trommel, welches auf dem Korb befestigt ist, sich auch schließen kann, was durch die vorhandenen Hebelanordnungen und Federn bewerkstelligt wird.

Die Trommelöffnung wird seitlich durch etwa 200 mm hohe Bretter abgeschlossen (Abb. 114), damit der Fuß des Arbeiters im Falle eines Ausrutschens nicht in die Trommelöffnung gelange. Bei Aufstellung der Dreschmaschine darf daher die Anbringung dieser

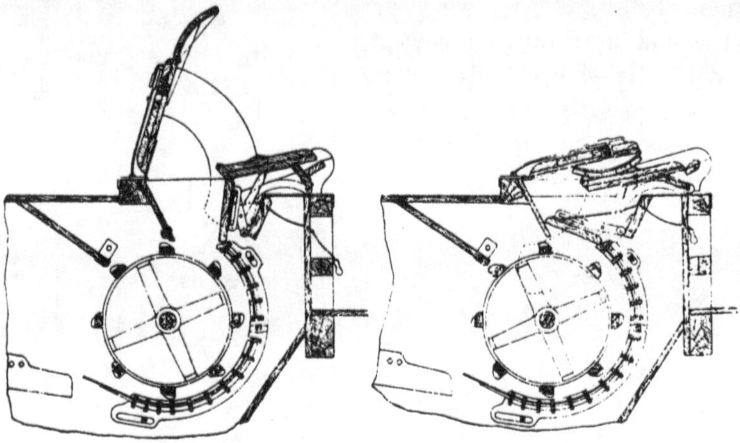

Abb. 113. Doppelte Trommelschutzklappe; links offen, rechts geschlossen.

Schutzbretter nicht verabsäumt werden. In den für die Unfallverhütung bestehenden Sicherheitsvorschriften sind in bezug auf den Schutz dieser Trommelöffnung verschiedene Vorschriften vorhanden, z. B. ein 1 m hohes Geländer u. dgl.

Das Einlegen in die Maschine. Die richtige Art und Weise des Einlegens, ihre Gleichmäßigkeit und Gleichförmigkeit ist von einer solchen Wichtigkeit, daß selbst eine gutgebaute Maschine schlechte Druschergebnisse zeitigen würde, wenn der einlegende Arbeiter ungeschickt oder nachlässig vorgeht. Man muß daher auf folgendes achten:

1. Es dürfen nur aufgeschnittene, bzw. vom Garbenbande befreite Garben in die Trommel eingelegt werden.
2. Die aufgeschnittenen Garben müssen etwas gelockert sein.

3. Die Ähren müssen stets der Trommel zugekehrt eingelegt werden.
4. Die Einlegerichtung soll sich der Trommelachse nähern und um so mehr einen rechten Winkel mit ihr bilden, je kürzer und je trockener das Stroh ist.
5. Ist das Stroh lang oder feucht, so muß die Einlegerichtung mit der Trommelachse einen schiefen Winkel bilden und die Abweichung vom rechten Winkel um so größer sein, je länger und je nasser das Stroh ist.
6. Holzstücke, Steine od. dgl. dürfen nicht in die Trommel gelangen.
7. Die Speisung muß kontinuierlich erfolgen; es dürfen keine Pausen eintreten, weil in diesem Falle die Maschine leer läuft, keine Arbeit verrichtet, somit die Putzwerke zu rasch laufen und infolgedessen fehlerhaft arbeiten würden.
8. Die Speisung muß gleichmäßig sein, denn falls mehr, bald weniger in die Trommel gegeben wird, ändert sich die Tourenzahl der Maschine, was ebenfalls für den Drusch nachteilig ist.

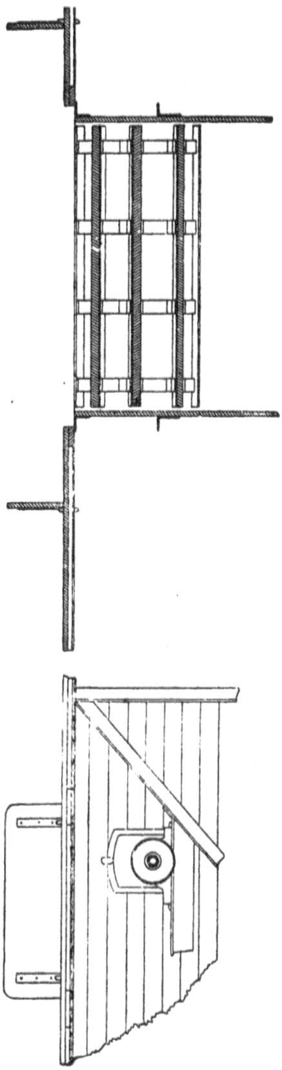

Abb. 114. Seitliche Schutzbretter neben der Trommelöffnung.

Durch Fehler beim Einlegen kann auch ein Aufwickeln des Strohes verursacht werden. In diesem Falle verläßt das Stroh die Trommel nicht, sondern klebt auf der Oberfläche derselben und bedeckt dieselbe vollständig. Da hierdurch die Schlagleisten ganz bedeckt sind und der Durchmesser der Trommel größer wird, ist schließlich eine Drehung der Trommel unmöglich; dieselbe bleibt mit einem Ruck stehen, so daß hierdurch der Hauptantriebsriemen heruntergeworfen wird und der Betrieb so lange nicht fortgesetzt werden kann, bis die Dreschtrommel vom umwickelten Stroh befreit wird. Oft wird auch bei dieser Gelegenheit die Trommelwelle verbogen. Die Ursachen dieses Wickelns sind: 1. schlechtes Einlegen;

2. feuchtes oder gar durchnäßtes Dreschgut; 3. zu langes Stroh; 4. unrichtige Lage, übermäßiges Heben oder Verbiegen des Führungsbleches; 5. Fehler der Strohschüttler oder Verstopfung derselben; 6. zu langsames Laufen der Maschine; 7. Dreschen von Früchten mit distelartigem Unkraut, welches an der Trommel hängen bleibt.

Die Entfernung des umgewickelten Strohes muß vorsichtig erfolgen, damit weder die Trommel noch der Korb beschädigt werden.

Neben den im vorliegenden Abschnitt besprochenen Konstruktionen gibt es aber auch spezielle Trommel- und Korbkonstruktionen, welche zum Dreschen von Raps, Bohnen, Wicken und anderen Hülsenfrüchten dienen, sowie solche zum Enthülsen von Klee und Luzerne. Da bei diesen Druscharten nicht nur die Trommel und der Korb, sondern auch die übrigen Teile der Dreschmaschine einigen Veränderungen unterworfen sind, wollen wir diese Konstruktionen erst im dritten Teile dieses Buches eingehender beschreiben.

3. Die Strohschüttler.

Die eigentliche Drescharbeit ist mit der Tätigkeit der Trommel und des Korbes abgeschlossen, so daß alle übrigen nun folgenden Teile der Dreschmaschine ausschließlich der Reinigungsarbeit dienen. Diese Teile wiederholen sich bei allen Arten der Dreschmaschinen, gleichgültig, nach welchem System dieselben gebaut sind. Selbstverständlich wird man für den Zweck der Reinigungsarbeiten verschiedene Vorrichtungen von der mannigfaltigsten Konstruktion finden.

Abb. 115. Dreschmaschine mit festem Strohgitter.

Einen Hauptteil der Reinigungsarbeiten bildet die Ausscheidung von Stroh, Kurzstroh und Spreu von den ausgedroschenen Körnern. Diese Aufgabe übernehmen die Strohschüttler, welche vom Korb und von der Trommel das Stroh mit all seinen Beimengungen übernehmen und es aus der Maschine herauszufördern haben. In einfachster Weise geschieht dies bei den kleinen Dreschmaschinen mittels eines festen Strohgitters (Abb. 115). Im weiteren kann der Strohschüttler eine Art Sieb sein, welches bewegt wird und eine Anzahl von Öffnungen besitzt, durch welche das Stroh jedoch nicht hindurchfallen kann. Es gibt daher viele amerikanische Dreschmaschinen mit großen Leistungen, bei denen die Arbeit des Strohschüttlers durch ein flaches Sieb übernommen wird, welches die ganze Breite der Dreschmaschine einnimmt und eine hin und her gehende Bewegung macht (Abb. 116). Damit die Körner aus dem Stroh besser entfernt werden, sind, wie Abb. 116 zeigt, oberhalb des Strohschüttlersiebes Holztrommeln eingebaut, durch deren rotierende Bewegung das Stroh gehoben wird, wodurch ein Ausschütteln der Körner erfolgt. Diese Anordnung ist nicht vollkommen, da eine gründliche Reinigung des Strohes hierdurch nicht erreicht werden kann.

Wenn man die Strohschüttler dadurch kennzeichnet, daß sie zum Zwecke der Reinigungs- und Fortbewegungsarbeit eine

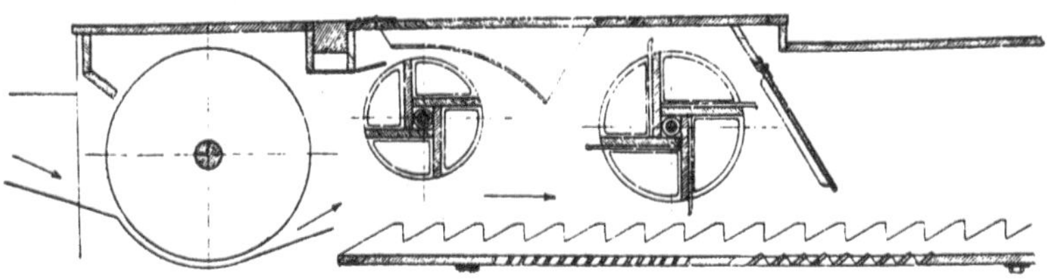

Abb. 116. Amerikanischer Strohschüttler.

bestimmte Bewegung ausführen müssen, so kann man das in Abb. 115 dargestellte Strohgitter ausschalten und für die Schüttler-Konstruktionen die Unterscheidung in folgende 3 Systeme annehmen:

1. Drehzylinder oder Rollenschüttler,
2. endlose Bänder,
3. schwingende Strohschüttler, welche wiederum sein können:
   a) Fingerschüttler,
   b) Siebschüttler,
   c) Latten- oder Rechenschüttler,
   d) Kasten- oder Schaufelschüttler.

Drehzylinder. Diese Konstruktion ist in Abb. 117 dargestellt; sie besteht aus einer Reihe von dreieckigen Prismen, welche rechts und links in Zapfen gelagert sind und die ganze Breite der Dreschmaschine einnehmen. An diesen Prismen sind drei Reihen von Zinken angeordnet, so daß bei Drehung der Prismen durch diese Zinken das Stroh nach aufwärts befördert wird, während die Körner infolge der schüttelnden Bewegung herausfallen. Der Nachteil dieses Systems liegt in der teuren Herstellung, in dem Vorhandensein vieler Lager, in der großen Reibung, im großen Ölverbrauch und in der schweren Handhabung; außerdem wird das Stroh leicht wickeln, wodurch wiederum häufige Betriebsstörungen eintreten.

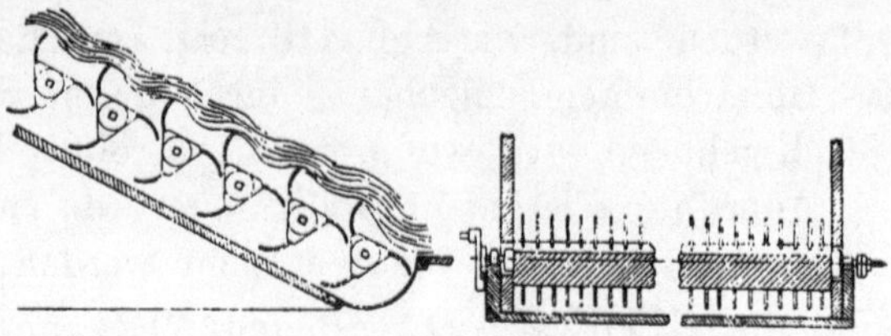

Abb. 117. Rollen-Strohschüttler.

Endlose Bänder. Die Verwendung endloser Bänder war zunächst bei amerikanischen Dreschmaschinen üblich. Eine Anordnung dieser Art ist durch Abb. 118 ersichtlich. Die Dreschtrommel ist mit Stiften versehen, der unten angeordnete Korb hat keine Öffnungen, so daß das ganze gedroschene Material auf das erste endlose Band *a* gelangt, auf welchem in der ganzen Breite der Maschine U-Eisen befestigt

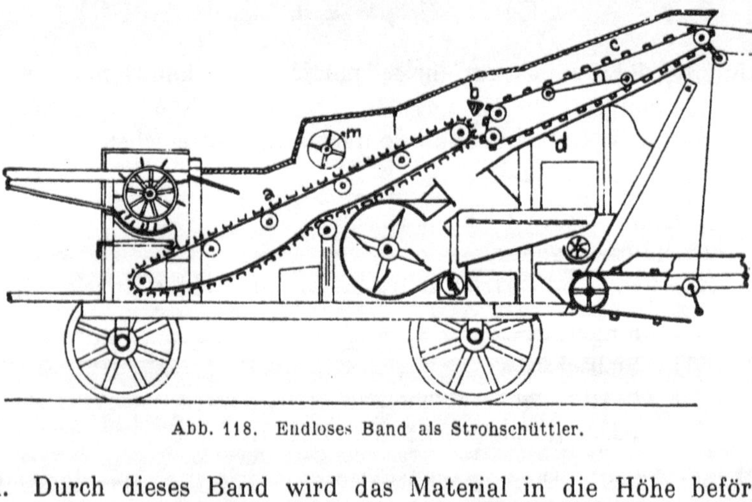

Abb. 118. Endloses Band als Strohschüttler.

sind. Durch dieses Band wird das Material in die Höhe befördert und die Körner, welche sich in den durch die U-Eisen gebildeten Kanälen befinden, fallen bei *b* heraus und gelangen in das Putzwerk. Das Stroh mit den etwa noch zurückgebliebenen Körnern kommt auf das zweite endlose Band *c*, auf welchem Leisten mit rechteckigem Querschnitt befestigt sind; zwischen diesen Leisten kann der Rest der Körner hindurchfallen. Das Ausschütteln geschieht aus dem ersten Bande durch die rotierende Trommel *m*, während bei dem zweiten Bande *c* ein Arm *n* die notwendige schwingende Bewegung ausführt. Die hindurchfallenden Körner gelangen über den Tisch *d* in das Putzwerk, das Stroh hingegen wird an der höchsten Stelle der Maschine nach außen befördert.

Abb. 119. Fahrbare Dreschmaschine mit Elevator- oder Rollschüttler.

Auch dieses System ist mangelhaft, weil auch hier viele Körner im Stroh zurückbleiben können; außerdem ist die Leistung dieser Maschinen sehr gering.

Bei kleineren Breitdreschmaschinen wird heutzutage dieses System der Strohabführung in Form endloser Lattentücher viel angewendet. Die vorhin genannten Nachteile sind dabei größtenteils behoben. Eine solche Ausführung zeigt Abb. 119. Man nennt sie Elevator- oder Rollschüttler und baut sie in vollkommenster Weise derart, daß man den Neigungswinkel des Schüttlers leicht verändern kann.

Schwingende Strohschüttler. Am besten haben sich bisher die schwingenden Strohschüttler bewährt, weshalb dieselben auch bei den meisten europäischen Maschinen Anwendung gefunden haben. Je nach der Ausführung des zur Schwingung verwendeten Elementes hat man zwischen Fingerschüttler, Siebschüttler, Lattenschüttler und Kastenschüttler zu unterscheiden.

Abb. 120. Dreschmaschine mit festem Strohgitter und Fingerschüttler (D. R. G. Nr. 132767).

Der Fingerschüttler (Abb. 120) verwendet stabartige Finger, die zwischen den Stäben eines feststehenden Strohgitters hindurchreichen und eine auf- und abwärtsgehende Bewegung machen. Hierdurch wird das von der Trommel kommende Stroh gut durchgeschüttelt.

Der Siebschüttler besteht, wie Abb. 121 erkennen läßt, aus einem einfachen durch Holzlatten gebildeten Sieb, welches eine schüttelnde Bewegung macht.

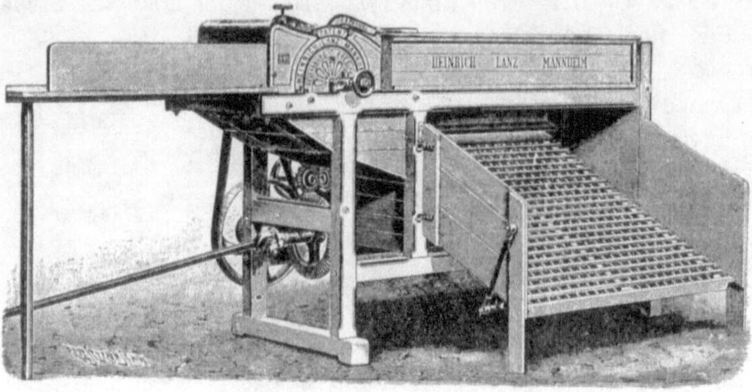

Abb. 121. Glattstroh-Göpeldreschmaschine mit Breitschüttler (Siebschüttler.)

Bei den Dreschmaschinen mit Latten- oder Rechenschüttler wird ein aus parallel nebeneinander liegenden Latten bestehender Siebboden in schwingende Bewegung versetzt. Hierzu dient

Abb. 122. Göpeldreschmaschine mit Latten- oder Rechenschüttler.

eine kleine gekröpfte Welle (Abb. 122 und 123), welche ein als Schwungscheibe ausgebildetes Handrad besitzt. Die notwendige federnde Aufhängung wird am Ende des Lattenbodens vorgenommen in der durch Abb. 122 dargestellten einfachen Weise oder, wie Abb. 123 zeigt, indem man den Lattenboden an zwei Holzfedern *ff* befestigt.

Die Kasten- oder Schaufelschüttler sind die vollkommensten. Sie werden bei kleinen Dreschmaschinen in Verbindung mit

Abb. 123. Breitdreschmaschine mit Parallel-Stellvorrichtung und Rechenschüttler.

einem feststehenden Strohbindetisch (Abb. 124) verwendet, bei großen Maschinen in mehrfachen Konstruktionen benutzt, so daß in nachstehendem auf die Einzelheiten dieser Bauart ausführlich eingegangen werden soll.

Das System der Kastenschüttler kann entweder mit einer oder mit zwei Wellen ausgeführt werden, wobei die erste Gruppe wiederum in solche mit gerader Welle oder mit gekröpfter Welle eingeteilt werden kann.

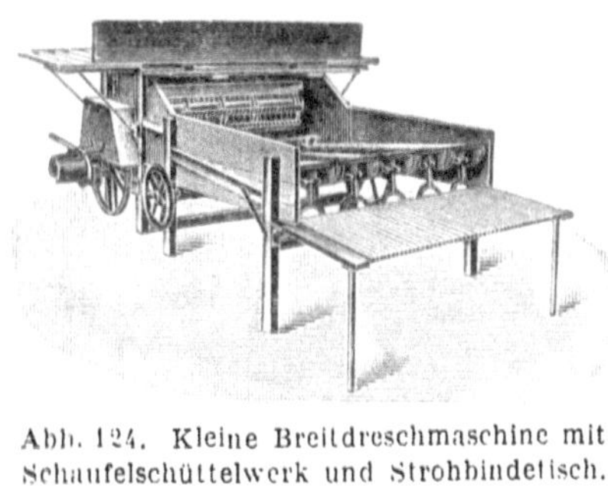

Abb. 124. Kleine Breitdreschmaschine mit Schaufelschüttelwerk und Strohbindetisch.

Alle Konstruktionen mit Kastenschüttlern haben folgende Teile gemeinsam: die Wellen, die Lager und die Kästen.

Die *Wellen* können gerade oder gekröpft sein; bei den letzteren ändert sich die Zahl und die Lage der einzelnen Kurbelkröpfungen, je nachdem die Dreschmaschine an sich einen schwingenden Strohschüttler mit einer oder mit zwei Wellen besitzt. Das obere Bild in Abb. 125 zeigt die Konstruktion einer Strohschüttlerwelle nach dem

Einwellensystem, während das untere Bild die Strohschüttlerwelle eines Zweiwellensystemes wiedergibt. Die obere Welle in Abb. 125 hat zwei Lagerzapfen *m*, während die Zapfen *I*, *II*, *III* und *IV* zur Aufnahme der Strohschüttlerkästen bestimmt sind; je nach der Anzahl dieser letzteren kann die Zahl der Zapfen auch 3, 4, 5, 7 oder auch mehr betragen. Die einzelnen Kurbeln stehen zueinander unter 180°, es ist daher die Kurbel *I* in der höchsten Lage, dann die Kurbel *II*

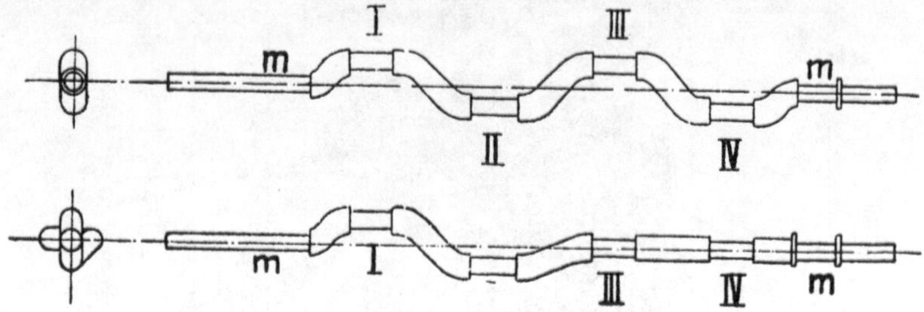

Abb. 125. Strohschüttlerwellen (Systeme für 1 und 2 Wellen).

in der tiefsten, *III* wieder in der höchsten Lage, so daß die Kurbeln *II* und *IV* und die Kurbeln *I* und *III* immer dieselbe Bewegung ausführen.

Das untere Bild in Abb. 125 zeigt die Schüttlerwelle einer Dreschmaschine, bei welcher nach dem Zweiwellensystem die Strohschüttler durch zwei ganz gleichartig gebaute Wellen unterstützt sind. Hierbei ist die Anzahl der Kästen gewöhnlich 4, nur ausnahmsweise mehr. Die Lagerzapfen *m* dienen zur Unterstützung der Welle, die Zapfen *I*, *II*, *III* und *IV* wiederum zur Aufnahme der Strohschüttlerkästen.

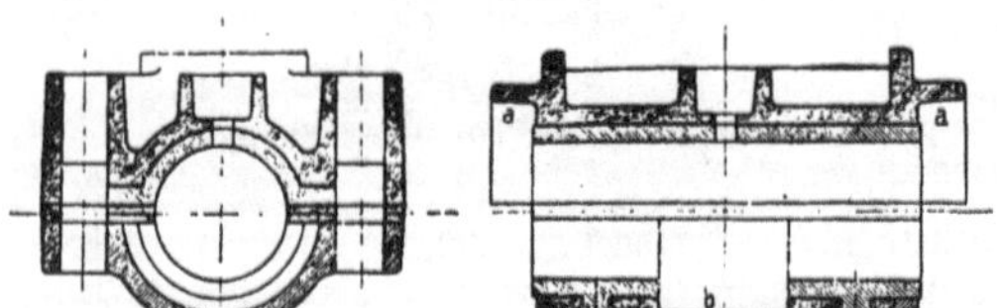

Abb. 126. Strohschüttler-Lager.

Die Kurbeln *I* und *II* stehen zueinander unter 180° und die Kurbeln *III* und *IV* ebenfalls, jedoch ist die Lage von *III* und *IV* zu derjenigen von *I* und *II* unter einem rechten Winkel. Ist also die Kurbel *I* in der höchsten Lage, so ist die Kurbel *II* in der tiefsten, die Kurbel *III* in ihrer äußersten vorderen, die Kurbel *IV* in ihrer äußersten rückwärtigen Lage. Die Wellen, welche bei neueren Maschinen aus Flußstahl hergestellt sind, werden aus einem Stück durch Pressung gebogen; sie machen je nach der Bauart der Maschine 150 bis 200 Umdrehungen in der Minute. Die Umdrehungszahl hängt vom Kurbelradius und von der Förderfähigkeit des Strohschüttlers ab. Der Kurbelradius schwankt zwischen 90 und 110 mm.

Die *Lager* zur Unterstützung der Strohschüttlerwelle haben meist Bronze- oder gußeiserne Schalen nach der bereits im I. Teil Kapitel 2 angegebenen Ausführung. Die zur Aufnahme der Strohschüttlerkästen dienenden Lager an der Strohschüttlerwelle wurden ursprünglich meist als Holzlager ausgeführt, während bei modernen Maschinen eine Vereinigung von Holz mit Weißmetall oder von Eisen mit Weißmetall, auch Eisen mit Bronze verwendet wird. Abb. 126 zeigt ein Lager, bei welchem der Körper und der Deckel aus Gußeisen, die obere Lagerschale aus Weißmetall und herausnehmbar dargestellt ist, während die untere Lagerschale, ebenfalls aus Weißmetall, in der Mitte einen angegossenen Zapfen besitzt und mit diesem in dem Deckel festgenietet wird (im vorliegenden Falle liegt der Deckel des Lagers unten). In die im Deckel des Lagers ausgebildete Vertiefung *b* wird Öl eingegeben, durch welches vermittelst getränkter Wollfasern der untere Teil des Zapfens und die untere Lagerschale geschmiert werden. Die vorstehende Rippe *a* verhindert ein Aufwickeln des Strohes und ein Eindringen von Staub in das Lager. Die Art der Befestigung dieses Lagers unten an dem Strohschüttler sowie die Anordnung der Schmierbüchse ist in Abb. 127 dargestellt.

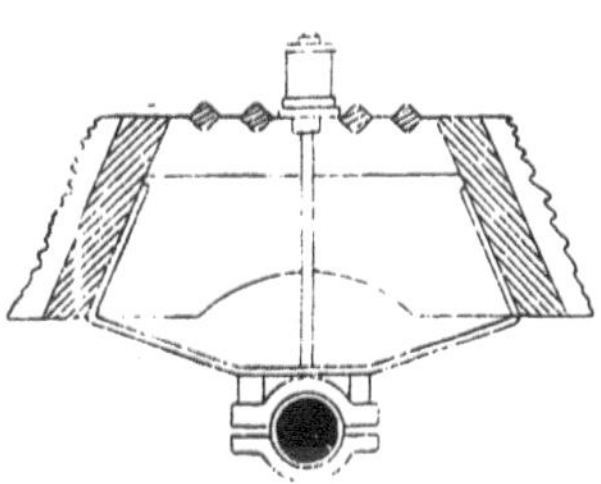

Abb. 127. Befestigung des Strohschüttler-Lagers.

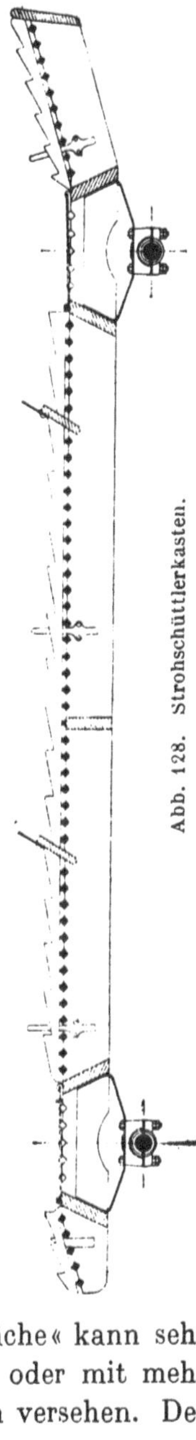

Abb. 128. Strohschüttlerkasten.

Die *Strohschüttlerkasten* sind in Abb. 128 in einem Längsschnitt zur Anschauung gebracht. Sie bestehen aus zwei langen Seitenteilen, welche in zweckmäßiger Weise durch Querbretter miteinander verbunden und dadurch versteift sind. Die oberhalb angeordnete, sog. »Förderfläche« kann sehr verschieden ausgebildet sein; sie ist entweder gerade oder mit mehr oder weniger geneigten Flächen oder mit Vertiefungen versehen. Der obere Teil des Schüttlerkastens ist als Gitter ausgebildet, durch welches die Körner hindurchfallen müssen. Dieses Gitter kann aus

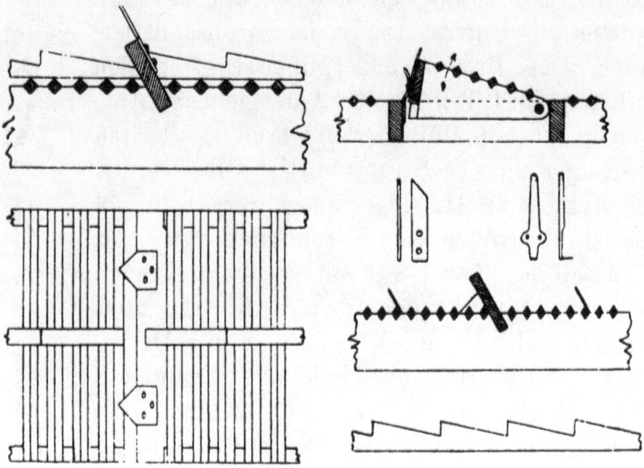

Abb. 129. Vorrichtungen zum Fortbewegen des Strohes.

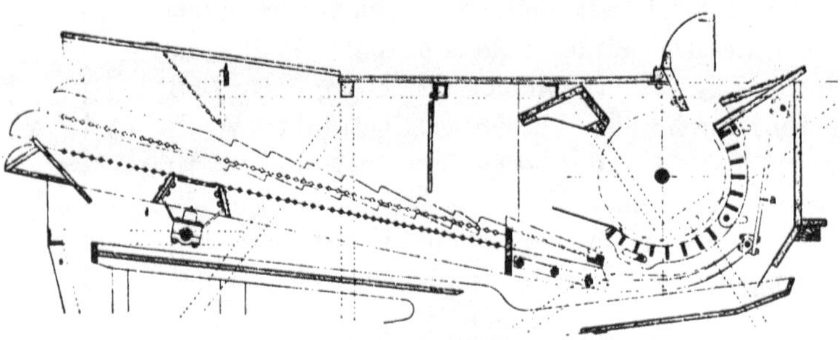

Abb. 130. Einwelliger Strohschüttler. (4 Stück.)

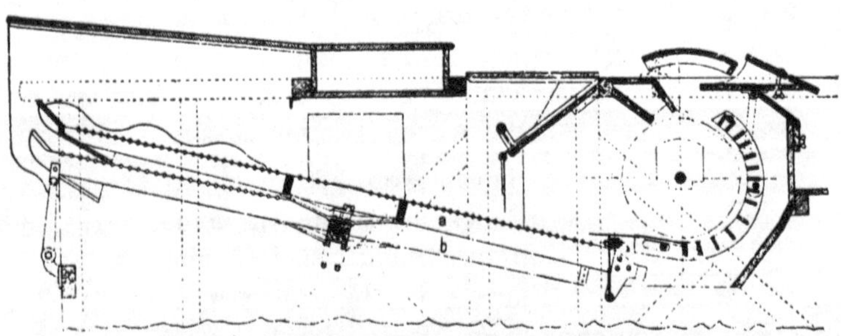

Abb. 131. Einwelliger Strohschüttler. (5 Stück.)

Siebblechen, gelochten Holzbrettern, gepreßten Blechen oder auch aus Holzleisten gebildet werden. Diese letzteren, welche am meisten Anwendung finden, haben viereckigen Querschnitt und liegen, wie Abb. 128 zeigt, mit einer Kante nach oben. Bei allen Konstruktionen ist auf eine Gleichmäßigkeit der hergestellten Öffnungen und auf eine möglichst genaue Teilung zu achten, weil dadurch erst die richtige Wirkungsweise erreicht wird. Zur Förderung des Strohes dienen vorstehende Zinken, welche deshalb angebracht werden müssen, weil die Strohschüttler in der Maschine unter einem gewissen Winkel gegen die Horizontale eingebaut sind, so daß das Stroh bei seiner Fortbewegung diese Steigung zu überwinden hat. Die verschiedene Ausbildung der Zinken für die Fortbewegung des Strohes ist in Abb. 129 zu sehen.

Eine Bauart, welche für die Strohschüttler nur eine Welle verwendet, ist durch Abb. 130 dargestellt. Diese eine Welle ist am äußeren Ende des Strohschüttlers angebracht und liegt etwa im ersten Drittel der ganzen Länge vom Ende des Strohschüttlers an gerechnet. Diese Strohschüttlerwelle ist viermal gekröpft; die Aufhängung der Schüttler geschieht in diesem Falle durch die hinter dem Korbe angeordneten Holzfedern *a*. Wie aus der dargestellten Anordnung hervorgeht, wird nur der vordere, vom Lager unterstützte Teil des Schüttlers eine kreisförmige Bewegung ausführen, während die weiter hinten liegenden Teile der Schüttler bloß eine hin und her gehende Bewegung machen, die Arbeit des Ausschüttelns daher unvollkommen verrichten.

Eine andere Konstruktion der Kastenstrohschüttler ist aus den Abb. 131 und 132 zu ersehen. Die erstgenannte Abbildung zeigt den Längsschnitt, die zuletzt genannte die Vorderansicht der Strohschüttler-Konstruktion. In dem vorliegenden Falle besitzt die Dreschmaschine nur e i n e gekröpfte Welle mit fünf Schüttlern, von welchen I, III und V auf der Trommelseite, während II und IV vorn aufgehängt sind, wie dies Abb. 131 (*a* und *b*) zeigt. Die Schüttler I, III und V sowie II und IV heben und senken sich stets gleichzeitig, so daß bei dieser Bauart eine vollkommenere Bewegung und Wirkungsweise erreicht wird, weil die starke Bewegung der Schüttler sowohl vorn als auch hinten geschieht. Dieses Zusammenwirken der Schüttler und die Lagerung derselben ist aus Abb. 132 zu ersehen.

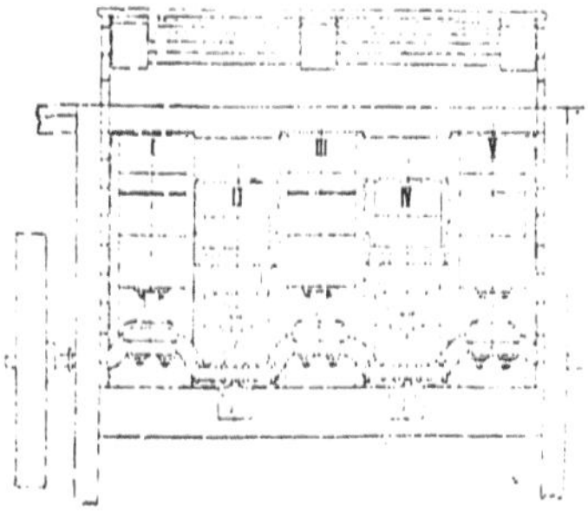

Abb. 132. Einwelliger Strohschüttler (5 Stück). Vorderansicht.

Es ist noch hervorzuheben, daß das Gesamtgewicht der Schüttler I, III und V genau so groß sein muß wie dasjenige der Schüttler II und IV, weil nur in diesem Falle der ruhige und gleichmäßige Gang der Schüttler erreicht werden kann. Dieser Umstand ist besonders bei Reparaturen wohl zu beachten.

In Abb. 133 ist eine perspektivische Darstellung der Austrittsseite für das Stroh an einer Dreschmaschine gezeigt. Man sieht in diesem

Abb. 133. Perspektivische Vorderansicht der Strohschüttler von R. Wolf in Magdeburg-Buckau.

Bilde ganz deutlich die vier Kastenstrohschüttler mit den Gittern sowie einen vorn angeordneten aus Latten bestehenden auf- und abwärtsgehenden Strohrechen.

Die Kurbelzapfen liegen bei der oben beschriebenen Konstruktion unter einem Winkel von 180° zueinander.

Eine eigenartige Bauart ist in Abb. 134 und 135 dargestellt; sie besteht aus vier Schüttlern, welche durch eine gerade Welle getragen werden. Abb. 134 zeigt den Längs- und Querschnitt dieser Maschine, während die Abb. 135 die Seitenansicht und den Schnitt durch den Entgranner und den Sortierzylinder wiedergibt; außerdem enthält Abb. 134 den Schnitt *K—L* durch die Welle und die Schüttler, während die darunter liegende Einzeldarstellung die obere Ansicht auf den Entgranner wiedergibt.

Diese Konstruktion zeigt die Strohschüttler mit Exzenterantrieb, weil hierbei die Schüttler ,der Schütteltisch und das untere Putzwerk durch Exzenter bewegt werden. Die Unterstützung der Schüttler geschieht nur an einer Stelle, und zwar durch gerade Wellen, von denen eine die getriebene Welle ist, während die anderen beiden als Hilfswellen dienen. Auf diese Weise ist die Anwendung von gekröpften Wellen und das Anbringen einer Spreuschüttlerwelle und der dazu gehörenden Lager vermieden.

Bei der genannten Maschine ist *a* die gerade festgelagerte Welle, auf deren äußerem Ende außerhalb der Dreschmaschine zwei Exzenter *b* und *c* aufgekeilt sind; daneben sitzt auf dieser Welle eine Riemenscheibe, welche von der Trommelwelle aus ihren Antrieb erhält. Die Anordnung ist so getroffen, daß die durchgehende Welle *d* in dem Exzenter *b* und die Welle *f* in den Verlängerungen des Exzenters *c* gelagert erscheint. Auf der Welle *d* sitzen die Schüttler I und III, auf der Welle *f* die Schüttler II und IV. Die Aufhängung geschieht auch hier durch Holzfedern, so daß zum Zwecke der hin und her gehenden Bewegung die Eisenstange *m* in den Lagern *s* und *t* drehbar angeordnet werden muß und mit dieser Eisenstange die Schüttler II und IV durch Holzfedern verbunden sind. Auf die Stange *m* sind die Lager *u* und *v* gesetzt, in welchen die Stange *n* sich drehen kann, so daß die mit derselben verbundenen Schüttler I und III eine hin und her gehende Bewegung erhalten. Durch die Bewegung der Welle *a* werden die Exzenter *b* und *c* und die mit diesen verbundenen Wellen *d* und *f* in Rotation versetzt, wobei die Schüttler ebenfalls eine rotierende Bewegung erhalten. Durch diese Exzenter werden sodann vermittelst der Stangen *g* und *h* auch der Schütteltisch und das Putzwerk bewegt.

Es gibt auch Dreschmaschinen, bei welchen auf einer geraden Welle unter jedem Schüttler ein Exzenter angebracht ist, doch ist diese Bauart teuer und infolge der großen auftretenden Reibung und der hohen Betriebskosten noch nicht einmal wirtschaftlich.

Ein Strohschüttler mit zwei Wellen ist in Abb. 128 ersichtlich. Bei dieser Konstruktion ist eine Aufhängung unnötig; die Arbeit ist gleichmäßig und vollkommen. Die Kröpfungen und die Anordnung der Kurbelzapfen sind bei der Konstruktion mit zwei Wellen ganz gleichartig, nur daß die vordere Welle zum Zwecke der Aufnahme der

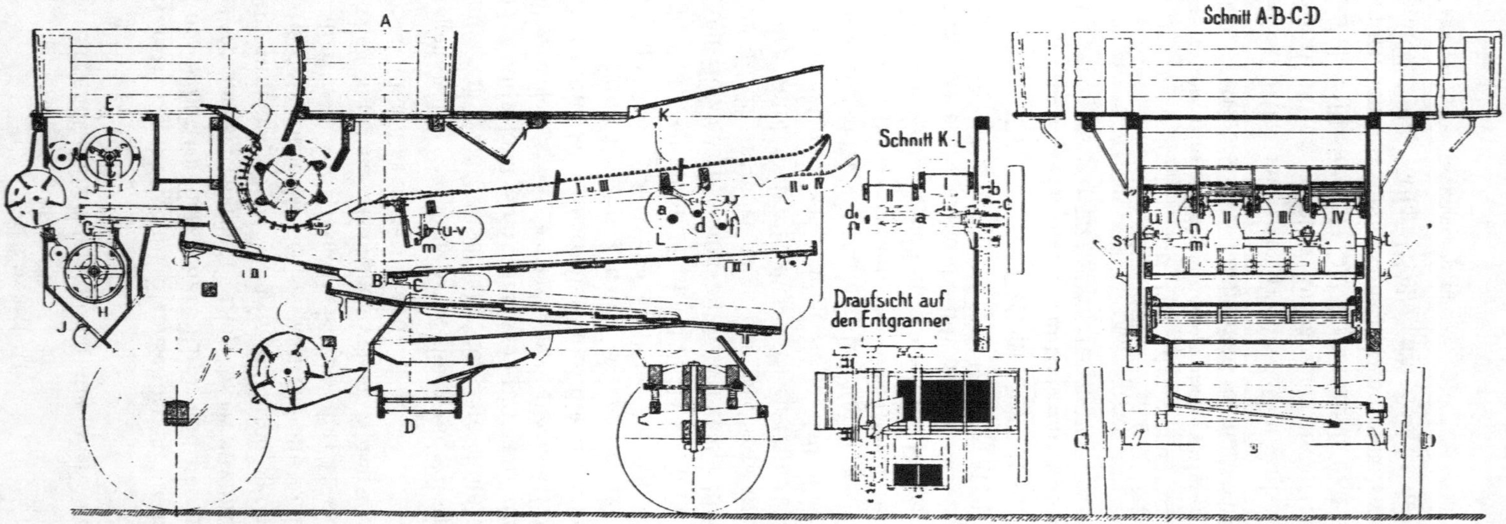

Abb. 134. Exzenter-Dreschmaschine (Längs- und Querschnitt).

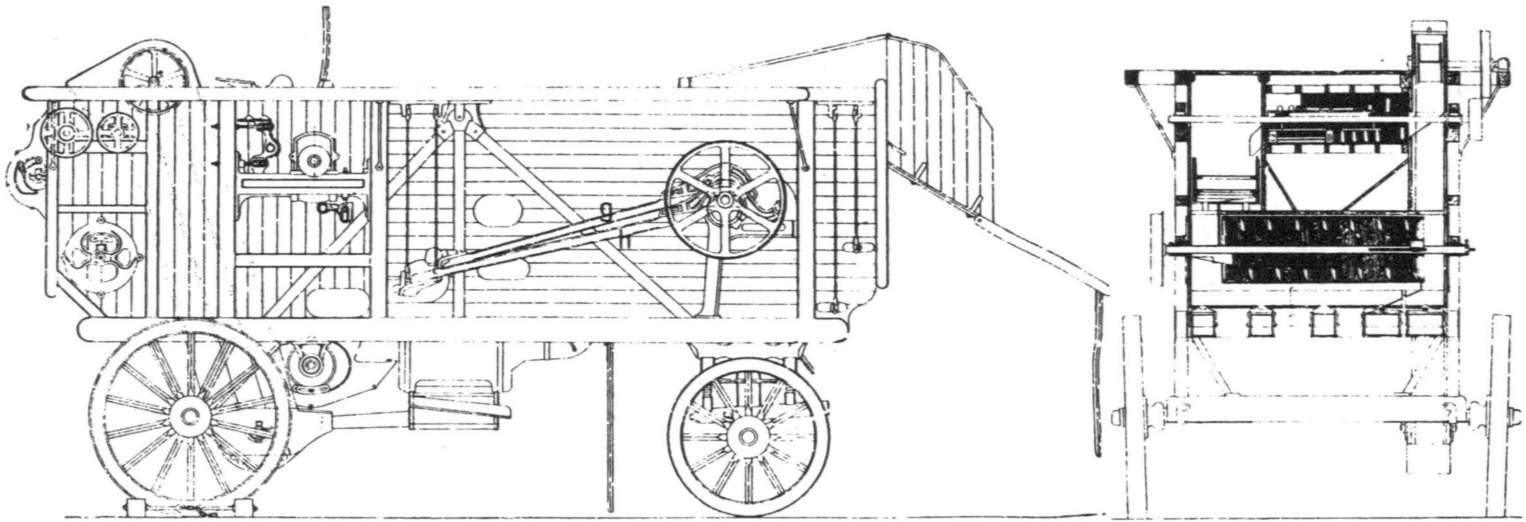

Abb. 135. Exzenter-Dreschmaschine (Seitenansicht und Querschnitt).

Antriebsriemenscheibe etwas länger sein muß, um auch außerhalb der Dreschmaschine noch andere Hilfsmaschinen, z. B. die Strohelevatoren, antreiben zu können. Da die Bewegung und die relative Verschiebung der einzelnen Strohschüttler zueinander sehr bedeutend ist, und da das Stroh infolgedessen in bedeutendstem Maße geschüttelt wird, ist die Wirkung der Konstruktion mit zwei Wellen sehr gut. Dabei ist es wichtig, daß diese beiden Wellen genau montiert werden, weil sonst, wenn die Entfernung zwischen den zwei entsprechenden Zapfen nicht ganz gleich ist,

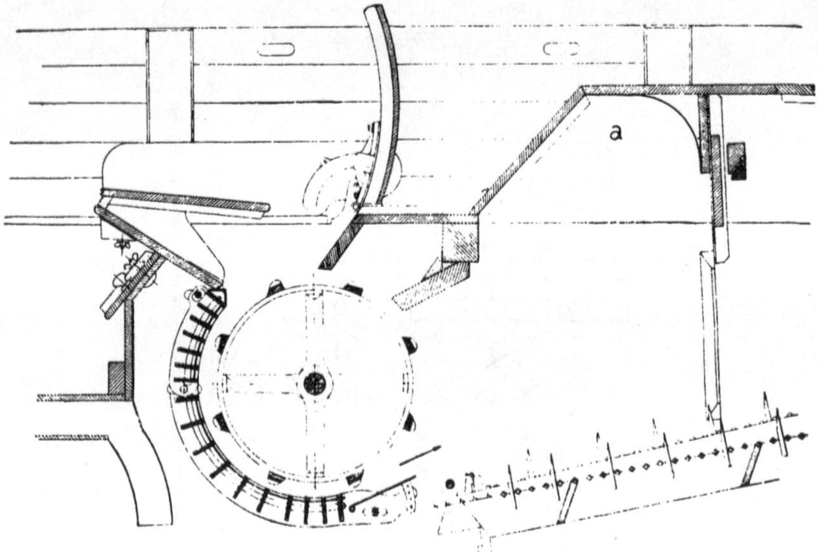

Abb. 136. Strohschüttler und stellbares Führungsblech.

in den Strohschüttlern Spannungen, ja sogar Brüche, entstehen können. Ein Bruch wird bei neuen Maschinen selten vorkommen, da in der Fabrik die Montage der Wellen genau kontrolliert werden kann. Ist jedoch die Maschine längere Zeit im Gebrauch und sind die Wellen infolge der Abnutzung reparaturbedürftig, so kann es vorkommen, daß durch fehlerhaftes Abdrehen der Zapfen der Mittelpunkt versetzt wird, wodurch sich die Entfernung zwischen den zwei zusammenarbeitenden Zapfen ändert. Um diesen Übelstand zuvermeiden, ist es zweckmäßig, für die beiden Wellen je eine Schablone anzufertigen, welche für eine Kontrolle der richtigen Entfernung zwischen den Kurbelzapfen dienen kann.

Je länger die Strohschüttler sind, desto länger ist ihre Lebensdauer und desto geringer die Anzahl der Körner, welche mit dem Stroh aus der Maschine treten können. Im allgemeinen macht man die Länge der Strohschüttler etwa 2÷2,8 mal so lang als die Breite der Dreschmaschine.

Es gibt auch Strohschüttler, welche mit dem Schütteltisch durch Federn verbunden sind; bei diesen werden daher besondere Strohschüttlerwellen nicht verwendet.

Als **ergänzende Konstruktionsteile** zu den Strohschüttlern wären zu nennen: das stellbare Führungsblech, die Strohklappe und Stäbchen sowie die Nachschüttler.

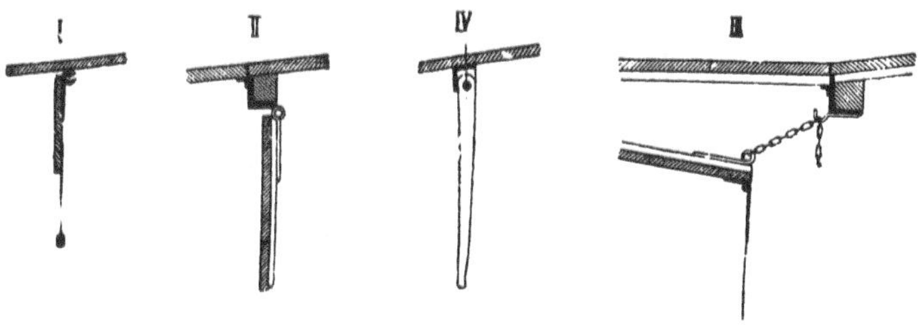

Abb. 137. Körnerfänger für Strohschüttler.

Das *stellbare Führungsblech* und der Zusammenhang desselben mit den Strohschüttlern ist aus Abb. 136 zu ersehen. Wird das Blech gehoben, so schleudert die Trommel das Stroh in die Höhe gegen die Decke des Kastens *a*; von dort fällt das Stroh wieder in die Nähe der Trommel zurück. Wird dagegen das Blech nach abwärts gestellt, so wird das Stroh von der Trommel mehr nach vorn geworfen, wodurch eine weniger günstige Wirkung der Strohschüttler die Folge ist. Sind im Stroh noch unausgedroschene Körner zu finden, so muß das Führungsblech etwas mehr gehoben werden. Wird jedoch das Blech zu hoch gestellt, so kann es leicht vorkommen, daß das Stroh sich auf die Trommel aufwickelt.

Abb. 137 zeigt die *Klappe* und die *Stäbchen*, durch welche die Strohschüttler in ihrer Wirkungsweise geregelt werden können. In Abb. 137 I ist eine Klappe dargestellt, welche aus Leinwand oder Leder besteht. Abb. 137 II und III zeigen die Klappe aus einem Holzbrett bestehend oder aus einem dünnen Eisenblech; das Holzbrett oder das Eisenblech kann entweder aus einem Stück bestehen, oder es werden mehrere Teile nebeneinander angebracht. Die zuletzt genannte Anordnung ist die richtigere, weil das Stroh den Widerstand eines kleinen Stückes Blech leichter überwinden und abheben kann. Die Klappe ist in vertikaler Richtung verstellbar, kann gehoben oder gesenkt werden, wodurch das Stroh in seiner Vorwärtsbewegung mehr oder weniger gehindert werden kann. Die *Stäbchen*, welche in Abb. 137 IV dargestellt sind, sind auf einer Stange in der ganzen Breite der Dreschmaschine aufgehängt und dienen dazu, die Bewegung des Strohes zu hemmen und die nach vorn geschleuderten Körner zurückzuhalten; diese Stäbchen sind jedoch nicht verstellbar.

Bei der **Handhabung der Strohschüttler** ist auf folgendes zu achten:

1. die Gitteröffnungen müssen dem Material entsprechend gewählt werden. Nachdem bei der Fabrikation die Strohschüttler ge-

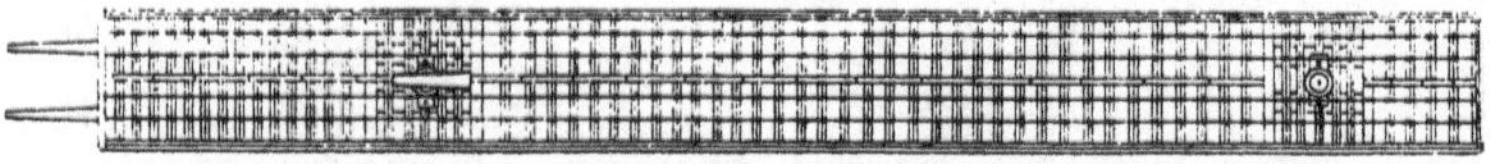

Abb. 138. Verkleinerung der Öffnungen bei Strohschüttlern.

wisse Öffnungen besitzen müssen, das Dreschgut aber nicht immer gleich ist, wird es notwendig werden, die freien Öffnungen zu verkleinern oder zu vergrößern. Wird z. B. beim Dreschen von Klee, Raps oder trockenem Getreide durch die Trommel eine derartige Zerkleinerung erreicht, daß der größte Teil des zerkleinerten Strohes durch die Öffnungen fällt, so wird es zweckmäßig sein, zur Verengerung dieser freien Öffnungen die Holzleisten des Strohschüttlers, wie dies in Abb. 138 dargestellt, Drähte hindurchzuflechten. Man kann dadurch erreichen, daß die Öffnungen ganz klein werden. Hierbei ist nur noch zu beachten, daß die Stifte zur Befestigung der Drähte nicht vorstehen dürfen, weil sonst das Stroh in seiner Vorwärtsbewegung gehindert wird.

2. Die gleichzeitig bewegten Strohschüttler müssen ausbalanciert werden, so daß das Gewicht der sich gegeneinander bewegenden Teile gleich ist. Sind z. B. fünf Strohschüttler vorhanden, so muß das Gesamtgewicht von 1, 3 und 5 ebenso groß sein wie das Gewicht von 2 und 4. Dieser Umstand ist besonders bei Reparaturen oder bei Auswechselung von ganzen Strohschüttlerkästen wichtig, weil sonst Stöße während des Betriebes entstehen können.

3. Die inneren Lager, welche während des Betriebes nicht untersucht werden können, sind während der Betriebspause gründlich zu ölen, im Notfalle an den Schalen nachzuarbeiten, ev. mit neuen Schalen zu versehen. Wenn die Lager in schlechtem Zustand bleiben, so treten an den Schüttlern leicht Seitenbewegungen auf, welche Stöße herbeiführen, so daß sich die Schüttler aneinander reiben können, wodurch leicht eine weitere Beschädigung der Zapfen und sonst größerer Schaden verursacht werden kann.

4. Bei den Strohschüttlern mit zwei Wellen ist es besonders wichtig, daß die beiden Wellen genau gleich und die Entfernungen zwischen den Zapfen genau dieselben sind. Ganz besonders ist bei Reparaturen darauf zu achten, daß keine Spannungen, Brüche oder Reibungsflächen entstehen, was eine große Abnutzung der Zapfen und Schalen zur Folge haben würde.

Abb. 139. Schütteltisch.

5. Die Strohschüttler sollen stets in gutem Zustande sein. Gebrochene Stellen, fehlerhafte Gitter oder ungleiche Öffnungen sind zu vermeiden.

6. Die Lage der Schüttler zueinander soll richtig sein, d. h. sie sollen weder zu nahe oder zu weit voneinander stehen. Stehen sie zu nahe, so werden Reibungsflächen und Beschädigungen die Folge sein; stehen sie zu weit voneinander, so fällt das Stroh durch die Öffnungen auf den Schütteltisch.

7. Die Klappe muß gut ausreguliert sein und insbesondere nicht zu tief stehen.

8. Die Umdrehungszahl muß genau eingehalten werden; man hat also darauf zu achten, daß der Riemen nicht gleitet.

9. Die Lage der Schüttler darf durch Heben oder Senken der ganzen Maschine nicht geändert werden.

Der Schütteltisch. Derselbe (Abb. 139) hat den Zweck, einerseits das Material, welches durch den Korb fällt, zu sammeln, anderseits dasjenige, welches durch die Öffnungen der Schüttler gelangt. Er führt das so gesammelte Material dem unteren Putzwerk zu. Dementsprechend besteht der Tisch aus zwei geneigt zueinander stehenden Flächen, auf welchen das Material abwärtsbewegt wird, bis es durch eine Öffnung auf den Kurzstrohreuter fällt. Die Neigung dieses Tisches beträgt pro m etwa 80 ÷ 120 mm; die Bewegung des Tisches ist eine oszillierende, wobei das gesammelte Material in hin und her gehende Bewegung versetzt wird. Der Rahmen des Tisches ist aus Hartholz hergestellt und die Konstruktion stark versteift. Der rück-

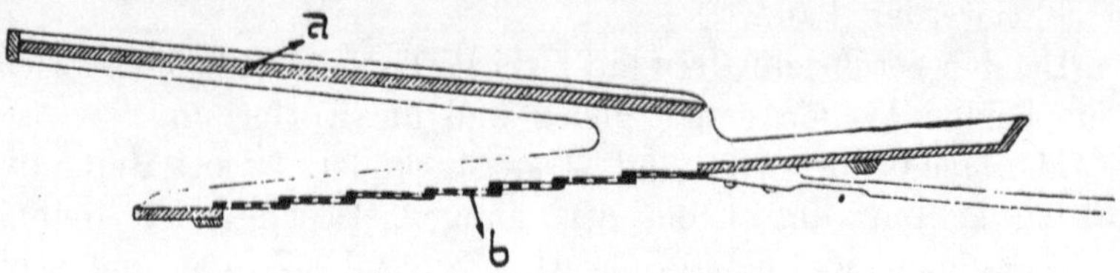

Abb. 140. Schütteltisch, mit Kurzstrohreuter verbunden.

wärtige Teil unter der Trommel und der vordere Teil unter den Schüttlern ist mit Blech beschlagen, damit sich das Holz nicht abnutzt, und zum Zwecke der raschen Bewegung des Sammelgutes eine möglichst geringe Reibung vorhanden ist. Der Deckel *c* ist durch Schrauben

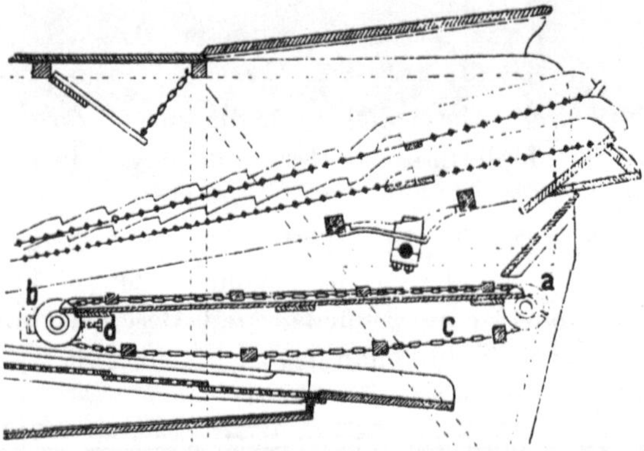

Abb. 141. Endloses Band als Ersatz des Strohschüttlers.

befestigt, nach deren Entfernung die Lager der Schüttler zugänglich werden.

Bei den kleineren Maschinen ist der Schütteltisch kein besonderes Organ, sondern mit dem Kurzstrohreuter unmittelbar verbunden, was in Abb. 140 dargestellt ist. Man erkennt, daß der Tisch *a* mit dem Reuter *b* durch die seitlichen Wangen verbunden ist. Eine andere Bauart zeigt Abb. 141, wo der Vorschub des Materials durch ein endloses Band *c* geschieht, in welchem Holzleisten untergebracht sind.

Die Kette liegt auf zwei Rollen *a* und *b*, von welchen die letztere durch Spannschrauben *d* verstellt werden kann, um dadurch das Band stets in genügender Spannung zu erhalten.

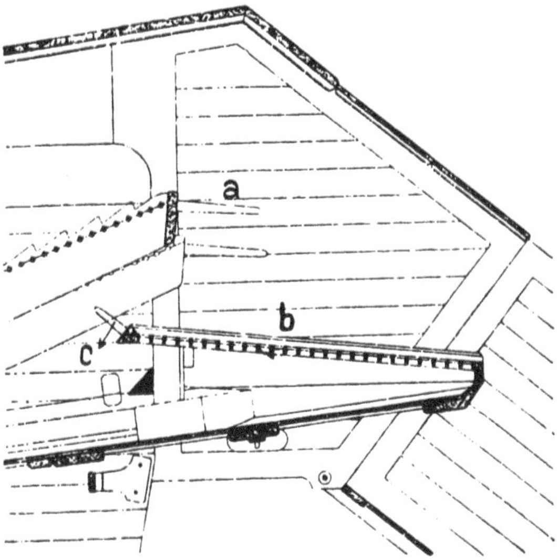

Abb. 142. Nachschüttler zum Schütteltisch.

Die Nachschüttler. Ihnen fällt eine wichtige Aufgabe zu, weil die Körner aus dem Stroh durch die Schüttler nicht genügend herausgearbeitet worden sind, so daß eine nochmalige Ausschüttelung des Strohes notwendig ist. Wenn wir die Arbeit einer Maschine mit Nachschüttler und einer solchen ohne Nachschüttler vergleichen, so finden wir, daß von den Körnern, welche sonst mit dem Stroh aus der Maschine entfernt werden, durch den Nachschüttler etwa $^3/_4$ zurückgewonnen werden. Man wird beachten müssen, daß die hauptsächlichsten Körnerverluste beim Dreschen gerade bei den Strohschüttlern vorkommen.

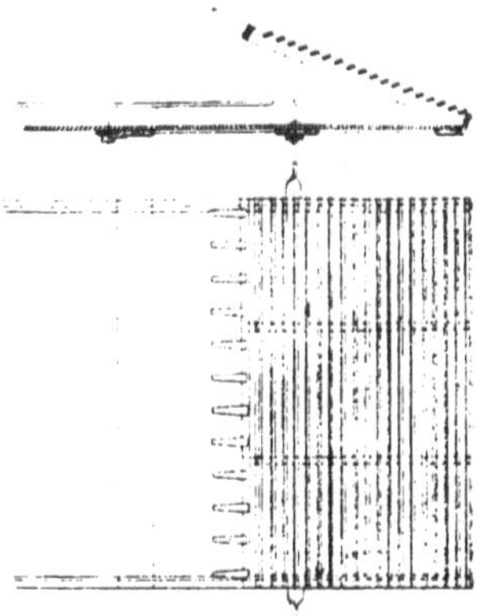
Abb. 143. Nachschüttler.

Eine Form der Ausbildung der Nachschüttler ist in Abb. 142 gegeben; auf dem verlängerten Schütteltisch ist ein Holzsieb angebracht. Die auf die Schüttler befestigten Holzzähne *a* lockern das Stroh, welches auf das Sieb *b* fällt, durch dessen Öffnungen die Körner hindurch gelangen und dann auf den Schütteltisch fallen. Die Zinken *c* verhindern ein Zurückfallen des Strohes. Abb. 143 zeigt eine ähnliche Konstruktion, doch wird hier die Schüttelfläche durch stufenartig angeordnete Holzleisten gebildet. Abb. 144 gibt das perspektivische Bild dieses Nachschüttlers.

Der Nachschüttler in Abb. 145 ist auf zwei Strohschüttlern befestigt, welche vorn aufgehängt sind. Die durchfallenden Körner gelangen über den Tisch *a* auf den Schütteltisch *b*. In Abb. 146 sind vier Strohschüttler *a* und sieben Nachschüttler *d* zu sehen. Beide sind scharnierartig um den Punkt *c* mit dem Schütteltisch *b* verbunden und an Federn *f* aufgehängt. Infolge dieser Anordnung bewegen sich die Federn *f* mit den Schüttlern, die Nachschüttler *d* mit dem Schüttel-

Abb. 144. Perspektivische Ansicht des Nachschüttlers.

tisch *b*, um den Drehpunkt *c*, so daß diese Nachschüttler als eine Ergänzung der Strohschüttler zu betrachten sind.

In Abb. 147 ist eine Konstruktion wiedergegeben, bei welcher oszillierende Arme das Stroh von den Schüttlern übernehmen und ausarbeiten. Die Bewegung dieser Arme geschieht durch Exzenter. Die Welle *a* liegt auf einem Rohr *b*, während auf das Ende der Welle *a* ein Arm *c* und auf das Ende des Armes *b* ein Arm *d* befestigt ist. Die Welle *a* und das Rohr *b* werden durch einen auf der Strohschüttlerwelle angeordneten Exzenter in hin und her gehende Bewegung gebracht, so daß hierdurch auch die Gabeln *m* und *n* in ähnlicher Weise auf und ab bewegt werden.

Der Schütteltisch ist in der Weise aufgehängt, daß er ungehindert eine hin und her gehende Bewegung ausführen kann (Abb. 148). Die Aufhängung geschieht durch Federn *a* und *m*, welche mit ihrem einen Ende mit dem Rahmen der Maschine, mit ihrem anderen Ende mit dem zu bewegenden Maschinenteil verbunden sind.

Es gibt schmiedeeiserne, aus Stahldraht geflochtene, lederne und aus Holz hergestellte Federn.

Die *schmiedeeiserne* Feder ist eigentlich eine starre unbiegsame Stange (Abb. 149), so daß ihr der Name »Feder« eigentlich gar nicht

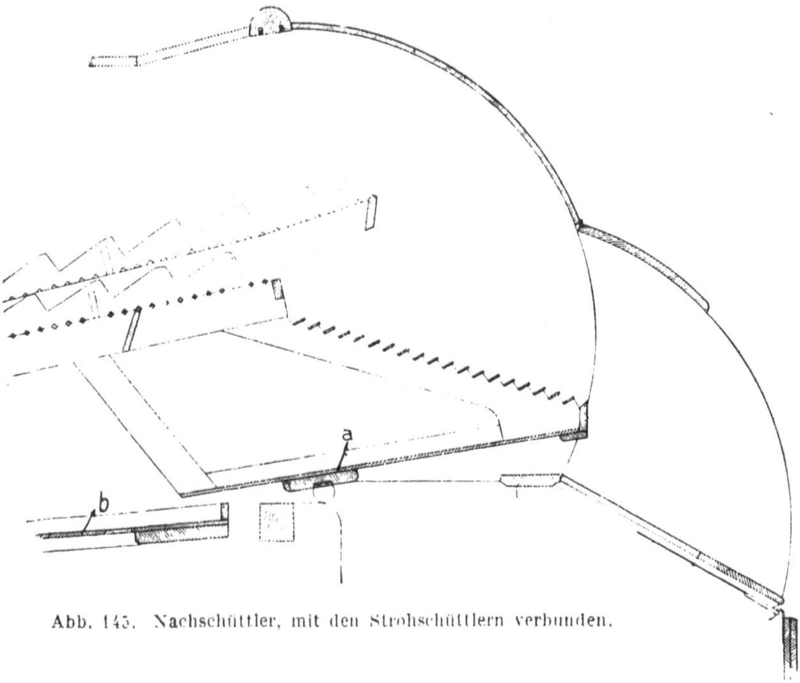

Abb. 148. Nachschüttler, mit den Strohschüttlern verbunden.

zusteht. Die Federung kommt hierbei dadurch zustande, daß die am Ende der Stange angeordneten ringförmigen Köpfe mit elastischen Gummieinlagen versehen sind, welche bei der Bewegung eine gewisse Nachgiebigkeit besitzen. Der Nachteil dieser Einlagen ist die rasche Abnutzung und die damit verbundene Notwendigkeit des öfteren Auswechselns.

Die *aus Stahldraht geflochtenen* Federn (Abb. 150) sind zwar elastisch, jedoch teuer und haben den Nachteil, daß durch das häufige Hin- und Herbiegen die einzelnen Drähte brechen und hierdurch die Federn unbrauchbar werden.

Die Verwendung von Federn *aus Leder* ist nicht empfehlenswert, weil die Führung des aufgehängten Teiles bei Verwendung von Leder unsicher wird und seitliche Bewegungen leicht vorkommen können.

Die besten und einfachsten Federn sind diejenigen *aus Holz* (Abb. 151), zumeist aus Eschenholz verfertigt. Die Holzfeder ist an den beiden Enden stärker und mit Eisenplatten beschlagen, welche als Unterlagen für die Befestigungsschrauben dienen.

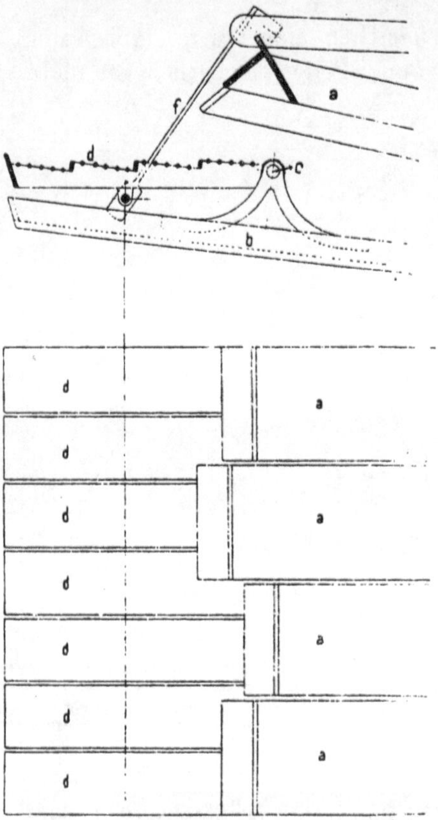

Abb. 146. Nachschüttler, auf dem Schütteltisch befestigt.

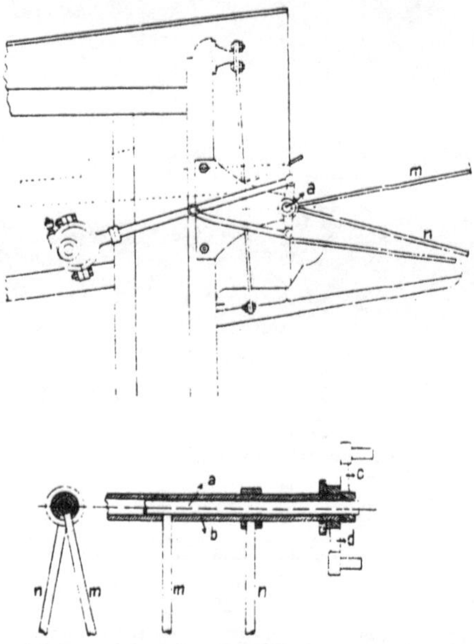

Abb. 147. Gabelförmiger Nachschüttler.

Bei diesen Holzfedern hat man auf folgendes zu achten:

1. Zur Herstellung der Holzfedern muß ausgezeichnetes Hartholz gewählt werden, welches stark und elastisch sein soll.
2. Allzu trockenes Holz ist nicht gut, weil es brüchig wird.
3. Zwischen den stärkeren Befestigungsenden und dem mittleren dünneren Teile der Feder ist ein langer geschweifter Übergang zu schaffen (*c* in Abb. 151), damit an dieser Stelle kein Bruch eintritt.

Bei der Bauart einer Dreschmaschine kommen sog. Hängefedern (vertikal) und Querfedern (horizontal) zur Verwendung. Die hängenden Federn tragen den zu bewegenden Teil (*a* der Abb. 148),

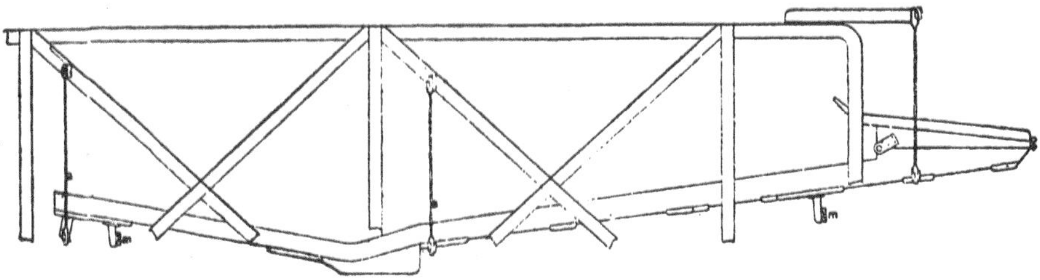

Abb. 148. Aufhängung des Schütteltisches.

während durch die Querfedern erreicht wird, daß die seitlichen Bewegungen des bewegenden Teiles fortfallen. So ist in Abb. 152 im Grundrisse eines Schütteltisches *A* die Querfeder *c* dargestellt.

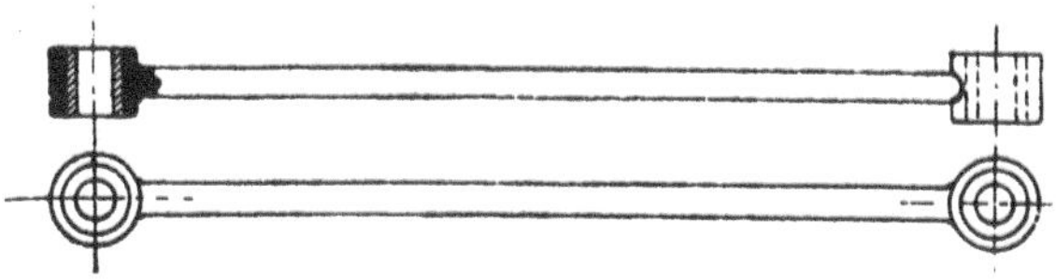

Abb. 149. Feder aus Schmiedeeisen.

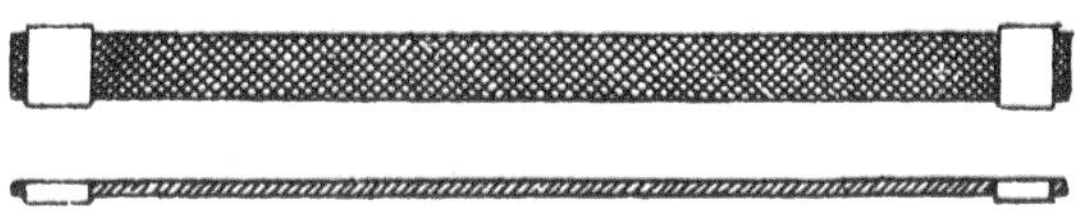

Abb. 150. Feder aus Stahldrahtgeflecht.

Sie ist einerseits mit dem Gestell der Maschine, anderseits mit dem Schütteltisch verbunden und gestattet die in horizontaler Richtung hin und her gehende Bewegung des Tisches, indem derselbe um den

Abb. 151. Feder aus Holz.

festen Punkt schwingt; durch diese Feder wird aber auch der Tisch in horizontaler Richtung geführt.

Bei der Montage solcher Federn soll folgendes beachtet werden:

1. Die notwendige Länge der Feder ist genau einzuhalten, weil sonst Spannungen und Stöße entstehen;

2. die Federn sind auf beiden Seiten gut zu befestigen, um die Entstehung des toten Ganges zu vermeiden;
3. Die Federn müssen so montiert werden, daß dieselben, von der Mittellinie gerechnet, nach rechts und links gleichmäßig ausschwingen können.

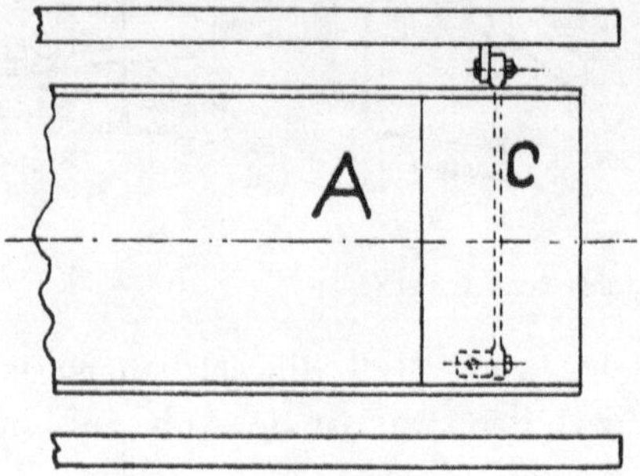

Abb. 152. Querfeder für den Schütteltisch.

Die Hängefeder muß in der Mittellage vertikal, die Querfeder zur selben Zeit unter einem rechten Winkel zur Hängefeder stehen. Abb. 153 zeigt die Arbeitsweise einer richtig montierten Feder *a*, während *b* eine unrichtig montierte Feder, dargestellt durch die strichpunktierte Mittellinie, veranschaulicht. Es ist ganz klar, daß in letzterem Falle die Ausbiegung der Feder nach der einen Richtung zu klein, nach der anderen Richtung zu groß ist, so daß die Feder nach kurzem Gebrauche brechen muß. Je nach der Größe des Schütteltisches werden vier bis sechs Hängefedern und zwei Querfedern verwendet. Beim unteren Putzwerk vier Hängefedern und zwei Querfedern. In Abb. 148 sind *a* die Hänge-, *m* die Querfedern. Der Schütteltisch wird von der Kurzstrohwelle bewegt. Auf Abb. 154 ist *d* derjenige Teil des Tisches, welcher unter dem Korbe liegt, *a* die Kurzstrohwelle, *b* deren Kurbelkreis, *c* die Triebstange und *f* der Befestigungspunkt der letzteren.

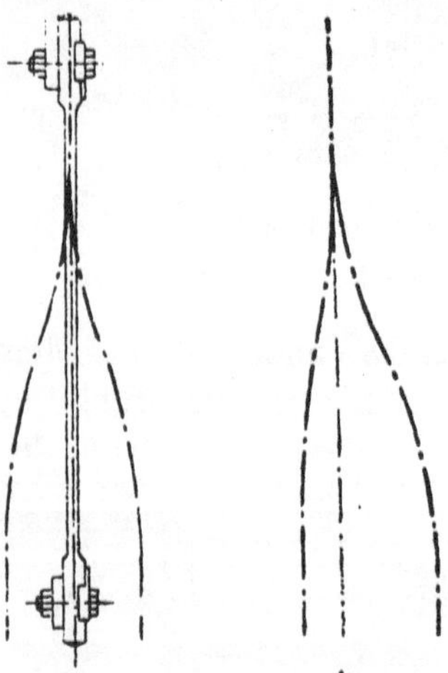

Abb. 153. Befestigung der Feder.

Die in Abb. 155 dargestellte **Kurzstrohwelle** ist viermal gekröpft, so daß sie bei größeren Maschinen an drei Stellen, bei kleineren an zwei Stellen gelagert werden kann. Aus der Abbildung ist ferner ersichtlich, daß der Radius der Kurbel bei den zwei inneren Zapfen, welche zur Bewegung des Schütteltisches dienen, kleiner ist, während der Radius der Kurbel für die äußeren zwei Zapfen, mit welchen das Putzwerk bewegt wird, größer ist. Die inneren und äußeren Kurbeln stehen unter 180° zueinander. Die minutliche Umdrehungszahl der Welle beträgt 200 ÷ 250, und die Umfangsgeschwindigkeit der größeren Kurbel etwa 1 m/Sek. Unter dieser Annahme kann man aus der nachstehenden Formel die Umdrehungszahl berechnen.

Umfangsgeschwindigkeit

$$v = \frac{d \cdot 3{,}14 \cdot n}{60};$$

$$\text{hieraus } n = \frac{v \cdot 60}{d \cdot 3{,}14},$$

wobei die Umfangsgeschwindigkeit v mit einem Meter einzusetzen ist und d den Durchmesser des Kurbelkreises in Metern bedeutet.

Bei größerem Kurbeldurchmesser, d. h. bei größerem Schwingungshub, ist daher die minutliche Umdrehungszahl kleiner, während bei größerer Tourenzahl dagegen der Hub kleiner werden muß. Die Hublänge beträgt 65 ÷ 90 mm. Bei ein und derselben Dreschmaschine ist die Hublänge des Tisches und des Putzwerkes verschieden, z. B. die Hublänge des Tisches = 70 mm, die Hublänge des Putzwerkes = 90 mm. Hierdurch wird eine raschere bzw. langsamere Bewegung erzielt, was selbstverständlich er-

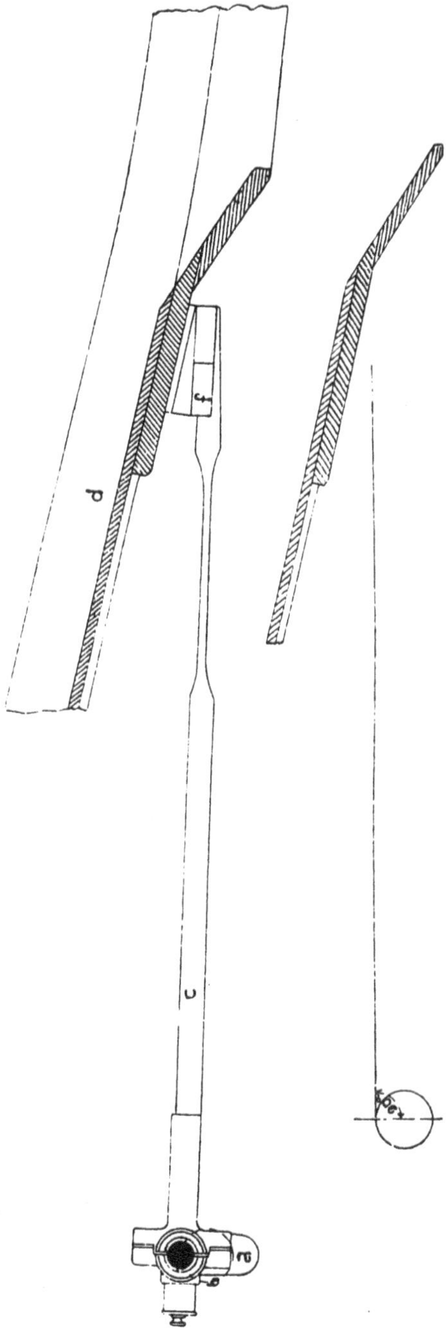

Abb. 154. Triebstange und deren Befestigung.

scheint, weil das Putzwerk eine bedeutend schwerere und größere Aufgabe zu verrichten hat als der Schütteltisch.

Es gibt auch gerade Kurzstrohwellen, bei denen zur Bewegung des Tisches und des Putzwerkes Exzenter angeordnet werden.

Die Triebstangen werden aus Schmiedeeisen mit stellbaren Lagerschalen hergestellt (Abb. 156), doch sind diese schwer und teuer. Eine

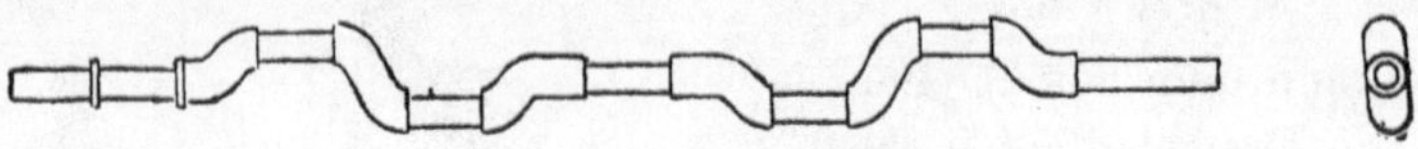

Abb. 155. Kurzstrohwelle.

ältere Konstruktion ist in Abb. 157 zu sehen. Die Stange ist aus Eschenholz, zur Aufnahme der Welle ein Holzlager und als Anschlußkopf für den Schütteltisch ein ringförmiges Auge mit Gummieinlagen verwendet; letztere sind ihrer raschen Abnutzung wegen nicht zu emp-

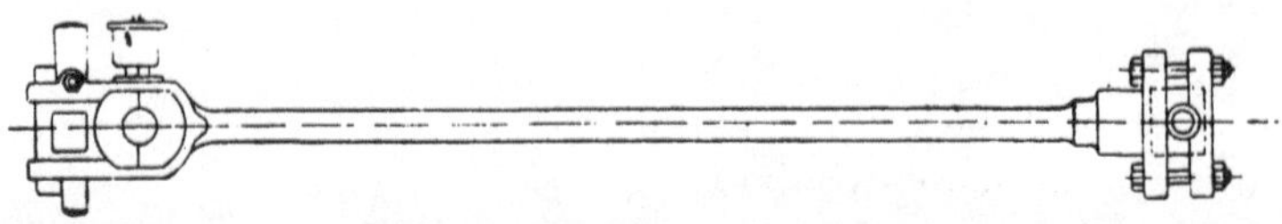

Abb. 156. Triebstange aus Schmiedeeisen.

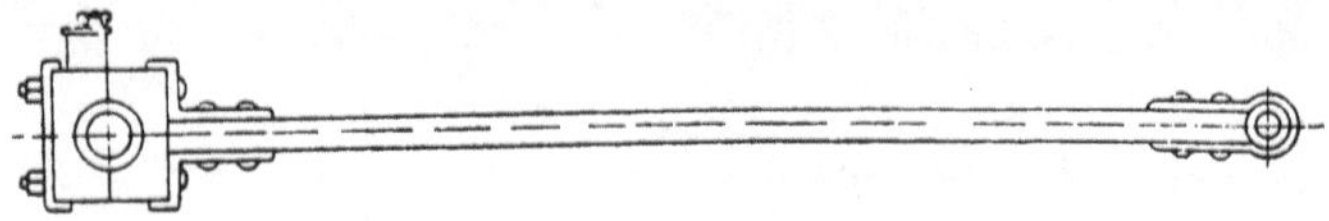

Abb. 157. Triebstange aus Holz mit Holzlager.

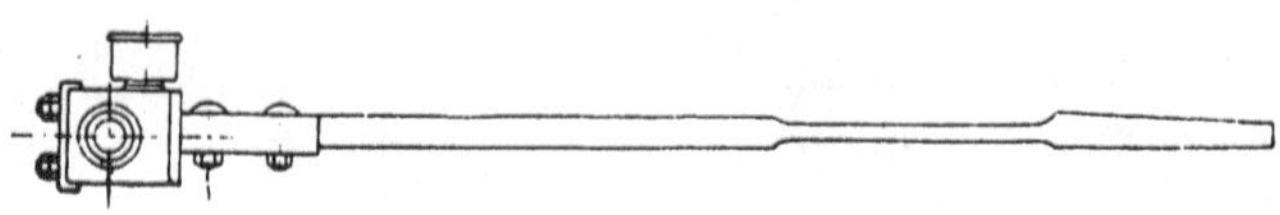

Abb. 158. Triebstange aus Holz, federartig.

fehlen. In Abb. 158 ist eine Triebstange aus Hartholz hergestellt, in ihrer Form den Holzfedern ähnlich, während Abb. 159 eine Triebstange aus Eschenholz mit einem gußeisernen Kopf *a*, der mit Weißmetall-Lagerschalen versehen ist, darstellt. Das andere Ende der Stange ist schwalbenschwanzförmig und wird an dem gußeisernen Körper befestigt (Abb. 160), welcher an dem Schütteltisch festgeschraubt wird. Durch die in der gegebenen Abbildung sichtbare Befestigungsart werden die Schrauben entlastet und ein Teil des Widerstandes durch den Gußkörper aufgenommen.

Bei den *Triebstangen* und *ihrer Montage* ist auf folgendes zu achten:

1. Es muß ausgezeichnet hartes, zähes und elastisches Holz verwendet werden, das jedoch nicht zu trocken sein soll;

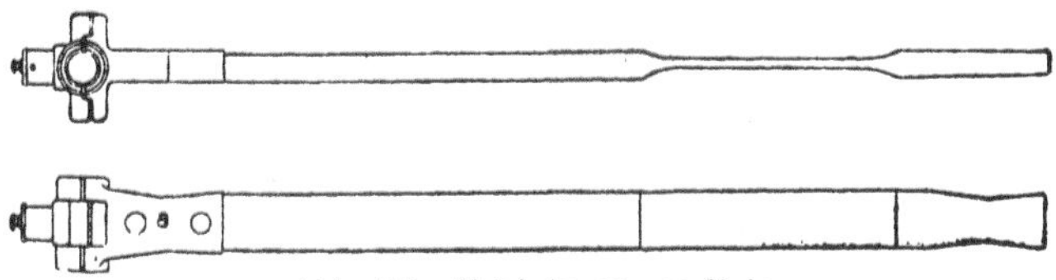

Abb. 159. Triebstange aus Holz.

2. der Übergang von dem stärkeren zu dem schwächeren Mittelteil soll in einer langgezogenen Schweifung erfolgen;
3. die Länge der Stange muß entsprechend gewählt werden.

Eine richtige Bewegung der Triebstange ist nur dann möglich, wenn die Bewegung des Tisches oder des Putzkastens, von der Mittelstellung aus gerechnet, vor und rückwärts genau gleich ist. Diese Bedingung wird erfüllt, wenn die Mittellinie der Triebstange nach Abb. 153 unten in der Mittelstellung des Tisches mit dem Radius der Kurbel einen rechten Winkel bildet. Wird die so bestimmte Länge der Triebstange nicht eingehalten, dann werden die Bewegungen nach vor- und rückwärts ungleich, was eine starke Verbiegung der Stange und den unausbleiblichen Bruch zur Folge haben muß.

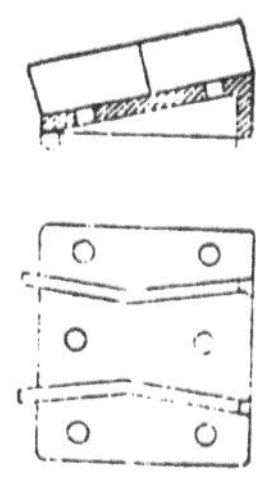

Abb. 160. Querstück zu Befestigung der Triebstange.

4. Das untere Putzwerk.

Es besteht aus zwei Teilen, und zwar aus dem Kurzstrohkasten (Abb. 161) und dem Siebkasten (Abb. 162), welche, durch Schrauben miteinander verbunden, ein Ganzes bilden. Diese beiden

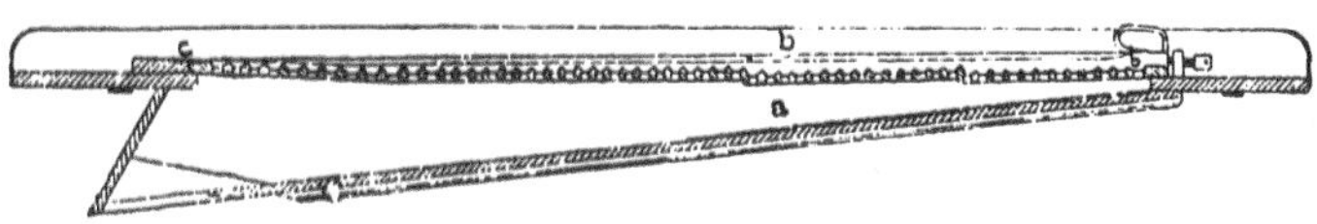

Abb. 161. Kurzstrohkasten mit Reutersieb.

Teile werden »großes« oder »unteres« Putzwerk genannt, zum Unterschied von denjenigen Maschinen, welche zwei oder mehrere Putzwerke haben. Der Kurzstrohkasten (Abb. 161) dient zur Aufnahme des Kurzstroh reuters *b*, während der Tisch *a*, welcher teilweise mit Blech bedeckt ist, zum Sammeln und zur Führung des gereuterten Materials bestimmt ist.

Der **Kurzstrohreuter** scheidet das zerbrochene Kurzstroh aus und fördert es aus der Maschine. Es gibt Kurzstrohreuter aus Blech oder aus Holz. Die Kurzstrohreuter, welche aus Stahlblech oder aus verzinktem Eisenblech hergestellt werden, haben den Vorteil der Leichtigkeit und der Dauerhaftigkeit, jedoch den Nachteil, daß durch ihre Öffnungen viel Kurzstroh hindurchfallen kann. Aus Abb. 163, welche die verschiedenen Formen von Kurzstrohreuterblechen zeigt, ist zu ersehen, daß die Oberfläche des Reuters nie glatt ist und eine Form besitzt, welche das Durchfallen von Stroh und Kurzstroh nicht allzusehr verhindert. Die unterste Darstellung in Abb. 163 zeigt das Doppelnasensieb Pat. Hugo Graepel[1]). In Abb. 164 ist eine äußere Ansicht dieses Graepel-Reutersiebes wiedergegeben, das in Lochungen

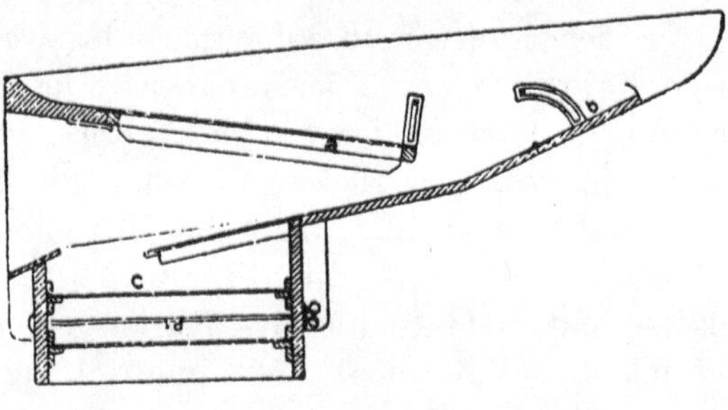

Abb. 162. Unteres Putzwerk.

von 24 ÷ 14 m/m hergestellt wird. Es kann an Stelle der Putzereisiebe und als Strohschüttlerbelag verwendet werden.

Die verschiedenen Ausführungen des Holzreuters sind in Abb. 165 dargestellt, und zwar zeigt I einen wellenförmigen, II einen stufenartigen, III einen mit besonderen Löchern versehenen, IV einen aus Holzstäbchen verfertigten, V einen aus Leisten hergestellten und VI einen aus Leisten und Draht kombinierten Reuter; letzterer wird insbesondere für Haferdrusch angewendet.

Die Bewegungsrichtung des Kurzstrohes ist in der Abb. 165 durch Pfeile gekennzeichnet.

Für sämtliche Holzreuter ist zu bemerken, daß sie in der Regel aus Hartholz und mit Rücksicht auf ihre große Fläche aus mehreren kleinen Brettern zusammengesetzt werden, um dadurch ein Verbiegen derselben zu vermeiden. Die einzelnen Stücke des Reuters liegen zuweilen in einer Ebene, zumeist aber in stufenförmiger Anordnung,

[1]) Fabrikant ist C. Graepel in Hannover-Linden, ein Bruder des Patentinhabers.

um hierdurch eine schnellere Fortbewegung des Materials zu erreichen. Die Oberfläche hat bei allen Systemen höher und tiefer gelegene Teile, die Öffnungen des Siebes liegen jedoch immer tief; hierdurch

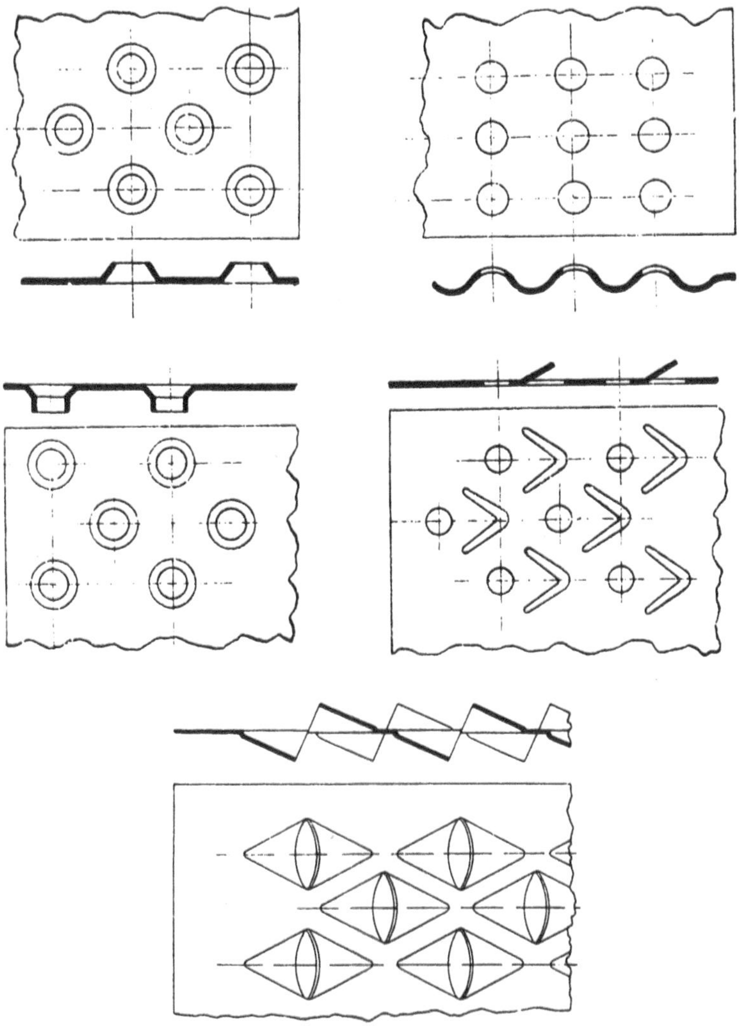

Abb. 163. Fünf verschiedene Ausführungen des Kurzstrohreuters aus Blech.

wird erreicht, daß die Öffnungen nie durch das Material verdeckt werden können, sondern daß stets zwischen dem Material und der Öffnung ein kleiner Abstand entsteht, wodurch die Körner leichter aus dem Kurzstroh herausfallen können. Die Öffnungen sind nach oben und unten etwas erweitert. Sie sind daher auf der Oberfläche und auf der unteren Seite des Reuters größer als in der Mitte, so daß die Körner leicht hinein- und herausfallen können. Die innere Fläche der Öffnungen muß glatt sein und wird deshalb meist mit einem glühenden Eisen ausgebrannt. Gewöhnlich sind die Öffnungen kreisförmig, doch kommen auch viereckige Öffnungen vor, deren Vorteil darin liegt, daß die Gesamtfläche des Siebes größer wird als bei den kreisförmigen Öffnungen.

Da sich Holzsiebe, welche aus Brettern hergestellt werden, leicht verbiegen und springen, wird die in Abb. 166 dargestellte Form verwendet, bei welcher das Sieb aus ineinandergreifenden Stäbchen besteht.

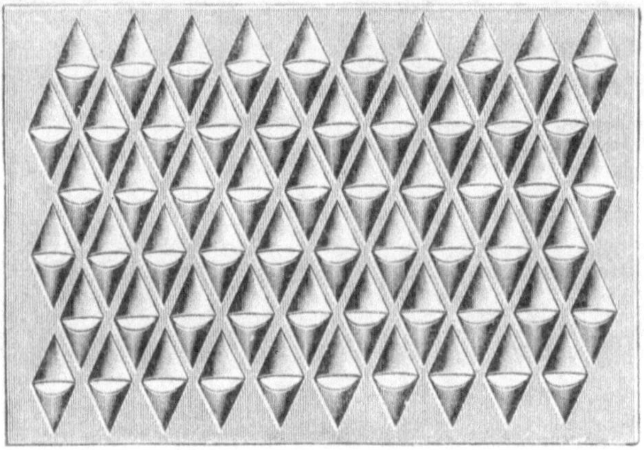

Abb. 164. Graepelsches Doppelnasensieb für Kurzstrohreuter.

Ein derartiges Sieb ist fest, verbiegt sich nicht und hat sich deshalb in der Praxis gut bewährt. Die Öffnungen des Siebes betragen bei Raps 10 mm, bei Weizen, Hafer, Roggen und Gerste 15 ÷ 20 mm, bei Hafer manchmal sogar 25 mm. Das Sieb wird in einen starken Holzrahmen eingebaut (*a* in Abb. 167), welcher bei größeren Maschinen durch ein Stück *b* versteift wird. Weil der Kasten eine schwingende Bewegung verrichtet, muß das Sieb in seiner Lage gesichert werden, was durch einen in Abb. 161 dargestellten Eisenstreifen erreicht wird, welcher auf dem Brette *c* derartig befestigt wird, daß das Sieb unter diesen Eisenstreifen geschoben werden kann. Auf der vorderen Seite der Maschine ist das Sieb nach Abb. 168 befestigt und auf der rechten und linken Seite durch eine Stellschraube gesichert. Die oben angebrachten Bügel dienen zum Herausheben und Hineinschieben des Siebes.

Das Sieb hat eine schwache Neigung nach der vorderen Seite und kann in dieser Neigung dadurch reguliert werden, daß es mit Hilfe der Bügel gehoben wird. Um das Sieb in dieser Lage zu erhalten, wird auf seinem unteren Teile eine Holzleiste festgeschraubt und diese dann durch die Holzschraube gesichert. Durchschnittlich beträgt die Neigung dieses Siebes 40 ÷ 50 mm pro lfd. m, die Länge

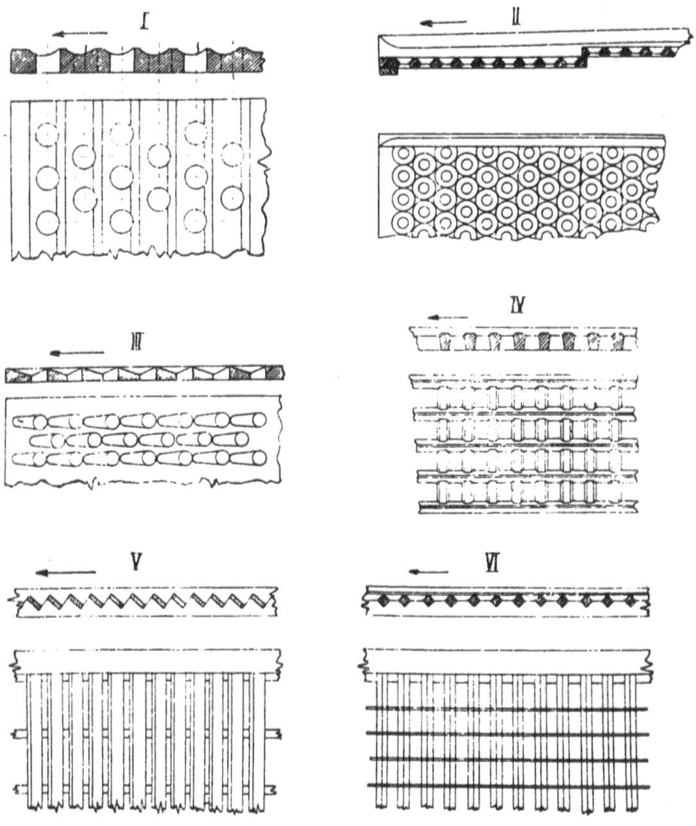

Abb. 165. Sechs verschiedene Ausführungen des Kurzstrohreuters aus Holz.

des Siebes ist gewöhnlich 1,5 mal so groß wie die Breite der Dreschmaschine[1]).

Wie oben bereits erwähnt, wird für die verschiedenartigsten Körner stets derselbe Kurzstrohreuter verwendet. Wird ein Sieb mit größeren Öffnungen gewünscht, dann muß ein derartiges neues eingesetzt werden;

[1]) Unter »Breite« der Dreschmaschine versteht man in vorliegenden Fällen stets das Maß der Trommellänge.

sind jedoch kleinere Öffnungen nötig, so kann man das vorhandene Sieb durch Verwendung von Drähten oder durch das Einschlagen von Nägeln auf kleinere Öffnungen umarbeiten, wie dies in Abb. 166 zu sehen ist. Zuweilen ist derjenige Teil des Kurzstrohreuters, welcher unter dem Abfluß des Schütteltisches liegt, mit Eisenblech beschlagen, insbesondere beim Dreschen von sehr trockenem Material, weil sonst das Kurzstroh in großer Menge durchfallen und das untere Putzwerk zu stark belasten würde.

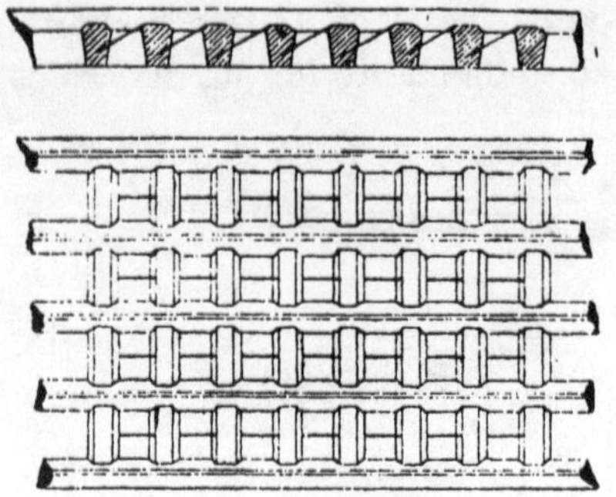

Abb. 166. Kurzstrohreuter aus Holz.

Bei der Handhabung dieses Siebes ist auf folgendes zu achten:

1. Das Sieb soll in gutem Zustande, ohne Sprünge und Brüche sein, damit sich das Stroh in demselben nicht festlege;
2. die Oberfläche des Siebes soll eben sein, darf also weder verbogen noch mit Vertiefungen in der Mitte versehen sein;
3. die Verkleinerung der Löcher oder die Verwendung sog. Deckbleche muß in der Weise geschehen, daß das Material in seiner Fortbewegung nicht gehindert wird;

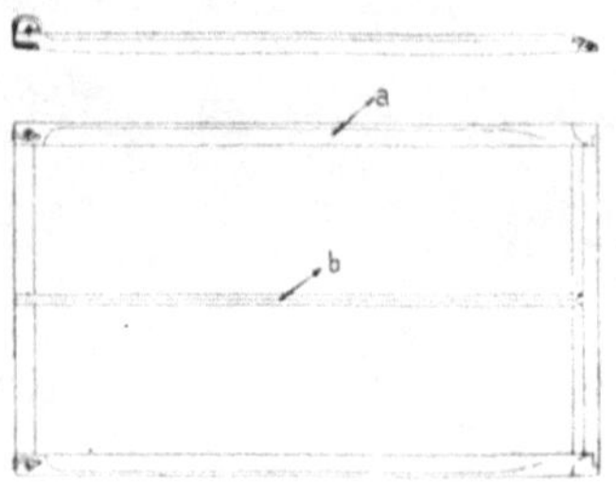

Abb. 167. Rahmen für Kurzstrohreuter.

4. das Sieb soll weder zu kleine noch zu große Öffnungen haben, weil in ersterem Falle die Körner nicht durchfallen können und in letzterem auch das Kurzstroh durchgelassen würde;
5. die Neigung des Siebes ist wichtig; ist dieselbe zu groß, dann wird das Material zu rasch befördert, die Körner werden nicht genügend ausgeschüttelt; wird die Neigung des Siebes zu schwach genommen, so bleibt das Material zurück;

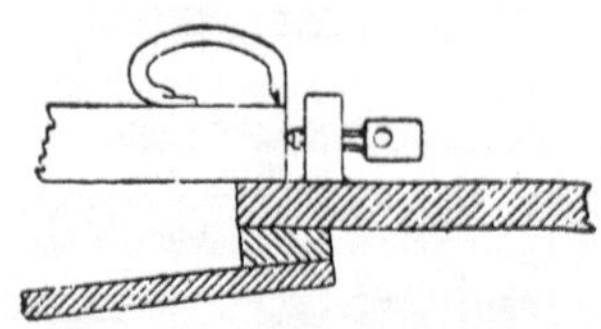

Abb. 168. Befestigungsart für Kurzstrohreuter.

6. während der Betriebspausen muß das Sieb öfters gereinigt werden. Bei sehr verunreinigtem Material, welches viel

Unkraut enthält, muß die Reinigung öfter vorgenommen werden.

Es werden auch besondere Vorrichtungen verwendet, um eine vollständige Reinigung des Kurzstrohes zu erreichen. So zeigt Abb. 169

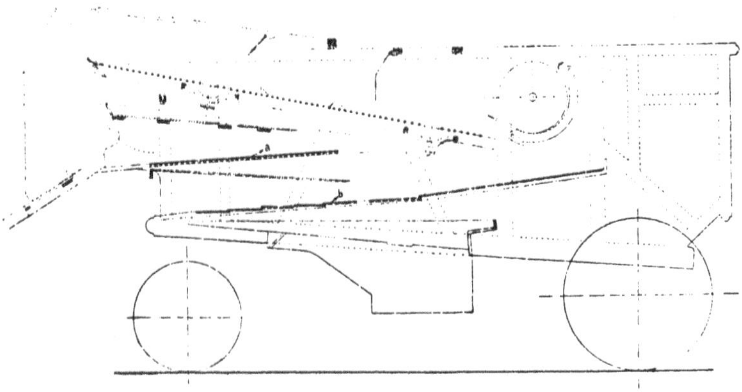

Abb. 169. Dreschmaschine mit doppeltem Kurzstrohreuter.

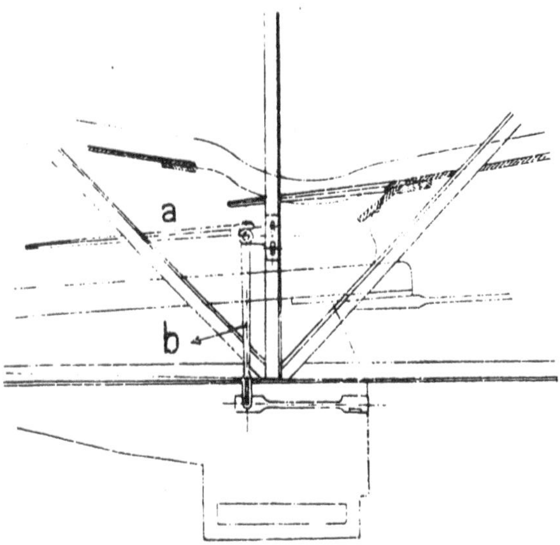

Abb. 170. Gabelanordnung hinter dem Schütteltisch.

eine Konstruktion mit zwei Sieben, wo das Material teilweise auf dem Sieb *a*, teilweise auf dem Sieb *b* gereinigt wird. Abb. 170 gibt eine andere Konstruktion, bei welcher zwischen Schütteltisch und Reutersieb ein System von Gabeln *a* angewendet wird, welches durch die mit dem Putzkasten verbundenen Hebel *b* in eine schwingende Bewegung versetzt wird. Das Material fällt vom Schütteltisch auf diese Gabeln; die Körner werden angeblich vom Kurzstroh abgesondert und fallen durch die Öffnungen des Reuters unmittelbar in den Putzkasten. Der Zweck dieser Bauart liegt darin, denjenigen Teil des Kastens zu entlasten, welcher unter der Abflußöffnung des Schütteltisches liegt.

Der Siebkasten. Er ist in Abb. 162 dargestellt und hat die Aufgabe, das Dreschgut von Kaff, Spreu, Unkraut, Staub oder fremdem Samen zu befreien. Die Teile des Siebkastens sind: 1. das Gestell, 2. das Spreu- oder Kaffsieb *a*, 3. das Unkraut- oder Körnersieb *b*, 4. das

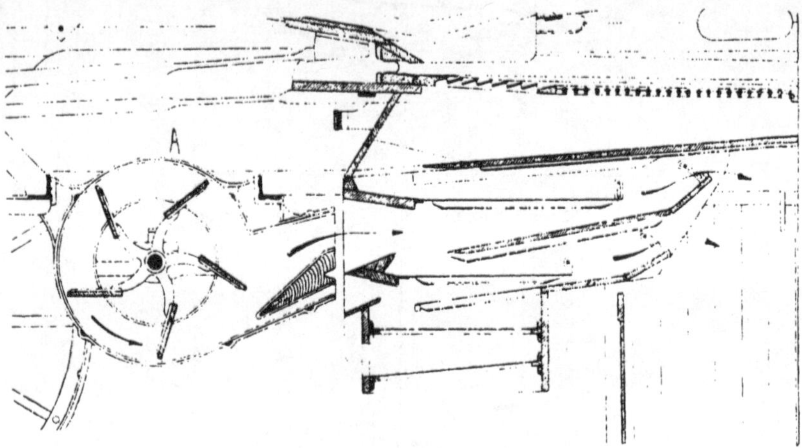

Abb. 171. Ventilator und unteres Putzwerk.

unterhalb des Siebes *c* und der Verbindungsstange *d* liegende Staubsieb und 5. das Regulierbrett *b*. Die Arbeit des Siebkastens wird durch den größeren Ventilator ergänzt (siehe Abb. 171), indem durch die rotierende Bewegung des Ventilators *A* in der angegebenen Pfeilrichtung ein Luftstrom entsteht, durch welchen die leichten Kaffteile mitgerissen und herausbefördert werden. Die schwereren Teile fallen auf das Körnersieb, wo die Reinigungsarbeit ihre Fortsetzung findet.

Das Kaffsieb wird aus Zinkblech oder aus verzinktem Eisenblech oder aus Stahlblech hergestellt und hat Öffnungen von 9 ÷ 10 mm Durchmesser für Raps und Klee und 14 ÷ 20 mm für die anderen Samen. Das Sieb ist auf einem Holzrahmen befestigt und ist in der durch Abb. 172 dargestellten Weise in seiner Lage gesichert. Auf der rechten und linken Seite des Siebes ist nämlich ein kreisförmig gebogenes Stück Flacheisen angeordnet, welches einen länglichen Ausschnitt besitzt. Diese beiden Flacheisen werden durch je eine mit Flügelmutter versehene Schraube an der Seitenwand des Kastens befestigt; werden die Flügelmuttern gelöst, so kann infolge des länglichen Ausschnittes die Verstellung des Siebes erfolgen. Hierauf können die Muttern wieder festgezogen werden. Die Länge des Siebes beträgt je nach der Größe der Maschine 0,5 ÷ 1 m.

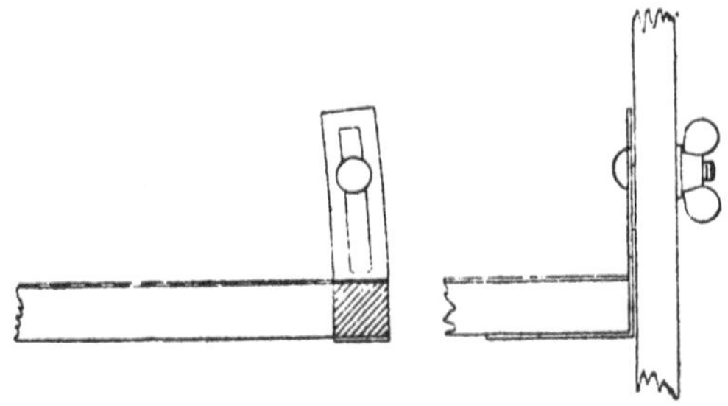

Abb. 172. Spreusieb.

Das Körnersieb. Dieser in Abb. 162 dargestellte, auch Unkrautsieb genannte Teil dient zur Absonderung von Unkraut, Steinen, Erdstücken u. dgl. aus den herabfallenden Körnern. Zu diesem Zwecke hat das Sieb kreisförmige Öffnungen, und zwar in solcher Größe, daß die Körner durchfallen können, während die größeren Beimengungen auf der geneigten Ebene des Siebes infolge der Bewegung desselben zur Auslauföffnung geführt werden, wie dies aus der Abb. 173 ersichtlich ist. Die Regulierung dieser Auslauföffnung geschieht durch einen in Abb. 173 dargestellten Blechschieber *a*, welcher einen länglichen Ausschnitt hat und durch eine Flügelmutter *b* festgestellt werden kann. Ist die Menge des auf dem Sieb fortgeführten Materials so groß, daß es, bis an das Ende gelangt, noch nicht durchgesiebt ist, so wird das Blech *a* in der Pfeilrichtung gehoben, um das vorzeitige Ausströmen des Materials zu verhindern.

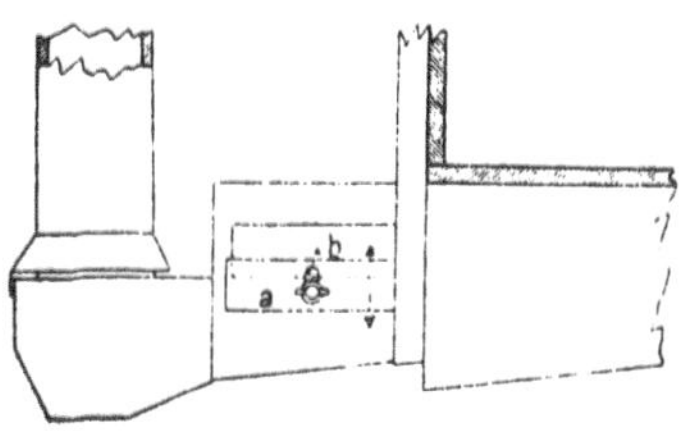

Abb. 173. Regulierung des unteren Körnersiebes.

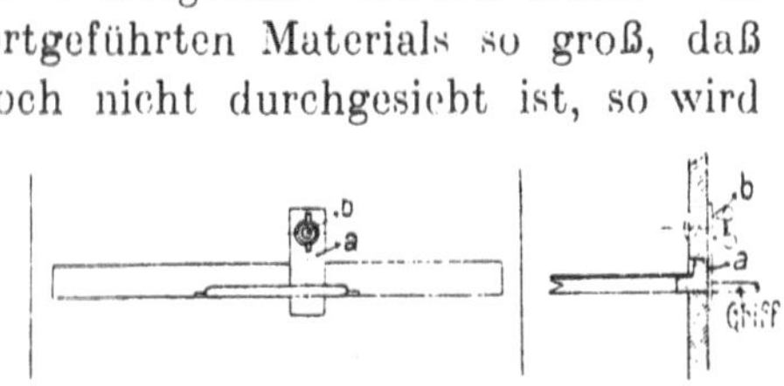

Abb. 174. Regulierung des unteren Körnersiebes.

Der Lochdurchmesser dieser Siebe beträgt: für Raps 3 mm, für Weizen und Roggen 6½ ÷ 8 mm, für Gerste 10 ÷ 12 mm, für Hafer 13 ÷ 16 mm, für die Enthülsung von Klee ein geflochtenes Drahtsieb Nr. 9 ÷ 11, so daß also für Klee statt des gelochten Bleches ein feines Drahtsieb Anwendung findet.

Die oben gegebenen Maße sind nur als Annäherungswerte aufzufassen und müssen in jedem einzelnen Falle nach der Größe der Körner genau bestimmt werden. Hierbei ist maßgebend, daß die Körner selbst ohne Schwierigkeiten hindurchfallen sollen, während die auszuscheidenden Rückstände über die Siebfläche weitergleiten müssen.

Das Staubsieb ist ebenfalls aus Blech und hat sehr kleine, gewöhnlich 2 mm große, kreisförmige Löcher, damit der Staub und die Grassamen durch diese Öffnungen herausfallen können. Wird Hafer gedroschen, so legen sich leicht die Spitzen der Haferkörner in diese Öffnungen des Staubsiebes, wodurch eine Anhäufung des Materials entsteht. Um diesem Übelstande vorzubeugen, wird das Sieb entfernt und durch ein volles Blech ersetzt, welches man dann »Blindsieb« zu nennen pflegt. Bei Raps wird ebenfalls ein solches Blindsieb angewendet, weil die Körner so klein sind, daß sie durch die Sieblöcher hindurchfallen würden. Bei Klee wird ein geflochtenes Drahtsieb Nr. 20 verwendet.

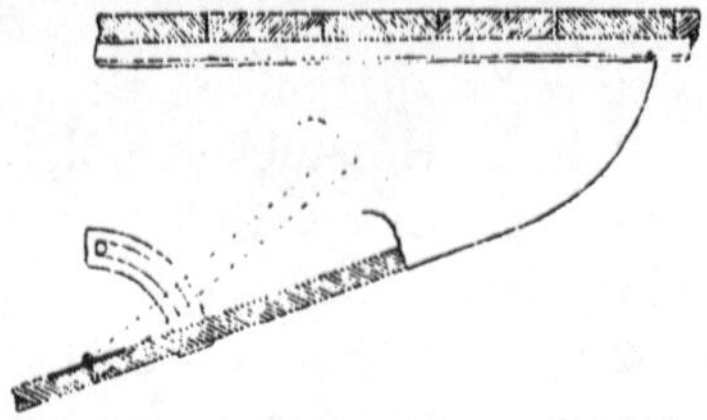

Abb. 175. Regulierung des Gebläses.

Sowohl das Körner- als auch das Staubsieb ist auf einem Holzrahmen befestigt und mit einem Handgriff versehen. Dieser wird, wie aus Abb. 162 ersichtlich, zwischen Führungsleisten eingeschoben und durch eine Querschraube (*d* in Abb. 162) mit Flügelmutter gesichert. Durch Anziehen dieser Flügelmutter wird das Sieb gehalten, doch muß außerdem auch durch einen verstellbaren Riegel (*a* in Abb. 174) das Herausfallen des Siebes verhindert werden. Dieser Riegel (Abb. 174) wird durch die Flügelmutter *b* in seiner Lage fixiert.

Das Kaffbrett (Abb. 175) hat den Zweck, die durch den Ventilator herausgeblasene Spreu zu hemmen, damit die etwa mitgerissenen Körner zurückgehalten werden. Zu diesem Zwecke ist das äußere Ende des Brettes mit einem geraden oder mit einem nach innen gebogenen Eisen versehen. Die Lage des Brettes kann dadurch verändert werden, was durch die punktierte Linie in Abb. 175 gezeigt ist; auch ist hier das kreisförmig gebogene, mit einem länglichen Ausschnitt versehene Blech zu sehen, welches durch eine seitliche Schraube eingestellt werden kann. Diese Einstellung wird auf beiden Seiten der Maschine bewerkstelligt. Bei der Konstruktion, die Abb. 176 darstellt, wird das Kaffbrett *a* in der Richtung des Doppelpfeiles verstellt.

Bei der Handhabung des unteren Putzwerkes hat man auf folgendes zu achten:

1. Der Sammeltisch unter dem Kurzstrohreuter muß vollkommen intakt sein, d. h. er darf keine Sprünge zeigen, sein Deckblech darf nicht verbogen oder abgenutzt sein, weil in allen diesen Fällen das Material nicht in zweckmäßiger Weise befördert wird;

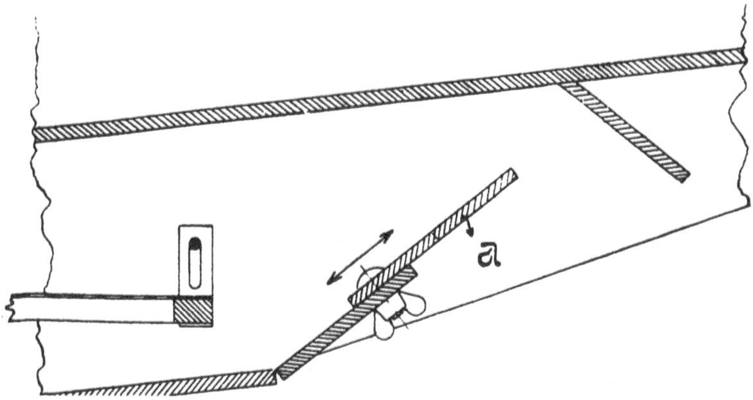

Abb. 176. Regulierung des Gebläses in der Längsrichtung.

2. die Einstellung des Spreusiebes, Spreubrettes und des Ventilators hängt so eng miteinander zusammen, daß eine Einstellung dieser drei Teile nur nach Kenntnis des zu dreschenden Materials erfolgen kann. Insbesondere muß be-

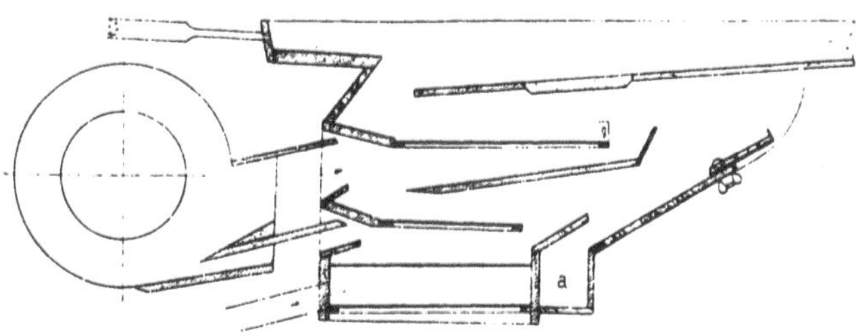

Abb. 177. Unteres Gebläse mit doppeltem Spreusieb.

merkt werden, daß eine tadellose Arbeit des Putzwerkes nur dann erfolgen kann, wenn die Einstellung der genannten drei Teile richtig geschehen ist. Das Putzwerk arbeitet dann richtig, wenn die Spreu entfernt wird, ohne Fruchtkörner mitzureißen.

Hat das Sieb eine geneigte Lage nach vorn, so wird das Material rasch entfernt; soll dasselbe zurückgehalten werden, so muß das Sieb etwas gehoben werden.

Durch unzweckmäßiges Heben des Brettes wird das Ausblasen der Spreu wohl verhindert, aber möglicherweise so stark verzögert, daß auch ein Überlaufen des Putzkastens erfolgen kann.

3. die richtige Wahl des Körnersiebes und des Staubsiebes, wie auch die zweckmäßige Regulierung des oben beschriebenen Siebes, ist für die richtige Arbeit des Putzwerkes wichtig.

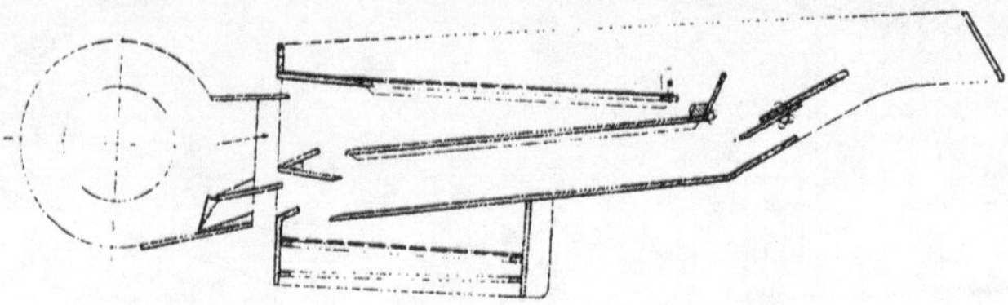

Abb. 178. Unteres Gebläse mit geteiltem Wind und einfachem Spreusieb.

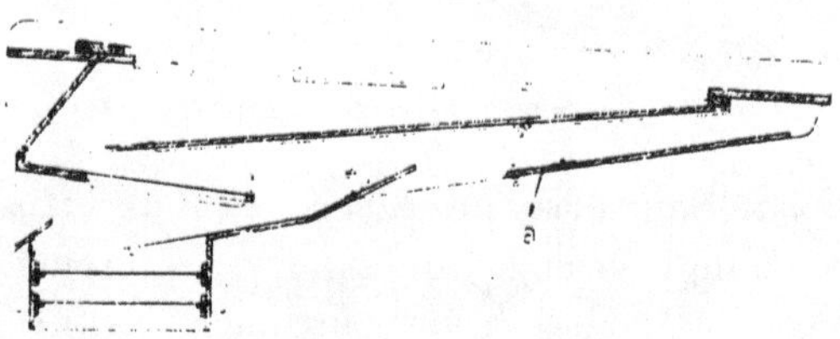

Abb. 179. Durchblasen der Spreu zum Kurzstroh.

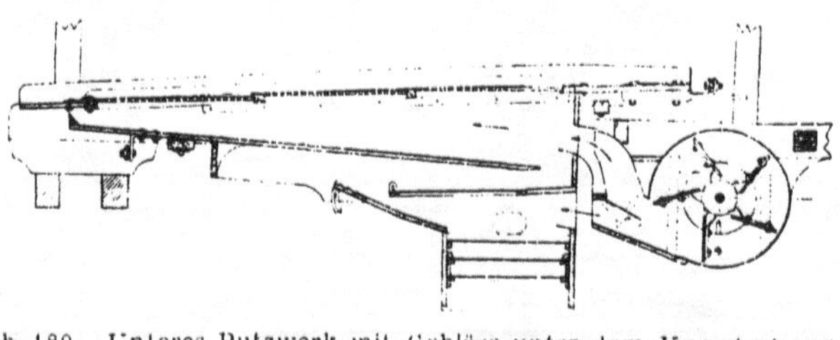

Abb. 180. Unteres Putzwerk mit Gebläse unter dem Kurzstrohreuter.

In Abb. 179 ist eine Konstruktion dargestellt, bei welcher Spreu und Kurzstroh miteinander vermischt gleichzeitig aus der Maschine entfernt werden können.

5. Verschiedene Putzwerke.

In Abb. 171 ist die Konstruktion eines Putzwerkes mit zwei Spreusieben, zwei separat regulierbaren Spreubrettern und mit zweiteiligem Windstrom dargestellt. Abb. 177 ist der eben genannten Konstruktion sehr ähnlich, nur mit dem Unterschiede, daß die zurückgehaltenen Körner durch den Kanal *a* abgeleitet werden. Abb. 178 zeigt ein Putzwerk mit geteiltem Windstrom, aber mit nur einem Spreusieb. Erwähnenswert ist dabei das in der Mitte angebrachte regulierbare Spreubrett. Bei der Abb. 179 kann das

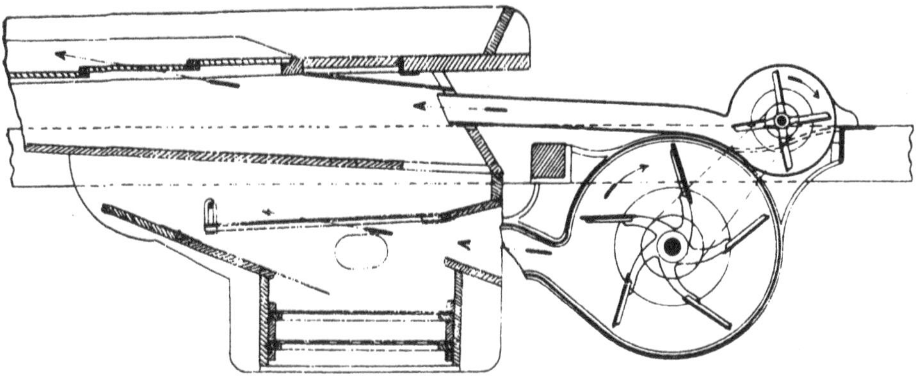

Abb. 181. Unteres Putzwerk mit geteiltem Ventilator unter dem Kurzstrohreuter.

Brett *a* in die punktierte Lage gebracht werden, wobei die Spreu herabfällt; ist dagegen das Brett in der unteren Lage, so wird die Spreu nach vorn herausgeblasen. Abb. 180 zeigt einen Kasten, bei welchem der Windstrom des großen Ventilators durch einen Kanal unter den

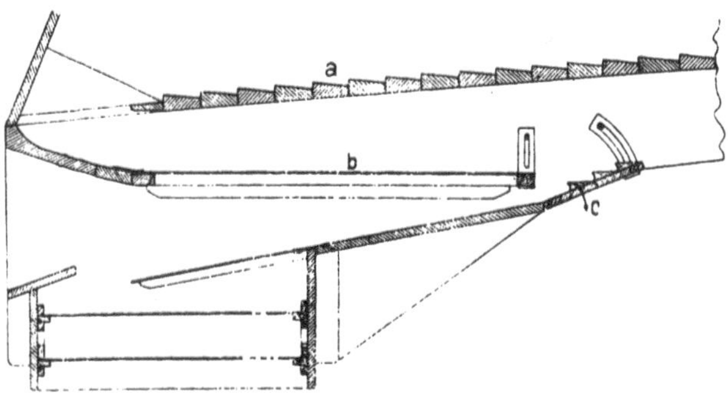

Abb. 182. Unteres Putzwerk mit besonders großem Spreusieb.

Kurzstrohreuter geleitet wird. Der Zweck dieser Anordnung ist, das Kurzstroh zu lockern und die leichten Bestandteile auszuscheiden.

Abb. 181 gibt eine ähnliche Konstruktion wieder, doch ist hier zu diesem Zwecke ein besonderer kleiner Ventilator oberhalb angebracht, welcher von der Welle des großen Ventilators seinen Antrieb erhält. In Abb. 182 ist ein besonders großes Spreusieb *b* zu sehen, wodurch die Reinigungsarbeit bedeutend erleichtert wird. Bemerkenswert ist hier der stufenartig gebaute Sammeltisch *a*, der eine sichere Beförderung des Materials verbürgt, ferner die körnerfangenden Leisten *c*, welche auf dem Spreubrett angeordnet sind. Abb. 183 zeigt einen Reinigungsapparat für Spreu. In dem Zusatzkasten *A* ist ein Staubsieb *a* angeordnet, auf welches die Spreu geblasen wird und von wo diese auf das kleingelochte Sieb *b* fällt. Die Lage dieses Siebes *b* kann, wie die untere Darstellung in Abb. 183 zeigt, um den Punkt *c* geändert werden, was sich nach der Lage der Feime (Triste) richtet. Diese Anordnung wird dort benutzt, wo die Spreu zu Fütterungszwecken Anwendung findet.

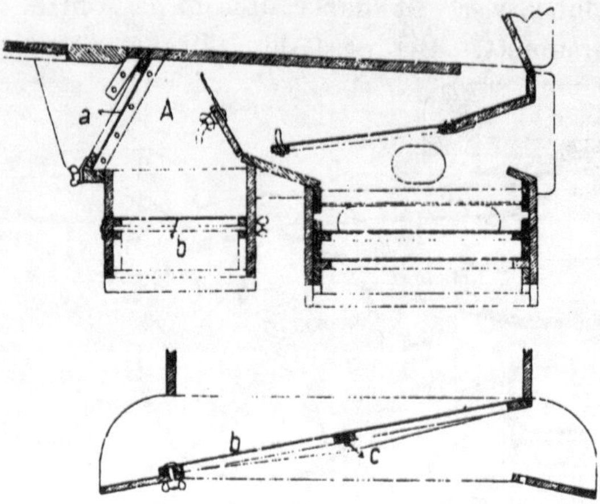

Abb. 183. Unteres Putzwerk mit Spreureinigung.

Abb. 184 gibt eine Anordnung zum Einsacken der Spreu. Sie besteht aus dem Exhaustor *a*, durch welchen die Spreu gehoben wird, und aus den Sackauslauföffnungen *b*, wo die heraufgeworfene Spreu in Säcken aufgefangen wird, nachdem sie vorher durch das Sieb *c* teilweise von Staub befreit worden ist.

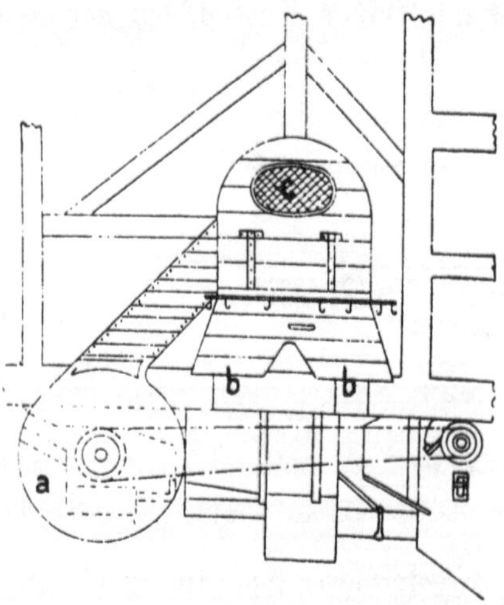

Abb. 184. Spreuhebe- und Putzvorrichtung.

6. Beförderung von Spreu und Kurzstroh durch Exhaustoren.

Abb. 185 zeigt eine Anordnung zur Beförderung der Spreu und des Kurzstrohes mittels Exhaustoren, wodurch einerseits die Zahl der sonst verwendeten Arbeiter verringert und anderseits eine Verminderung des überaus schädlichen Staubes erreicht werden soll. Der Ablauf des Materials aus dem großen Putzkasten *A* ist mit dem von der Trommelwelle angetriebenen Exhaustor B verbunden, welcher das angesaugte Material durch das Rohr C auf etwa $8 \div 10$ m Entfernung befördern kann. Ebenso wird das Kurzstroh durch einen Exhaustor F aus dem Kanal D durch das Rohr E angesaugt und in der Pfeilrichtung vermittelst des Rohres G weiter transportiert. Die beiden zur Weiterleitung des angesaugten Materials bestimmten, im inneren Durchmesser ziemlich großen Röhren führen das Material entweder in eine direkt hinter der Maschine aufgestellte Strohpresse oder in das von den Strohschüttlern kommende Stroh, so daß es mit diesem zusammen

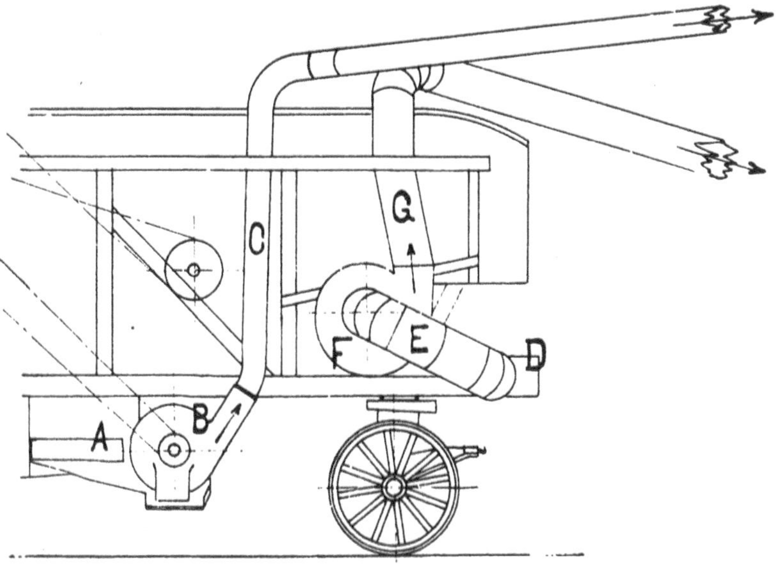

Abb. 185. Spreu- und Kurzstroh-Absaugevorrichtung.

auf dem Bindetisch gebunden werden kann. Eine solche Einrichtung ist an der Dreschmaschine Abb. 186 zu sehen. Anderseits werden Spreu und Kurzstroh durch diese Röhren in besonders zweckmäßig gebaute Transportwagen befördert, was dann die in Abb. 187 und 188 dargestellten Anordnungen ergeben. Wenn die Röhren für die Weiterleitung des angesaugten Materials sehr lang werden, empfiehlt es sich, dieselben durch gekreuzte Stäbe (Abb. 188 und 189) zu unterstützen. Am Ende dieser Blechröhren sind Erweiterungen angeordnet, was in den Abb. $186 \div 188$ deutlich zu sehen ist, um ein leichteres Absetzen des Materials zu erreichen und die Bildung von Wirbeln zu vermeiden. In Abb. 189 ist noch die Anordnung eines Kaffgebläses dargestellt, welches das in der Maschine abgesonderte Kaff in Säcke oder in besondere Kaffwagen abzuliefern imstande ist.

Abb. 186. Motor-Dreschmaschine mit Kaff- und Kurzstrohgebläse und mit Stroh-Bindetisch.

7. Die Ventilatoren.

Abb. 190 zeigt den Querschnitt durch einen Ventilator. Die Ventilatoren haben den Zweck, den zur Reinigung notwendgen Luftstrom zu erzeugen und ihn zweckmäßig weiterzuleiten.

Die Teile eines Ventilators sind: die Welle, die Arme, die Schaufeln, das Gehäuse, die Seitenteile und die Vorrichtungen zur Regulierung.

Die *Welle* ist aus Stahl und mit Rücksicht auf die hier vorkommenden Umdrehungszahlen von 700 ÷ 800 in der Minute gut gelagert. Die Anzahl der Arme beträgt zwei oder mehr; sie sind aus Temperguß (schmiedbarem Guß) oder aus Stahlguß angefertigt und mittels ihrer Nabe gut auf die Welle aufgekeilt.

Auf den *Armen* werden die Holzschaufeln durch Schrauben befestigt, so daß je nach der Armzahl der Ventilator 2, 4 oder 6 derartige Schaufeln bekommt.

Abb. 187. Motor-Dreschmaschine mit Spreu-Sauger und -Bläser.

Mit Hilfe dieser *Schaufeln* wird bei der Umdrehung der Welle das Ansaugen und Herausdrängen der Luft erreicht. Das Gehäuse wird aus Eisenblech oder Holz hergestellt, während die Seitenteile meist aus Gußeisen bestehen und durch zwei oder drei lange Schrauben miteinander verbunden sind; der an das Gehäuse sich anschließende Teil ist der Luftführungskanal, welcher je nach der Drehrichtung der Ventilatorflügel oben oder unten angebracht ist. Die Drehrichtung ist in Abb. 190 durch einen eingezeichneten Pfeil angegeben.

Die *Regulierung* der Ventilatorarbeit geschieht in der Regel so, wie es durch Abb. 191 zur Darstellung kommt. Auf den Seitenteilen

Abb. 188. Riesen-Dreschmaschine mit fünffacher Wind-Reinigung, mit durch zwei Wellen betriebenem Schüttelwerk nebst Nachschüttler, mit Kaff- und Kurzstrohgebläse.

rechts und links sind die in den Leisten *a* geführten Schieber angeordnet. In diesen Schiebern sind längliche Ausschnitte vorhanden, so daß sie verschoben und durch die Flügelmuttern *f* in ihrer jeweiligen Lage festgeschraubt werden können. Zur Bewegung der Schieber dient ein Handgriff *g*, so daß man die beiden Schieber entweder einander nähern oder voneinander entfernen kann.

In Abb. 192 ist eine andere Regulierungsmethode gezeigt. Hier wird der Schieber *a*, welcher durch den Griff *b* verstellt werden

Abb. 189. Motor-Dreschmaschine mit Kaffgebläse, nach Säcken oder einem Kaffwagen führend.

kann, so verschoben, daß er die Öffnung segmentartig verschließt oder öffnet. Zuweilen wird auch durch Anbringung von Klappen die Stärke des Luftstromes geregelt, wie dies in der Abb. 180 zu sehen ist.

Bei der *Handhabung der Ventilatoren* ist auf folgendes zu achten:

1. die schnell laufende Welle muß gut gelagert sein,
2. das Armkreuz soll mit seiner Nabe gut aufgekeilt sein,
3. die Schaufeln sollen nicht zu schmal sein,
4. die Befestigung der Schaufeln auf den Armen muß eine sichere sein,

5. der Ventilatorflügel muß mit den Riemenscheiben gleichzeitig ausbalanciert werden.
6. die äußeren Kanten der Schaufeln müssen genau in einer Kreisbahn liegen,
7. der Schaufelkreis und der innere Kreis des Gehäuses ist nicht konzentrisch. An der Stelle, wo die Tätigkeit der

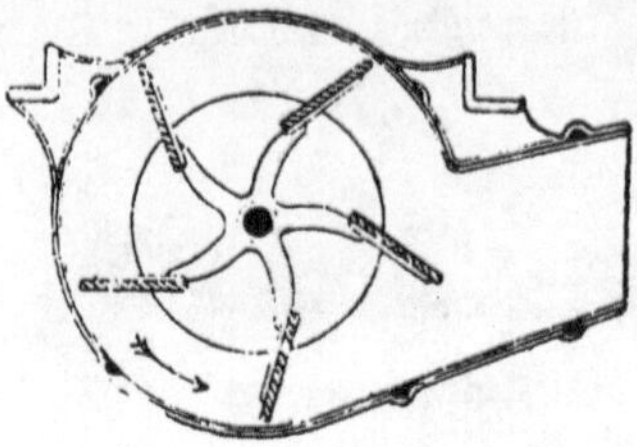

Abb. 190. Ventilator.

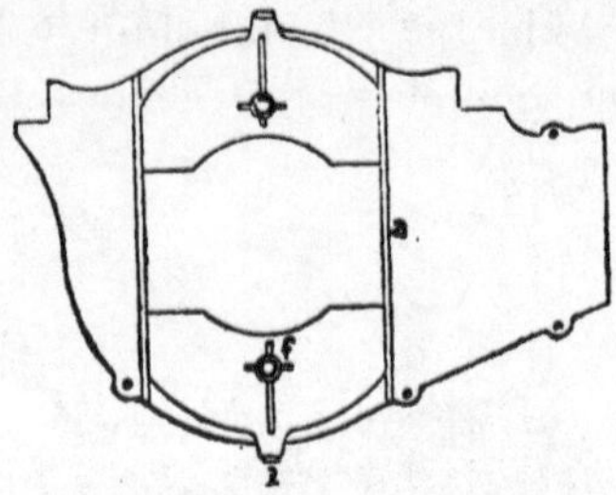

Abb. 191. Regulierung des Ventilators.

Schaufeln beginnt (bei *a* in der Abb. 193), ist die Entfernung gering, an der Stelle hingegen, wo die Luft austreten soll, ist die Entfernung zwischen den beiden Kreisen größer (bei *b* in der Abb. 193).

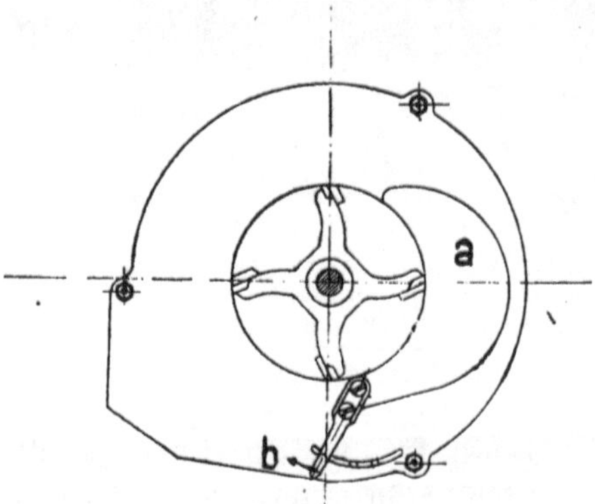

Abb. 192. Regulierung des Ventilators.

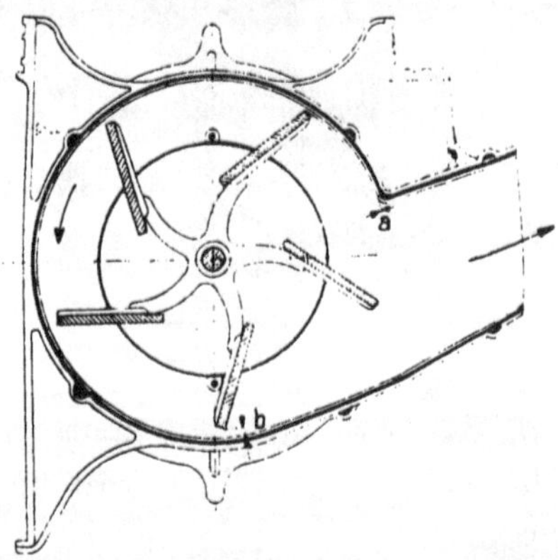

Abb. 193. Anordnung der Ventilatorflügel.

8. Die Einstellung der Regulierschieber muß in der Weise erfolgen, daß die Wirkung des Luftstromes auf der ganzen Breite des Putzkastens gleichmäßig ist.

Abb. 194 zeigt eine besondere Anordnung des Ventilators. Derselbe (*a*) ist auf der Trommelwelle befestigt, so daß der Luftstrom von hier zum unteren Putzwerk *c* und zum oberen Putzwerk *b* in der angegebenen Pfeilrichtung wirkt. Die Regulierung geschieht hier durch die Klappen *d* und *f*, durch deren Verstellung der Querschnitt der Kanäle verändert werden kann. Der Durchmesser des großen Ventilators beträgt 500 ÷ 600 mm, die Umfangsgeschwindigkeit der Schaufeln ist somit etwa 20 m in der Sekunde. Der Vorteil der in Abb. 194 angegebenen Konstruktion liegt darin, daß zwei Ventilatorwellen und zwei Ventilatorflügel entfallen, der Nachteil zeigt sich hingegen darin, daß der Luftstrom zu schwach und die Wirkung infolge der längeren Leitungen eine zu geringe wird.

8. Die Elevatoren.

Sie haben die Bestimmung, die Körner von einem Teile der Maschine auf einen anderen zu befördern. Bei den Maschinen mit einem Putzwerk transportiert der Elevator die gedroschenen

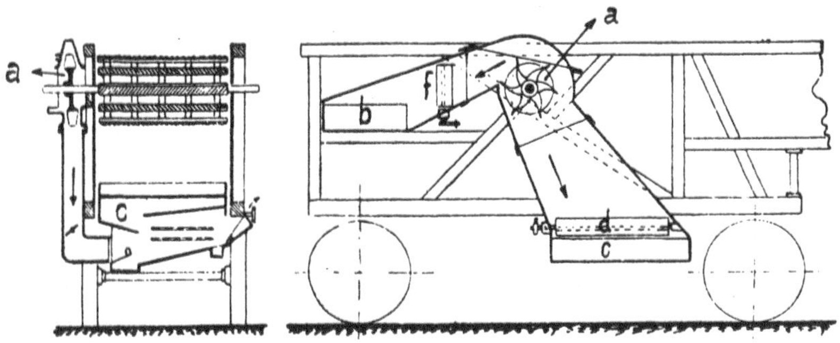

Abb. 194. Gemeinsamer Ventilator für unteres und oberes Putzwerk.

Körner zu den Säcken, während bei den Maschinen mit zwei Putzwerken die Förderung vom unteren zum oberen Putzwerk die Aufgabe des Elevators ist. Der am meisten in Verwendung stehende Elevator ist in Abb. 195 dargestellt.

Die Teile desselben sind: der Kanal *a*, der Riemen *b*, die Becher *B*, die untere Riemenscheibe *c*, die obere Riemenscheibe *e* mit den dazu gehörigen Wellen nebst außen liegender Antriebsscheibe *R* und die obere Blechtür *T*.

Der *Kanal a* ist aus Holz und in seiner Form der Lage des Riemens entsprechend gebildet. Aus diesem Grunde ist bei dem Punkte *a* der Kanal breiter, damit der lose Riemen Platz finde. Am unteren Teile des Kanals ist ein Schieber *S*, welcher mit Hilfe eines knopfartigen Griffes *g* in den seitlichen Leisten verschiebbar ist, damit die Becher während der Arbeit beobachtet werden können. Oben ist eine um das Gelenk h drehbare Blechtür T angeordnet, um nach Öffnung derselben den Riemen spannen zu können. An den unteren Teil des Elevators schließt sich ein Sammelkasten für die Körner an, während der obere Teil auf einem entsprechend geformten Ausbau des Entgranners ruht. Der untere Teil des Kastens ist durch eine kleine Schiebetür i zugänglich.

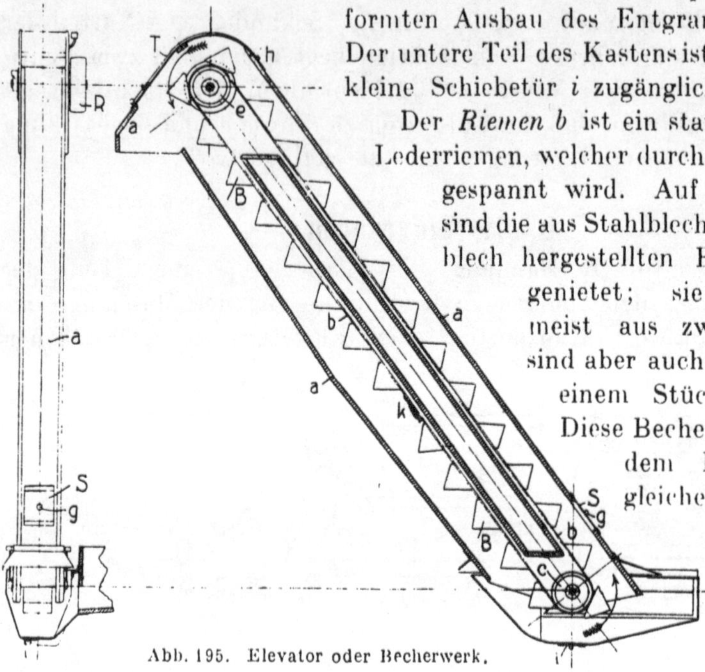

Abb. 195. Elevator oder Becherwerk.

Der *Riemen* b ist ein starker breiter Lederriemen, welcher durch Schnallen k gespannt wird. Auf demselben sind die aus Stahlblech oder Zinkblech hergestellten Becher aufgenietet; sie bestehen meist aus zwei Teilen, sind aber auch häufig aus einem Stück gepreßt. Diese Becher sitzen auf dem Riemen in gleichen Abständen, wobei darauf geachtet werden muß, daß sie sich nicht lösen und daß sie, auf die obere Riemenscheibe gelangt, das Fördergut nicht vorzeitig ausscheiden. In Abb. 196 ist in a die richtige Anordnung, in b eine unrichtige Anordnung gezeigt. Bei der letzteren fällt das Fördergut zu früh heraus und gelangt dann wieder in den unteren Sammelkasten zurück.

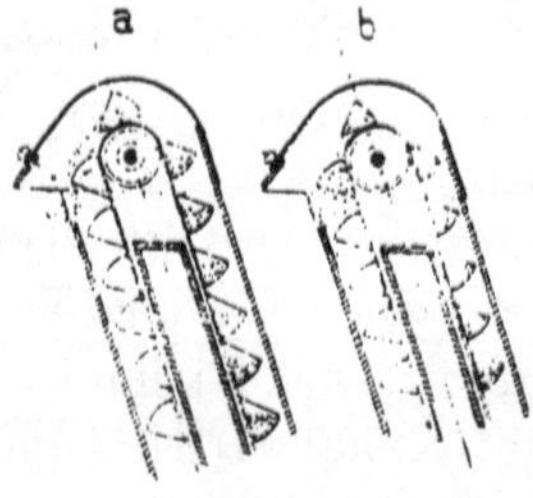

Abb. 196. Richtige (a) und unrichtige (b) Befestigung der Becher.

Die *untere* und *obere Welle* ist in den einfachsten Augenlagern gelagert, bei welchen die Schmierung ohne Röhrchen durch gewöhnliche Dochte besorgt wird.

Der *Kranz* der unteren Riemenscheibe hat eine besondere, bereits in Abb. 49 dargestellte Form, damit die Körner, welche zwischen Riemen und Kranz gelangten, nicht zerdrückt werden. Die obere Riemenscheibe hat an beiden Seiten Ränder, damit die Führung des Riemens eine sichere sei und keine seitlichen Bewegungen, unter denen sowohl der Riemen, als auch der Elevator leidet, entstehen können. Der Antrieb dieses Riemens geschieht von der oberen Welle des Elevators aus durch die außen liegende Antriebsscheibe *R*.

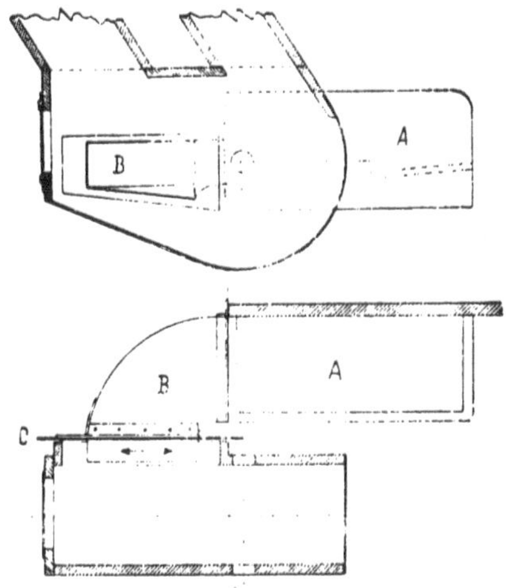

Abb. 197. Unterteil des Elevators mit seitlichem Einlauf.

Bei der *Handhabung des Elevators* ist auf folgendes zu achten:

1. mit Rücksicht auf die große Beanspruchung des Riemens muß derselbe aus bestem Leder hergestellt werden,
2. der Riemen muß gut gespannt werden, sonst entsteht ein starkes Gleiten,
3. die Form, Größe und Anordnung der Becher ist von besonderer Wichtigkeit, ebenso der Umstand, daß dieselben nicht fehlerhaft sein dürfen, denn sonst fällt ein Teil der geförderten Körner wieder zurück,
4. die Geschwindigkeit des Elevators muß genau eingehalten werden; läuft er zu langsam, so hebt er nicht genug; läuft er zu rasch, dann wirft er einen Teil der geförderten Körner zurück. Die Geschwindigkeit des Riemens beträgt 0,7 bis 0,8 m in der Sekunde, die durchschnittliche Umdrehungszahl der Elevatorwelle 90 in der Minute,
5. bevor der Drusch mit einem anderen Dreschgut begonnen wird, muß der Elevator gründlich gereinigt werden.

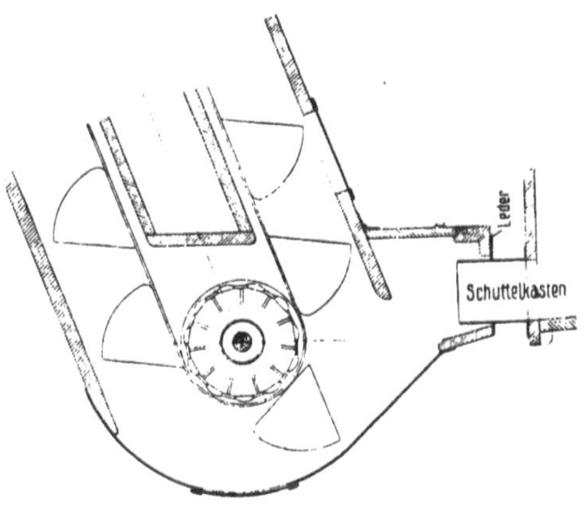

Abb. 198. Unterteil des Elevators mit vorderem Einlauf.

Der untere Teil des Elevators verbindet den Putzkasten mit dem Elevator; er ist ein Sammelkasten, denn hier häuft sich das Material an, welches dann durch die Becher gehoben wird.

In Abb. 197 ist eine Konstruktion dargestellt, bei welcher das Fördergut seitlich den Bechern des Elevators zufließt. In dieser Konstruktion bildet der untere Teil des Elevators mit dem Kanal ein Ganzes, das Zuleitungsrohr *B* des Putzkastens *A* bewegt sich in der Pfeilrichtung im Ausschnitt des unteren Elevatorteiles. Damit das Fördergut nicht herausfalle, ist ein abschließendes Blech *C* auf dem Ende des Rohres *B* befestigt und mit einer Lederdichtung versehen. Trotzdem ist ein Körnerverlust bei dieser Bauart fast unvermeidlich.

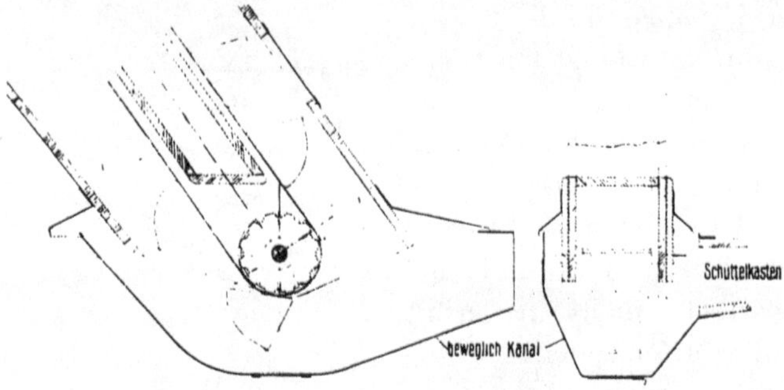

Abb. 199. Unterteil des Elevators, an dem Schüttelkasten befestigt.

Abb. 198 zeigt eine Konstruktion, bei welcher das Ausflußrohr des Putzkastens mit der Mittellinie des Elevators in einer Ebene liegt, so daß das Material nicht seitlich, sondern von vorn dem Elevator zufließt; der Abschluß erfolgt hier durch ein Lederstück. Bei dieser Anordnung entsteht kein Körnerverlust und die Beförderung des Materials geschieht anstandslos.

Abb. 199 stellt eine Konstruktion dar, bei welcher der untere Teil des Elevators ein aus Blech gefertigter, selbständiger Körper ist, der an dem Putzkasten angeschraubt wird, so daß sich derselbe mit diesem bewegt und hierdurch eine Stauung der Körner vermieden wird. Bei all diesen Teilen ist an der tiefsten Stelle ein Schieber angebracht, welcher geöffnet werden kann. Hierdurch kann man das Fördergut aus dem Elevator vollständig entfernen, was sowohl für die Reinigung als auch für die Untersuchung der gedroschenen Körner von Wichtigkeit ist.

Abb. 200 gibt das Bild eines sog. Schraubenelevators (meist fälschlich „Schnecken"-Elevator genannt), welcher das Material nicht nur in vertikaler, sondern auch in jeder beliebigen Richtung, also auch horizontal fördern kann, was in den später folgenden Konstruktionen noch eingehender beschrieben wird. Es ist wichtig, daß der Abstand zwischen Schraube und Mantelrohr nach Möglichkeit gering sei, damit das bereits geförderte Material nicht wieder zurückfalle.

Abb. 201 zeigt einen Exhaustor, durch welchen das Material angesaugt und sodann in die Höhe befördert wird. Derselbe besteht aus einem Gehäuse aus Blech, aus einer Welle, einem Armkreuz und aus den darauf befestigten Schaufeln, welche in der Pfeilrichtung mit großer Geschwindigkeit bewegt werden. Das Material wird konzentrisch zur Welle angesaugt und durch ein Rohr in der Richtung des Pfeiles in eine gewisse Höhe transportiert. Die Umfangsgeschwindigkeit solcher Exhaustoren beträgt etwa 35 m in der Sekunde.

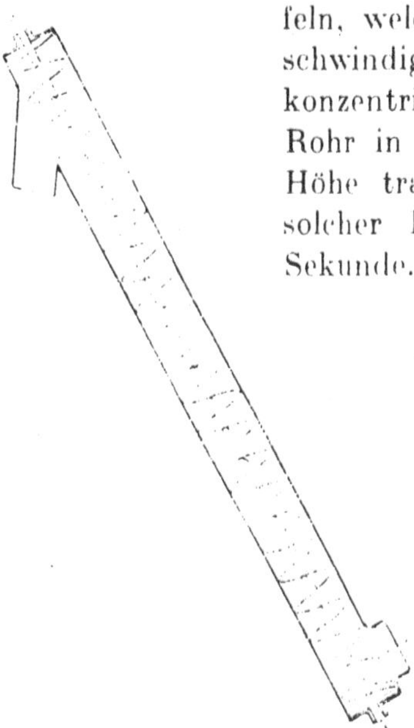

Abb. 200. Schrauben- oder Schneckenelevator.

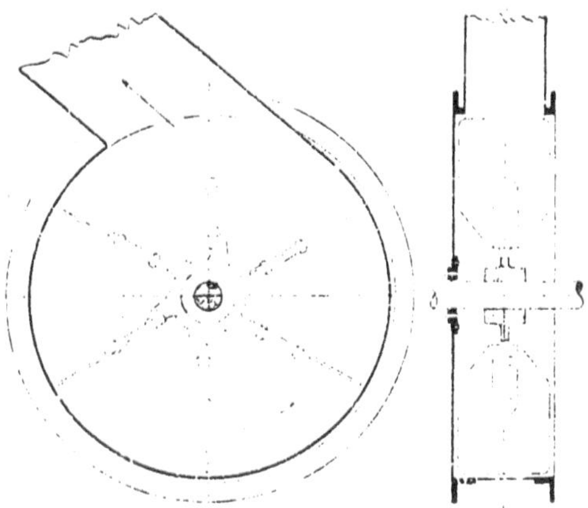

Abb. 201. Exhaustor.

In Abb. 202 ist ein Elevator dargestellt, welcher sich als endloses Band mit darauf befestigten Leisten kennzeichnet. Das Band kann durch die Schraube *a* mittels des Handgriffes *b* durch Drehung der daran befindlichen Schraubenmutter gespannt werden. Diese Konstruktion kann nur dann gebraucht werden, wenn der Winkel, den der Elevatorgurt mit der Horizontalen einschließt, klein ist; bei größerer Steigung würde das Material von den Leisten des endlosen Bandes zurückrollen.

In Abb. 202 ist auch ein Aufschüttrumpf dargestellt, welcher zur Aufnahme von Maiskolben dienen kann, welche sodann der Trommel des Maisreblers zugeführt werden. Der auf dem unteren Teil des Elevators befestigte Fuß ist verstellbar, so daß eine richtige Aufstellung des Elevators auch bei ungünstigen Terrainverhältnissen möglich wird.

In Abb. 209 ist bei *C* ein sog. *Stoßelevator* zu sehen, dessen Arme und Schaufeln auf die Welle des Ventilators gesetzt sind. Hier geschieht die Förderung des Materials durch Stoß. Das hat den Nachteil,

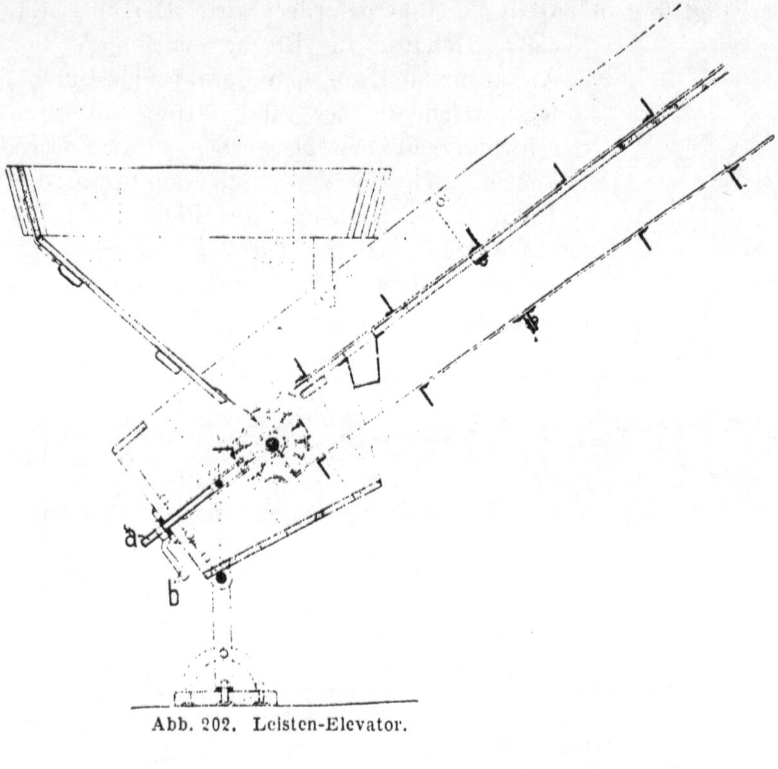

Abb. 202. Leisten-Elevator.

daß die durch die Stöße geförderten Körner leicht Brüche oder zum mindesten Sprünge erleiden können.

9. Der Entgranner.

Sein Zweck ist, bei bestimmten Getreidesorten die an der Spitze der Körner sitzenden Grannen oder die Hülsen der Körner zu entfernen. Die am meisten in Anwendung stehende Bauart eines Entgranners ist in der Abb. 203 dargestellt. Sie besteht aus folgenden Teilen: dem zylindrischen Mantelrohr *a*, dem konischen Teil dieses Mantels *b*, dem Kanal *c* (Abb. 204 und 205), der Welle *d*, der Förderschnecke *f*, den Messern *g*, den Leisten *h*, den Armen *i*, dem

Einlaßschieber *k* (Abb. 204), dem Deckel *m*, der Ausflußklappe *r* nebst dem dazugehörigen Hebel und Gewicht und schließlich aus dem Regulierschieber zwischen dem zylindrischen und konischen Mantelteil *b*.

Der zylindrische Mantelteil *a* und der konische *b* des Entgranners ist aus einem Stück, zumeist aus Gußeisen hergestellt. Der innere Teil des zylindrischen Rohres ist glatt und besitzt oberhalb der Schnecke *f* eine Öffnung, auf welcher sich der Elevator stützt; der konische Teil ist inwendig gerippt und hat am Ende unter dem Lager eine Ausflußöffnung. Das Entgrannen ist nur bei gewissen Körner-

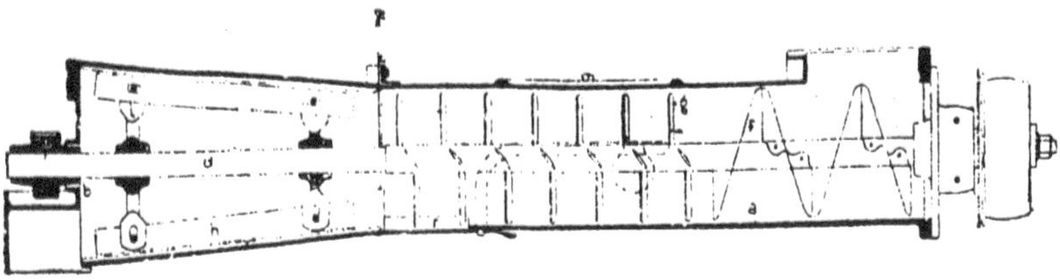

Abb. 203. Der Entgranner.

sorten und unter gewissen Voraussetzungen notwendig, so daß alle Dreschmaschinen mit einer Vorrichtung versehen sind, um das Dreschgut nötigenfalls unter Umgehung des Entgranners sofort in das zweite Putzwerk gelangen zu lassen. In einem solchen Falle bleibt die Klappe *k* in der durch Abb. 204 dargestellten Lage, so daß das Material in das Innere des Entgranners fallen muß. Wird dagegen die Klappe nach rechts gelegt, so fällt das durch den Elevator geförderte Material durch den Kanal *c* unmittelbar in das zweite Putzwerk.

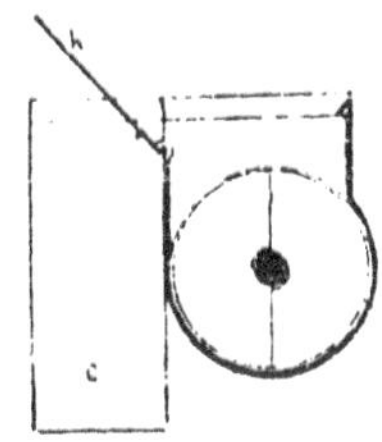

Abb. 204. Führungskanal und Einlaufregulierung zum Entgranner.

Die Welle *d* ist in Bronzeschalen gelagert und macht in der Minute 900 ÷ 1000 Umdrehungen. Die Antriebsscheibe sowie die aus Stahl oder Temperguß hergestellte Schnecke *f*, welche aus einzelnen Stücken zusammengesetzt ist, wird auf der Welle befestigt. Die Schnecke hat das aus dem Ventilator herausfallende Material in das Innere des Entgranners zu befördern. Die Stahlmesser *g* sind in die Welle eingenietet und stehen in ihrer Ebene zur Achse der Welle unter einem spitzen Winkel in der Weise, daß sie in ihrer Aufeinanderfolge eine Schraubenlinie bilden, wobei diese Messer nicht nur das Abstoßen der Spitzen und Hülsen der Körner besorgen, sondern auch zur Förderung des Materials dienen.

Im konischen Teile des Rohres sind aus Temper- oder Stahlguß gefertigte Arme befestigt, welche vier glatte Stahlstäbe *h* tragen, die mit länglichen Ausschnitten versehen sind. Ebensolche längliche Ausschnitte besitzen die Arme, jedoch senkrecht zur Wellenachse, so daß durch diese Vereinigung eine Verstellbarkeit der Stahlstäbe parallel zur konischen Fläche des Rohrmantels möglich wird.

Sowohl auf dem zylindrischen wie auch auf dem konischen Teil des Rohres ist je ein Deckel angebracht (*m* in Abb. 203), welche durch Flügelschrauben befestigt sind, nach deren Lösung man das

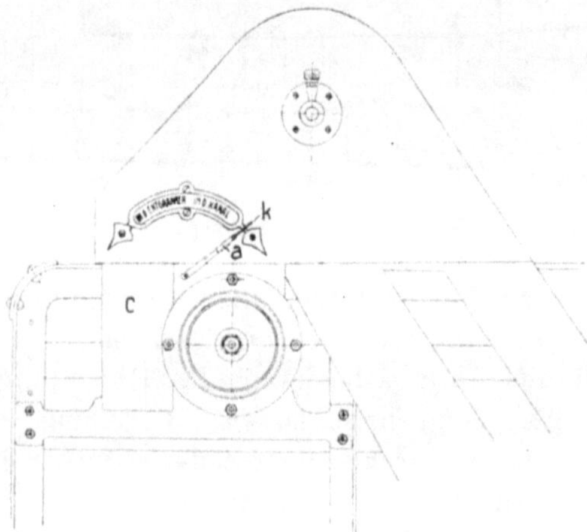

Abb. 205. Regulierung zum Entgranner (Seitenansicht).

Innere des Rohres reinigen, die Stahlstäbe einstellen und die einzelnen Teile nötigenfalls austauschen kann.

Zur Regulierung dienen: der Schieber *b*, ferner die Klappe *r*, welche mit Hilfe des Hebels event. ganz geschlossen werden kann oder beweglich ist, wie dies nachfolgend näher beschrieben wird.

In der Arbeit des Entgranners sind drei Fälle möglich, und zwar:

I. Fall. Der Entgranner wird bei Hafer, Raps, Buchweizen, Klee oder brandigem Weizen überhaupt nicht benutzt. In diesem Falle wird die Klappe *k* (Abb. 204) so gestellt, daß das Material aus dem Elevator in den Kanal *c* und von hier in das zweite Putzwerk gelangt. Abb. 205 zeigt, daß je nach der Lage der Klappe *k* am äußeren Teile der Maschine kontrolliert werden kann, wohin das Material fließt; die auf der Tafel befindlichen Aufschriften zeigen dies ganz deutlich[1]), wohin wir die Klappe *k* durch den Handgriff *a* stellen.

II. Fall. Wird der Entgranner bei Gerste oder Weizen benutzt, so kann die Einstellung nach Abb. 204 erfolgen, wobei der Schieber *p* geschlossen bleibt und der Hebelarm *a*, wie in Abb. 207 dargestellt, nach Lösung der Flügelmutter *m* freigegeben wird. Hierdurch wird erreicht, daß sich die Klappe *b* (Abb. 207) öffnet, wenn sich oberhalb derselben so viel Material angesammelt hat, daß der durch das Gewicht *c* belastete Hebelarm in die punktierte Lage gehoben wird. Je mehr das Gewicht *c* in der angegebenen Pfeilrichtung vom Drehpunkte entfernt wird, desto größer muß die auf der Klappe *b* sich ansammelnde Körnermasse sein, um ein Öffnen der Klappe zu bewerkstelligen. In diesem Falle bleibt das Körnermaterial längere Zeit hindurch im Innern des Rohres, wodurch also das Entgrannen in stärkerem Maße vorgenommen wird.

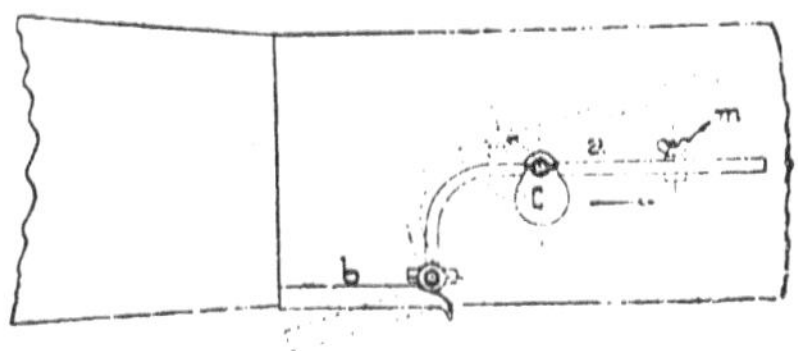

Abb. 206. Auslaßklappe mit Hebel-Gewichtsbelastung.

III. Fall. Ist die Arbeit, welche mit der im vorhergehenden Falle II beschriebenen Methode erreicht wird, nicht vollständig genug, so wird der Schieber (*p* in Abb. 203) ganz geöffnet, der Hebelarm (*a* in Abb. 206) festgelegt, so daß das Körnermaterial aus dem zylindrischen Teile des Entgranners in den konischen Teil gelangen muß, um hier durch die Stäbe *h*, welche nach Bedarf verstellbar sind, nochmals durchgearbeitet zu werden und um schließlich durch die Auslauföffnung in das zweite Putzwerk zu gelangen. Wird eine noch stärkere Entgrannung gewünscht, so werden die Stäbe den Rippen angenähert, im entgegengesetzten Falle von denselben entfernt. Ist die Arbeit mit vier Flügelstäben zu stark, so können zwei gegenüberliegende Stäbe abgenommen werden.

Bei der *Handhabung des Entgranners* ist auf folgendes zu achten:

1. die Welle muß die vorgeschriebene Umdrehungszahl in der Minute machen;
2. die Regulierung muß richtig erfolgen;

[1]) Links steht: »In den Entgranner«, rechts steht: »In den Kanal«.

3. brandiger Weizen darf den Entgranner nicht passieren und muß unbedingt abgeleitet werden;
4. abgenutzte Messer sind durch neue zu ersetzen;
5. die inneren Teile des Entgranners müssen während der Betriebspausen gereinigt werden;
6. die Einstellung der Flügelstäbe muß gleichmäßig erfolgen;
7. durch das Entgrannen darf kein Körnerbruch entstehen.

Wenn man in den Säcken, welche die fertig gedroschenen und gereinigten Körner aufnehmen, gedroschene Körner findet, so wird in erster Linie der Schieber unterhalb des Elevators geöffnet werden müssen. Zeigen sich hier bereits gebrochene Körner, so stammt der Bruch von der Trommel und dem Korbe. Wird dieser Fehler behoben

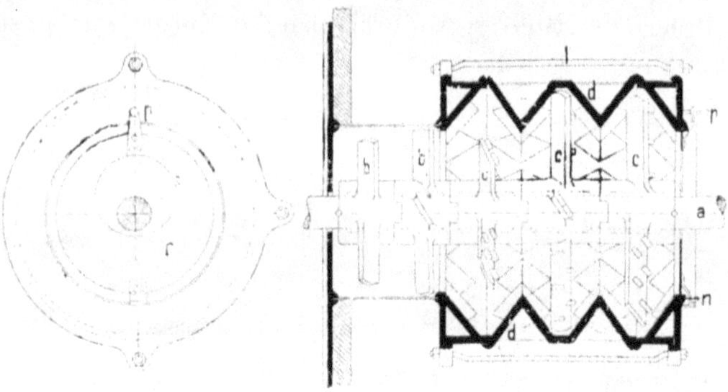

Abb. 207. Entgranner (Vorderansicht-Längsschnitt).

und zeigen sich trotzdem noch gebrochene Körner, so muß der Fehler im Entgranner liegen und dann möglichst behoben werden.

Verschiedene Konstruktionen von Entgrannern. Abb. 207 und 208 zeigen eine Konstruktion, welche aus der Welle *a*, den Armen *b*, aus dem Schieber *c*, dem Gehäuse *d* und aus dem Schieber *f* besteht. Auf dem Querschnitt ist der Elevator *g*, aus welchem das Material durch die Verstellung der Klappe *h* entweder in die Kammer *j* des Entgranners oder in der Pfeilrichtung zum zweiten Putzwerk gelangt. Die Arme *b* führen das Material aus der Kammer *j* in das Gehäuse *d*, in welchem die Scheiben *c* sich drehen. Das Gehäuse *d* besteht aus mehreren gußeisernen Stücken, welche nach innen vorspringende Spitzen *m* besitzen; diese einzelnen Gehäuseteile werden durch Schrauben *l* miteinander verbunden. Die Flächen der Scheiben *c* sind mit Rippen versehen und stehen zur Wellenachse unter einem gewissen

Winkel. Zur Regulierung dient der Schieber *f*, welcher durch den Handgriff *p* in der Führung *n* drehbar angeordnet ist. Nachdem auf dem Schieber der kreisförmige Ausschnitt *s* exzentrisch angebracht ist, wird durch die Verdrehung des Schiebers der tiefstliegende Punkt des Kreises bald höher, bald tiefer zu liegen kommen, so daß das Material gezwungen sein wird, längere oder kürzere Zeit hindurch im Innern des Entgranners zu bleiben. In der durch Abb. 207 dargestellten Stellung ist der Schieber in seiner tiefsten Lage, so daß das Entgrannen am schärfsten erfolgen wird.

Der in Abb. 209 dargestellte Entgranner ist nicht, wie gewöhnlich, oben, sondern auf dem unteren Teile der Maschine angebracht. Das

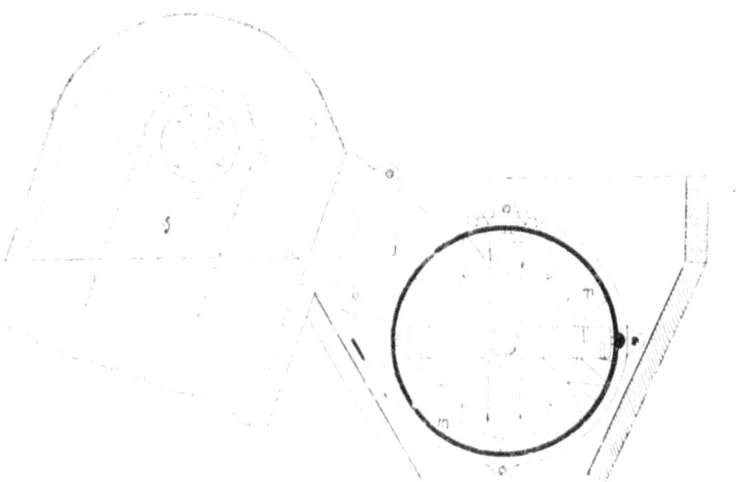

Abb. 208. Entgranner (Querschnitt) und Oberteil des Elevators.

untere Sieb des Putzkastens *A* ist drehbar, so daß das Material entweder in den Elevator *B* oder in den Stoßelevator *C* gelangt. Wird daher das Entgrannen nicht gewünscht, so stellt man das Sieb *A* in die auf der Zeichnung sichtbare Lage, und das Körnermaterial kommt in diesem Falle in den Elevator *B* und von hier in das zweite Putzwerk. Soll der Entgranner wirken, so wird das Sieb *A* in die entgegengesetzte Richtung gedreht, und die Körner kommen durch die Öffnung *B* in den Stoßelevator *C* und durch die Schaufeln desselben in der Pfeilrichtung nach dem Entgranner *F*, welcher demjenigen der Abb. 203 sehr ähnlich ist, jedoch nur mit dem Unterschied, daß der Hebel *H* und das Gewicht *K* der Klappe *G* nicht horizontal, sondern vertikal angeordnet ist. Aus dem Entgranner gelangen die Körner durch die

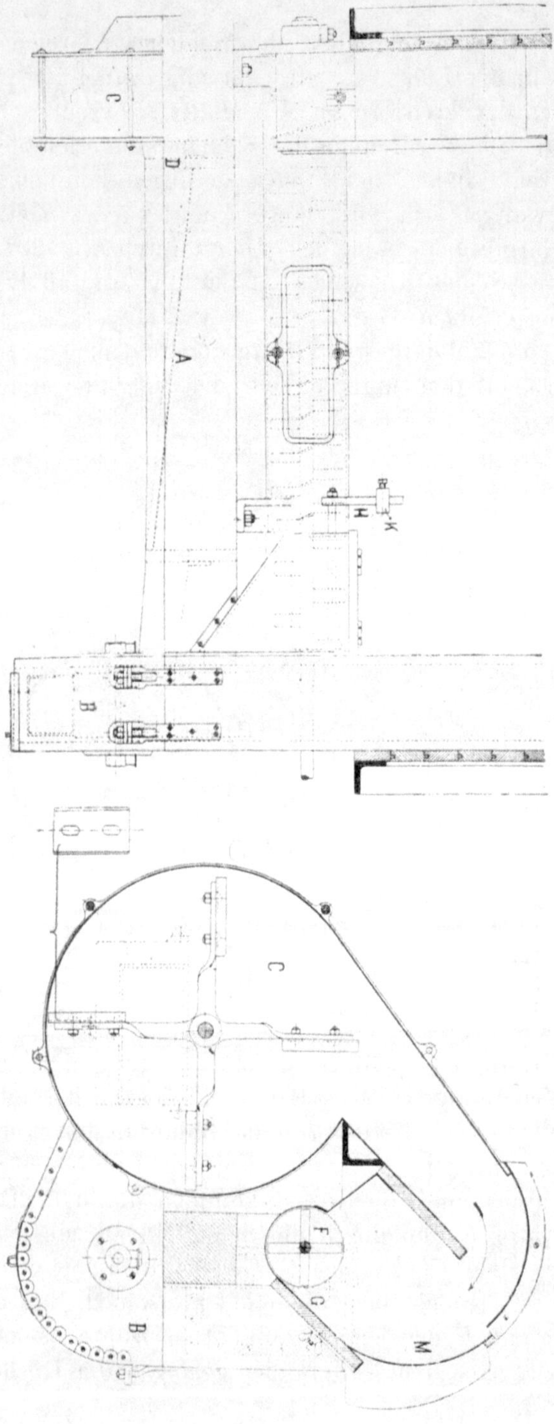

Abb. 209. Entgranner am Unterteil der Dreschmaschine (Seitenansicht und Schnitt).

Klappe G in den Elevator B und von hier in das obere Putzwerk. Das Sieb M dient zum Ausscheiden des Staubes, wenn die Körner durch den Stoßelevator C heraufgeworfen werden.

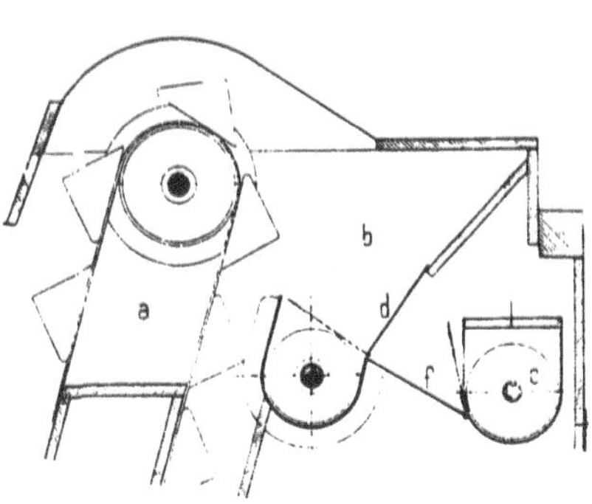

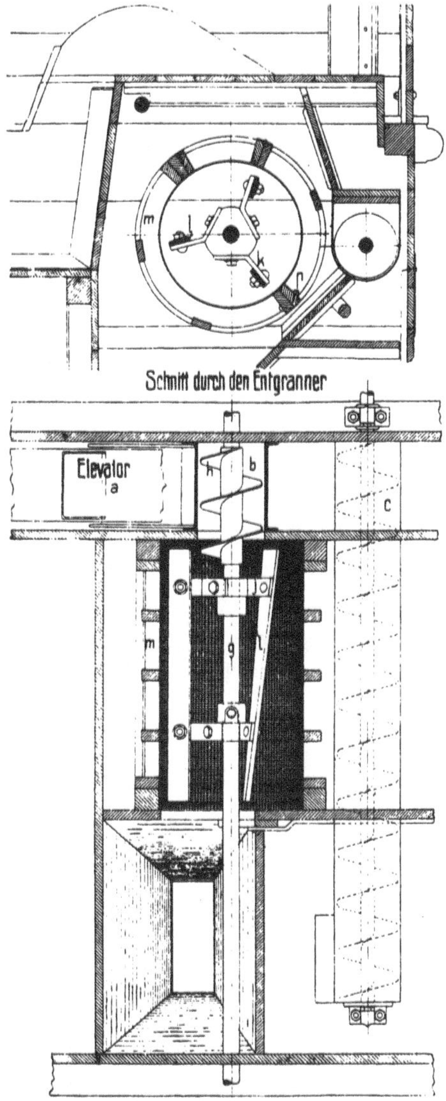

Abb. 210. Entgranner mit Zylinder aus Stahldrahtgeflecht.

In Abb. 210 ist der Elevator a dargestellt, aus welchem das gehobene Material entweder in die Vorkammer b oder in die Transportschnecke c fällt, je nachdem die Lage der drehbaren Klappen d und f dies gestattet. Ist die Klappe d geschlossen und f geöffnet, so gelangen die Körner unmittelbar in die Säcke. Ist die Klappe d offen und f geschlossen, dann fallen die Körner unmittelbar in die Schnecke h (siehe Grundriß) und von hier in den Entgranner. Ist dagegen d und f geschlossen, so werden die Körner durch die Transportschnecke c in das zweite Putzwerk befördert.

Die Teile des hier abgebildeten Entgranners sind: die Klappen d und f, die Welle g mit der darauf befestigten Transportschnecke h und die beiden dreieckförmigen Naben j, auf welchen 3 Winkeleisen k und auf diesen wieder die schraubenförmig gewundenen

Leisten *l* befestigt sind. Das Gehäuse ist aus Holz gefertigt und bildet einen Zylinder *m*, dessen innere Fläche mit einem scharfen Stahldrahtgeflecht bedeckt ist. Der obere Teil des Zylinders ist mit einem abschraubbaren und leicht entfernbaren Deckel versehen. Die Winkeleisen *k* haben zur Aufnahme der Befestigungsschrauben längliche Aus-

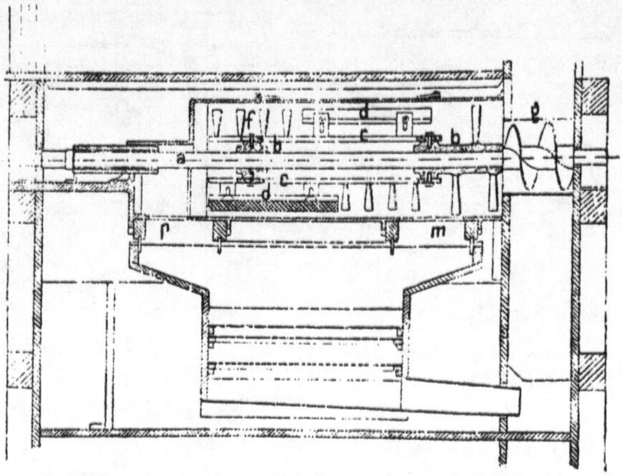

Abb. 211. Entgranner mit Flügeln und Messern.

schnitte, so daß diese Winkeleisen verstellbar sind; anderseits können die Leisten *l* dem Stahldrahtgeflecht des Zylinders *m* genähert oder von demselben entfernt werden; durch diese Anordnung wird erreicht, daß die Leisten *l* nicht nur dem Zylinder genähert oder von

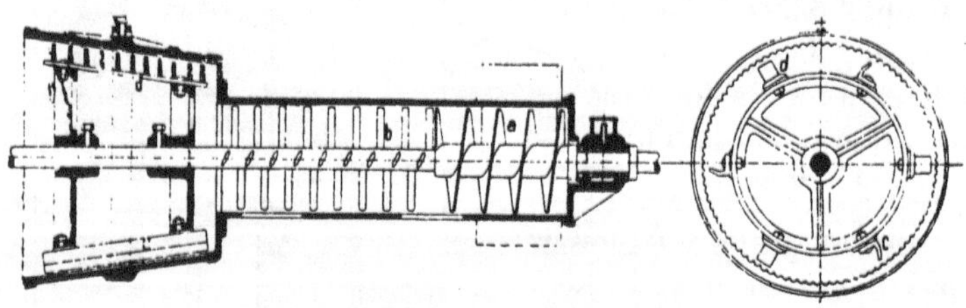

Abb. 212. Entgranner mit konischer Trommel.

demselben entfernt werden können, sondern daß auch die Neigung zur Mittellinie der Welle geändert werden kann. Je größer diese Neigung ist, desto rascher wird das Körnermaterial aus dem Entgranner befördert, und je mehr die Leisten parallel zur Wellenmitte eingestellt werden, desto langsamer wird das Material entfernt und desto wirksamer ist die Entgrannung. Staub und Schmutzteile werden durch die Öffnungen des Drahtgeflechtes entfernt.

In Abb. 211 ist *a* die Entgrannerwelle, auf welcher zwei Arme *b* und auf diesen wieder die Leisten *c* befestigt sind. Die auf den Leisten angebrachten Messer *f* und die Flügelstäbe *d* bewirken das Entgrannen. Die Regulierung erfolgt durch Verstellung der Flügelstäbe *d*. Die Klappe *g* kann so eingestellt werden, daß die Körner aus dem Elevator unmittelbar in das zweite Putzwerk gelangen.

Abb. 212 zeigt einen Entgranner mit einem zylindrischen und einem konischen Teil; letzterer ist innen mit Rippen versehen. Auf der Welle sitzt die Transportschraube (meist Schnecke genannt) *a*, die Messer *b* und zwei durch Stellschrauben befestigte und verstellbare Scheiben, auf denen drei Stäbe *c* und drei Messerstangen *d* befestigt sind. Die Regulierung erfolgt durch die Einstellung der zuletzt genannten Teile.

10. Das zweite Putzwerk

hat die Aufgabe, die endgültige Reinigung des Körnermaterials vorzunehmen und diejenigen Teile zu entfernen, welche durch das untere Putzwerk nicht ausgeschieden wurden, und ebenso die durch die Entgrannung entstehenden Verunreinigungen zu beseitigen. Die Leistung dieses Putzwerkes ist gering, weshalb man es nicht überlasten darf.

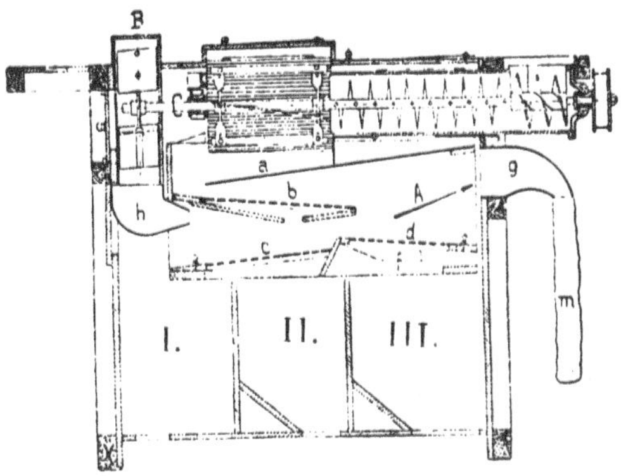

Abb. 213. Entgranner und oberes Putzwerk mit Quergebläse.

Bei dieser Konstruktion ist ein System von Sieben angeordnet, durch welches der Luftstrom eines kleinen Ventilators geleitet wird, und zwar entweder quer zur Dreschmaschine oder längs derselben in das Innere der Maschine zurück. Dementsprechend unterscheiden wir zwei Arten von Putzwerken: 1. solche mit einem Luftstrom, welcher durch die Maschine führt, und 2. solche, mit einem Luftstrom, welcher in die Maschine zurückführt.

Eine typische Konstruktion der ersten Art ist in Abb. 213 dargestellt, in welcher der Putzkasten *A* die folgenden Teile enthält: den Sammeltisch *a*, ein Sieb mit größeren Löchern *b*, ein Sieb mit kleineren Löchern *c*, ein Sieb *d*, ein Rückleitungsrohr *f*, eine Öffnung für den Austritt der Luft *g* und den Ventilator *B*, welcher in diesem Falle auf der Entgrannerwelle *C* befestigt ist. Hier fällt das Material von dem Blech *a* auf das Sieb *b* und wird durch den Luftstrom des Ventilators *B*, welcher aus der Öffnung *h* austritt, und mit den leichten Spreuteilen der Öffnung *g* zugeführt wird, in einen am Ende angebrachten Sack *m* befördert. Die Körner fallen durch das Sieb *b* auf das Sieb *c*, von welchem die kleineren Körner in die zweite Sorte, die besseren in die erste Sorte und die größeren durch das Sieb *b* nicht durchfallenden Körner auf das Sieb *d* und von hier durch den Kanal *f* auf den Schütteltisch gelangen. Das Unkraut und die größeren Abfälle gelangen über das Sieb *d* in die Sorte III.

Dieser eben beschriebenen Ausführung gegenüber wird bei der Konstruktion in Abb. 214 die durch den Ventilator *a* ausgeblasene

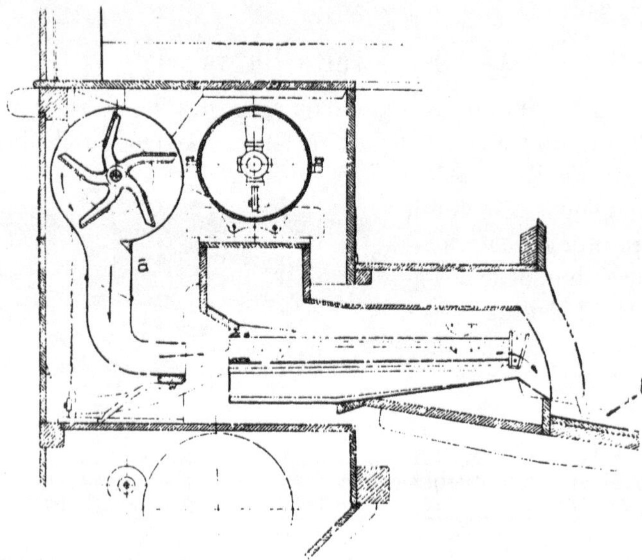

Abb. 214. Oberes Putzwerk mit Rückgebläse.

Luft in der Pfeilrichtung auf den Schütteltisch *b* geleitet, während die gereinigten Körner durch den Sortierzylinder den Säcken zufallen. Der Unterschied zwischen diesen beiden Konstruktionen beruht darin, daß die Anordnung des Gebläses in der Querrichtung nicht richtig ist, weil bei schwachem Winde die Reinigung unvollkommen wird, bei starkem Winde dagegen ein großer Teil der Körner mitgerissen werden kann. Bei den neueren Konstruktionen werden daher die Abfälle von dem zweiten Putzwerk auf den Schütteltisch der Dreschmaschine befördert, so daß auch im Falle eines stärkeren Windes die mitgerissenen

Körner in der Maschine verbleiben. Es ist selbstvertändlich, daß eine übermäßige Zurückleitung des Körnermaterials nicht zweckmäßig ist, weil hierdurch das Innere der Maschine immer mehr und mehr belastet wird.

In Abb. 214 ist die Welle des kleinen Ventilators parallel zur Trommelwelle und der kleine Ventilator im Innern der Dreschmaschine hinter dem Entgranner angebracht. Der Luftleitungskanal ist mit Scharnieren versehen, so daß hierdurch der untere Teil des Rohres

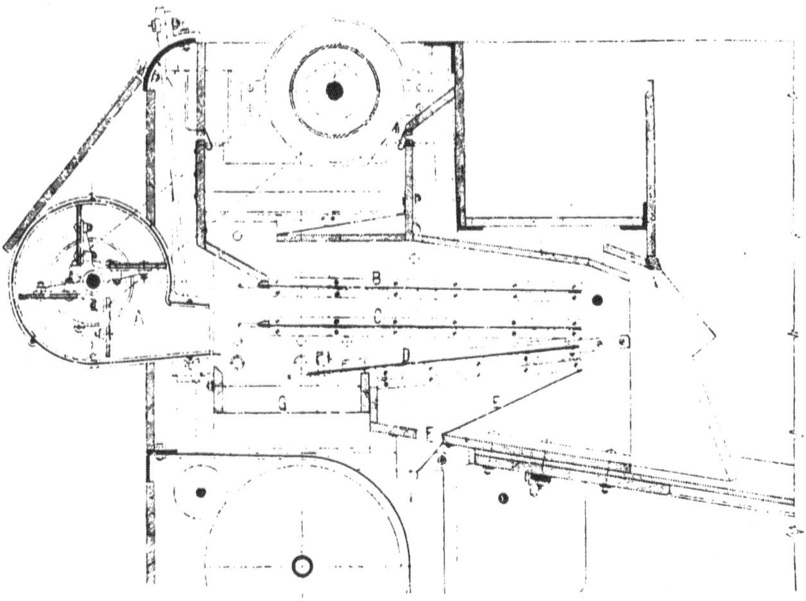

Abb. 215. Oberes Putzwerk mit kleinem, zur Seite klappbaren Ventilator.

gehoben werden kann, wobei dann die Siebe des oberen Putzwerkes leicht erreichbar sind.

Eine andere Konstruktion ist in Abb. 215 gezeigt. Hier ist der Ventilator außerhalb der Maschine angeordnet und auf der Seite, wie aus Abb. 216 ersichtlich, mit Gelenken versehen, so daß der Ventilator wie eine Tür geöffnet werden kann, wobei die Siebe leicht zugänglich werden. In Abb. 217 ist die Tür mit dem Ventilator offen, so daß man im Innern der Dreschmaschine das Putzwerk sehen kann.

An dem Türrahmen sind links und rechts die Lager für die Ventilatorwelle angebracht, so daß man das Ventilatorgehäuse samt dem Ventilator beim Öffnen der Tür außer Verbindung mit der

Dreschmaschine bringen kann. Unterhalb der geöffneten Tür (Abb. 217) bemerkt man den aus Blech gebildeten Kanal, der in die viereckige Öffnung in der Dreschmaschinenwand hineinpaßt.

Man kann in dieser perspektivischen Darstellung (Abb. 217) im Innern der Dreschmaschine noch den großen Siebkasten erkennen, in den der vom kleinen Ventilator gelieferte Windstrom die letzten etwa noch vorhandenen Beimengungen führt, wo sie mit der Überkehr oder als Kaff abgesondert werden.

Zuweilen wird der kleine Ventilator unter einem rechten Winkel zur Trommelwelle angeordnet. In diesem Falle wird der Luftstrom des kleinen Ventilators unter einem rechten Winkel abgebogen und auf den Schütteltisch geleitet, wie dies in den Abb. 218 und 219 gezeigt ist. Die Teile dieser Konstruktion sind: der kleine Ventilator, dessen Riementrieb in Abb. 220 gezeigt ist, der aus Zinkblech oder verzinktem Eisenblech hergestellte Sammeltisch, die Siebe *b* und *c*, das Blech *d* mit Ablaufkanal, die Verbindungsstangen *h*, die Federn *g*, die Tür *p* und der Rückleitungskanal *f*.

Abb. 216. Anbringung des kleinen Ventilators.

Bezüglich des kleinen Ventilators ist dasselbe zu bemerken, was über den großen Ventilator gesagt wurde (vgl. S. 131). In Abb. 220 ist *a* die Riemenscheibe des großen, *b* diejenige des kleinen Ventilators, *c* und *d* die Führungsrollen, welche auf dem Stahlgußkörper *h* befestigt sind. Der Griff des Stückes *h* ist in der Pfeilrichtung verstellbar und kann auf dem Flacheisen *l* mittels des Vorsteckstiftes *m* befestigt werden, so daß dadurch der Riemen in rascher und einfacher Weise gespannt werden kann. Die Bewegungsrichtung des Riemens ist durch Pfeile gekennzeichnet. Die Siebe werden aus gelochtem Zinkblech oder verzinktem Eisenblech hergestellt, manchmal aus Draht geflochten. Die Blechsiebe sind glatt, so daß dieselben für nasses oder unreines Material sehr gut entsprechen, während die geflochtenen Siebe eine rauhe Oberfläche haben und

Abb. 217. Die Tür mit dem kleinen Ventilator geöffnet.

sich daher für trockenes Material besonders eignen. Je nach der Konstruktion findet man ein, zwei oder drei Siebe übereinander angeordnet, und zwar in der folgenden Weise:

Weizen und Roggen	oben 9, 7, 6 mm
	unten 7, 6, $5^1/_2$ mm
Gerste	oben 10,9 mm
	unten 8,7 mm
Hafer	oben 20,16 mm
	unten 15, 13, 16, 18 mm
Raps	oben $5^1/_2$ mm oder geflochtenes Sieb Nr. 10.
	unten 3 mm » » » Nr. 8.
Klee	oben geflochtenes Sieb Nr. 16
	unten » » Nr. 15.

Wie aus der angegebenen Tabelle ersichtlich, sind die Öffnungen der oberen Siebe größer, diejenigen der unteren kleiner. Je nach der Größe der Körner wird das unterste Sieb gewählt, und die oberen werden dementsprechend größer genommen. Wenn der Hafer sehr ergiebig ist, so wird ev. nur ein Sieb verwendet und hierbei die Öffnung des zweiten Siebes im Kasten durch eine Holzleiste abgeschlossen, damit die Körner nicht herausfallen.

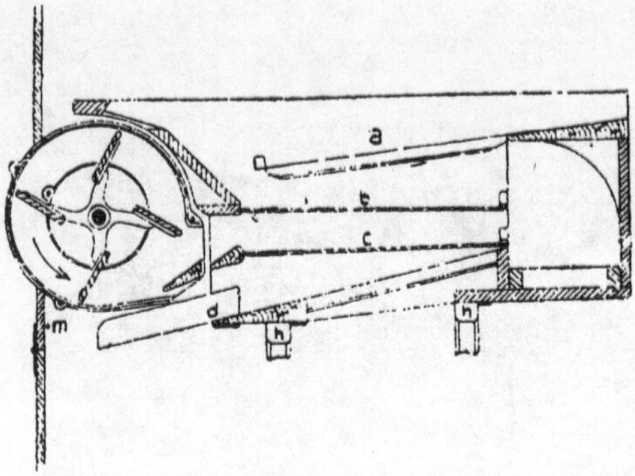

Abb. 218. Oberes Putzwerk, Anordnung des Ventilators unter 90°.

Der Tisch *d* ist aus Holz hergestellt, mit Blech beschlagen und mit einem Blechkanal versehen.

Verbindungsstangen *h* verbinden den oberen Putzkasten mit dem Schütteltisch. Bezüglich der Federn *g* ist das in dem betreffenden Kapitel Gesagte maßgebend. Der Rückleitungskanal *f* wird aus Blech hergestellt und ist auf dem Kasten befestigt. Die Tür *p* kann entweder so gehoben werden, wie dies in Abb. 219 zu sehen ist, oder sie wird aus zwei Stücken hergestellt und mit Scharnieren ver-

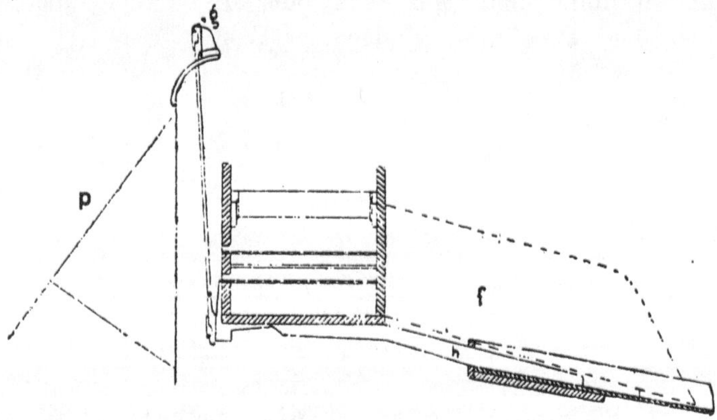

Abb. 219. Oberes Putzwerk (Querschnitt).

sehen. Während des Betriebes bleibt die Tür geöffnet, damit der Zutritt der Luft zum Ventilator möglich sei und der Staub aus der Dreschmaschine entweichen kann.

Bei der *Behandlung des Ventilators* ist zu beachten:

1. der Ventilator soll die vorgeschriebene minutliche Umdrehungszahl machen;

2. die Befestigung der Arme und Schaufeln soll eine solide sein;
3. die Siebe müssen richtig gewählt werden;
4. die Menge des zurückgeblasenen Materials darf nicht zu groß sein;
5. die Siebe müssen in ihrer Lage gesichert werden;
6. die ableitenden Flächen *a* und *d* müssen glatt sein, damit das Material in seiner Bewegung nicht gehindert wird;

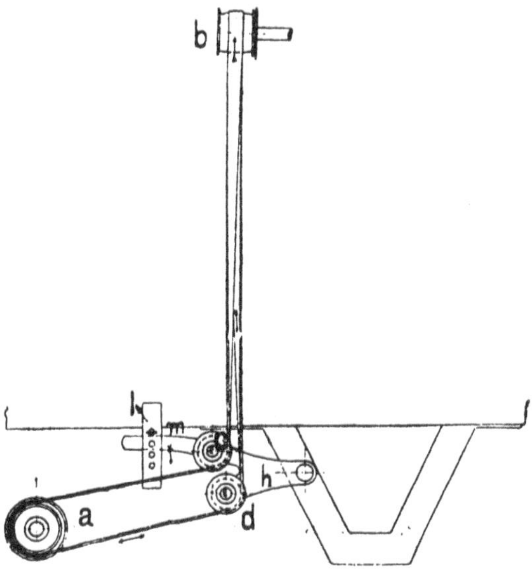

Abb. 220. Riemenführung und Spannvorrichtung für das obere Putzwerk.

7. die Güte und die Befestigung der Federn soll nach den früher angegebenen Regeln geschehen.

Das Körnermaterial wird durch die Öffnung *m* (Abb. 218) beobachtet.

11. Die Konstruktionen kleiner Putzwerke.

In Abb. 213 ist eine Konstruktion dargestellt, bei welcher die Spreu durch den kleinen Ventilator in der Querrichtung zur Maschine herausgeblasen wird. Die zurückgehaltenen Körner werden durch den Kanal *f* auf den Schütteltisch geleitet.

In Abb. 221 ist ein Kanal *b* zur Rückleitung der aufgefangenen Körner zu sehen. Der Ventilator *a* führt den Luftstrom durch die Siebe in der Pfeilrichtung zur Öffnung *c*, wo zum Auffangen der Spreu ein Sack befestigt wird. In Abb. 222 ist nur ein Sieb verwendet, und der Luftstrom wird unter das Sieb durch die Bleche *b* und *c* geleitet und gelangt sodann in den Rückleitungskanal *d*, während die gereinigten Körner auf den Tisch zu den Säcken fallen.

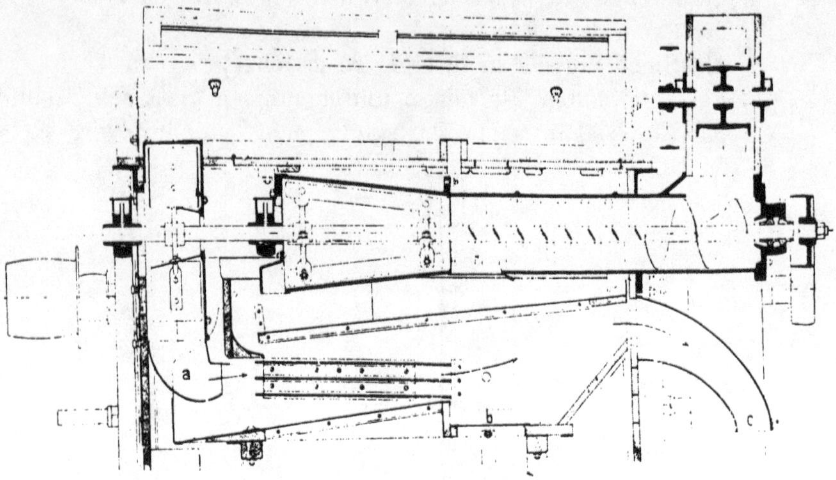

Abb. 221. Oberes Putzwerk mit Quergebläse (altes System).

In Abb. 223 sind zwei Siebe zu sehen. Das durchgeblasene Material gelangt in den Kanal *b*, die gereinigten Körner über den geneigt liegenden Tisch in der Pfeilrichtung in die Säcke, die zurückgehaltenen

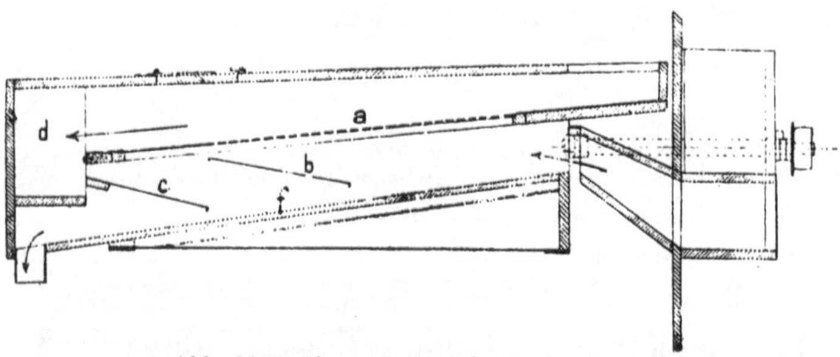

Abb. 222. Oberes Putzwerk mit einem Sieb.

Körner hingegen durch die Abflußöffnung *a* ebenfalls in einen Sack. Abb. 224 zeigt ein Putzwerk mit drei Sieben *a*, *b* und *c*, ferner ein Sieb für Grassamen *d* und einen regulierbaren Körnerfang *g* nebst einem Ablauftisch *f*.

In Abb. 225 wird der Luftstrom vom großen Ventilator in der Pfeilrichtung abgeleitet, das Material fällt entweder von dem Entgranner *b* oder von der Schnecke *c* auf das Sieb *d*; *f* ist ein verstellbarer

Körnerfang, wobei die aufgefangenen Körner durch den Kanal *g* auf den Schütteltisch gelangen, die leichteren Teile durch die Öffnung *h* in einen Sack kommen, die gereinigten Körner hingegen über den Tisch *j* in den Sortierzylinder gelangen. Wird die Klappe *k* in der Richtung des Pfeiles auf die andere Seite gelegt, so gelangen die Körner unmittelbar in den Sack.

Abb. 226 zeigt ein dreifaches Putzwerk, bei welchem vier Siebe vorhanden sind: *a*, *b*, *c* und *d*. Der Ventilator hat einen Luftleitungs-

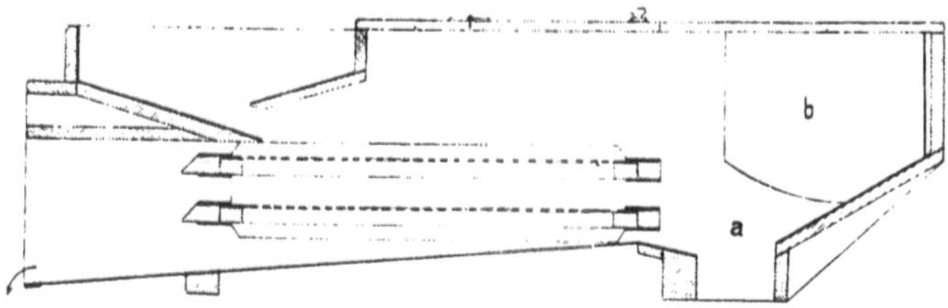

Abb. 223. Oberes Putzwerk mit zwei Sieben.

kanal, durch welchen das Material zwischen den Sieben *c* und *d* gereinigt wird. Ein Sortierzylinder ist hier nicht vorhanden; die Körner werden durch das Sieb *d* in die beiden Sorten I und II geteilt.

In Abb. 227 ist eine Konstruktion gezeigt, bei welcher ein Teil des Luftstromes von dem kleinen Ventilator abgeleitet wird, um das

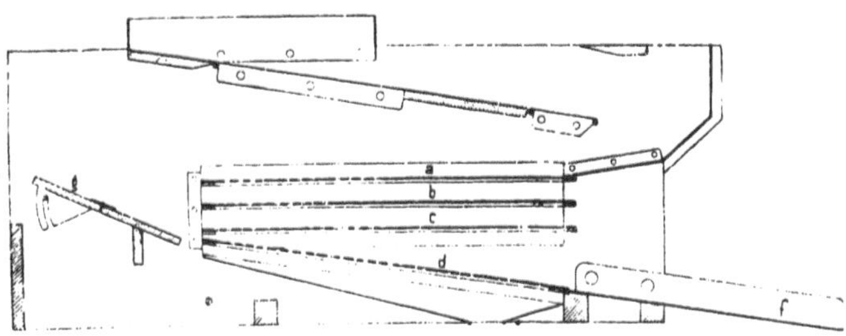

Abb. 224. Oberes Putzwerk mit drei Sieben.

Material, welches das kleine Putzwerk verläßt, vor dem Eintritt in den Sortierzylinder nochmals durchzublasen.

Eine ähnliche Konstruktion, wie sie Abb. 226 zeigt, gibt Abb. 228, nur mit dem Unterschiede, daß hier zwei ganz selbständig arbeitende Ventilatoren angeordnet sind.

Eine neuere Anordnung des dreifachen Putzwerkes zeigt Abb. 229. Hier ist für die oberen zwei Siebe außerhalb des Maschinenrahmens ein kleiner Ventilator verwendet, während das dritte Putzwerk von dem

Ventilator *A* bedient wird, welcher auf der Welle des Entgranners befestigt ist. Das Material, welches von dem Blech *B* auf das Sieb *D* fällt, wird durch den Luftstrom gereinigt, wobei die Staubteile durch die Öffnung *C* entfernt werden. Das Material der I. Sorte läuft über das Sieb *D* zur Sacköffnung *I*; das Material der II. Sorte über das Blech *E* zur Öffnung *II*.

Abb. 215 zeigt den Querschnitt eines Putzkastens samt dem kleinen Ventilator. Hier sind drei Siebe angeordnet (*B*, *C* und *D*), von welchen das letztere ein Staubsieb ist. Der Staub fällt durch das Sieb *D* auf das Blech *E* und wird

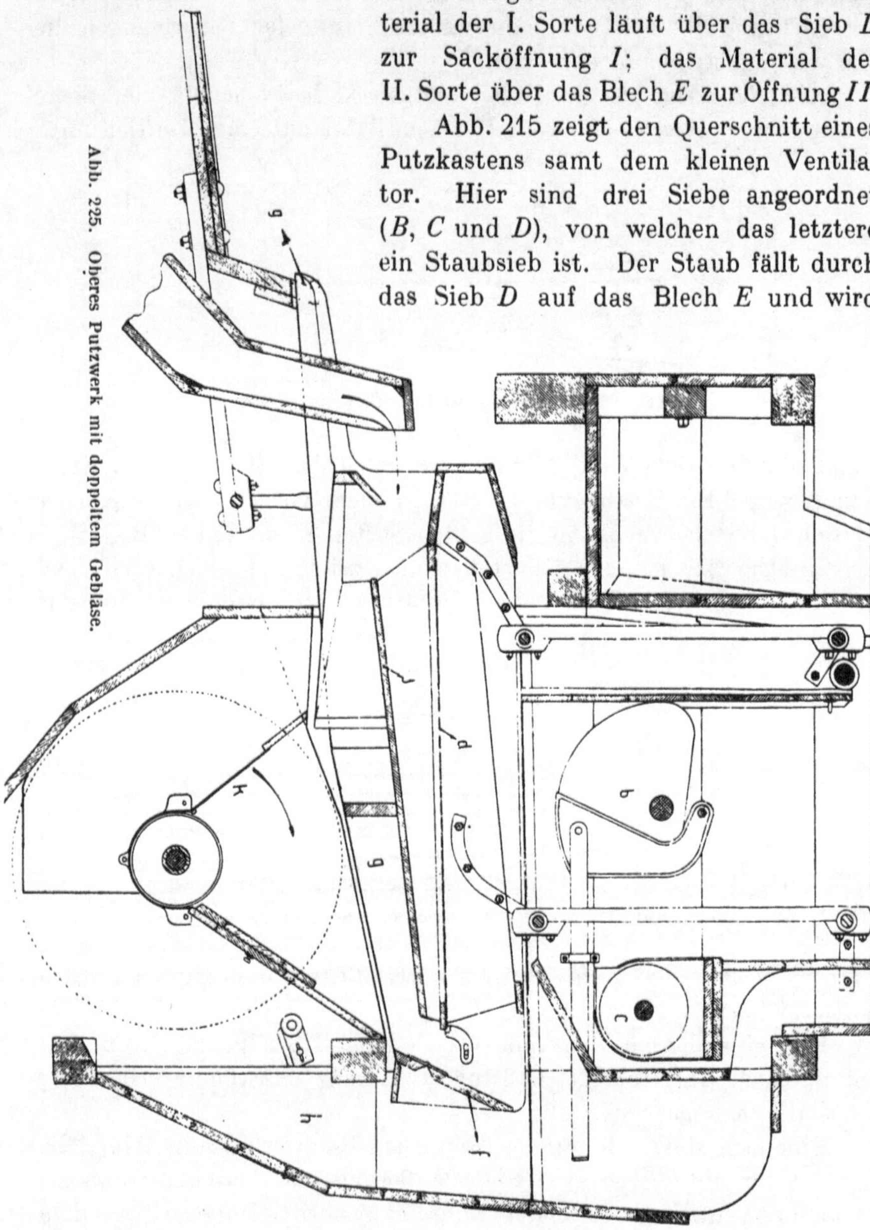

Abb. 225. Oberes Putzwerk mit doppeltem Gebläse.

durch die Öffnung F unter die Maschine geleitet. Das gereinigte Material gelangt durch die Siebe B und C auf D und von hier auf den Kanal G in den Sortierzylinder.

In Abb. 230 befördert ein Exhaustor die leichten Spreuabfälle aus dem unteren und oberen Putzwerk sowie aus dem Entgranner in hierzu vorbereitete Säcke.

12. Die Sortierzylinder.

Nach den an den ausgedroschenen Körnern vorgenommenen Reinigungsarbeiten gelangen die gereinigten Körner schließlich in den Sortierzylinder, wo sie nach der Größe sortiert werden sollen. Hier werden auch die noch vorhandenen zerbrochenen Körner, das Unkraut und kleinere Samen ausgeschieden. Man kann diese Auf-

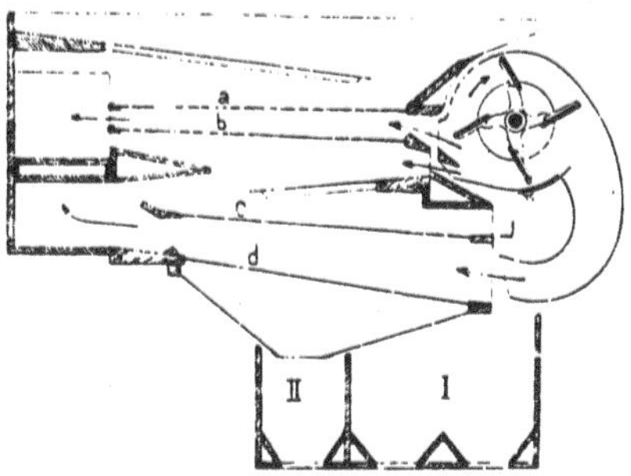

Abb. 226. Oberes Putzwerk mit doppeltem Gebläse ohne Sortierzylinder. (Schnitt.)

gabe durch Flächensiebe (Plansiebe) lösen, wobei die Körner zunächst auf kleingelochte und dann nach und nach auf größer gelochte Siebe geleitet werden. Eine derartige Lösung der gekennzeichneten Aufgabe würde jedoch viel Raum beanspruchen, so daß die Sortierung durch eine Änderung der Siebform erfolgen muß. Dies führte zur Schaffung der sog. S o r t i e r z y l i n d e r mit rotierender Bewegung, deren Öffnungen durch eine einfache Vorrichtung verstellbar eingerichtet sind.

Zuweilen ist das Sortieren des Körnergutes nicht notwendig oder nicht erwünscht, weshalb in einem solchen Falle der Antriebsriemen für den Sortierzylinder einfach abgenommen wird. Es gibt aber auch Fälle, wo der Sortierzylinder überhaupt fehlt und an seine Stelle ein d r i t t e s P u t z w e r k tritt. Dort, wo der Sortierzylinder vorhanden ist, ist auch eine Vorrichtung angebracht, um das Material nach Wunsch entweder in den Sortierzylinder oder direkt in die Säcke zu leiten, wie dies in Abb. 231 durch die verstellbare Klappe i gezeigt ist.

Abb. 227. Oberes Putzwerk mit doppeltem Gebläse (äußere Ansicht).

Abb. 228. Oberes Putzwerk mit zwei Ventilatoren (äußere Ansicht).

Je nach der Anordnung der Drähte, durch welche die Öffnungen des Sortierzylinders gebildet werden, unterscheidet man zwei Konstruktionen.

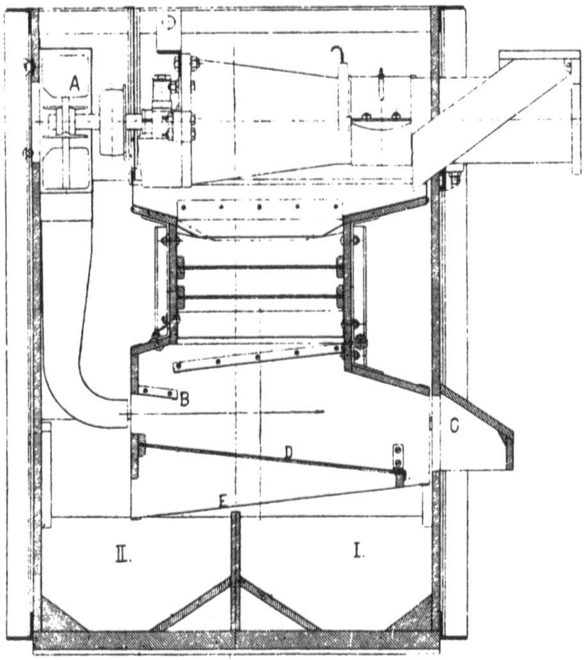

Abb. 229. Oberes Putzwerk mit doppelter Reinigung.

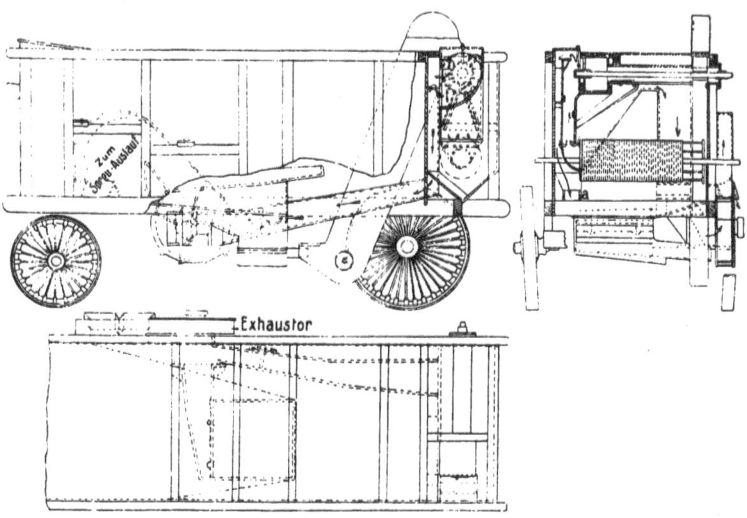

Abb. 230. Dreschmaschine mit Reinigung durch Absaugen.

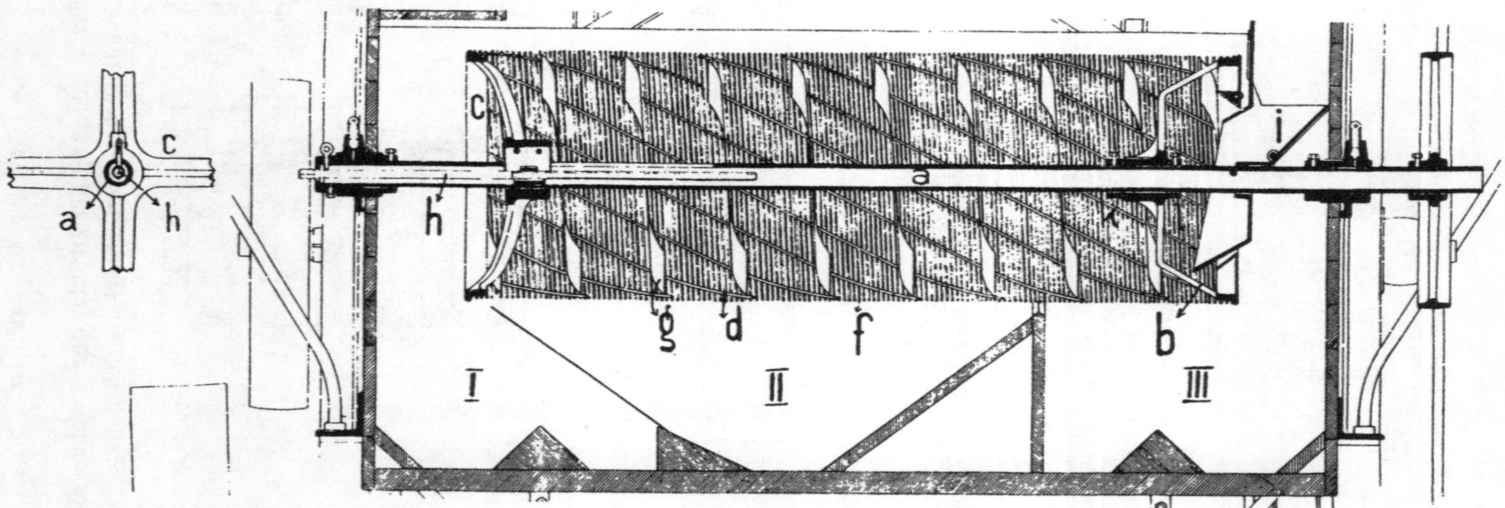

Abb. 231. Sortierzylinder. (Schnitt.)

Die *Teile* der einen in Abb. 231 dargestellten Konstruktion sind folgende: die hohle Welle *a*, das Armkreuz *b*, das Armkreuz zur Einstellvorrichtung *c*, die die Zylinderform bildenden Drähte *d*, die die Sortieröffnungen bildenden Drähte *f*, die Transportschraube *g*, die Regulierschraube *h* und die Klappe *i*.

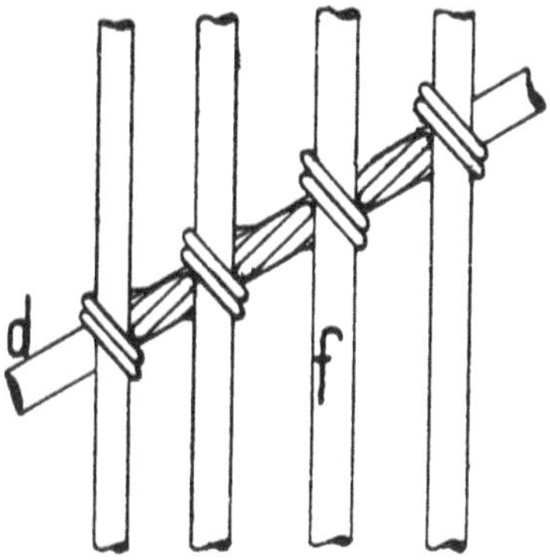

Abb. 232. Verbindung der Drähte beim Sortierzylinder.

Die in Schraubenlinien liegenden Drähte *d*, durch welche die Mantelform des Sortierzylinders gebildet wird, sind einerseits an dem Armkreuz *b*, anderseits an dem Kreuz *c* befestigt. Die Stellringe *k* und *l* umfassen die Nabe des Kreuzes *b* in der Weise, daß sich das letztere in der Längsrichtung der Welle nicht verschieben, aber um die Mittellinie der Welle verdrehen kann. Wird das Kreuz *c* durch die Regulierschraube *h* in der Längsrichtung der Welle verschoben, so verdreht sich das Kreuz *b* je nach der Größe der Verschiebung mehr oder weniger, behält aber immer seine zylindrische Form bei. Die Entfernung zwischen den Drähten *f* wird infolge der Verschiebung ge-

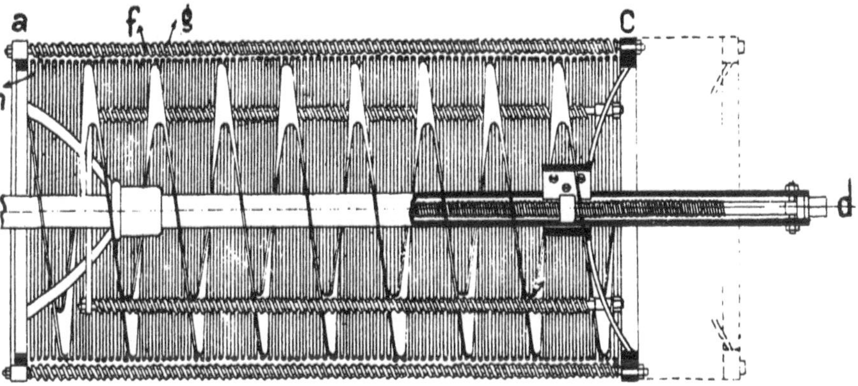

Abb. 233. Sortierzylinder mit äußerer Führung.

ändert. In Abb. 232 ist die Verbindung der Drähte *f* und *d* dargestellt. Das zu sortierende Körnermaterial wird durch die Transportschnecke *g* von der Eintrittsöffnung *i* in den Innenraum des Zylindermantels befördert. Wird die Klappe *i* nach links gestellt, so gelangt das Körnermaterial statt in den Zylinder unmittelbar in die Säcke.

Abb. 233 zeigt eine etwas andere Konstruktion eines Sortierzylinders im Längsschnitt. Hier ist das Kreuz *a* auf der hohlen Welle *b* fest aufgekeilt und das Kreuz *c* durch die Regulierschraube *d* verschiebbar. Zwischen *a* und *c* sind 8 Stäbe *f* in gleicher Entfernung voneinander am Umfange angeordnet und müssen mit einem sog. Spiralfederdraht *g* umwickelt werden; die Stäbe sind dann wieder mit den Sortierdrähten *h* verbunden. Die Stäbe *f* sind in der Weise

Abb. 234. Sortierzylinder mit innerer Führung, eng gestellt.

hergestellt, daß der eine Teil ein Rohr bildet, in welchen ein Stab geführt wird. Bei der Regulierung wird das Kreuz *c* durch die Schraube *d* in der Längsrichtung der Welle verschoben, die durch die Spiralfedern *g* auseinandergezogen oder zusammengedrückt wird, so daß dadurch die Öffnungen zwischen den Sortierdrähten *h* größer oder kleiner werden.

In Abb. 234 ist ein Sortierzylinder mit innerer Führung dargestellt. Hier sind die beiden äußeren Kreuze auf die Welle festgekeilt, während das innere mittlere Kreuz in der Längsrichtung der Welle verschiebbar ist.

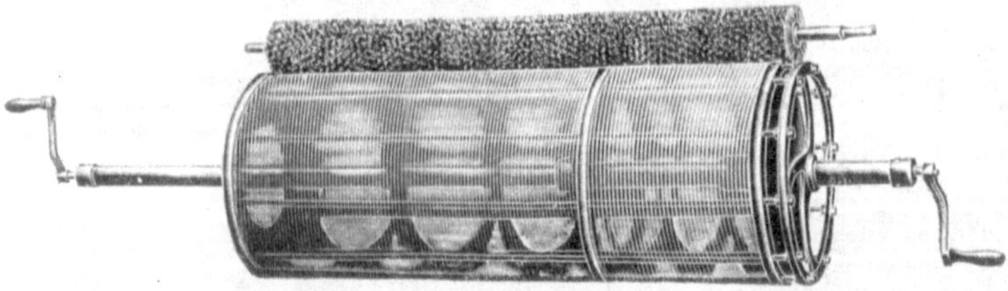

Abb. 235. Sortierzylinder mit innerer Führung, weit gestellt.

gekeilt, während das innere mittlere Kreuz in der Längsrichtung der Welle verschiebbar ist. Die Stäbe sind hier aus einem Stück und verbinden die beiden Kreuze an der Stirnfläche starr miteinander. Abb. 234 zeigt den Sortierzylinder eng gestellt, während er in Abb. 235 in weiter Stellung zu sehen ist; in dieser zuletzt genannten Abbildung sieht man auch die im Innern des Zylinders befindliche Transportschnecke durchschimmern.

Abb. 236 zeigt die B ü r s t e für einen Sortierzylinder mit äußerer Führung. Dieselbe hat drei Reihen Borsten und wird durch eine Zahnradübersetzung derart gedreht, daß die Bürste mit den außenliegenden Spiralfedern nicht in Berührung kommt, sondern unmittelbar

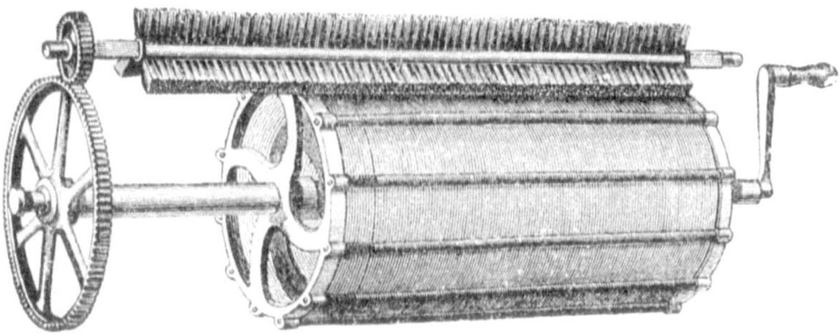

Abb. 236. Sortierzylinder mit äußerer Führung nebst Antrieb und Bürste.

zwischen die Sortierdrähte dringt, um die dort etwa festgeklemmten Körner zu entfernen.

Bei dem Sortierzylinder (Abb. 231 und 234) wird eine gewöhnliche zylinderförmige Bürste benützt, welche in Abb. 237 noch besonders dargestellt ist.

Über *die einzelnen Teile der verschiedenen Sortierzylinder* ist folgendes zu bemerken:

1. die W e l l e ist hohl und durch zwei Stellschrauben gegen seitliche Verschiebung geschützt;

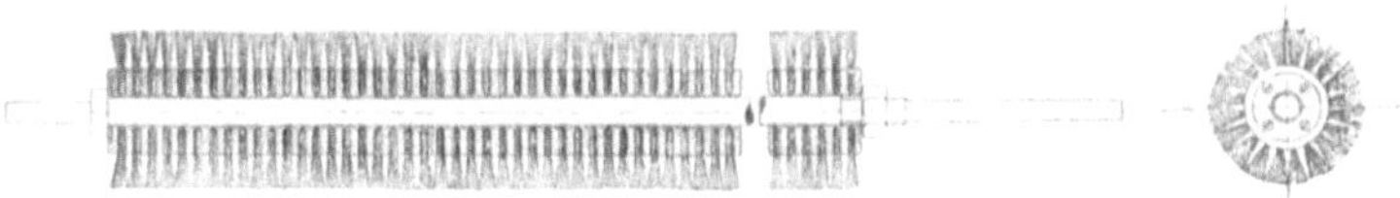

Abb. 237. Bürste zum Sortierzylinder.

2. die R e g u l i e r v o r r i c h t u n g (Abb. 231) besteht aus der flachgängigen Schraube *h*, auf welcher eine aus Metall hergestellte Schraubenmutter bewegt wird. Auf diese Schraubenmutter stützt sich ein Einsatz, welcher mit dem Armkreuz *c* durch zwei Stifte verbunden ist. Da die Schraube *h* in der Längsrichtung nicht verschiebbar ist, wird bei einer Drehung derselben die Schraubenmutter und somit das Armkreuz *c* verschoben;

3. der verzinkte Stahldraht zur Bildung des äußeren Mantels des Sortierzylinders hat meist einen kreisförmigen, manchmal auch einen dreieckigen Querschnitt. Im letzteren Falle liegt eine Seite des Dreiecks parallel zur Wellen-Mittellinie, damit die Körner leichter herausfallen können. Die

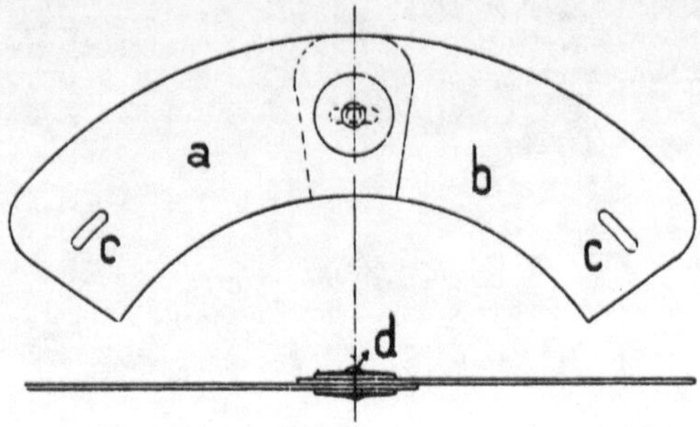

Abb. 238. Teile der Transportschnecke zum Sortierzylinder.

Entfernung der Drähte voneinander ist auf der Eintrittsseite sehr klein und auf der Austrittsseite um etwa $\frac{1}{2}$ bis $\frac{3}{4}$ mm größer. Ist der Draht des ganzen Zylinders gleich stark, so wird die Ungleichheit der Öffnungen durch die

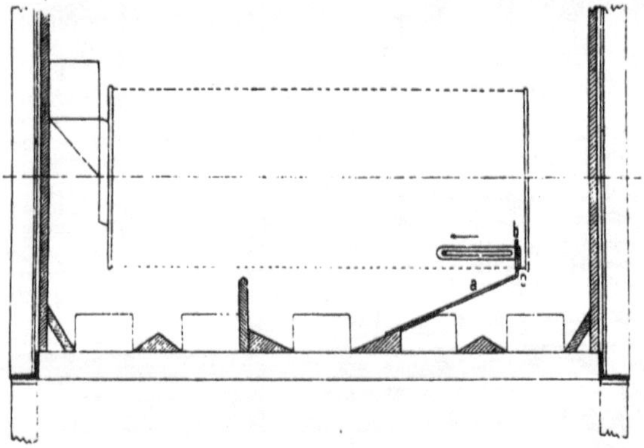

Abb. 239. Einsack-Öffnungen.

schraubenförmige Aufwickelung der Drähte erreicht. Ist jedoch die Teilung gleich, so wird am Eintrittsende ein stärkerer, am Austrittsende ein schwächerer Draht verwendet. Ist der Zylinder ganz geöffnet, dann beträgt die lichte Weite zwischen den Sortierdrähten am Eintritt 3 mm, am Austritt $3\frac{1}{2}$ mm;

4. die Transportschraube (auch »Schnecke« genannt) wird aus einem Zinkblechstreifen oder aus verzinktem Eisenblech hergestellt. Sie besteht aus den Teilen *a* und *b* (Abb. 238), welche mit länglichen Ausschnitten versehen sind und durch Nieten verbunden werden. Wird der Zylinder geöffnet oder geschlossen, so können sich die Teile *a* und *b* der Transportschraube ineinander verschieben und den Bewegungen des Zylinders folgen;
5. die Eintrittsöffnung wird mit einem Schmiedeeisenblech oder durch einen Gußeisenrahmen umkleidet. Sie besitzt stets die Klappe *i* (Abb. 231), deren Aufgabe bereits beschrieben wurde;
6. die Bürste ist in den Abbildungen 236 und 237 dargestellt. Sie wird aus Sisalfaser[1]) verfertigt. Mit Ausnahme der bereits erwähnten Konstruktion (Abb. 233) hat die Bürstenwelle keinen besonderen Antrieb, da die Bürste, wenn sie einen vollen Kreiszylinder darstellt, vom Umfange des Sortierzylinders mitgenommen wird. Wenn sich die Oberfläche der Bürste abnützt, werden die Lager der Bürstenwelle der Achse des Zylinders nähergestellt (Abb. 16).

Mit der Tätigkeit des Sortierzylinders hängt das Vorhandensein eines Bleches *a* (Abb. 239) zusammen, durch dessen länglichen Ausschnitt es ermöglicht wird, daß dieses Blech in der Pfeilrichtung verstellt werden kann, je nach der Einstellung des Sortierzylinders. Das Blech wird sodann durch eine Schraube festgestellt, wobei sein Ende *b* bei richtiger Lage mit der Kante *c* des Zylinders abschneiden muß.

Während des *Betriebes* der Dreschmaschine ist hinsichtlich des Sortierzylinders auf folgendes zu achten:

1. der Zylinder wird vor Beginn der Arbeit ganz eng eingestellt und mit Beginn der Arbeit wunschgemäß entsprechend geöffnet;
2. während der Arbeit darf der geöffnete Zylinder nicht zusammengezogen werden, weil hierdurch die Drähte durch die zwischen ihnen festgeklemmten Körner verbogen werden können;
3. die Verstellung des Zylinders geschieht durch eine Handkurbel, welche auf das Ende der Regulierschraube gesteckt wird und deren Bewegungsrichtung an einer Tafel vermerkt ist, welche außen auf der Dreschmaschine angebracht sein soll;

[1]) Dieser Ersatzstoff für Roßhaar wird im Handel auch »Fibrisfaser« genannt. An seine Stelle kann auch »Siamfaser« oder »Domingohanf« treten.

4. das Führungsblech unter dem Zylinder ist bei der Verstellung desselben ebenfalls zu verschieben;
5. mit verbogenen Sortierdrähten darf man nicht arbeiten;
6. die richtige Lage der Klappe zur Eintrittsöffnung muß stets kontrolliert werden;
7. die Bürste soll die Drähte in der ganzen Breite des Zylinders berühren;
8. bei dem Zylinder (Abb. 231) muß das Kreuz zwischen den Stellringen drehbar sein, da sonst seine zylindrische Form nicht erhalten bleiben kann.

13. Das Absaugen aus dem Sortierzylinder.

Bei manchen Maschinen wird der Staub und die leichte Spreu aus dem Sortierzylinder abgesaugt, wie dies in Abb. 240 ersichtlich,

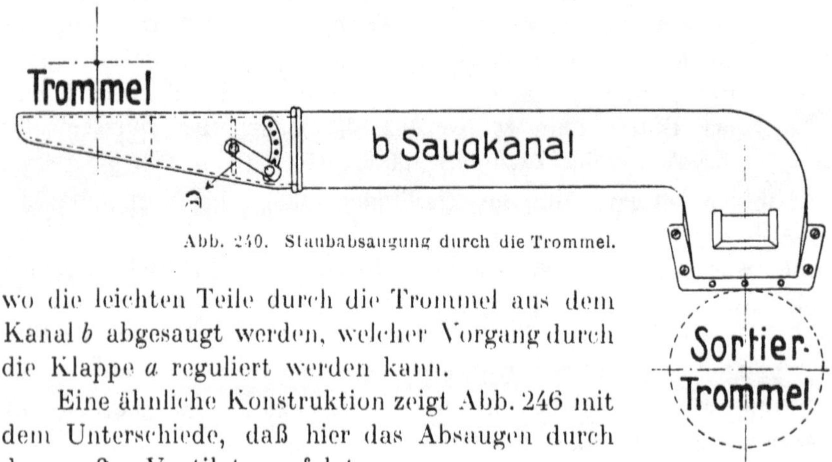

Abb. 240. Staubabsaugung durch die Trommel.

wo die leichten Teile durch die Trommel aus dem Kanal *b* abgesaugt werden, welcher Vorgang durch die Klappe *a* reguliert werden kann.

Eine ähnliche Konstruktion zeigt Abb. 246 mit dem Unterschiede, daß hier das Absaugen durch den großen Ventilator erfolgt.

In Abb. 247 ist der obere Teil einer Maschine mit einem Putzwerk dargestellt, bei welchem die Trommel das Material durch den Kanal *c* absaugt, welches aus dem Elevator *a* durch die eingeschalteten Flächen *b* zu den Sacköffnungen *d* und *f* geführt wird.

Eine Dreschmaschine, welche ausschließlich durch Absaugen der Luft arbeitet, ist in Abb. 230 dargestellt.

III. Teil.
Die Nebenteile der Dreschmaschine.

Außer den »*wirksamen*« Teilen der Dreschmaschine, d. h. denjenigen Teilen, die das eigentliche Dreschen und die Reinigungsarbeiten besorgen, braucht die Maschine noch »Nebenteile«, welche sich auf das Einsammeln des Produktes, d. h. das Einsacken, auf den Rahmen und das Gestell der Maschine erstrecken.

1. Die Anordnung der Sacköffnungen.

Dieselbe ist aus Abb. 231 (S. 160) ersichtlich; die kleinen oder zerbrochenen Körner fallen durch die engen Öffnungen des Zylinders

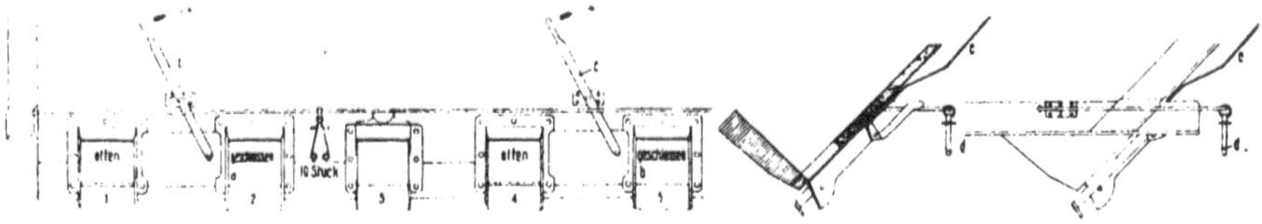

Abb. 241. Schieber zu den Einsack-Öffnungen.

in die Sorte III, wo sich zwei Öffnungen befinden, während die Sorte II nur eine Öffnung hat, wo die mittelgroßen Körner ge-

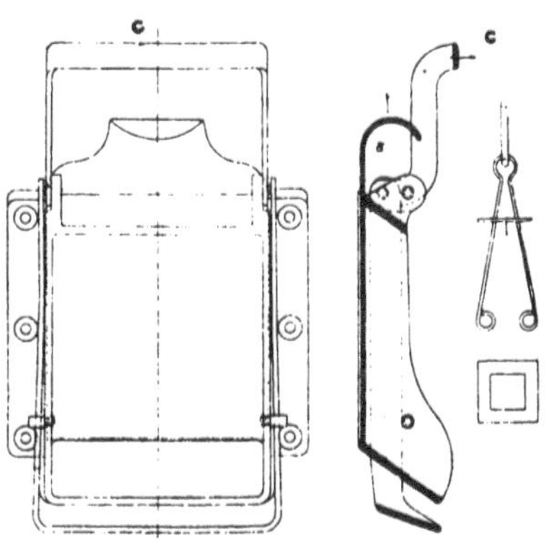

Abb. 242. Befestigungsart der Säcke.

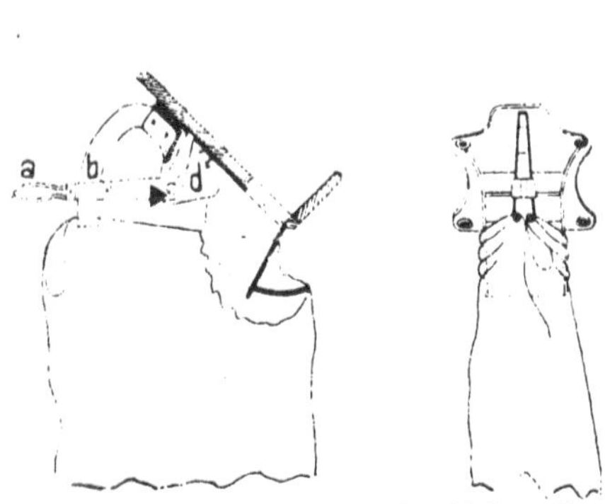

Abb. 243. Befestigungsart der Säcke mit Absperrschieber.

sammelt werden. Die besten Körner verlassen den Zylinder aus dem Innern kommend und fallen in die Sorte I, welche ebenfalls zwei Öffnungen für die Säcke besitzt. Die doppelten Sacköffnungen sind notwendig, da beim Sortieren der überwiegende Teil des Körnermaterials in die Sorte I und wenn nicht sortiert wird, in die Sorte III gelangt. Die Schieber *a* und *b* in Abb. 241 sind so angeordnet, daß immer eine Öffnung zu dem Sack frei ist: so ist also beispielsweise auf der Zeichnung in Abb. 241 die Öffnung *1* und *4* offen, die Öffnung *2* und *5* geschlossen. Sind die Säcke gefüllt, so werden die Hebel *c* des Schiebers in der Richtung des Pfeiles verschoben, wodurch

Abb. 244. Befestigungsart der Säcke.

die Öffnungen *1* und *4* geschlossen, hingegen *2* und *5* geöffnet werden. In Abb. 242 ist der Schieber *a* zum Schließen der Öffnungen bestimmt. Das Anhängen der Säcke geschieht durch zwei federnde Flacheisen, welche durch einen kleinen Rahmen zusammengepreßt werden (vgl. Abb. 242 rechts). Die andere Seite des Sackes wird in dem Rahmen *b* befestigt und durch das Herabdrücken des Hebelarmes festgeklemmt.

In Abb. 243 wird durch Herabdrücken des Hebels *a* der Sack durch die Flacheisen *b* festgeklemmt, wobei gleichzeitig auch der Schieber *d* gehoben wird. In Abb. 244 ist diese Art der Sackbefestigung direkt an einer Dreschmaschine zu sehen. Dieselbe Abb. zeigt auch den Sortierzylinder mit der Bürste.

Einfacher ist die in Abb. 245 dargestellte Konstruktion, wobei der Haken *a* in den Sack eingestochen und durch Drehung des Griffes *c* um den Punkt *b* gehoben wird. Diese Haken sind nicht zweckmäßig, weil durch dieselben eine Beschädigung der Säcke stattfindet.

2. Der Rahmen

der Maschine ist zur Aufnahme aller feststehenden und bewegten Teile bestimmt und muß daher so stark und fest gebaut sein, daß die Verbindungen selbst infolge der auftretenden Stöße und Erschütterungen keinen Schaden erleiden.

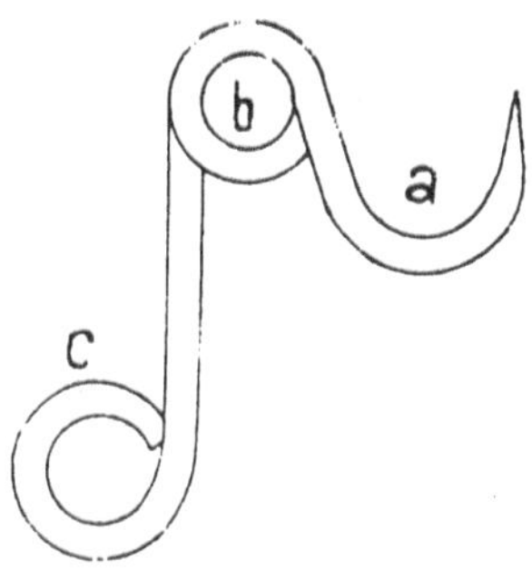

Abb. 245. Haken zum Befestigen der Säcke.

Es gibt zwei Arten von Rahmen: Holzrahmen und Eisenrahmen.

Die *Holzrahmen* werden aus einzelnen Eichenpfosten zusammengestellt, welche teilweise unter rechtem Winkel, teilweise diagonal miteinander derart verbunden sind, daß sie einen starken, widerstandsfähigen Verband bilden. Die Anordnung und Form des Rahmens hängt mit der ganzen Konstruktion der Maschine eng zusammen, wie dies aus den später folgenden Abbildungen der Dreschmaschine zu ersehen ist. Infolgedessen sollen im Nachstehenden nur die typischen Formen der Rahmen gezeigt werden.

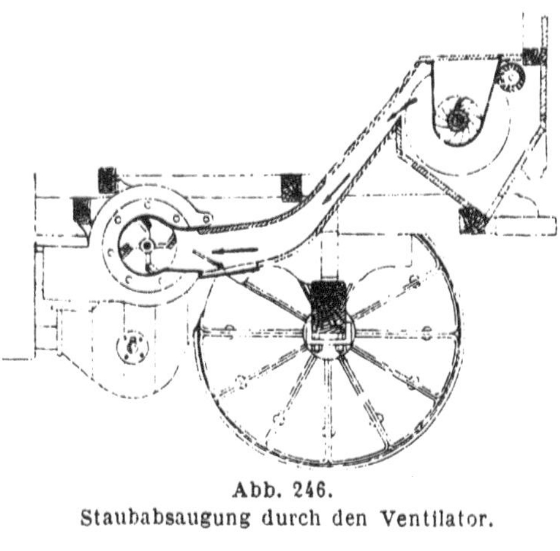

Abb. 246. Staubabsaugung durch den Ventilator.

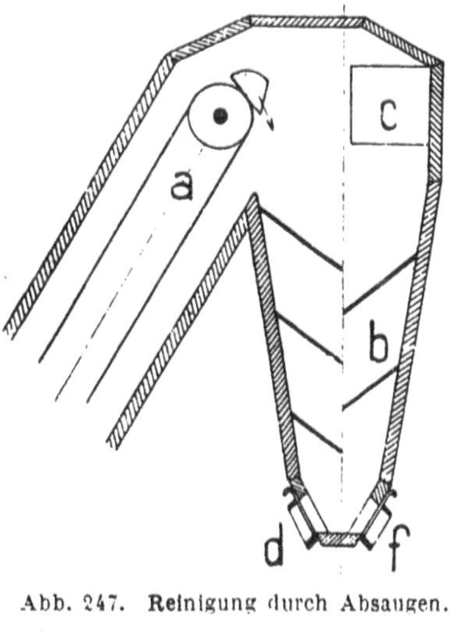

Abb. 247. Reinigung durch Absaugen.

Abb. 248 stellt einen Rahmen aus vertikalen Pfosten *a* dar, welche diagonal nicht verbunden sind und deshalb keine große Widerstandsfähigkeit besitzen.

Abb. 249 zeigt dagegen außer den horizontalen Pfosten (*b*) und vertikalen Pfosten (*a*) auch diagonale Versteifungen *c*. Bei dem Rahmen in Abb. 250 werden die horizontalen und vertikalen Pfosten *a* und *b* durch diagonal angeordnete Schraubenstangen *c* versteift.

Zu allen diesen Rahmenteilen wird ausschließlich astfreies, erstklassiges, vollkommen trockenes Eichenholz verwendet, welches jahrelang an der Luft getrocknet haben muß, um unter der Einwirkung der atmosphärischen Feuchtigkeit nicht zu leiden oder sich gar zu verbiegen.

Abb. 251 zeigt die Verbindung der horizontalen Balken mit den senkrechten Pfosten *a* und gibt ein Zeugnis von der Sorgfältigkeit, die hierbei Anwendung findet. Der senkrechte Pfosten *a* wird in den horizontalen Balken *b* mittels des Zapfens eingelassen, wonach beide durch die Schraube *c* verbunden werden. Für die Einbringung der Schraubenmutter *d* ist in dem senkrechten Pfosten eine seitliche Öffnung notwendig, welche nach Abschluß der Verbindung sorgfältig verschlossen werden muß, damit an dieser Stelle keine Feuchtigkeit in das Innere des Pfostens eintreten kann. Wenn sich diese Bindestelle auf irgendeine Weise löst, so wird die seitliche Öffnung durch die Erschütterungen fortwährend größer, so daß hier Wasser eintreten kann, wodurch das Holz der Fäulnis ausgesetzt wird; es ist daher dafür zu sorgen, daß diese Verschlußöffnung stets gut abgedichtet bleibt.

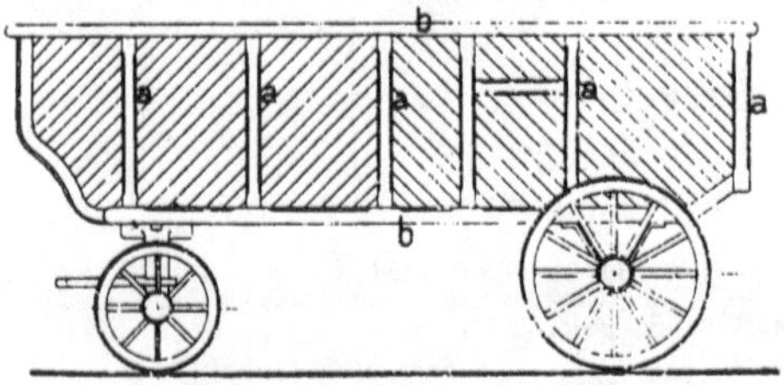

Abb. 248. Holzrahmen mit horizontalen und vertikalen Trägern.

Der *Eisenrahmen* wird aus Flacheisen und Winkeleisen gebildet und an den Knotenpunkten durch Laschen verbunden. Auch hier hängt die Form (Abb. 252 und 253) wesentlich von der Anordnung der einzelnen Maschinenteile ab. Abb. 254 zeigt einen Knotenpunkt an dem unteren Teile eines derartigen Eisenrahmens.

Die Verwendung des Eisenrahmens ist seit mehr als 30 Jahren bekannt, und obwohl die Brauchbarkeit und Lebensfähigkeit des Holzrahmens als zweifellos bezeichnet werden muß, ist doch nachdrücklich zu betonen, daß die Güte und Vollkommenheit des eisernen Rahmens durch die lange Erfahrung der Praxis bewiesen erscheint.

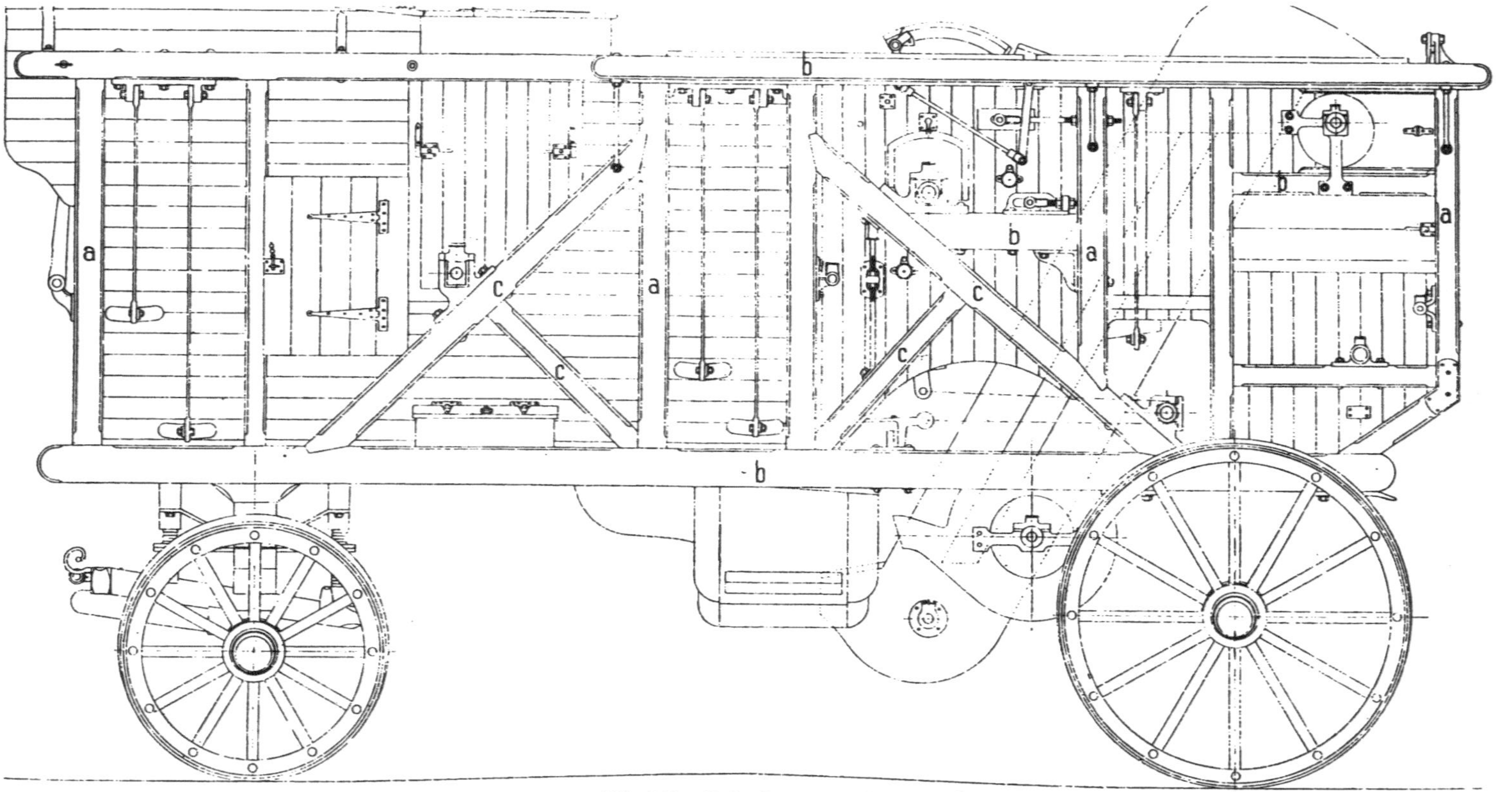

Abb. 249. Holzrahmen mit Sprengwerk.

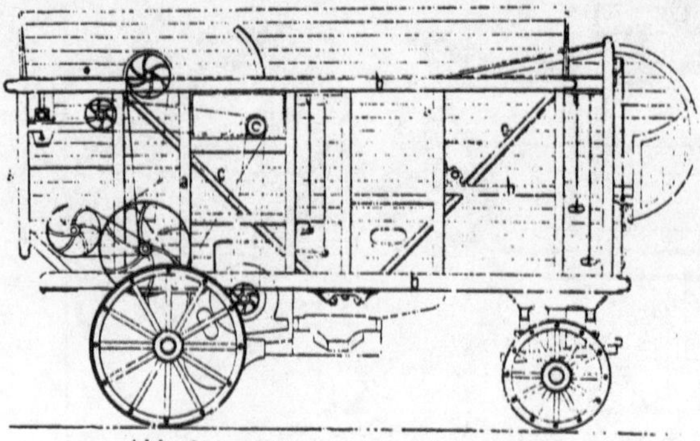

Abb. 250. Holzrahmen mit Sprengwerk.

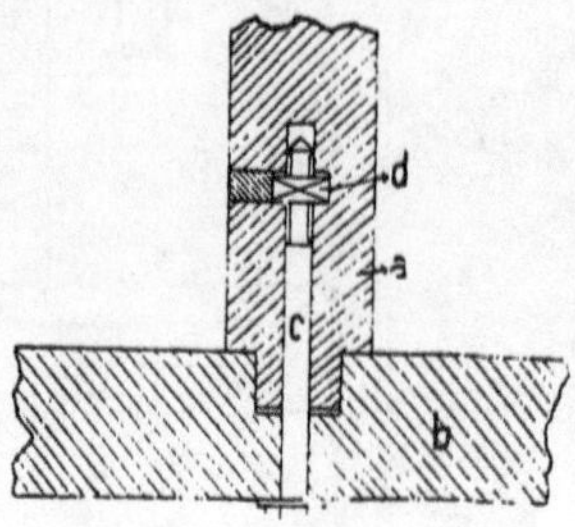

Abb. 251. Verbindung der Träger.

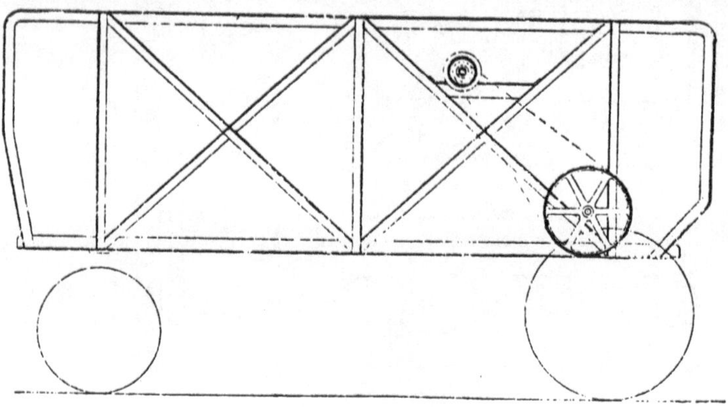

Abb. 252. Eisenrahmen.

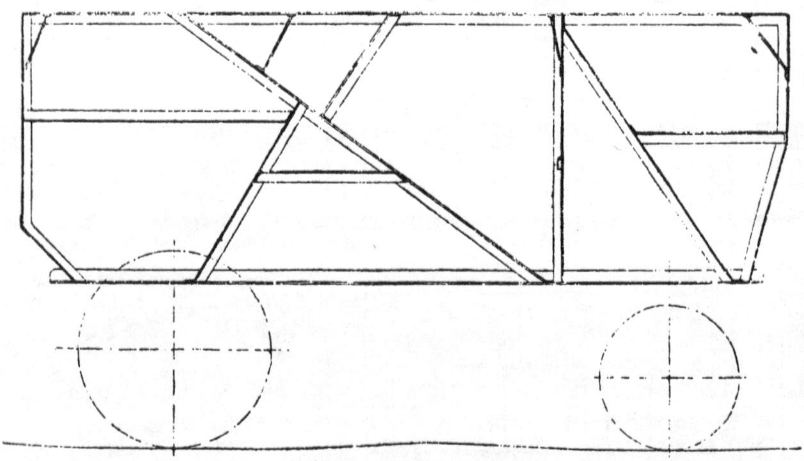

Abb. 253. Eisenrahmen.

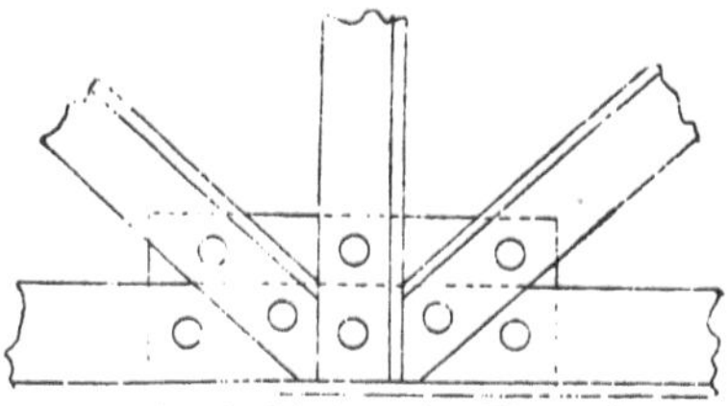

Abb. 254. Verbindung im Eisenrahmen.

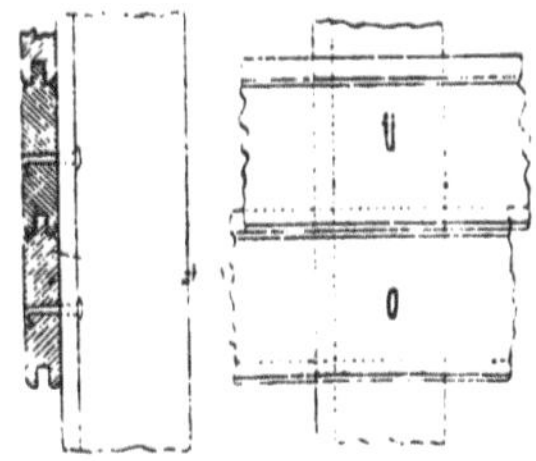

Abb. 255. Verschalung.

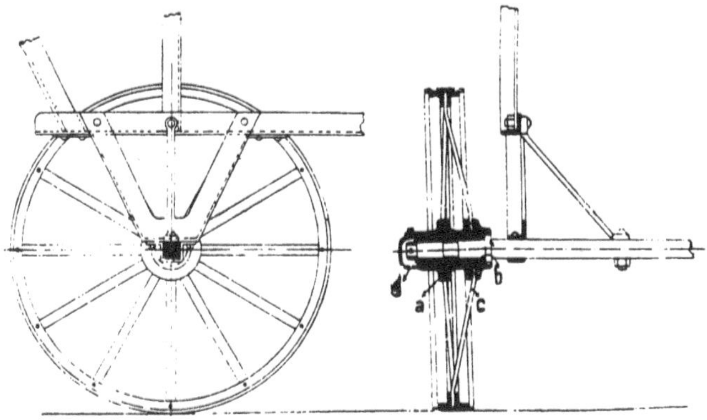

Abb. 256. Fahrradachsen aus Schmiedeeisen.

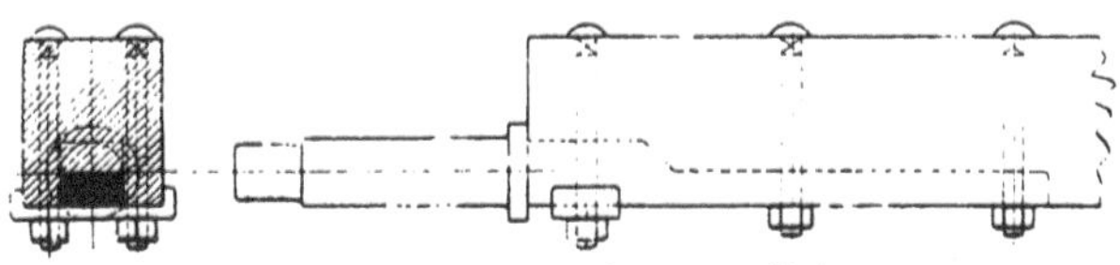

Abb. 257. Fahrradachsen aus Holz.

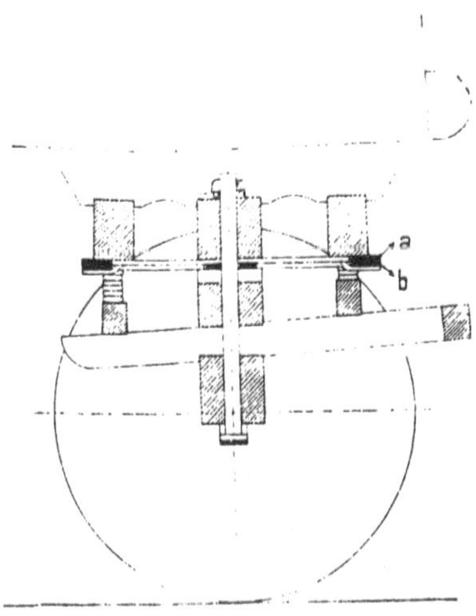

Abb. 258. Fahrradgestell mit flacher Auflage.

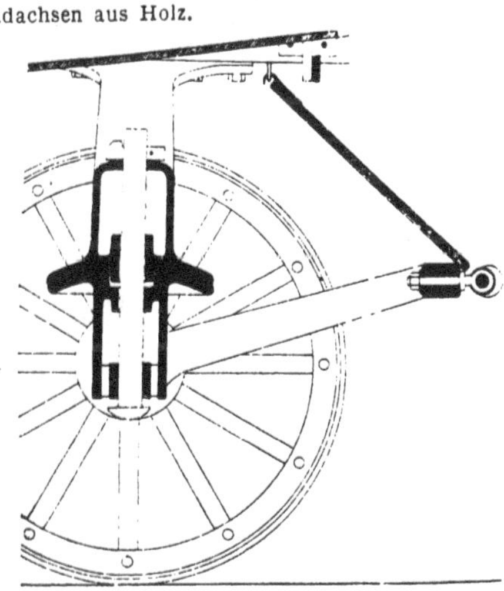

Abb. 259. Fahrradgestell mit kugelförmiger Auflage.

Die Verbindungen sind beim Eisenrahmen unverwüstlich und Stöße in den Trägern sind unbekannt; die Konstruktion ist stark, einfach, dauerhaft, elastisch und dabei doch so steif, daß die Stöße der Maschine ohne jede Schwierigkeit aufgenommen werden können. Der Holzrahmen hat zwar auch diese guten Eigenschaften, aber nur unter der Voraussetzung, daß das Holz aufs sorgfältigste ausgewählt wurde und daß die Verarbeitung desselben sehr aufmerksam vor sich ging. Demgegenüber erfordert der Eisenrahmen keine besondere Aufmerksamkeit, denn derselbe ist durch einen zweckmäßigen Ölanstrich leicht zu schützen. Es kann hier bemerkt werden, daß eiserne Rahmen bei durch Feuer zerstörten Dreschmaschinen fast ausnahmslos zum Aufbau neuer Maschinen wieder benützt werden konnten.

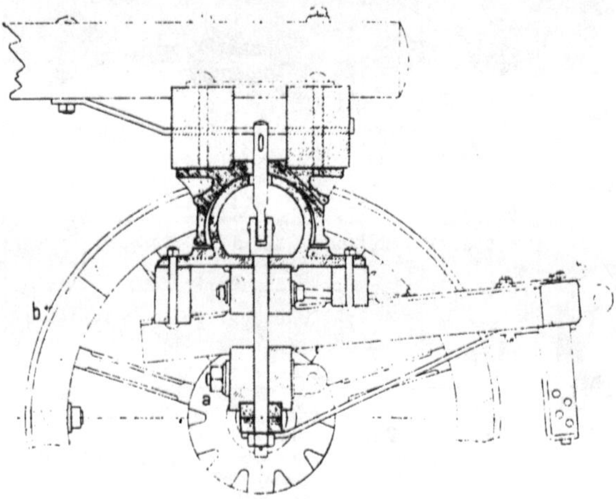

Abb. 260. Fahrradgestell mit Kugel-Auflage und -Gelenk.

Abb. 255 zeigt die Art und Weise, in welcher die als Verkleidung dienenden Bretter außen auf dem Eisenrahmen befestigt und mit Nut und Feder ineinander eingelassen sind.

3. Das Radgestell

und die Räder der Dreschmaschine. Abb. 256 zeigt wie die Laufachsen an dem Rahmen der Dreschmaschine befestigt sind. Dieselben werden ganz aus Schmiedeeisen verfertigt oder aus Holz mit schmiedeeisernen Zapfen hergestellt (Abb. 257). Die Räder bestehen aus Holz oder Eisen. Abb. 260 zeigt ein Holzrad mit gußeiserner Nabe *a* und schmiedeeisernen Reifen *b*, während Speichen und Felgen aus Holz hergestellt sind.

Abb. 256 zeigt den Schnitt durch ein Eisenrad, wobei die Nabe *a* aus Gußeisen hergestellt ist und im Innern einen Hartgußteil *b* besitzt.

Auch die Speichen *c* sind in die Nabe eingegossen. *d* ist eine Abschlußkappe der Nabe und dient zur Aufnahme der Radschmiere.

Die hintere Radachse (Abb. 256) ist mit der Maschine direkt verbunden, die vordere hingegen ist drehbar und zu diesem Zwecke in einem flachen oder kegelförmigen Drehgestell angeordnet.

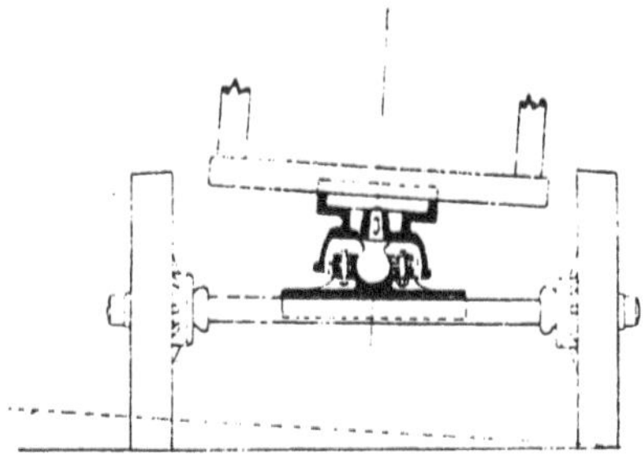

Abb. 261. Fahrradgestell mit Kugelzapfen.

Abb. 258 zeigt ein flaches Drehgestell, dessen unterer Teil *a* an dem Rahmen, der untere Teil *b* an der Achse angebracht ist. Die Verdrehung der Achse zur Maschine erfolgt auf den tellerförmigen Ringflächen. Da bei dieser Konstruktion in bestimmter Lage der Maschine Spannungen und sogar Brüche auftreten können, verwendet man neuerdings bei den Drehgestellen zumeist Kugelflächen, welche in den Abb. 259, 260 und 261

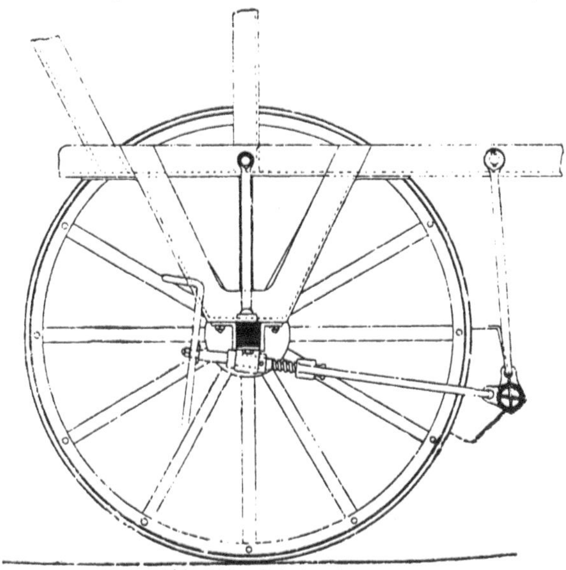

Abb. 262. Frictionsbremse.

dargestellt sind. Bei diesen kann sich nicht nur die Laufachse verdrehen, sondern die Maschine bleibt auch auf abschüssigen Wegen in ihrer senkrechten Lage stehen.

Im Betriebe muß hier darauf geachtet werden, daß die Zapfen und die Oberflächen des Drehgestelles gut geschmiert werden und daß sich die Laufzapfen nicht verbiegen. Wenn die Radbüchse abgenützt ist, wird der Transport der Maschine gefährdet, und der Betrieb einer solchen Maschine wird unmöglich, weil dieselbe nicht festgekeilt werden kann.

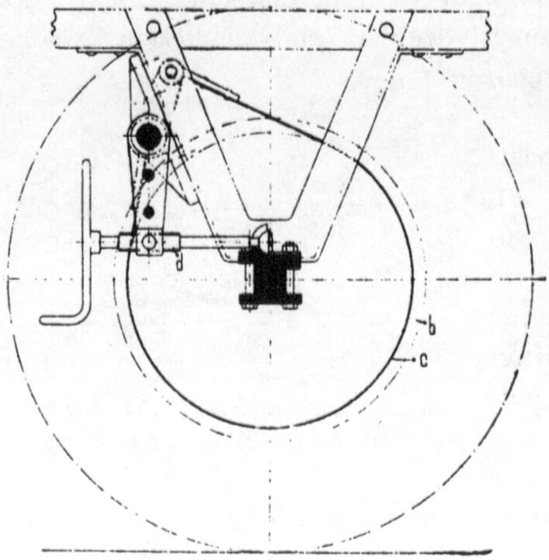

Abb. 263. Bandbremse.

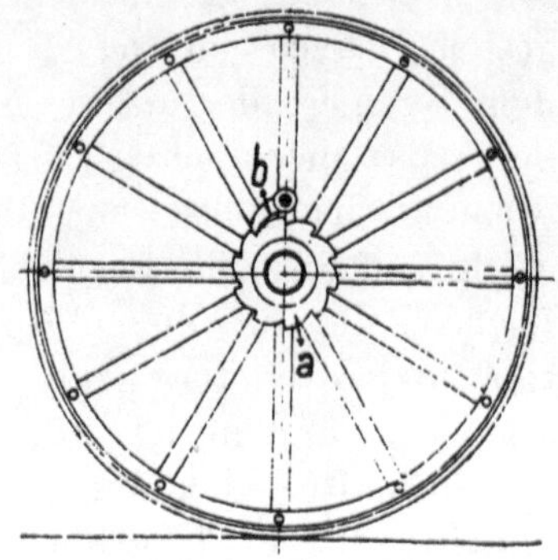

Abb. 264. Klinkenschaltwerk.

4. Die Bremsen.

In Abb. 262 ist eine mittels einer flachgängigen Schraube zu betätigende Bremse dargestellt, welche in Gebirgsgegenden notwendig

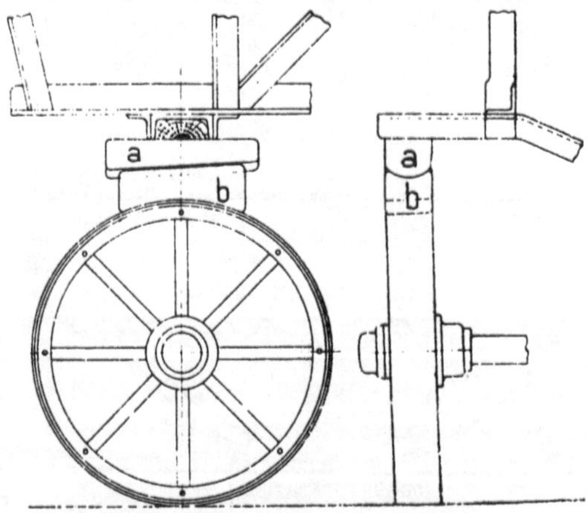

Abb. 265. Verkeilung der Rahmen.

ist, bei welcher durch Drehen der Schraube die aus Holz angefertigten Bremsklötze auf den Kranz des Rahmens gepreßt werden.

In Abb. 263 ist eine Scheibe *b* neben dem Fahrrad befestigt und mit einem Stahlbande *c* versehen. Durch die Drehung der Schraubenspindeln *d* wird das Band mittels der Hebelübersetzung auf die Scheibe gepreßt, und auf diese Weise das Rad gebremst. Bei großen Steigungen wird das in Abb. 264 sichtbare Klinkenwerk angebracht, bei welchem die gezahnte Schraube *a* auf dem Rad befestigt und mit einer Klinke *b* versehen ist, welche sofort eingreift, wenn die Maschine zurückzurollen beginnt.

4. Das Festkeilen der Maschine.

Wie schon erwähnt, ist die ruhige Lage der Dreschmaschine während des Betriebes von Wichtigkeit damit die Maschine durch die störenden Bewegungen der hin- und hergehenden Teile nicht aus ihrer Ruhelage gebracht werden kann. Zu diesem Zwecke ist das Festkeilen des Rahmens und der Räder notwendig. Die Unterkeilung des Rahmens geschieht, wie dies in Abb. 265 dargestellt ist, durch Keile *a* und *b*, bei welchen die sich berührenden Flächen durch die Kreisform vergrößert werden. Eine sehr sichere Versteifung des Maschinengestells mit den Fahrrädern ist durch Abb. 266 dargestellt, wobei eine mit Spannmutter versehene Kette rechts und links vom Maschinenrahmen in die Radreifen-Ränder eingehakt wird.

Abb. 266. Kettenverspannung zwischen Gestell und Vorderrädern.

Die einfachste Verkeilung der Räder zeigt Abb. 267, bei welcher die Keile *a* und *b* durch die in die Erde eingetriebenen zugespitzten Keile *c* und *d* in ihrer Lage gesichert erscheinen.

In Abb. 268 sind die Keile durch Schrauben miteinander verbunden und somit ebenfalls in ihrer Lage gesichert.

In Abb. 269 kann die Schraube *a* durch eine Eisenstange nachgezogen werden, wobei die Stangen *b* leicht aus den Haken *c* entfernt werden können, sobald die Schraube gelockert wird.

In Abb. 270 sind die Keile *a* mit Stiften *c* versehen, welche zum Einhängen der Verbindungsstangen *b* geeignet sind. Auf den Keilen *d* ist ein Körper *g* aus Stahlguß drehbar um den Zapfen *f* so angebracht,

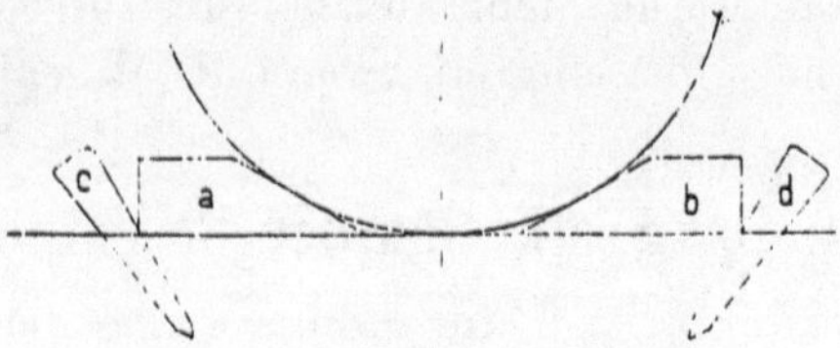

Abb. 267. Verkeilung der Räder.

daß der geschlossene Kopfteil *i* der Verbindungsstangen *b* in die Haken *h* eingehängt werden kann. Das Ende *k* der Verbindungsstangen *b* hat mehrere zum Einhängen geeignete Stellen. Durch das Herab-

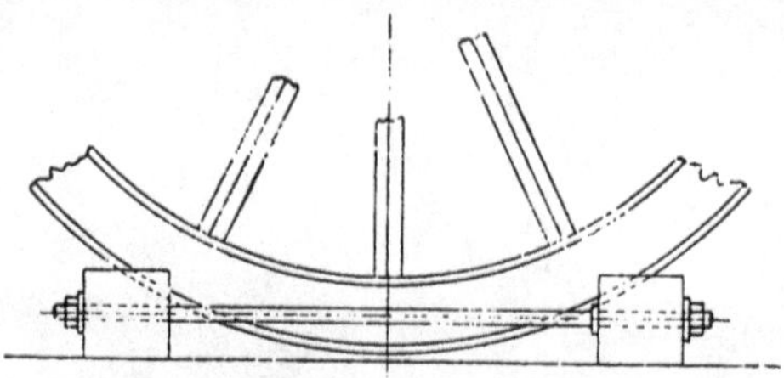

Abb. 268. Unterkeilen der Räder durch Schraubenverbindung.

drücken des Hebels *m* wird das Gußstück *g* nach abwärts bewegt, wodurch die Teile *a* und *d* von der Seite her unter das Rad gepreßt

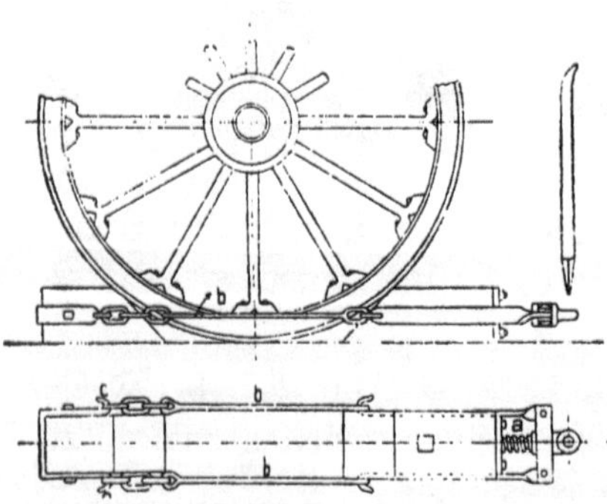

Abb. 269. Unterkeilen der Räder mit Spannschrauben.

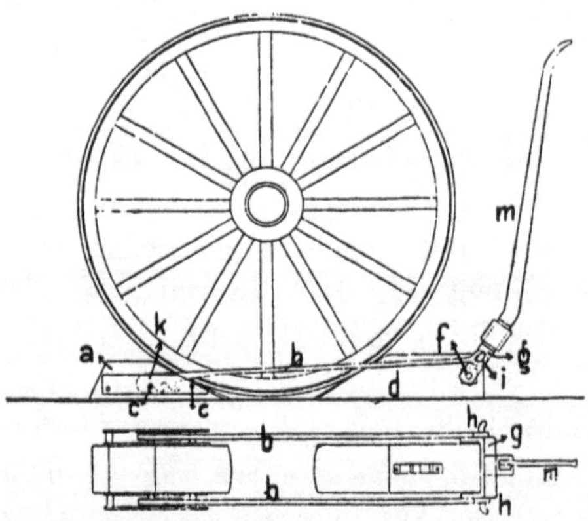

Abb. 270. Unterkeilen mittelst Hebelböcken.

werden. Im Falle einer Feuersgefahr wird der Hebel *m* gehoben, die Verbindung wird gelöst, die Stange *b* und die Keile *a* und *d* können entfernt werden, so daß die Maschine sofort zum Transport frei wird. Durch diese Vorrichtung können die Räder bis zu einer gewissen Grenze auch gehoben oder gesenkt werden, weshalb diese Keile auch Hebelböcke genannt werden. Die hinteren Räder werden während des Betriebes mit den zuletzt genannten Keilen versehen, die vorderen Räder hingegen durch gewöhnliche Holzpflöcke festgehalten. Bei allen diesen Sicherungen ist es wichtig, daß die Räder sicher festgehalten werden und im Notfalle sehr rasch gelöst werden können.

Nachdem alle Teile, welche bei den gewöhnlichen Dreschmaschinen Verwendung finden, in dem Vorgenannten beschrieben wurden, sind in dem nachfolgenden Teile nur noch diejenigen Vorrichtungen aufgeführt, welche bei Dreschmaschinen besonderer Verwendung notwendig werden.

IV. Teil.

Besondere Vorrichtungen für Dreschmaschinen.

Hierher gehören:

1. die mechanischen Speiseapparate (Selbsteinleger),
2. die Strohelevatoren (Stacker),
3. die Maisrebler,
4. die Kleedreschmaschinen,
5. die Vorrichtungen zum Dreschen von Raps, Lein, Mohn usw.,
6. die Erbsen- und Bohnendreschmaschinen,
7. die Strohzerkleinerungs- und Quetscheinrichtungen[1]).

1. Die mechanischen Speiseapparate (Selbsteinleger).

Das *Speisen* der Dreschmaschine (das »Einlegen«) geschieht in der Regel durch *menschliche Kraft*, indem durch einen Arbeiter die Garbe gelöst der Trommel zugeführt wird. Wenn aber für diese Arbeit geeignete Leute nicht vorhanden sind oder wenn vollkommenste Sicherheit gegen Unfälle erreicht werden soll, dann werden *mechanische Speiseapparate* angewendet.

Die *mechanischen Speiseapparate* sind bereits in den siebziger Jahren des vorigen Jahrhunderts an englischen Maschinen mehrfach vorhanden gewesen, konnten sich aber ihrer mangelhaften Konstruktion wegen nicht einführen, da bei ihrer Anwendung damals die Leistung der Dreschmaschine zumeist herabgemindert wurde. Erst um die Wende des Jahrhunderts ist im Bau von Selbsteinlegern in Deutschland ein großer Fortschritt zu verzeichnen, so daß heute fast alle Dreschmaschinenfabriken über gute Ausführungen von mechanischen Speisevorrichtungen verfügen.

[1]) Die als Punkt 8 in diesen Abschnitt gehörenden Strohpressen und Strohbinde-Einrichtungen werden, wie bereits im Vorworte bemerkt, ihres großen Umfanges wegen hier nicht behandelt; sie sind aber für eine spätere Auflage in Aussicht genommen.

Im nachfolgenden werden zunächst einige ältere Bauarten von Selbsteinlegern behandelt und dann die wichtigsten Typen der in Deutschland üblichen Selbsteinleger aufgeführt.

Selbsteinleger mit schwingenden Laden. Einen früher am meisten angewendeten Apparat zeigt Abb. 271. Diese Vorrichtung ist auf dem oberen Teil der Dreschmaschine angebracht und besteht aus folgenden Teilen: der mehrfach gekröpften Welle *a*, den schwingenden Laden *b*, den regulierbaren Zinken *c*, dem Brett *d* und dem Speisetisch *f*. Die Welle *a* wird von der Strohschüttlerwelle angetrieben, und die Laden *b*, welche vorn durch die Gabeln *g* unterstützt

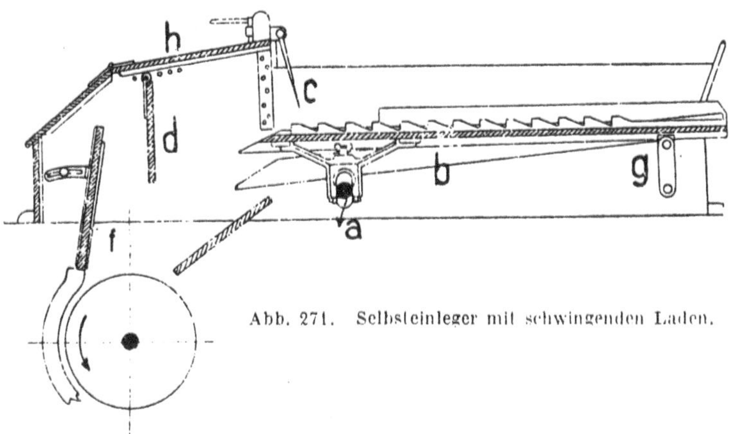

Abb. 271. Selbsteinleger mit schwingenden Laden.

sind, erfahren dadurch eine oszillierende Bewegung. Das zu dreschende Material, welches man mit den Ähren nach der Trommel zu hinlegt, wird durch die Zinken *c* befördert, weshalb letztere höher oder tiefer gestellt werden können. Das Brett *d* kann den Laden *b* nähergebracht oder von denselben entfernt werden, wodurch die Zuführung des Materials zur Trommel reguliert werden kann. Wird der Deckel *h* gehoben, so kann der Tisch *f* in die normale Lage gebracht werden, so daß dann das Einlegen von Hand geschehen kann. Auf die gekröpfte Welle *a* ist eine feste und eine lose Riemenscheibe aufgebracht, so daß der Selbsteinleger auch während des Betriebes der Dreschmaschine aus- und eingeschaltet werden kann.

Abb. 272 zeigt eine der vorbeschriebenen ähnliche Konstruktion, jedoch mit 5 Laden; auch ist in diesem Bilde die Voll- und Leerscheibe sowie die Riemengabel mit dem Hebel zum Umschalten des Riemens sichtbar.

Selbsteinleger mit endlosem Bande. In Abb. 273 ist ein Selbsteinleger mit endlosem Bande dargestellt. Das endlose Band *a* ist aus Leder, die darauf befestigten Leisten besitzen eiserne Zinken *c*; ferner besteht die Vorrichtung aus den Gabeln *d* und dem Speisetisch *f*. Das Dreschgut wird auf den Tisch *f* gelegt und durch die Zinken *c* in der Richtung der angegebenen Pfeile der Trommel zugeführt. Die Gabeln *d* werden von der Welle *g* durch die Stange *h*

Abb. 272. Außenansicht des Selbsteinlegers mit schwingenden Laden.

in schwingende Bewegung versetzt; die Neigung dieser Gabeln kann durch den Hebel *j* (obere Ansicht in Abb. 273) von außen verstellt werden. Der Tisch *f* wird durch eine Feder *k* unterstützt, welche sofort nachgibt, wenn jemand auf den Tisch fallen sollte, so daß hierdurch der Riemen auf die Losscheibe geschoben und der Apparat zum Stillstand gebracht wird.

Abb. 274 zeigt ebenfalls die Konstruktion eines Selbsteinlegers mit endlosem Bande. Über die beiden Rollen *a* und *b* gehen zwei Bänder *c*, die mit Leisten *d* besetzt sind. Das zu dreschende Material kommt durch das endlose Band in der Pfeilrichtung zu der Zuführungstrommel *f* und gelangt von hier zur Dreschtrommel.

Selbsteinleger mit Zinkentrommeln. In Abb. 275 sind 3 Wellen *a* mit gebogenen Zinken *b* versehen, und zwar so, wie dies im Grundriß der Abb. 275 dargestellt ist. Das Dreschgut wird durch diese Zinken zur Dreschtrommel befördert. In der Verlängerung des Korbes

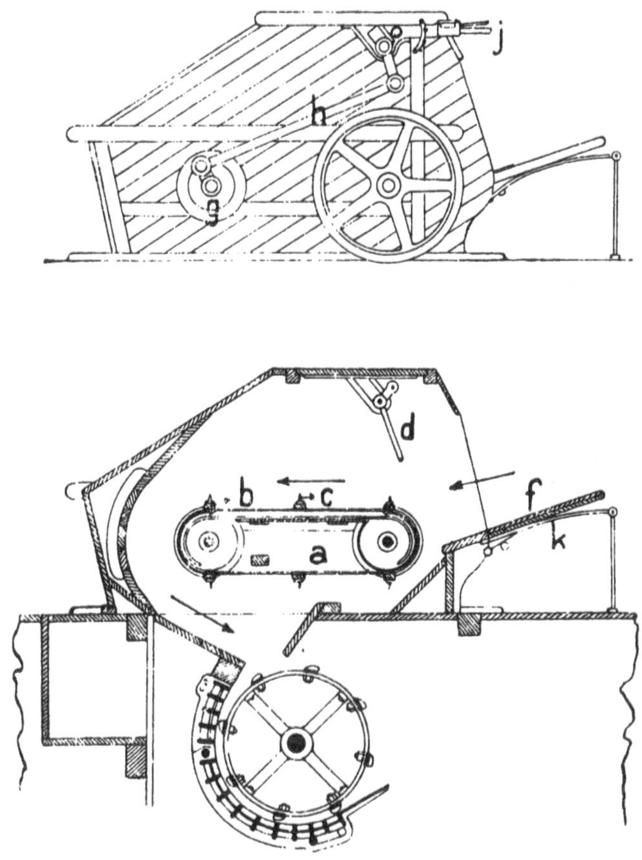

Abb. 273. Selbsteinleger mit endlosem Bande.

befindet sich nach oben ein Blech *c*, welches mit Ausschnitten versehen ist und dadurch verhindert, daß das zu dreschende Material durch die Zinken zurückgeworfen wird. Auch hier wird durch das Herabdrücken des Tisches *d* der Riemen auf die Losscheibe geschoben und ein Stillstand des Einlegers bewirkt. Das Aus- und Einschalten

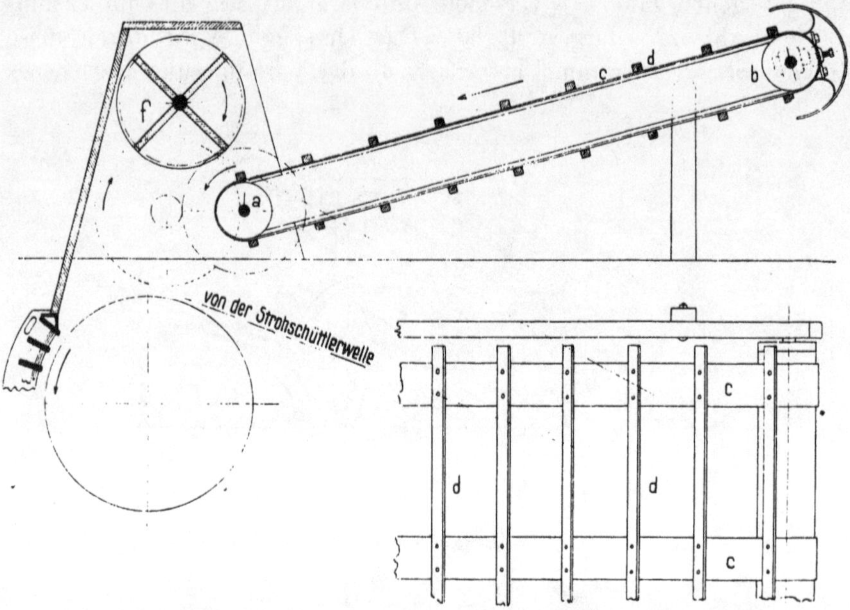

Abb. 274. Selbsteinleger mit endlosem Bande.

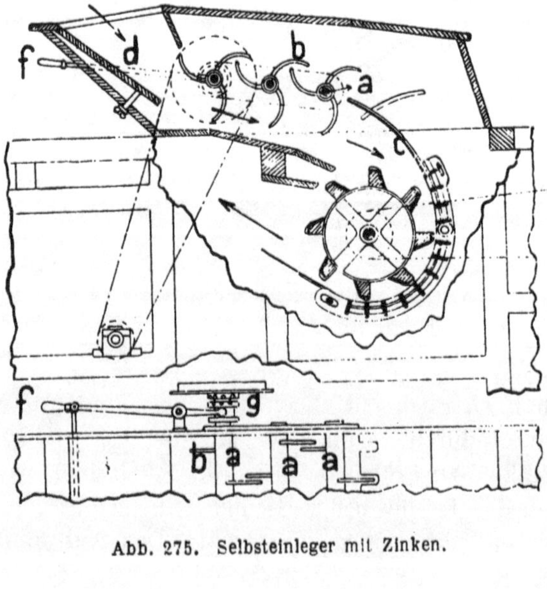

Abb. 275. Selbsteinleger mit Zinken.

des Einlegeapparates geschieht durch die Kupplung *g* mittels des Handhebels *f*.

Selbsteinleger mit Holztrommeln. In Abb. 276 ist ein mit Zähnen versehener Holzzylinder oberhalb der Dreschtrommel angeordnet. Die ganze Anordnung ist aus der perspektivischen Darstellung in Abb. 276 gut zu erkennen; man sieht die oberhalb der Holztrommel angeordnete Zinkenreihe und den Antrieb von der Schüttlerwelle. Die Holztrommel ist mit Stiften, die in Reihen stehen, versehen.

Abb. 276. Selbsteinleger mit Holztrommel

Selbsteinleger von Heinrich Lanz in Mannheim. Dieser Einleger ist eine Erfindung der Firma Schäfer & Co., Maschinenfabrik in Effeln bei Uelde (Westfalen)[1]). Das Schäfersche Patent (D. R. P. Nr. 129 090) wurde im Jahre 1903 von der Maschinenfabrik Heinrich Lanz in Mannheim käuflich erworben. Das Prinzip der ursprünglichen, dem Patente zugrunde liegenden Schäferschen Bauart

[1]) Vgl. Bericht von Dr. Albert und Prof. Dr. Nachtweh im Jahrbuch der Deutschen Landwirtschafts-Gesellschaft, Bd. 17, Berlin 1902, S. 591.

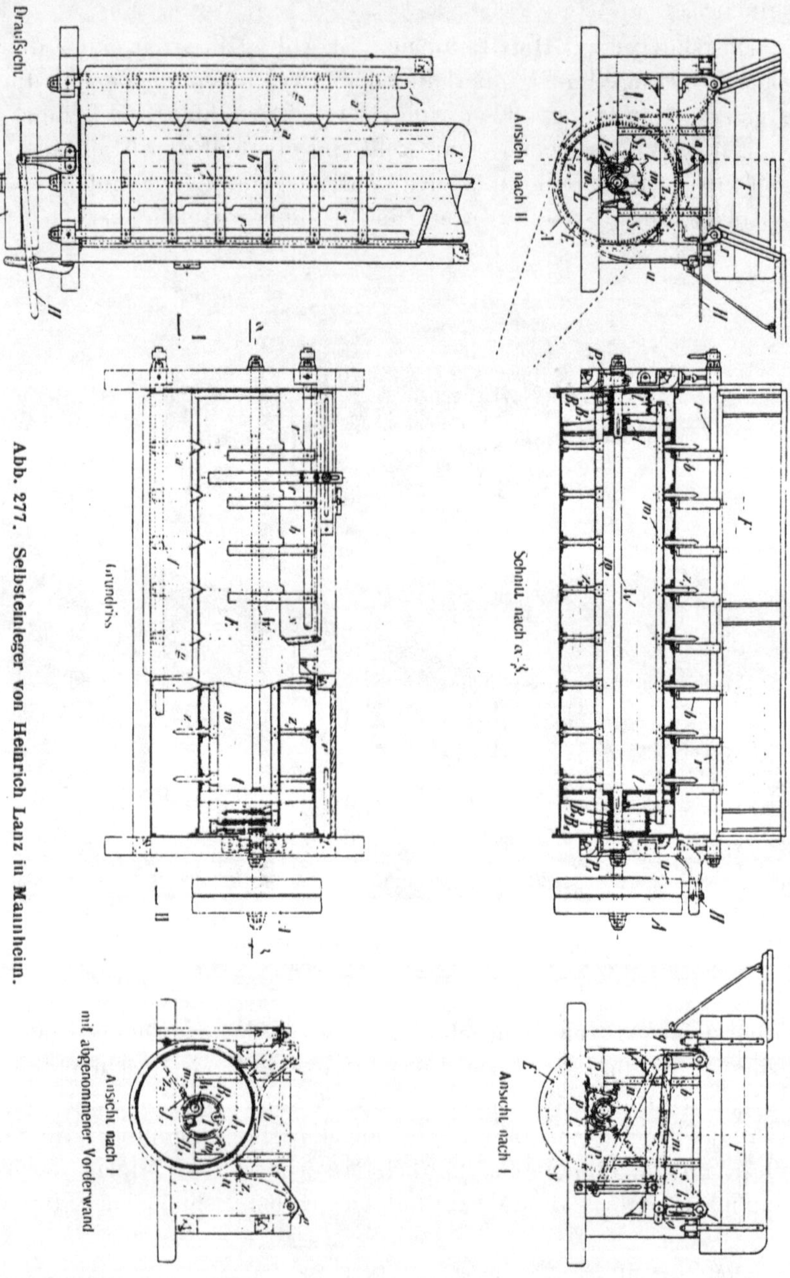

Abb. 277. Selbsteinleger von Heinrich Lanz in Mannheim.

Bezeichnungserklärung zu den Abb. 277 u. 278.

A Hauptantriebsscheibe (Voll- und Leerlauf),
a bewegliche Rückwand,
B_1 B_2 Exzenterringe, welche das Vor- und Zurücktreten der Mitnehmer bewirken,
b_1 b_2 Auflagestäbe bzw. Auflagerechen od. Rost,
c verstellbare Regulierschiene für Glattstrohdrusch,
E Mitnehmertrommel,
e Trommelmantel,
F Einlegetrichter,
f Welle für die bewegliche Rückwand,
g Abschlußblech für die Welle f und den Oberteil der Rückwand,
H Ausrückstange,
J_1 J_2 Lappen an den Exzenterringen, an welchen die Winkelschienen w_1 und w_2 befestigt sind,
k Hebel zur Bewegung der Rückwand a,
L Lagerschalen für die Hauptwelle W,
l Exzenterscheibe,
m Gestänge zur Verbindung der Hebel n und k,
n Hebel zur Bewegung und beliebigen Einstellung d. Auflegerechens,
o Verstellöcher zur Einstellung der Rückwand,
P_1 P_2 Lagerstühle für die Hauptantriebswelle,
p Verstellschrauben für die Exzenter, um die Mitnehmerlänge außerhalb des Trommelmantels zu regulieren,
q Verbindungsstange zwischen dem Hebel n und dem Gestänge m,
r Welle des Auflegerechens,
S_1 S_2 Stellschrauben zur Befestigung der Lagerschalen L,
s Abschlußbrett gegen den rückwärtigen Teil der Mitnehmertrommel,
t Trommelkreuz,
u Ausrücker für den Antriebsriemen,
W Hauptantriebswelle (Trommelwelle),
w_1 w_2 Winkeleisen z. Befestigung d. Mitnehmerzinken z_1 und z_2
Y Bewegungsbahn der Zinkenenden,

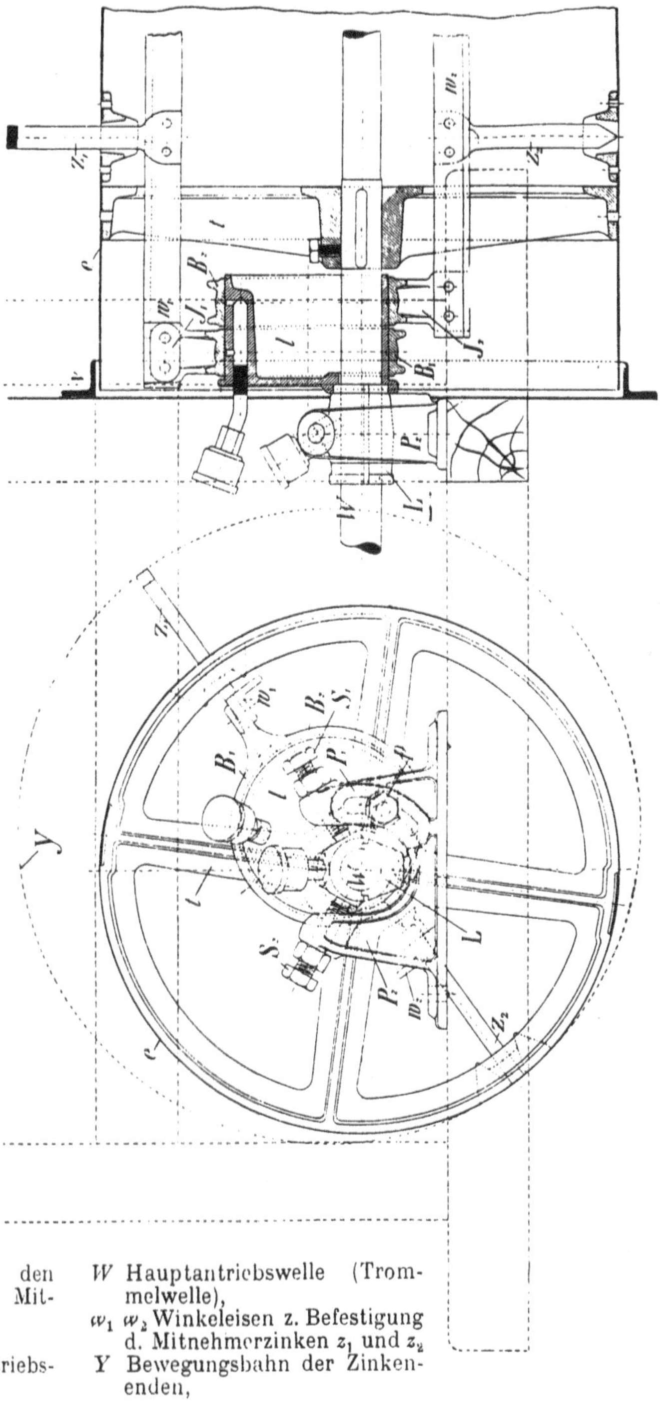

Abb. 278. Einzel-Darstellung zum exzentrischen Antriebe für den Selbsteinleger von Heinrich Lanz in Mannheim

wurde beibehalten, aber einzelne Teile des Selbsteinlegers sind von Heinrich Lanz technisch besser durchgearbeitet worden[1]).

Der Einleger, dessen konstruktive Einrichtung durch die Zeichnungen der Abb. 277 u. 278 deutlich zu erkennen ist, besteht aus folgenden drei Hauptteilen: dem Hauptantrieb und der Mitnehmertrommel *E*, dem Auflegerrechen oder Rost *b b* und der beweglichen Rückwand *a*. Die beiden zuletzt genannten Teile sind durch eine Hebeanordnung *m*, *n*, *k* miteinander verbunden. Der Hauptantrieb (siehe in Abb. 277 Grundriß und Schnitt nach $\alpha-\beta$) erfolgt von der Riemenscheibe *A* (Voll- und Leerlauf) aus, welche auf der Hauptantriebswelle *W* sitzt. Auf die Welle *W* ist auch die aus den Kreuzen *t* und dem Blechmantel *e* bestehende Mitnehmertrommel *E* aufmontiert. Im Innern der Mitnehmertrommel *E* zwischen den Kreuzen *t* und den Seitenwänden sitzt beiderseits ein Exzenterstein *l* fest, um den sich je zwei Exzenterringe B_1 und B_2 schließen. Diese Exzenterringe sind mit zwei Zinkenrechen z_1 und z_2 verbunden, deren Zinken oder Mitnehmer durch Schlitze in den Trommelmantel *e* geführt sind, so daß sie bei der Drehung der Welle *W* unter der Einwirkung der Exzenterringe B_1 und B_2 in den Trommelmantel *e* ein- und ausgeführt werden, und zwar so, daß sie bei einer Neigung von ca. 45° gegen die bewegliche Rückwand *a* am weitesten aus der Trommel heraus- und in diametral entgegengesetzter Stellung vollkommen hineintreten. Die punktierte Kreislinie *y* zeigt in der Detailvergrößerung die Bewegungsbahn, welche die Endpunkte der Zinken *z* bei der Trommeldrehung durchlaufen.

Der Auflegerechen oder Rost ist aus Auflegestäben *bb* (s. Abb. 277 Schnitt nach $\alpha-\beta$) gebildet, welche auf der Welle *r* sitzen (Ansicht nach I mit abgenommener Vorderwand) und möglichst nahe über der Trommel liegen, ohne aber auf derselben zu schleifen.

In der Einführöffnung für das Dreschgut steht der Trommel *E* (Ansicht nach I mit abgenommener Vorderwand) die bewegliche Rückwand *a* gegenüber, welche auf der Welle *f* sitzt. Auch diese Rückwand ist zu einem Stabrechen ausgebildet, dessen einzelne Stäbe die aus der Trommel *E* herausragenden Mitnehmerzinken zwischen sich hindurchlassen.

In Abb. 278 ist das Detail des exzentrischen Antriebes in größerem Maßstabe der Deutlichkeit wegen nochmals zur Darstellung gebracht.

[1]) Vgl. 156. Bericht der Prüfungsstation für landwirtschaftliche Maschinen und Geräte zu Halle a. S., Leipzig 1906, Verlag von Richard Karl Schmidt & Co.

Der Arbeitsgang vollzieht sich, wie folgt:

Wird das zu dreschende Getreide in den Einführtrichter *F* geworfen (vgl. Abb. 277 Ansicht nach I), so fällt es auf den Auflagerost *bb*. Die Mitnehmerzinken *z*, welche zwischen den Auflegestäben des Rostes hindurchgreifen, führen das Dreschgut zwischen Trommel und beweglicher Rückwand hindurch, wobei die Mitnehmerzinken *z* bei der Abwärtsbewegung sich allmählich in die Mitnehmertrommel *E* zurückziehen und das Dreschgut für die darunter befindliche Dreschtrommel freigeben.

Gelangt zuviel Stroh in die Einführöffnung, so daß eine Verstopfung eintreten könnte, so übt dieses »Zuviel« sofort einen verstärkten Druck auf die bewegliche Rückwand *a* aus, welche, dem Drucke nachgebend, die Einführöffnung nach oben verengt und nach unten erweitert, und zwar durch das Wechselspiel der Hebelanordnung. Durch die Bewegung der Rückwand *a* wird der mit ihr an der Welle *f* sitzende Hebel *k* bewegt, welcher durch das Gestänge *m* mit dem zweiten Hebel *n* in Verbindung ist, der selbst an der Welle *r* des Auflegerostes festsitzt und die Auflegestäbe *bb* . . . hochhebt, so daß also die Mitnehmerzinken *z* weniger weit in das aufliegende Dreschgut eingreifen und somit auch die Zufuhr nach der Einführungsöffnung verringern. Im Augenblick, wo der Druck des »zuviel« eingeführten Dreschgutes auf die Rückwand *a* nachläßt, sinkt der Auflegerost vermöge seiner Schwere von selbst nieder und stellt durch die Hebelverbindung mit der Rückwand *a* deren normale Stellung von selbst wieder her.

So findet ununterbrochen ein sich selbst regulierender Wechselausgleich zwischen Zuführungsquantum und Einführungsweise statt, wodurch Störungen in der Zufuhr des Dreschgutes zur Dreschtrommel vollkommen vermieden sind.

Um den regulierenden Wechselausgleich zwischen Auflegerost bzw. wirksamen Teil der Mitnehmerlänge und der Einführungsweite in bezug auf die Beschaffenheit des Dreschgutes nach Art, Feuchtigkeitsgrad u. dgl. Rechnung tragen zu können, ist das Gestänge *m* in seiner Verbindung mit dem Hebel *k* bei *o* (s. Abb. 277, Ansicht nach I) verstellbar, wodurch die Normalstellung der beweglichen Rückwand festgelegt werden kann.

Desgleichen ist der Hebel *n* über seine Verbindung *q* mit dem Gestänge *m* hinaus bis zu einer Führungsschiene verlängert, wo durch Verstellung eines Bolzens die normale Hubhöhe des Auflegerostes reguliert und so den verschiedenen Fruchtgattungen Rechnung getragen werden kann.

Ebenso läßt sich durch Verstellen der Schraube p in den Lagerschlitzen (s. Detailvergrößerung in Abb. 278) die Mitnehmerlänge regulieren, so daß dieselben eine größere oder geringere Greiflänge bei der Einführungsöffnung erhalten. Endlich zeigt der Grundriß noch eine Regulierschiene c, welche in einem Schlitz verstellbar ist und ein gleichmäßiges Auffallen des Dreschgutes nach dem Auflageroste, zum Zwecke vollkommeneren Glattstrohdrusches, bewirkt.

Die Detailvergrößerung zeigt in P und P_1 die Lagerstühle der Welle W, in L die Lagerschale, in J_1 und J_2 die Lappen der Exzenterringe B_1 und B_2, an welchen die Winkelschienen w_1 und w_2 für die

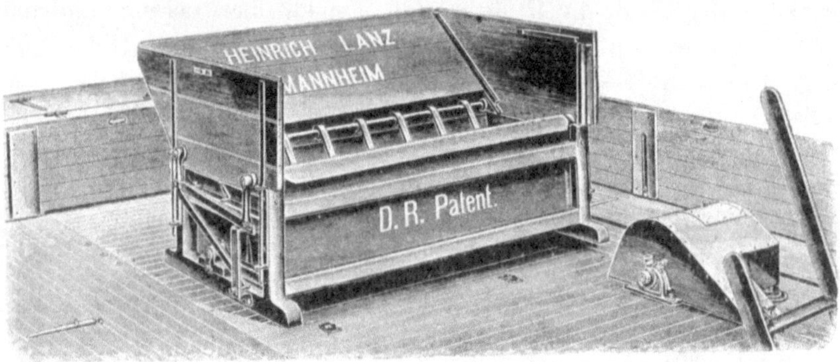

Abb. 279. Äußere Ansicht des Lanzschen Selbsteinlegers, auf einer Dreschmaschine montiert.

Mitnehmerrechen z_1 und z_2 befestigt sind. S_1 und S_2 sind die Befestigungsschrauben für die Lagerschalen L.

s ist ein Abschlußbrett gegen den rückwärtigen Teil der Mitnehmertrommel, g eine Blechauflage über der Welle f, welche das Einfallen von Dreschgut hinter die bewegliche Rückwand zu verhüten hat. u ist die Ausrückstange für den Antriebsriemen.

In Abb. 279 ist der Lanzsche Selbsteinleger, oben auf einer Dreschmaschine montiert, abgebildet. Man sieht die nebeneinander liegenden, den Rost bildenden Stäbe, ferner an der linken Seitenwand die zur Regelung des gleichmäßigen Einlegens dienenden Verbindungsstäbe zwischen dem Auflagerechen (Rost) und der Rückwand.

Es muß ausdrücklich hervorgehoben werden, daß sich die von der Firma H e i n r i c h L a n z an dem Selbsteinleger von S c h ä f e r & C o. vorgenommenen Verbesserungen sehr gut bewährt haben. Sie waren zur Schaffung einer größeren Dauerhaftigkeit und Betriebssicherheit notwendig, und sie haben die in sie gesetzten Hoffnungen erfüllt.

Die Höhe der Dreschmaschinen für die Einfahrt in die Scheunen wird durch den Lanzschen Patent-Selbsteinleger nur unwesentlich vermehrt, und zwar bei kleinen Dreschmaschinen um etwa 17 cm, bei den großen um 12 cm. Der Lanzsche Selbsteinleger kann auf jeder Dreschmaschine beliebiger Bauart leicht aufgebracht werden: es müssen der Fabrik nur die notwendigen Abmessungen der Dreschmaschine mitgeteilt werden.

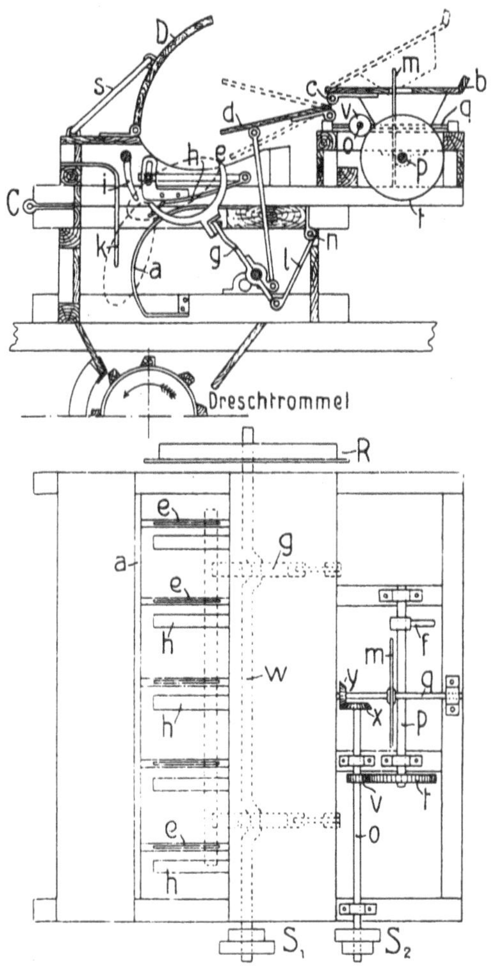

Abb. 280. Selbsteinleger von A. Baumann in Lübz i. M.

Selbsteinleger von L. Baumann in Lübz (Mecklenburg)[1]. Dieser Selbsteinleger (Abb. 280) hat statt einer Trommel mit festen Stiften halbmondförmig gebogene Doppelgreifer *e*, die ebenso wie die Stifte einer Trommel durch Schlitze des Blechmantels *a* hindurchgreifen, um die von dem Einlegetisch kommenden Garben zu erfassen und der Dreschtrommel allmählich zuzuführen. In dem Grundriß der Abb. 280 sind fünf solcher Doppelgreifer zu sehen, sie sind an einer Schiene befestigt, die durch zwei Kurbelstangen *g* in Bewegung gesetzt wird, und zwar so, daß sich die Spitzen der Greifer annähernd in Ellipsen bewegen, wie dies im Aufriß angedeutet ist. Hierbei fassen die Greifer mit ihren Spitzen durch den Schlitzmantel

[1]) Vgl. 6. Bericht der Maschinen-Prüfungsstation zu Hannover, »Mitteil. des Verbandes landw. Masch. Prüf.-Anstalten.« Berlin 1908, S. 138.

über die Auflagestäbe *h* hinaus und ziehen einen Teil der Garbe durch die Öffnung hindurch, während der Rest der Garbe von den Fingern *i* zurückgehalten wird. Nunmehr wird die von den Greiferspitzen nach unten gebrachte Getreidemenge, soweit sie nicht von selbst weiter durchfällt, von den Federn *k* gehalten und beim nächsten Erscheinen des Greifers von deren unteren Spitzen zur Trommel befördert. Es wird somit durch das Zuführungsorgan, die Greifer, die zweifache Arbeit des Abteilens und Zuführens des Getreides geleistet.

Die ellipsenartige Bewegung der Greifer wird dadurch erreicht, daß die Kurbelstange *g* mit ihrem unteren Ende in dem Lenker *l* drehbar gelagert ist.

Die Menge des jedesmal von den Greifern mitzunehmenden Getreides läßt sich leicht regulieren durch die über dem Blechmantel liegenden Auflagestäbe *h* sowie durch zwei an der entgegengesetzten Seite angebrachte Reihen Abstreichfedern *i* und *k*. Durch Heben oder Senken der Auflagefedern und Abstreichfedern kann die Durchgangsöffnung für das Getreide nach Belieben weiter oder enger gestellt werden.

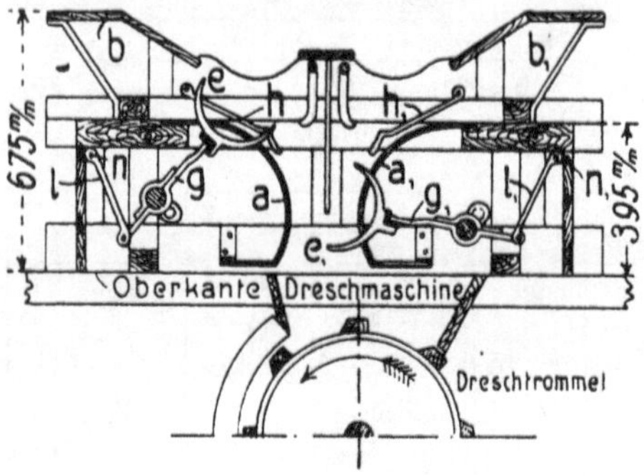

Abb. 281. Doppeleinleger von A. Baumann.

Günstig für die gleichmäßige Verteilung des Dreschgutes soll besonders die Ausbiegung an den Auflagestäben *h* sein, um zu erreichen, daß ein Teil des Getreides an dieser Stelle aus dem Bereich der Zinken gebracht wird, und so ein für das gleichmäßige Einlegen günstiges Auflockern des Dreschgutes ermöglicht werden soll.

In der Abb. 280 ist noch eine Vorrichtung zu erwähnen, die in ihrer Art sehr sinnreich, jedoch für die Praxis noch nicht als brauchbar zu bezeichnen ist, nämlich die automatische Aufschneidevorrichtung.

Die Garben werden auf den Tisch *b* gelegt, durch den eine runde Messerscheibe hindurchgreift und die Garbenbänder durchschneidet. Der Tisch wird sodann von einem Hebel oder Daumen *f* in die punktierte Lage (Abb. 280) gehoben, und die Garben gleiten auf den Vorschüttler *d*. Die Antriebsweise von Messer und Daumen sind aus dem Grundriß der Abb. 280 ohne weiteres zu erkennen, ebenso die Bewegung des Vorschüttlers *d*.

Eine besondere Ausführung des Baumannschen Selbsteinlegers zeigt die in Abb. 281 dargestellte Bauart eines Doppeleinlegers nach D. R. P. Nr. 195 831. Da bei diesen Ausführungen mit der gekröpften Kurbelwelle *w* (Abb. 280) die Befürchtung bestand, daß die Kurbellager, die der meisten Abnutzung ausgesetzt sind, allzubald abgenutzt sein würden, hat die genannte Firma statt dieser gekröpften Welle eine gerade Welle verwendet (Abb. 282). Auf dieser sind zwei Exzenter angebracht, durch welche die Abnutzung wegen der größeren Auflagerfläche sehr gering und der Gang sehr ruhig geworden ist. Die Schmierung ist hierbei leicht auszuführen; die Oberteile des Einlegers können leicht abgenommen werden, wenn die

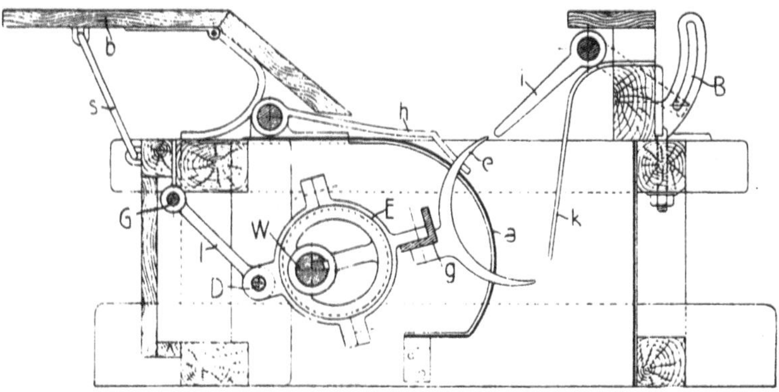

Abb. 282. Baumannscher Einleger mit gerader Welle und Exzentern.

Maschine in niedrige Scheunen eingefahren werden soll. Die Bewegung der Greifer und auch die Art und Weise der Einlage ist bei dieser Ausführung genau so wie in Abb. 280.

Der Selbsteinleger von R. Wolf in Magdeburg. Auch dieser Selbsteinleger, welcher durch D. R. P. Nr. 215 723 geschützt ist, gehört zu jenen Systemen, bei denen die Einlegerzinken nicht starr geführt werden, sondern beweglich auf den Mitnehmerstangen angeordnet sind, wo sie im Zustande der Ruhe durch Federn zurückgehalten werden. Sobald die Einlegertrommel die richtige Tourenzahl erlangt, überwindet die Fliehkraft die Spannung der Federn derart, daß die Zinken vollständig heraustreten, das Getreide ergreifen und der Dreschtrommel zuführen.

In Abb. 283 ist ein Schnitt durch den Wolfschen Selbsteinleger in seiner Lage zur Dreschtrommel dargestellt. Die oberen Klappen *a* und *b* können nach Lösung der Haken *c* die eigentliche Einlegeöffnung schließen oder offen halten. Im Innern der Blechtrommel *A* sind auf der Welle *W* gelenkig die Mitnehmerstangen *S* angeordnet. An diesen

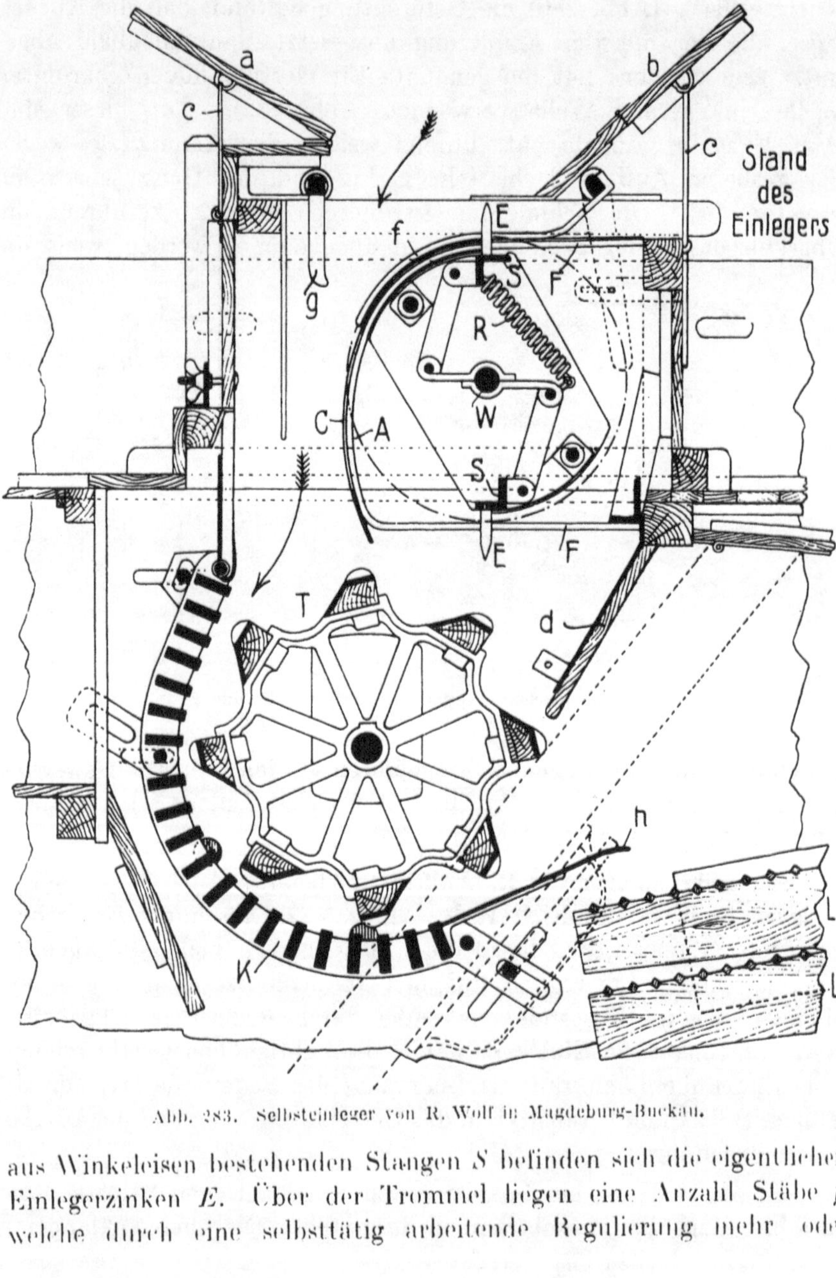

Abb. 283. Selbsteinleger von R. Wolf in Magdeburg-Buckau.

aus Winkeleisen bestehenden Stangen *S* befinden sich die eigentlichen Einlegerzinken *E*. Über der Trommel liegen eine Anzahl Stäbe *f*, welche durch eine selbsttätig arbeitende Regulierung mehr oder weniger nach aufwärts geschoben werden können. Mit diesen im Zusammenhang arbeiten die Zinken g, welche an der Rückwand des Einlegers angeordnet sind.

Der in Abb. 283 bezeichnete strichpunktierte Kreis A gibt nur die Kreisbahn der Zinkenbewegung an, während den eigentlichen

Abb. 284. Äußere Ansicht des Wolfschen Selbsteinlegers.

Abschluß des Selbsteinlegers die Blechwand C bildet. In ihr sind eine Anzahl Schlitze ausgeführt, durch welche die Mitnehmerstangen E hindurchgreifen können. Die Blechwand C ist durch ein zweckmäßig

Abb. 285. Wolfscher Selbsteinleger mit selbsttätigem Zubringer.

gebogenes Eisengerüst F gehalten. Eine Schraubenfeder H verbindet die beiden Zinkenreihen derart miteinander, daß erst durch die notwendige Tourenzahl die Spannung der Feder überwunden werden muß, bevor die Zinken E aus der Blechwand C völlig herausreichen. Wird der Dreschmaschine zu viel Getreide zugeführt, so daß sie überlastet ist und ihr Gang sich verlangsamt, so ziehen sich unter der Wirkung der Feder R die Zinker E mehr zurück, legen also weniger ein und wirken somit der Überlastung entgegen. Das eingelegte Getreide nimmt den durch die Pfeile angegebenen Weg und gelangt dann zu der eigentlichen Dreschtrommel D zwischen den Korb K

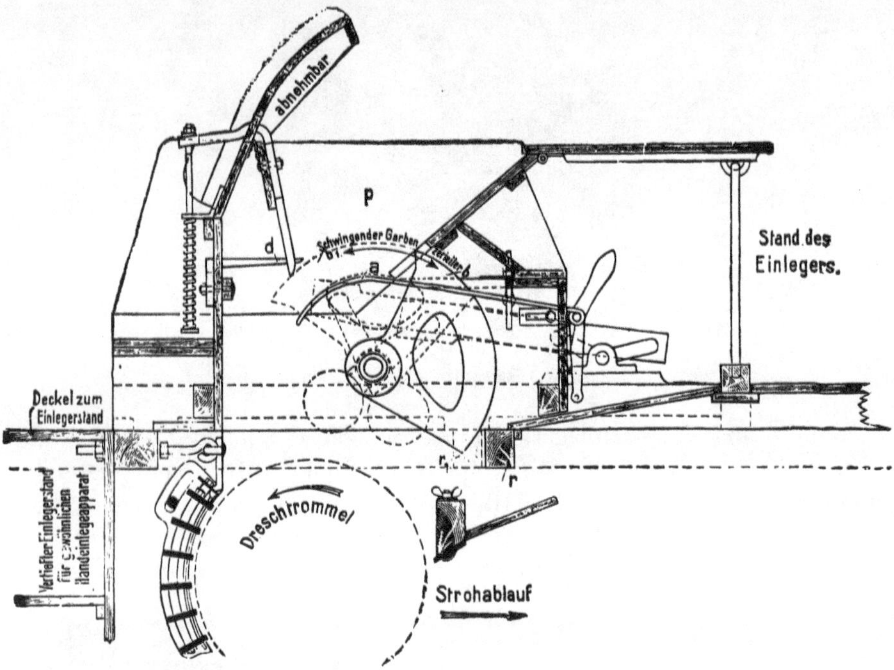

Abb. 286. Selbsteinleger von Th. Flöther in Gassen i. L.

und wird durch das Führungsblech h den Kastenschüttlern L zugeführt; d ist das sog. Spritzbrett.

Der Selbsteinleger Bauart Wolf ist in der Abb. 284 in einer äußeren Ansicht dargestellt, wobei gleichzeitig die äußere zum Antrieb der Welle W (Abb. 283) dienende Riemenscheibe zu sehen ist.

Abb. 285 zeigt einen Wolfschen Selbsteinleger mit selbsttätigem Zubringer, welcher dann Anwendung findet, wenn bei großen Leistungen sog. Riesendreschmaschinen die Bedienung des Selbsteinlegers durch eine Person nicht mehr bewältigt werden kann. Da sich mehrere Leute bei dem in Abb. 284 dargestellten einfachen Selbsteinleger gegenseitig behindern würden, wird durch die in Abb. 285

dargestellte Bauart die Möglichkeit gegeben, neben diesem Zubringer die zu seiner Beschickung erforderliche Bedienungsmannschaft bequem aufzustellen.

Der Selbsteinleger von Th. Flöther, Gassen (Lausitz). Dieser in Abb. 286 dargestellte Selbsteinleger zeigt einen geräumigen Einschütttrichter p, welcher den eingeworfenen Garben zugleich als Sammelplatz dient. Am Boden dieses Trichters befindet sich der Einlegetisch a, welcher sich der Länge nach schräg einstellen läßt, um sich der Form der auf ihm ruhenden Garben anpassen zu können, da letztere am Ährenende stärker sind als am Schnittende. Von den über dem Einlegetisch aufgestapelten Garben entnehmen die schwingenden Garbenzerteiler b und b_1 eine stets gleich große, beliebig einstellbare Menge Halme und führen sie ständig der unterhalb befindlichen Dreschtrommel zu. Das von den Garbenzerteilern überschüssigerweise aufgeraffte Getreide wird von einer stellbaren Fangvorrichtung d aufgegriffen und auf den Einlegetisch zur späteren Beschickung zurückgeworfen. Vermittelst eines Ausrückers kann der Selbsteinleger leicht außer Tätigkeit gebracht werden, sobald man bemerkt, daß etwa mit den Garben Fremdkörper auf den Einlegetisch gelangt sein könnten, wodurch eine Gefährdung der Dreschtrommel möglich wäre.

Der Selbsteinleger der Bevenser Maschinenfabrik in Bevensen (Provinz Hannover). Die Konstruktion dieses Einlegers ist aus der Abb. 287 im Längsschnitt und Querschnitt zu er-

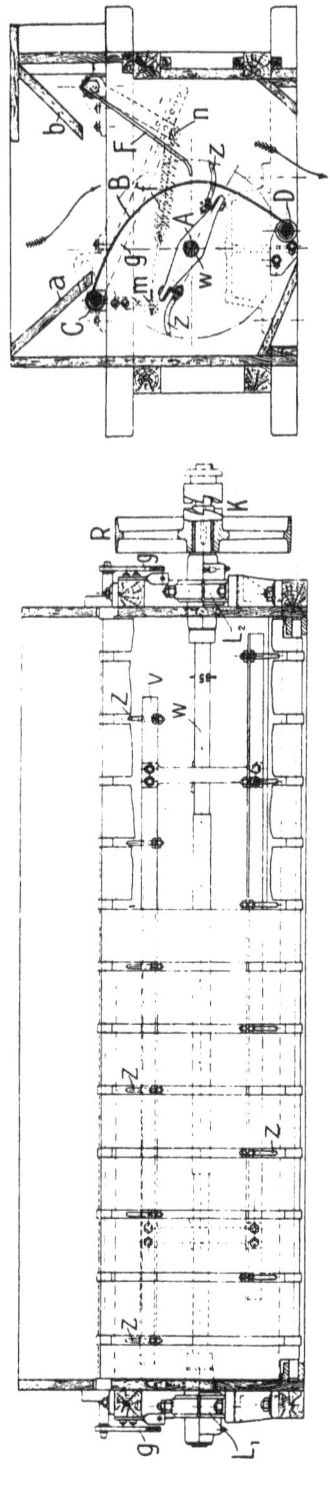

Abb. 287. Selbsteinleger der Bevenser Maschinenfabrik in Bevensen (Hannover).

sehen, während in Abb. 288 eine äußere Ansicht desselben dargestellt ist. Der wichtigste Konstruktionsteil des Selbsteinlegers »Erika« ist der rotierende Zinkenflügel. Auf der Welle a sitzen Arme A, an deren Enden zwei gegeneinander etwas versetzte Winkeleisen v befestigt sind. An diesen Winkeleisen sitzen die Zinken Z und greifen durch die in dem Blechmantel B angeordneten Schlitze hindurch. Die Zinken Z sind wechselweise an den Winkeleisen v angeordnet, das Blech B an den beiden Stangen C und D gehalten.

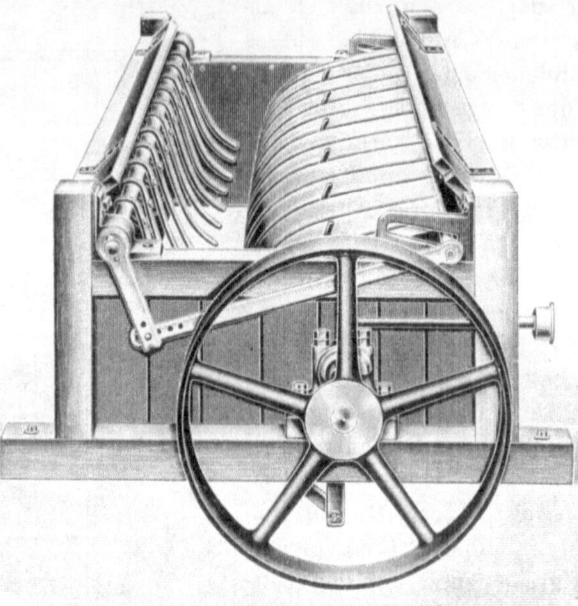

Abb. 288. Äußere Ansicht des Bevenser Selbsteinlegers.

In dem Querschnitt (Abb. 287 rechts) ist der Kreis eingezeichnet, den die äußersten Punkte der Zinken Z beschreiben. Man erkennt, daß dieselben oben etwas vor dem höchsten Punkte des senkrechten Durchmessers durch das Mantelblech B hindurchkommen und dann unten in der Nähe des Befestigungspunktes D im Innern des Mantelbleches wieder verschwinden. Zur Regulierung der durch die Zinkenflügel mitgenommenen Garbenmenge dienen die Finger F, welche man sowohl im Querschnitt (Abb. 287 rechts) als auch in der äußeren Ansicht (Abb. 288) deutlich erkennen kann. Ebenso erkennt man in der äußeren Ansicht, wie die Zinken Z durch die Schlitze des Mantelbleches hindurchgreifen. Die Finger F stehen außen durch eine Stange g mit dem oberen Befestigungspunkte C des Mantelbleches in Berührung. Wird zu viel Material mitgenommen, so erfahren die sämtlichen Finger F einen Druck nach außen, wodurch mit Hilfe der Verbindungsstange der obere Befestigungspunkt C in einen Schlitz nach der Mitte gezogen wird, wodurch das Austrittsbereich der Zinken aus dem Mantelblech verringert wird. Durch einen Finger f, welcher bei n angreift und durch eine Flügelmutter gespannt werden kann, wird der auf die Fingerreihe auszuübende Druck in seiner Größe eingestellt werden können. Durch zwei Pfeile ist in der Querschnittzeichnung der Weg der Halme angegeben, die dann unterhalb des Einlegers direkt in die Dreschtrommel fallen.

Der Selbsteinleger der Rathenower Dreschmaschinen- und Motorenfabrik in Rathenow. Dieser Einleger wird nach zwei verschiedenen Konstruktionen gebaut:

a) Bauart mit exzentrisch gebogenem Mantelblech und gerader Welle (Abb. 289).

b) Bauart mit geschlossener Trommel und exzentrisch bewegten Greifern (Abb. 290).

Die Bauart a) ist in Abb. 289 in einem Querschnitt und einem Längsschnitt dargestellt. Durch zwei schräggestellte Bretter a und b wird die Einbringöffnung für die Garben geschaffen. Die Einlegerzinken E sitzen auf einer Trommel A und greifen durch die Schlitze eines exzentrisch gebogenen Blechmantels B hindurch, so daß die Reihe der Einlegerzinken E oben durch die in der Wand B befindlichen Schlitze hindurchreicht, während sie am Ende des Schlitzes (bei m) im Innern der Wandung verschwinden. Die Garben werden auf diese Weise durch die in der Zeichnung angegebenen Pfeile der Dreschtrommel zugeführt, während eine Fangvorrichtung F das überschüssige Garbenmaterial zurückhält. Durch eine Anzahl auf den Blechmantel B gelegte Zinken Z (Auflagerechen) kann mit Hilfe selbsttätiger Einstellung der Gegengreifer die Menge des einzuführenden Getreides reguliert werden.

In Abb. 290 ist die andere Bauart b) des Gierkeschen Selbsteinlegers dargestellt. Hier ist die Trommel A geschlossen, während durch eine gekröpfte Welle W die Zinken E exzentrisch bewegt werden. In der Blechtrommel A sind an den Durchgangsstellen der Greifer E kleine gußeiserne Führungen eingesetzt, da das dünne Blech zu schnell verschleißen würde. Auf der gekröpften Welle W sind

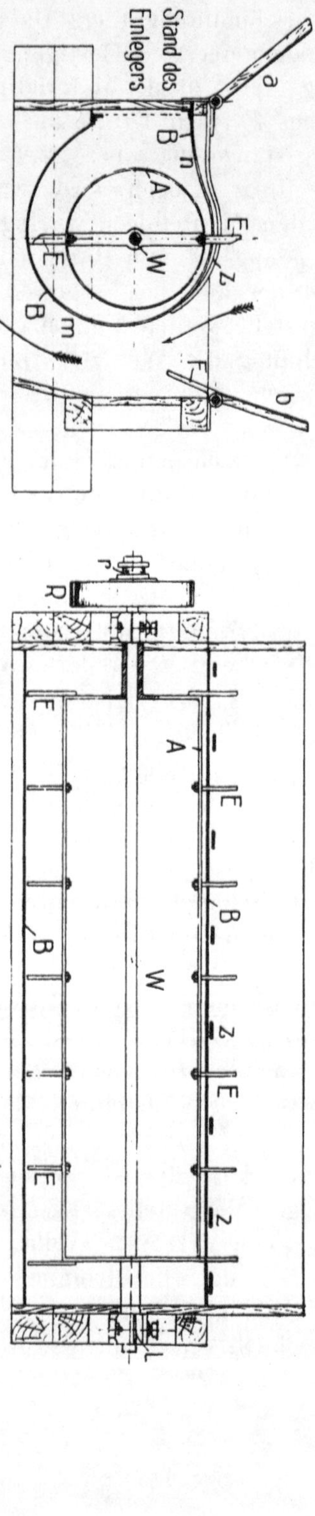

Abb. 289. Selbsteinleger der Rathenower Dreschmaschinenfabrik Bauart *a*.

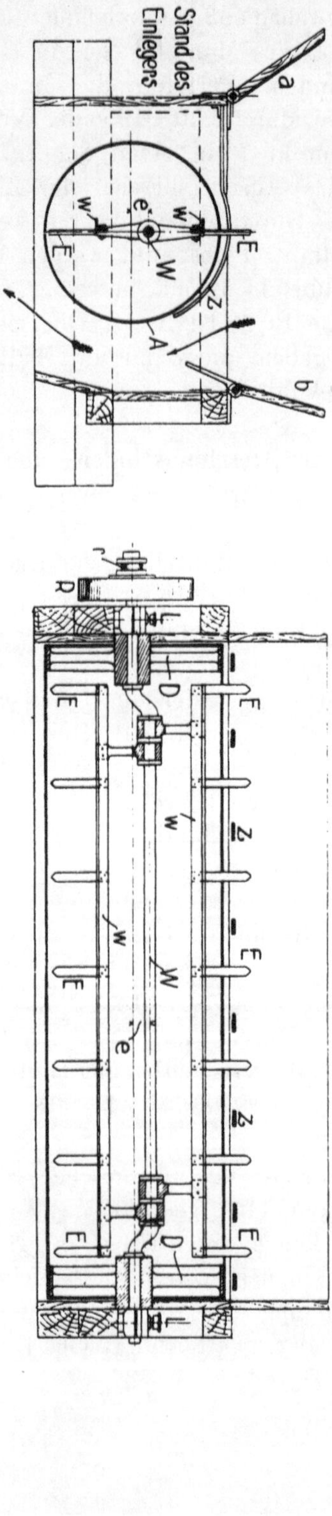

Abb. 290. Selbsteinleger der Rathenower Dreschmaschinenfabrik Bauart *b*.

an gegeneinander versetzten Armen zwei Winkeleisen w befestigt, auf denen die Greiferzinken E sitzen. Die Einstellung der Greifer geschieht derart, daß bei ungefähr senkrechter Stellung derselben die Greifer oben am weitesten aus der Trommel herausragen (Abb. 290) und, sobald dieselben den tiefsten Punkt erreicht haben, sich vollständig in die Trommel zurückziehen. Dadurch wird ein Mitnehmen des eingezogenen Getreides vermieden. Eine Regelung der Dreschgutmenge erfolgt durch die verstellbaren Auflagezinken z und die verstellbaren Gegengreifer (die Fangvorrichtung).

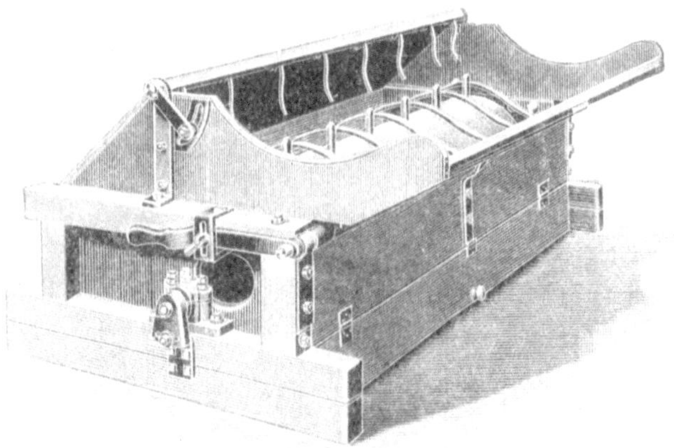

Abb. 291. Der Rathenower Selbsteinleger in äußerer Ansicht.

Beide Einleger haben Antriebsscheiben mit Klauenkupplung. Die Bauart a) eignet sich für Dreschmaschinen von mittlerer Leistung, während Bauart b) für große Maschinen angewendet wird.

Abb. 291 gibt eine äußere Ansicht des Gierkeschen Selbsteinlegers.

Der Selbsteinleger der Maschinenfabrik „Badenia" vorm. Ww. Platz Söhne, A.-G., Weinheim (Baden). Die Konstruktion dieses Selbsteinlegers ist aus den Darstellungen Abb. 292 in einem Querschnitt und in einem Grundriß deutlich zu erkennen, außerdem gibt Abb. 293 nach einer photographischen Aufnahme eine gute äußere Ansicht des Selbsteinlegers. Wie Abb. 292 in dem oberen Schnitt $A-B$ deutlich erkennen läßt, werden die Garben vom Stande des Arbeiters aus über den Einlegetisch b der Öffnung zugeführt und gelangen, wie der Pfeil andeutet, zu der Mitnehmertrommel S. Dieselbe besteht aus einer Anzahl rautenförmiger Blechscheiben *S*, welche auf der Welle *w* mittels gußeiserner Naben befestigt sind. Die Welle dreht sich, wie in Abb. 292 angegeben ist, im Sinne des Uhrzeigers. Die Mitnehmerwelle greift durch Schlitze einer Blechwand hindurch, welche in der Abb. 292 deutlich zu erkennen sind. Zum Zwecke der Regulierung sind die Stäbe *F* und *E* untereinander durch die Verbindungsstange *g* verbunden. Die Stangen *F* (genannt Fangvorrichtung) haben ihren Drehpunkt bei *u*, die Stangen *E* denselben bei *v*. Gelangt zu viel Getreide in die Trommel, dann werden die Stangen *F* zur Seite gedrängt, wodurch sich die Stäbe *E* heben und dadurch die zugeführte Garbenmenge einschränken.

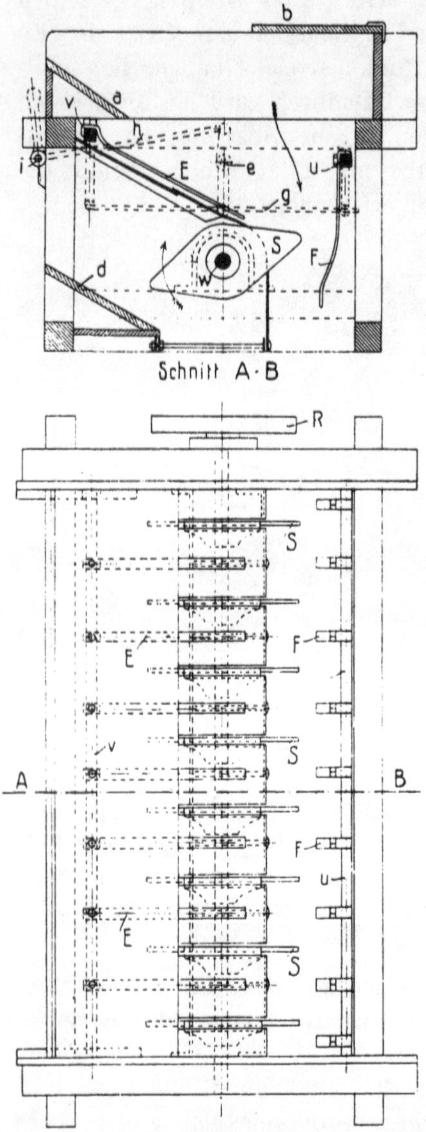

Abb. 292. Selbsteinleger der Maschinenfabrik »Badenia« in Weinheim (Baden).

Der Selbsteinleger von Friedrich Richter & Co. in Rathenow. Eine äußere Darstellung dieses Selbsteinlegers gibt Abb. 294, während in Abb. 295 eine Querschnittsdarstellung gegeben ist. Über den Einlegetisch *a* werden die Garben der Greifertrommel zugeführt. Auf einer um eine Welle drehbare Trommel befinden sich bewegliche Greifer *G*, welche an Scheiben *S* befestigt sind. Die Greifer *G* sind winkelförmig angeordnet und um einen aus der Abb. 295 deutlich zu ersehenden Punkt drehbar. Mit dem kürzeren Ende des Winkelarmes kommen dieselben bei Drehung der Trommel mit Bogenführung *L* in Berührung, wodurch die Bewegung ihres längeren Winkelarmes beeinflußt wird. So streichen die Zinken der Greifer durch die Schlitze des Deckbleches B hindurch, fassen die Garben, führen sie der Dreschtrommel zu, um dann wiederum hinter dem Blech B im Innern zu verschwinden. Zur Regulierung dienen die an der gegenüberliegenden Wand angeordneten Finger F, welche unter dem Einflusse der einstellbaren Feder f die Menge des mitzunehmenden Garbenmaterials beeinflussen. Die Einlegerwelle macht etwa $30 \div 35$ Umdrehungen in der Minute. Die Zahl der Greiferreihen ist verschieden, sie beträgt bei Dreschmaschinen mit größerer Leistung 3, bei Dreschmaschinen mit geringerer Leistung nur 2.

Abb. 295. Äußere Ansicht des Selbsteinlegers der Maschinenfabrik Badenia.

Der Selbsteinleger der Kyffhäuserhütte in Artern (Provinz Sachsen). Diese Einlegerkonstruktion ist mit einem selbsttätig schüttelnden Zubringer, mit einem Steinfänger und sog. Garbenreiniger versehen. Abb. 296 zeigt eine äußere Ansicht desselben, während in Abb. 297 ein Querschnitt durch die Konstruktion wiedergegeben ist. Die Getreidegarben werden über den aus einzelnen Latten bestehenden Einlegetisch a in den Einlaßtrichter E gebracht und daselbst von dem Mitnehmer C erfaßt und bei ihrer Weiterbewegung durch die Abstreicher d hinsichtlich ihrer Menge geregelt. Die um den Drehpunkt o drehbaren Winkelzinken c und d bilden den Regulierapparat für die Zuführungsmenge des Getreides. Ein etwa zu viel eingelegtes Getreide wird durch die Rechen c zurückgehalten, während die Ab-

Abb. 294. Äußere Ansicht des Richterschen Selbsteinlegers.

streicher d die Garben auseinanderschütteln. Durch die schüttelnde und gleichzeitig vorwärtsführende Bewegung des Mitnehmers C wird das Getreide von groben Fremdkörpern, Steinen u. dgl. befreit, so daß es ohne diese gelockert der Dreschtrommel T zugeführt werden kann. Die ausgeschiedenen Fremdkörper fallen auf das schräge Sieb S und werden seitlich abgenommen. Der von der Dreschtrommel T erzeugte Luftstrom wird durch den Siebboden S nach oben geleitet, so daß die beim

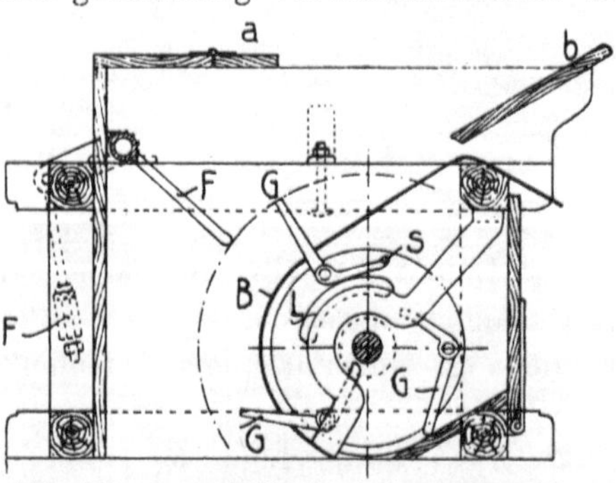

Abb. 295. Querschnitt durch den Selbsteinleger von Fr. Richter & Co. in Rathenow.

Dreschen ausfallenden Körner nicht mehr so weit über die Strohschüttler hinausfallen, wodurch ein Vermengen der Körner mit dem Stroh vermieden und ein besseres Ausschütteln erreicht wird. Der

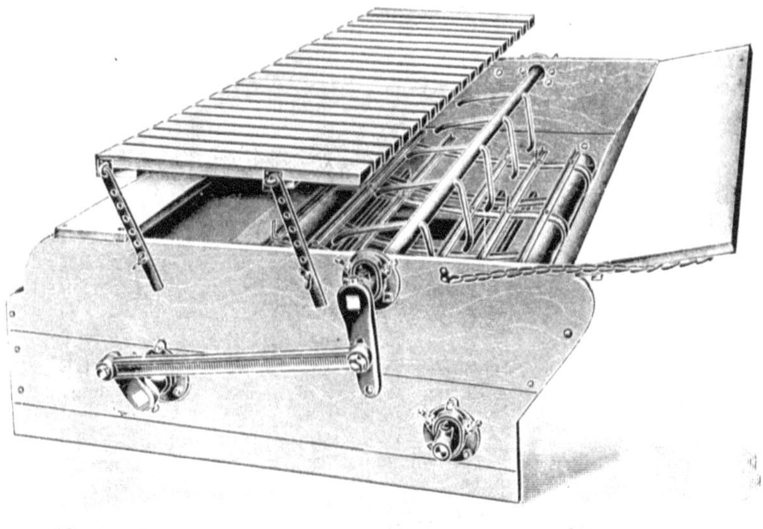

Abb. 296. Äußere Ansicht des Selbsteinlegers der Kyffhäuserhütte in Artern (Sachsen).

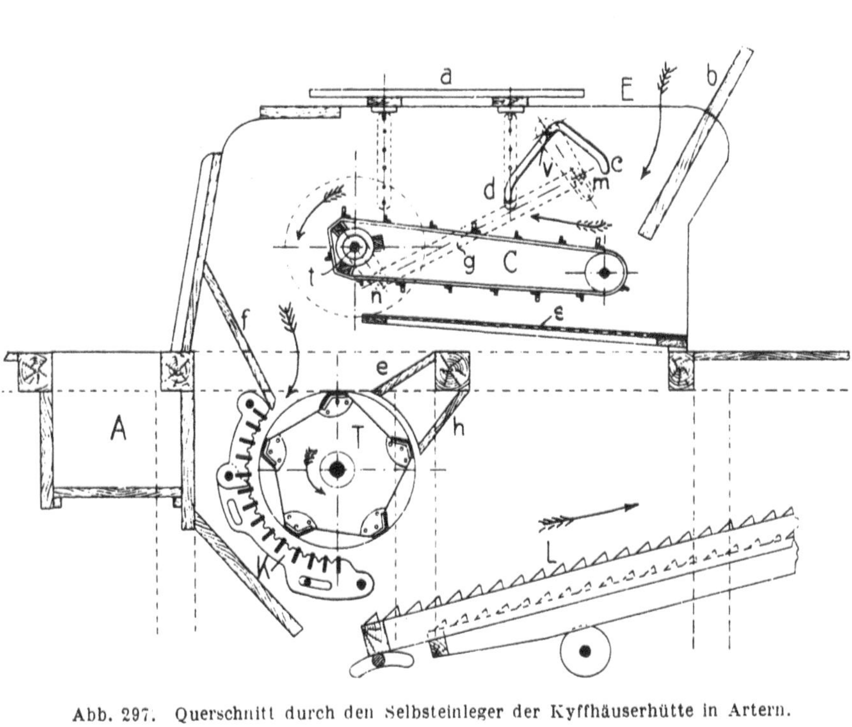

Abb. 297. Querschnitt durch den Selbsteinleger der Kyffhäuserhütte in Artern.

obere Einlegetisch a ist durch seitlich angeordnete Lochstäbe in seiner Höhenlage verstellbar.

Der Selbsteinleger mit verstellbarem Garbenvorschüttler von C. A. Klinger in Altstadt-Stolpen (Sachsen). In Abb. 298 ist ein Querschnitt durch die Bauart dieses Einlegers dargestellt. Die Garben

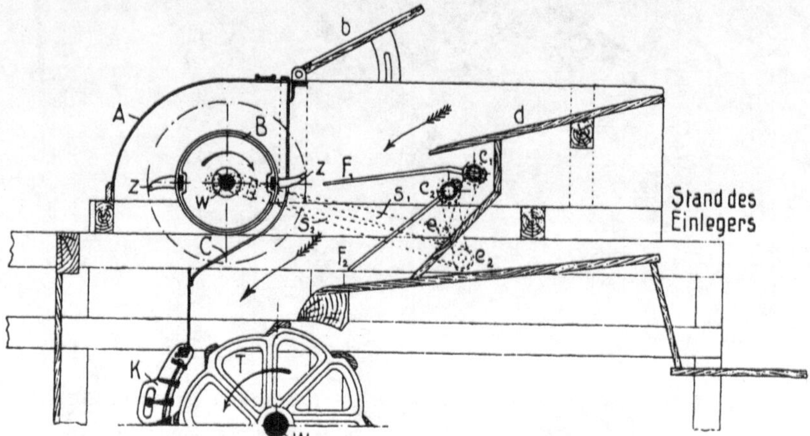

Abb. 298. Querschnitt durch den Selbsteinleger von C. A. Klinger in Altstadt-Stolpen.

werden im geöffneten Zustande über dem Tisch d auf die Garbenschüttel-Vorrichtung F_1 F_2 gebracht und gelangen dort in das Bereich der Zinkentrommel B. Die auf der Welle W sitzende Trommel B hat zwei Zinkenreihen z, welche durch Schlitze des festliegenden Blechmantels C hindurchgreifen. Von einer Kröpfung der Welle w führen die Stangen s_1 und s_2 zu den Hebeln e_1 c_1 und e_2 c_2, wodurch die Garbenschüttler F_1 und F_2 eine auf- und abwärts gehende Bewegung erfahren. Eine Voll- und Leerrolle gestattet ein bequemes Aus- und Einrücken des Einlegers. Die in Abb. 298 angegebenen Pfeile zeigen den Weg an, den die Garben bis zum Korb und zur Dreschtrommel nehmen.

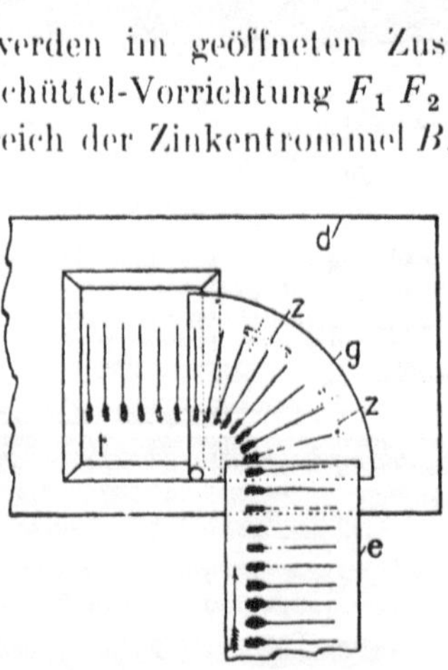

Abb. 299. Ältere Bauart des Ferneinlegers von Iwan Gowler.

Der Ferneinleger von Leonhardt & Co., Berlin-Schöneberg. Der Leonhardtsche Ferneinleger baut sich auf die zuerst bekannt gewordene Konstruktion eines Ferneinlegers von Iwan Golwer in Berlin 1898 auf, welcher in der Abb. 299 zu sehen ist. Die Getreidehalme wurden auf ein endloses Band des Elevators *e* gelegt, und zwar so, daß ihre Längsrichtung mit der Richtung der Trommel einen rechten Winkel bildete. Der Elevator brachte die Halme dann auf einen sog. Getreideschüttler *g*, der durch eine besondere Rüttelbewegung vermittelst

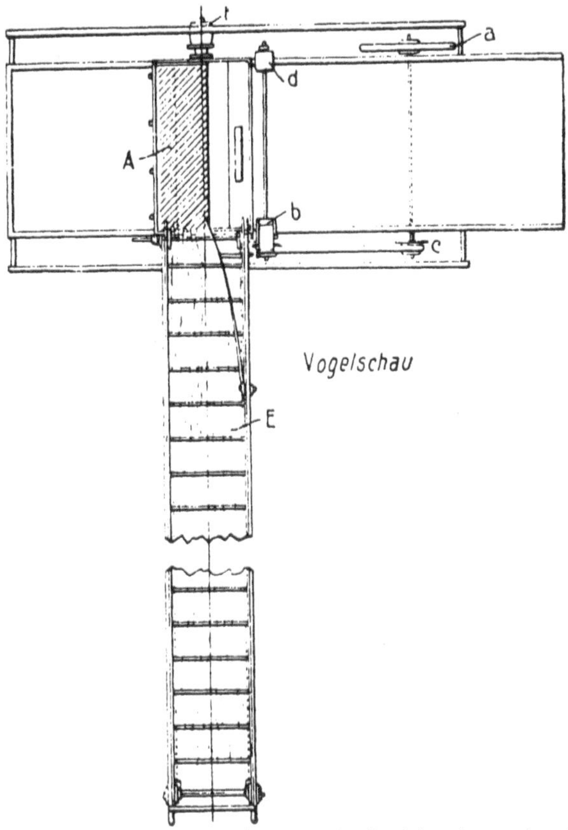

Abb. 300. Ferneinleger von Leonhard & Co. in Berlin-Schöneberg. (Draufsicht.)

Exzenter *z* die Bewegungsrichtung der Halme um 90° ändern und die Garben in richtiger Weise einlegen sollte[1]).

Diese Bauart erwies sich jedoch nicht als praktisch brauchbar, weil die Halme sich selten genau gleichmäßig einlegten und weil der Elevator selbst sehr breit ausgeführt werden mußte und dadurch sehr schwerfällig wurde.

[1]) Eine ähnliche Konstruktion zeigt Clayton & Shuttleworth's Selbsteinleger. Vgl. »The Implement and Machinery Review« London. 1. Aug. 1912, Vol. XXXVIII, No. 448, S. 493.

Die Firma Leonhardt & Co. versuchte daher beide Übelstände durch eine eigene Konstruktion zu vermeiden. Sie führte zunächst die Förderbahn schmaler aus, so daß das Getreide in seiner Längsrichtung aufgelegt werden mußte (Abb. 300). Dadurch wurde der Elevator leichter, und die Schwenkung der Getreidehalme fiel fort. Es kam nur darauf an, den Übergang der Halmfrucht von der Förderbahn in die Trommel so zu bewerkstelligen, daß zunächst kein Verstopfen am oberen Ende eintreten konnte und weiter nicht die Halme kopfüber in die Trommel fielen.

Erreicht ist dies dadurch, daß man die Geschwindigkeit des endlosen Förderbandes ziemlich hoch wählte, etwa 1,4 bis 1,5 m in der

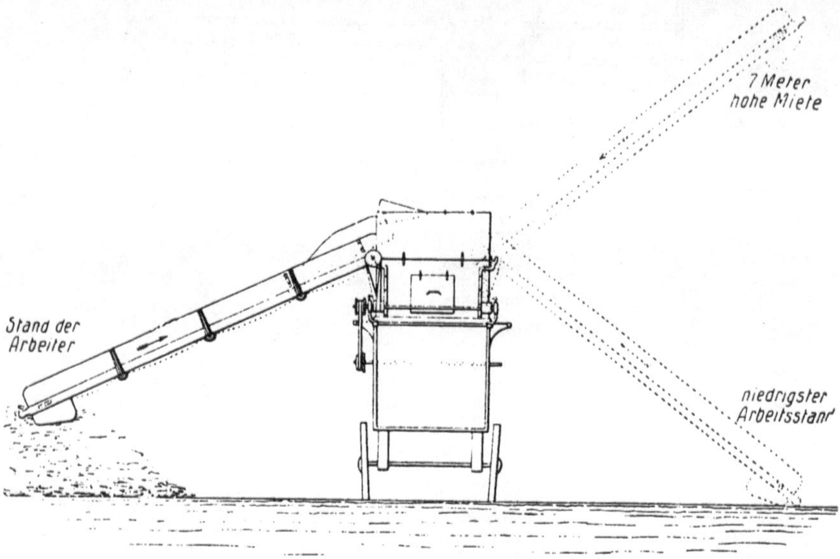

Abb. 301. Leonhardts Ferneinleger in den verschiedenen Stellungen.

Sekunde. Ferner ist durch eine senkrechte Leitfläche (Führungsleiste), die am Auslauf der Förderbahn an die Seitenwände in schräger Richtung umstellbar angeschlossen wird, eine derartige Verengung herbeigeführt, daß die Getreidehalme in ihrer Gesamtheit wurfartig die Förderbahn verlassen. Sie gelangen dann auf eine federnde geneigte Platte, die sog. Prelltafel (s. engschraffierte Fläche der Abb. 300). Die Prellplatte ist einseitig an der Wandung des Einlegetrichters befestigt und wird durch die Erschütterungen der Dreschmaschine in Schwingungen versetzt, die durch die auffallende Dreschfrucht vermehrt werden, und bewirken, daß letztere schnell in die Trommel gleitet. Die schon erwähnte Führungsleiste der Förderbahn hindert, daß Halme od. dgl. in die nicht durch die Prellplatte überdeckte Einlegeöffnung fallen.

Die Abb. 301 u. 302 lassen die Art des Antriebes und der Anbringung des Elevators leicht erkennen. In der Abb. 302 sehen wir noch eine Neuerung, die an der von uns geprüften Maschine noch nicht angebracht war, da sie erst später erfunden wurde. Es ist hier unter der Prellplatte noch eine sich drehende Verteilungstrommel angeordnet, deren Mantel aus Wellblech besteht. Es soll hierdurch eine Verstopfung des Förderbahnauslaufs völlig vermieden werden.

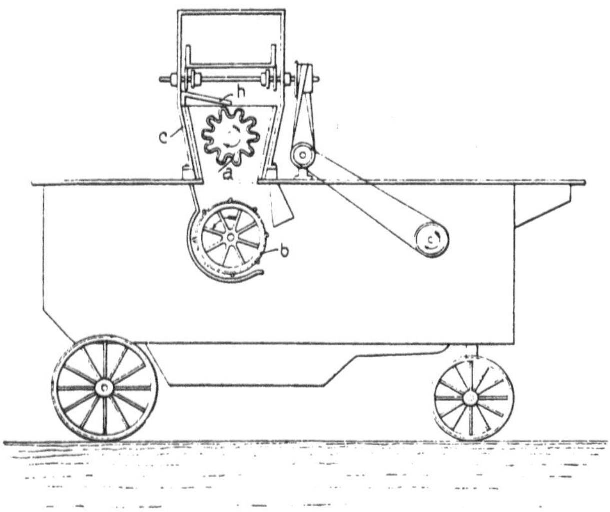

Abb. 302. Die Einlegetrommel beim Leonhardtschen Ferneinleger.

Durch Verwendung einer Trommel aus Wellblech soll verhindert werden, daß Halme sitzen bleiben, so daß kein Wickeln eintreten kann, weiter soll das Stroh nicht beschädigt werden.

Abb. 303 zeigt den Leonhardtschen Ferneinleger an einer Dreschmaschine angebracht für den Fall, daß man die Garben unmittelbar vom Boden aus auf den Einleger bringen will. Abb. 304 gibt den Ferneinleger in seiner Verwendung bei einem Diemen.

Die Vorteile der im Vorhergehenden beschriebenen Selbsteinlegerkonstruktionen sind folgende:

1. Das Einlegen (Speisung der Maschine) kann durch jeden ungeübten Arbeiter vorgenommen werden, während das Einlegen von Hand Übung und Geschicklichkeit erfordert.

2. Die Arbeit ist nicht ermüdend, so daß ein häufiges Ablösen der Arbeiter nicht notwendig wird, wie dies beim Einlegen von Hand der Fall ist.
3. Der Arbeiter ist gegen jeden Unfall gesichert, welcher sonst bei Maschinen ohne Einleger etwa vorkommen könnte.

Abb. 303. Leonhardts Ferneinleger, vom Boden aus arbeitend.

Abb. 304. Leonhardts Ferneinleger, vom Diemen aus arbeitend.

4. Die Arbeit ist kontinuierlich, d. h. die Dreschtrommel erhält fortwährend neues Material, so daß ihre Arbeit sehr gleichmäßig wird.

5. Stöße kommen nicht vor, weil das Durchrutschen ganzer Garben, was bei Maschinen ohne Einlegeapparat vorkommen kann, unmöglich ist.
6. Eine übermäßige Anstrengung der Dreschtrommel und der Maschine ist unmöglich, weil die Selbsteinlegevorrichtung eine Überlastung nicht gestattet.
7. Infolge der gleichmäßigen, schwächeren Speisung der Maschine ist der Drusch vollkommener und die Reinigung besser.
8. Die Trommelöffnung ist ganz abgeschlossen, so daß die Körner beim Dreschen nicht herausgeworfen werden können.
9. Der Selbsteinleger kann ausgeschaltet werden, so daß man die Speisung momentan einstellen kann.
10. Eine Beschädigung der Dreschtrommel ist so gut wie ausgeschlossen, denn in dem vorbereiteten Material können Holzstücke, Steine u. dgl. leicht bemerkt und rechtzeitig entfernt werden.

Diesen Vorteilen stehen folgende Nachteile gegenüber:

1. Dreschmaschinen mit Selbsteinleger erfordern etwas mehr Kraft.
2. Die Selbsteinlegevorrichtung kann bei nassem Dreschgut nicht verwendet werden.
3. Durch die Wellen und Lager des Apparates entstehen Arbeitsverluste und Ölverbrauch, so daß sich die Kosten der Instandhaltung etwas erhöhen.

2. Die Strohelevatoren (Stacker).

Das von den Strohschüttlern der Dreschmaschine kommende Stroh wird sehr häufig seiner großen Masse wegen durch mechanische Vorrichtungen, welche man »Elevatoren« oder »Stacker« nennt, weiterbefördert. Dieselben können entweder direkt mit der Dreschmaschine verbunden sein oder als selbständige Apparate, welche fahrbar ausgerüstet sind, an die Dreschmaschine herangeschoben werden.

Die mit der Dreschmaschine verbundenen Stacker. In Abb. 305 ist eine derartige Vorrichtung zur Beförderung des Strohes, welche am vorderen Teile der Dreschmaschine angebracht ist, dargestellt. Der Apparat besteht aus einer Holzrinne, welche am oberen und unteren Ende mit Kettenrädern versehen ist, auf welche rechts und links eine Kette gelegt wird. Auf diesen beiden Ketten sind Querleisten befestigt, die wiederum mit Zinken versehen sind. Das Stroh fällt von den Strohschüttlern auf diese oberhalb liegenden Querleisten und wird durch dieselben nach oben befördert. Der ganze Elevator ist an den mit der Maschine verbundenen Teilen um eine horizontale Achse drehbar angeordnet, so daß man ihn flacher oder steiler an-

Abb. 305. Stacker, mit der Dreschmaschine verbunden.

steigen lassen kann. Der Antrieb der unteren Welle geschieht von der Strohschüttlerwelle aus, so daß durch die Bewegung der Kette das Stroh und das Kurzstroh befördert und auf eine gewisse Höhe gebracht werden kann, von der es dann herabfällt. Der Apparat wird durch zwei dünne Drahtseile gehoben, welche am oberen Ende befestigt werden, über Rollen geführt sind und auf eine kleine Windetrommel aufgewickelt werden können. Für den Fall, daß sich die Transportketten abnutzen, werden sie dadurch nachgespannt, daß die oberen Lager der Kettenräder durch Schrauben verstellt werden können.

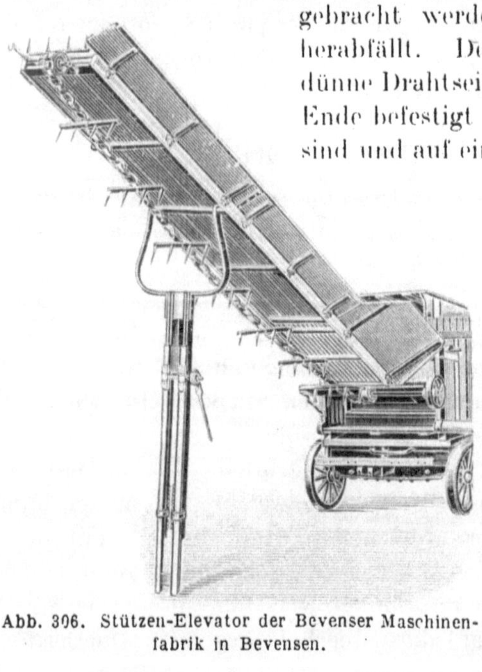

Abb. 306. Stützen-Elevator der Bevenser Maschinenfabrik in Bevensen.

An Stelle des vorhin genannten dünnen Drahtseiles zum Heben des Elevators können auch Stützen unter dem Elevator angeordnet werden, wie dies in Abb. 306 dargestellt ist. Auch hier ist das untere Ende des Elevators direkt mit der Dreschmaschine verbunden. Die Stützen fassen gabelartig unter den Elevator, während die Füße mittelst einer einfachen Drehvorrichtung verlängert werden können, so daß sich dadurch der Elevator beliebig neigen läßt. Im Gegensatze zu dem in Abb. 305 dargestellten Stacker hat

Abb. 307. Fahrbarer Strohelevator der Bevenser Maschinenfabrik in Bevensen.

dieser »S t ü t z e n e l e v a t o r« nur e i n e in der Mitte angeordnete Gliederkette.

Geschieht die Unterstützung statt durch Stützen mittelst eines zweirädrigen Karrens, wobei das untere Ende des Elevators aber auch auf die Dreschmaschine gestützt wird, dann nennt man dies einen »Z w e i r ä d e r e l e v a t o r«.

Mit Hilfe dieser Elevatoren kann das Stroh $3 \div 4$ m, bei den unterstützten Elevatoren sogar bis auf 7 m hoch gehoben und in eine horizontale Entfernung von 5÷6 m von der Maschine gebracht werden, so daß die Gespanne mit dem Wagen oder Schlitten, durch welche das Stroh weggefahren werden soll, leicht unter die Maschine geführt werden können. Diese Vorrichtung kann Anwendung finden, wenn das Stroh in Diemen (Tristen) gesetzt werden soll oder wenn es direkt von der Maschine abgefahren werden muß.

Strohelevatoren als selbständige Apparate. Diese zur Ergänzung der Dreschmaschine dienenden Strohelevatoren arbeiten genau so wie die vorhin beschriebenen, mit der Dreschmaschine direkt verbundenen Apparate; sie dienen zum Heben des Strohes, um namentlich das Bauen von Diemen zu erleichtern. Die *Teile* eines solchen Strohelevators sind: zwei parallel liegende, endlose Ketten, auf welche Querleisten mit Zinken befestigt sind, und das Wagengestell. Das Stroh gelangt von der Dreschmaschine in den Aufschüttrumpf des Elevators (Abb. 307), wird dort von den Zinken ergriffen und durch die Ketten bis an das obere Ende des Elevators befördert, wo das Stroh herabfällt und durch die auf den Diemen befindlichen Arbeiter eingebaut wird. Die Neigung des Elevators kann auch hier geändert werden, so daß der Elevator der Höhe der Dieme folgen kann. In der Regel steht der Elevator in der Längsrichtung der Dreschmaschine und wird in diesem Falle von der Strohschüttlerwelle durch einen einfachen Riemenantrieb in Bewegung gesetzt. Um aber auch links oder rechts von der Maschine Diemen bauen zu können, ist der Elevator auch zumeist mit einer Riemenführung versehen, welche es ermöglicht, den Elevator unter einem beliebigen Winkel zur Dreschmaschine aufzustellen. Die Riemenführung besteht aus zwei stellbaren Wellen mit führenden Riemenscheiben. Auch ist es hierbei zweckmäßig, die Hinterräder des Elevators um 90° verstellen zu können, um eine leichte Beweglichkeit nach der Seite hin zu erreichen (Abb. 310 u. 312). Die Konstruktionsunterschiede bei den verschiedenen Elevatoren beziehen sich zumeist auf die Hebevorrichtung derselben.

In Abb. 308 ist die Konstruktion eines hölzernen Strohelevators gezeigt. Die Holzrinne besteht aus den Teilen A und B, welche durch die Gelenke L miteinander verbunden sind, so daß der obere Teil umgebogen und für den Transport in die punktierte Lage M gebracht werden kann. Auf dem oberen Ende der Rinne ist ein Windfang J angebracht und ebendort befindet sich auch die Spannvorrichtung a für die Kette, so daß die obere Kettenwelle der Abnutzung entsprechend durch eine Spannschraube verschoben werden kann.

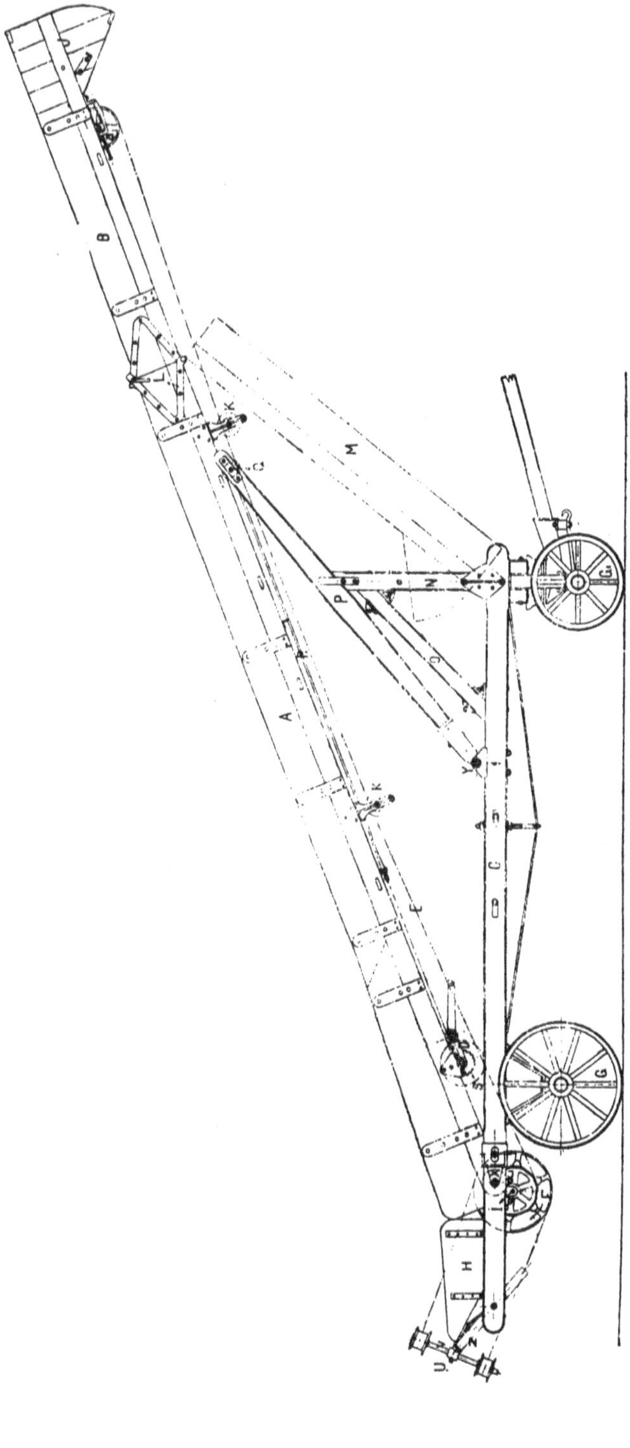

Abb. 308. Elevator in Holz-Konstruktion.

Die Hebevorrichtung ist auf dem Gestell C angebracht und besteht aus den Hebearmen P, welche um das Gelenk Y drehbar sind. Die oberen Teile der Arme sind durch die Welle Q verbunden und mit Führungsrollen versehen. Die Welle ist durch eine Stange R und diese wieder mit einer Kette verbunden, welche auf die Welle S aufgewickelt wird. Die Drehung der letzteren erfolgt mittels einer Zahnradübersetzung. Ferner ist ein Schaltwerk vorgesehen, durch welches die Rinne

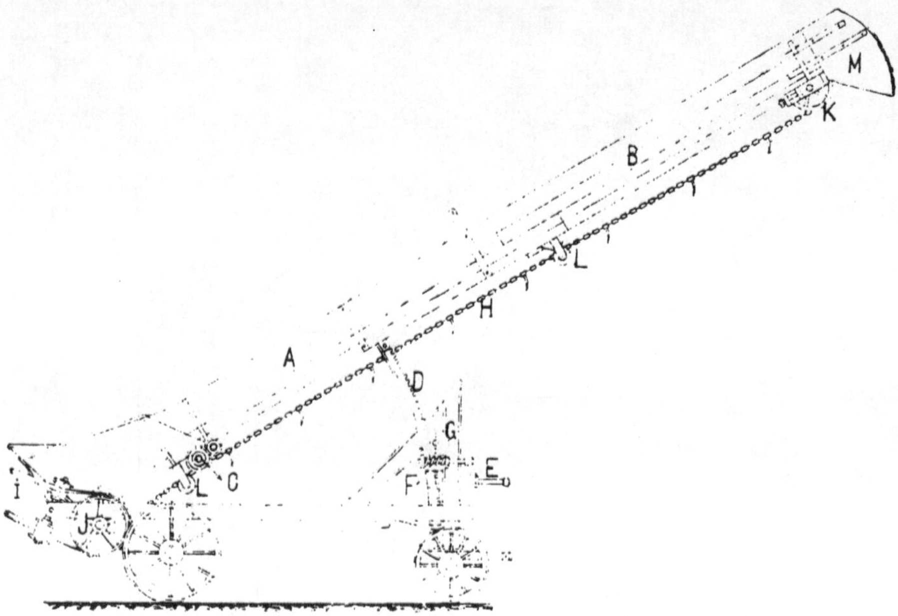

Abb. 309. Elevator in Holz-Konstruktion.

in jeder Lage gesichert werden kann. Beim Herablassen der Rinne wird die Klinke des Schaltwerkes zurückgelegt.

Abb. 309 zeigt den Strohelevator in seiner Arbeitsstellung. Wird mit Hilfe der Übersetzung D die Kette auf die Welle S gewickelt, so verläßt der Arm P die Stütze N, und die Rinne des Elevators wird gehoben. Damit der Längsträger C sich nicht verbiegt, ist eine Spannschraube mit einer versteiften Stange angebracht und die Träger C und N durch den diagonalen Träger O verbunden. Die Fahrräder sind mit G und G_1 bezeichnet; die Vorderräder G_1 werden während der Arbeit mit dem Rahmen festgekeilt. Die Kette E, welche durch die Führungsrollen K unterstützt wird, bewegt sich oberhalb des Bodens der Rinne und kann auch im Notfalle durch die Übersetzung X

von Hand oder durch einen Göpel betrieben werden. Im letzteren Falle wird die Welle des Göpels mit der unteren Kettenwelle *I* verbunden. Wenn der Elevator unter einen Winkel zur Maschinenachse gestellt wird, so dient hierzu die neben dem Aufschüttrumpf *H* angebrachte Transmission *U*. Die Wellen *z* und *v* sowie die Führungsrollen auf der Welle *v* können verstellt werden, so daß die Bewegung

Abb. 310. Fahrbarer Strohelevator, stärkere Bauart, von Th. Flöther in Gassen, i. L.

von der Strohschüttlerwelle der Dreschmaschine auf die Riemenscheibe *F* übertragen werden kann.

In Abb. 309 ist ein anderer Elevator dargestellt, bei welchem die Teile *A* und *B* zum Zwecke des Transportes teleskopartig zusammengeschoben und für die Arbeitsstellung wieder auseinandergebracht werden können. Eine derartige Verstellbarkeit ist auch bei dem Stacker in Abb. 307 vorgesehen. Zum Heben der Rinne dienen zwei in Halbkreisform hergestellte gußeiserne Zahnbogen *D*, welche mit Zahnrädern in Verbindung stehen. Durch die Kurbel *E*, die Schnecke *F* und die Schneckenräder *G* werden die Zahnstangen *D* und mit diesen die Rinne des Elevators gehoben oder gesenkt. Die endlosen Gliederketten *H* werden durch die Scheiben *J* und *K* geführt und durch die Rollen *L* unterstützt. Die oberen Kettenräder *K* können verstellt werden, wodurch sich eine schlaff gewordene Kette spannen läßt. Um die nachteilige Wirkung des Windes zu verhüten, wird die Rinne mit aufrechtstehenden Seitenteilen und das obere Ende mit einem Windfang *M* versehen.

Die äußere Ansicht eines derartigen, aus Holz gebauten Strohelevators gibt Abb. 310 in der Arbeitsstellung und Abb. 311 in der

Abb. 311. Strohelevator von Th. Flöther in Gassen i. L., in Transportstellung.

Transportstellung. Auch hier ist die Förderrinne um ein Gelenk zusammenklappbar. Abb. 310 zeigt deutlich, wie die Hinterräder um 90° verstellt werden können.

In den Abb. 312 u. 313 ist eine leichtere Bauart desselben Elevators dargestellt. An demselben erkennt man, daß zum Fördern statt der Ketten Hanfgurten verwendet werden, was natürlich weniger dauerhaft ist als Gliederketten. Der endlose Hanfgurt liegt in der Mitte der Rinne und trägt die quer angeordneten Zinkenstäbe.

In bezug auf die Dauerhaftigkeit und Feuersicherheit bietet der ganz aus Eisen gebaute Stacker, welcher in Abb. 314 dargestellt ist, besondere Vorteile. Der untere Teil *A* und der obere Teil *B* sind bei C gelenkig verbunden. Beim Aufstellen zur Arbeit wird der obere Teil durch die Arme H um die Gelenke C umgelegt und in dieser Lage mit dem unteren Teil durch Schrauben verbunden. Die Arme H, welche die Rinne des Elevators unterstützen, werden durch die Kurbel S mittelst Kegelrädern, Schneckenantrieb Z und durch die Zahnräder U gehoben oder gesenkt. Auf der Welle V sind nämlich zwei Zahnräder U befestigt, welche in das auf dem Träger DD

Abb. 312. Fahrbarer Strohelevator, leichtere Bauart, von Th. Flöther in Gassen i. L., in Arbeitsstellung.

sitzende halbkreisförmige Zahnrad T eingreifen. Durch das Zusammenwirken der genannten Übersetzung wird der Elevator gehoben oder gesenkt. Zum Transport der Maschine wird die Rinne möglichst tief gesenkt, die verbindenden Schrauben werden entfernt und der Teil B wird um den Drehpunkt C auf den Teil A gelegt. Die wichtigeren Teile des Elevators sind die folgenden: die endlose Kette K, die Zinken N, die Führungsrollen unterhalb der Rinne N, das untere

Kettenrad O, das obere P, wobei das untere mit Zähnen versehen ist, um mittels derselben die Kette mitnehmen zu können. Die Umfangsgeschwindigkeit dieses Rades beträgt etwa 8 m. Das obere Kettenrad P ist zum Zwecke der Spannung der Kette mit einer Schraube L versehen. Der Windfang J, der Aufschüttrumpf I, die Führung M für die Rollen der Hebearme H bilden die ergänzenden Teile. Der Boden Y der Rinne ist aus Flacheisen gebildet, damit die mit dem Stroh etwa noch herauskommenden Körner durch die Öffnungen des Bodens hindurchfallen können. An der linken Seite des Elevators ist die Führungseinrichtung Q für den Riemen zu sehen. Der ganze Apparat ist auf den Fahrrädern E und F fahrbar. Der in den Abb. 315 u. 316 dargestellte Elevator ist mit Kraftbetrieb

Abb. 313. Strohelevator von Th. Flöther in Gassen i. L., in Transportstellung.

eingerichtet. Es ist die Konstruktion von Georg Osterrieder in Lautrach (Bayern), welche zurzeit auf diesem Gebiete das Neueste vorstellt[1]). Der Elevator ist mit einem drei- bis vierpferdigen Benzinmotor versehen, welcher in einem verschließbaren Schutzkasten im unteren Gestell des Elevators eingebaut ist. Dieser Motor, welcher auch ein Elektromotor sein kann, dient sowohl zum Betriebe des Elevators während des Abladens als auch zum Auf- und Zusammenklappen der Förderrinne. Das Auf- und Niederlassen kann auch mit Handkurbeln betätigt werden, doch kann dies ebenfalls durch Einrücken mittels eines Hebels durch den Motor erfolgen. Für den Leerlaufrechen sind an der unteren Seite der Rinne besondere Führungen

[1]) Vgl. »Vorprüfung neuer Geräte, Cassel 1911« in Heft 222 der Arbeiten der Deutschen Landwirtsch. Gesellschaft, Berlin 1912, S. 60.

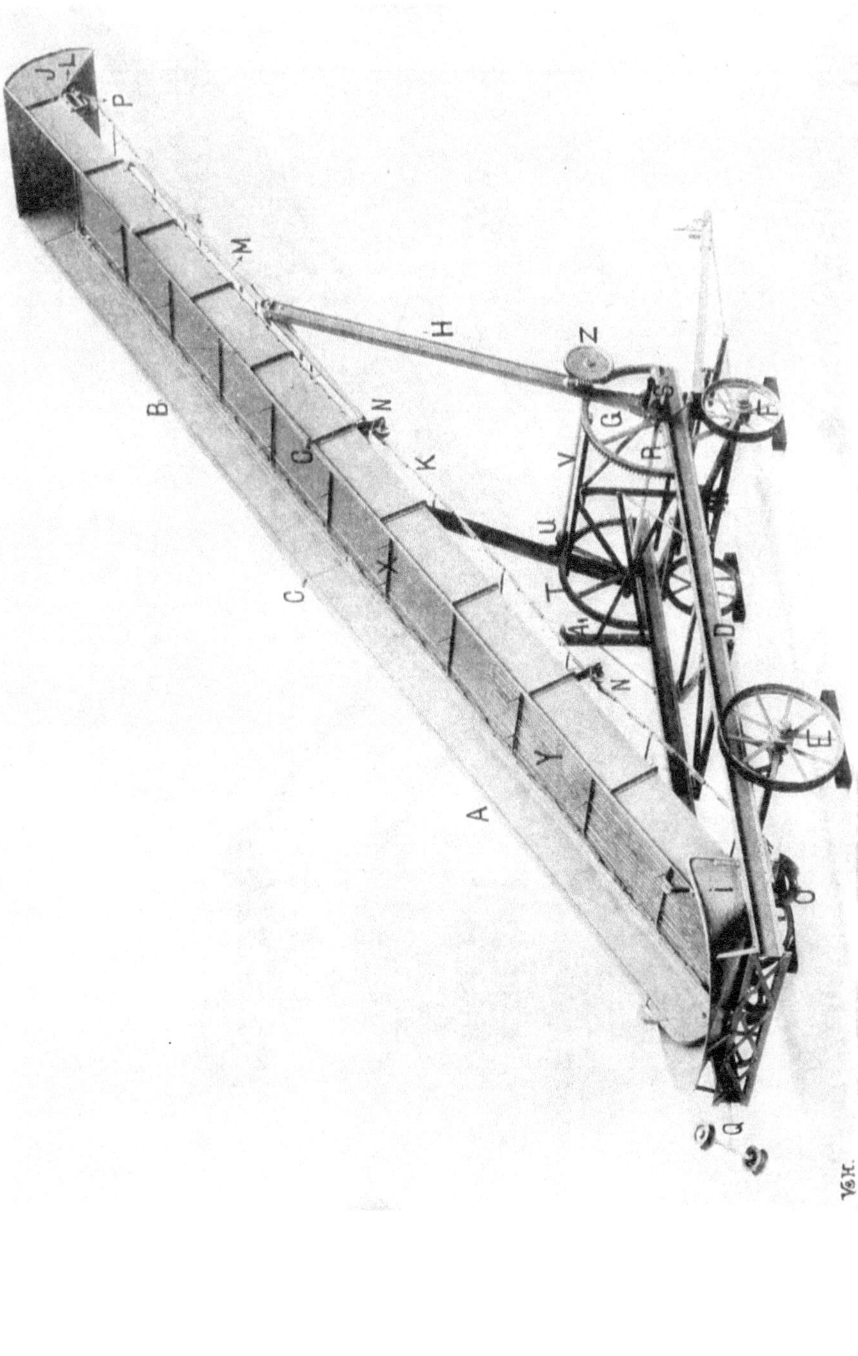

Abb. 314. Fahrbarer Strohelevator in Eisen-Konstruktion.

Abb. 315. Osterriederscher fahrbarer Stroh-Elevator mit Motorbetrieb in seiner höchsten Stellung.

vorgesehen. Der Elevator kann in jeder beliebigen Stellung fest und sicher gehalten werden. Die senkrechten Förderhöhen schwanken zwischen 9 und $12\frac{1}{2}$ m, während die Ausladung $1{,}50 \div 3$ m betragen kann.

Abb. 316 zeigt den Elevator in seiner zusammengeklappten Transportstellung.

Der Osterriedersche Elevator kann nicht bloß zum Aufbau von Diemen, sondern auch zum Einbringen des Getreides in Scheunen

Abb. 316. Osterriederscher fahrbarer Stroh-Elevator, für den Transport zusammengeklappt.

verwendet werden, man hat nur nötig, ihn direkt an das Gebäude heranzufahren und ihn von oben durch das Dach die Garben hineinwerfen zu lassen.

3. Die Maisrebler.

Dieselben werden entweder direkt mit der gewöhnlichen Dreschmaschine verbunden oder als eigene Maisrebelmaschinen gebaut.

Die in die Dreschmaschine eingebauten Maisrebler. Durch Auswechslung der Trommel und des Korbes sowie des Kurzstrohreuters kann die gewöhnliche Dreschmaschine zum Rebeln von Mais verwendet werden. Die auszuwechselnden Teile sind in Abb. 317 dargestellt. Die Trommel ist aus Gußeisen und an dem Ende, wo die Maiskolben eingeführt werden, mit zwei schraubenförmig gebogenen Rippen versehen, um das Material der Austrittsöffnung zuzuführen. Die Trommelwelle bleibt unverändert und wird an der in Abb. 317 dargestellten Trommel durch Stellschrauben befestigt. Der Korb (Abb. 317 u. 318) wird aus zwei gußeisernen Seitenteilen und mehreren Ringen gebildet, durch welche die den Trommelmantel bildenden Eisenstäbe hindurchgeschoben sind. An vier Stellen des Umfanges werden Gasrohre zur Versteifung der Konstruktion angebracht.

An der Stelle des Austrittes ist eine durch einen Hebel und ein verstellbares Gewicht versehene Klappe angebracht, welche sich unter dem Drucke des sich ansammelnden Materials öffnet, wie dies die punktierte Darstellung in Abb. 318 anzeigt. Die Regulierung erfolgt durch Verstellung des Gewichtes wie bei dem Entgranner oder da-

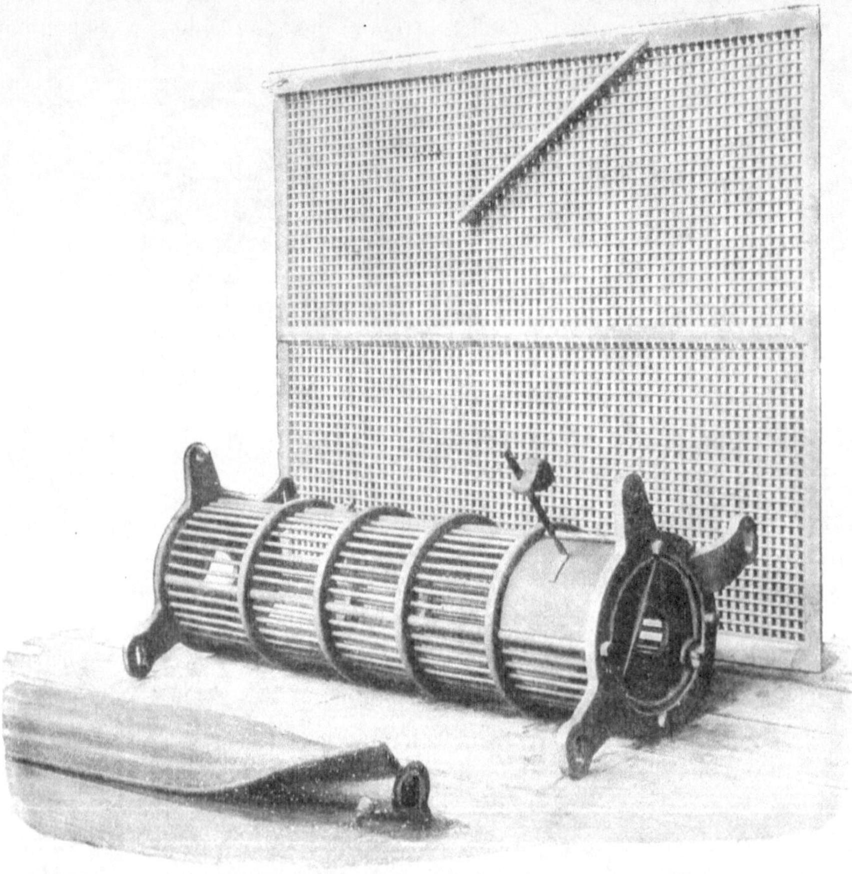

Abb. 317. Trommel, Korb und Kurzstrohreuter für Maisrebler zur Dreschmaschine.

durch, daß der Korb durch die Stellschrauben an die Trommel herangerückt oder von derselben entfernt wird. Je nach der Größe der Maiskörner werden die Stäbe enger oder weiter gestellt.

Abb. 319 zeigt die fertig aufgestellte Dreschmaschine mit dem Kolbenelevator, welcher am unteren Ende mit Hilfe der Füße verstellbar ist. Die Konstruktion des Elevators und die Spannvorrichtung für den Riemen ist in der Abb. 202 bereits gezeigt worden. Der Kurzstrohreuter hat Öffnungen von 15 mm, die Siebe werden aus den zur gewöhnlichen Dreschmaschine beigegebenen ausgewählt.

In Abb. 320 ist eine der vorhergehenden Konstruktion ähnliche Bauart zur Darstellung gebracht, jedoch ist die Zuführung der Kolben und damit die Aufstellung des Kolbenelevators von der Seite der Dreschmaschine vorgenommen, während in Abb. 318 der Kolbenelevator in der verlängerten Längsachse der Dreschmaschine steht.

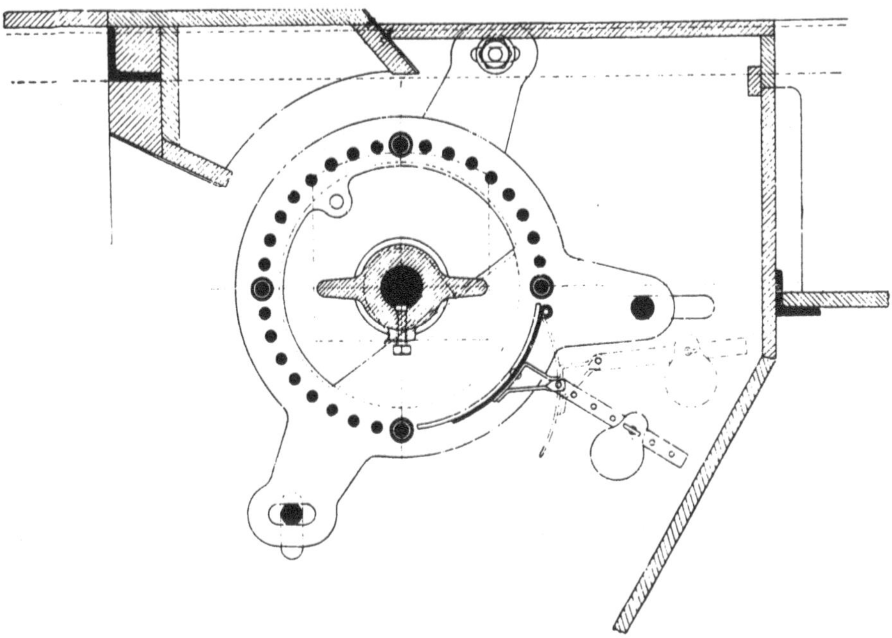

Abb. 318. Trommel-Korb für Maisrebler zur Dreschmaschine (Querschnitt).

Abb. 321 zeigt eine andere Konstruktion, bei welcher die Trommel *a* aus einem Blechmantel besteht, welcher durch das aus Armkreuzen gebildete Blech *b* auf der Trommelwelle befestigt ist. Die Oberfläche der Trommel hat eigenartig gebildete Vertiefungen *c*, in welche sich die aus dem Aufschüttkasten *d* herunterfallenden Kolben hineinlegen und in der Pfeilrichtung den Korbleisten *f* zugeführt werden. Diese Vorrichtung entblättert und rebelt die Maiskolben. Eine äußere Darstellung dieser Trommelkonstruktion ist in Abb. 322 deutlich zu erkennen.

Eine Trommel und ein Korb zum Maisrebeln, wie er auf dem oberen Teile einer Dreschmaschine aufgestellt werden kann, ist aus

Abb. 319. Maisrebler, in die Dreschmaschine eingebaut, mit Elevator.

Abb. 323 zu ersehen. Bei dieser Konstruktion wird auch ein zweiter Elevator verwendet, welcher die Körner aus dem unteren Putzwerk unmittelbar den Säcken zuführt.

Abb. 326. Maisrebler mit Elevator-Zuführung von Th. Flöther in Gassen i. L.

Die selbständigen Maisrebelmaschinen. Für größere Leistungen werden selbständige Maisrebelmaschinen gebaut, welche man je nach ihrer Bauart in drei Gruppen einteilen kann:

1. Maisrebler mit zylindrischer Trommel,
2. Maisrebler mit schraubenförmiger Trommel.
3. Maisrebler mit konischer Trommel.

1. Maisrebler mit zylindrischer Trommel. Abbildung 324 zeigt die zylindrische Trommel, bei welcher auf die Trom-

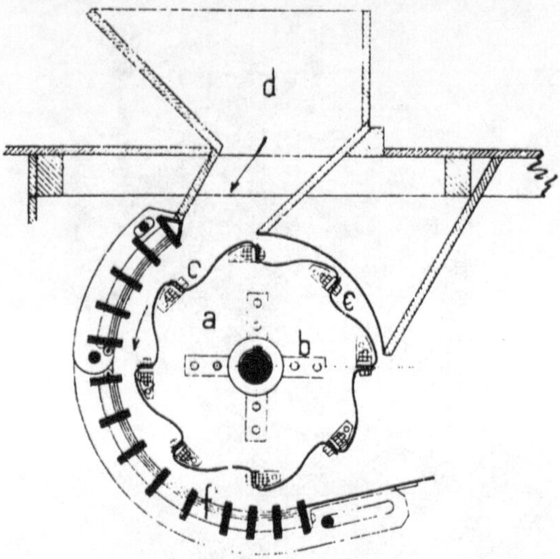

Abb. 321. Trommel und Korb zum Entblättern und Rebeln von Mais.

melwelle *a* zwei gußeiserne Scheiben *b* und auf diese durch die Schrauben *c* die Hartholzbohlen *d* befestigt sind. Die Oberfläche ist durch ein Eisenblech gebildet, in welches Stifte, wie dies Abb. 325 zeigt,

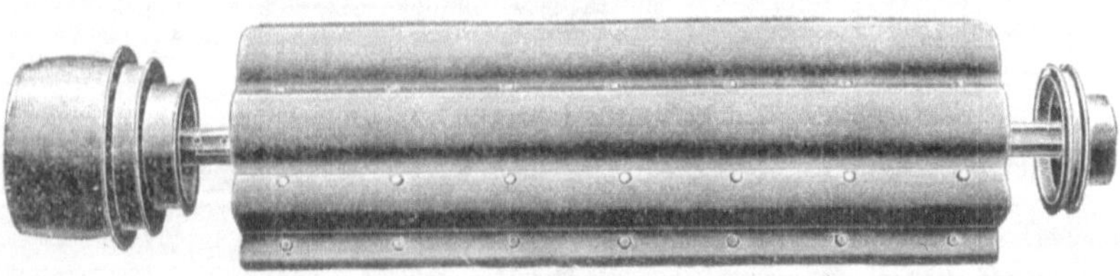

Abb. 322. Äußere Ansicht der Trommel zum Mais-Rebeln von Th. Flöther in Gassen i. L.

nach einer Schraubenlinie befestigt sind. Diese Stifte (Abb. 325) werden mittels ihres Gewindeteiles *b* in die Holzmantelung der Trommel eingeschraubt, während der Kopfteil *a* dieser Stahlstifte das Rebeln besorgt. Die Anordnung der Stifte am Umfange des Trommelmantels ist derart vorgenommen, daß die Schraubenlinie bei der Eintrittsöffnung steiler, bei der Austrittsöffnung mit geringerer Steigung

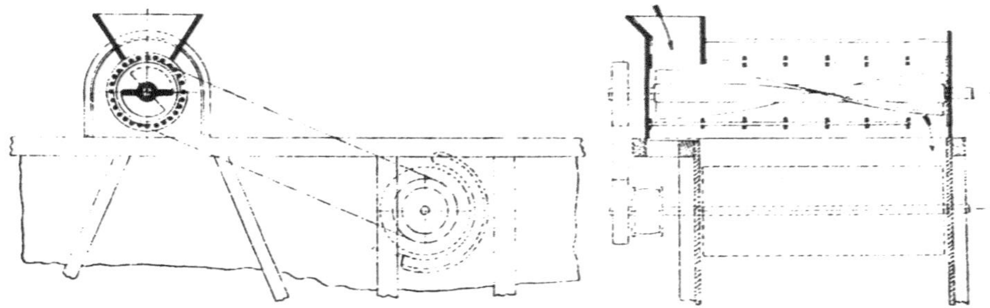

Abb. 323. Maisrebler für Dreschmaschinen, auf dem oberen Teil der Maschine aufgebaut.

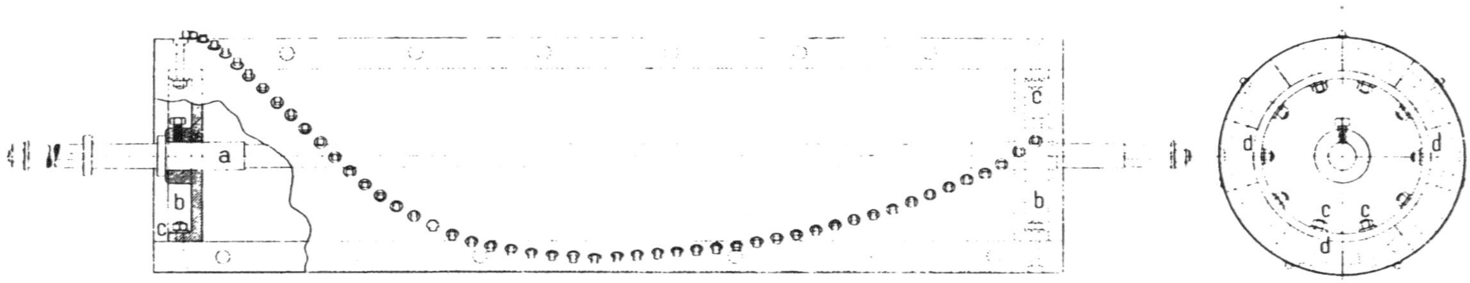

Abb. 324. Holztrommel für Maisrebler.

verläuft. Die Umfangsgeschwindigkeit der Trommel beträgt 8,5 m pro Sekunde, was bei dem allgemein gebräuchlichen Trommeldurchmesser einer minutlichen Umdrehungszahl von etwa 400 entspricht.

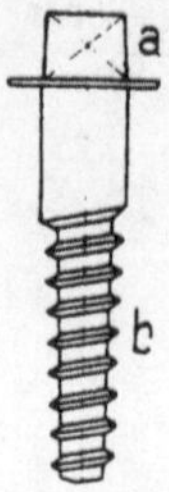

Abb. 325. Stift zur Holztrommel.

Bei der *Aufstellung der Trommel* muß auf folgendes geachtet werden:

1. Die Trommel muß gut ausbalanciert sein.
2. Die Blechhülle darf keine Sprünge oder Risse zeigen.
3. Die Stifte müssen in einer Schraubenlinie angeordnet sein.
4. Es dürfen nur gerade Stifte verwendet werden.
5. Die Stifte müssen gut eingeschraubt werden, so daß sich die Platte unter dem Kopf *a* ganz genau auf den Zylindermantel auflegt.
6. Die Köpfe müssen so stehen, wie dies Abb. 324 zeigt, und dürfen nicht verdreht sein.
7. Fehlende Stifte sind zu ersetzen, abgenutzte auszutauschen.
8. Falls an der Trommel eine größere Reparatur notwendig war, muß die Trommel von neuem ausbalanciert werden.
9. Die Umfangsgeschwindigkeit muß eingehalten werden, sonst ist das Rebeln fehlerhaft.

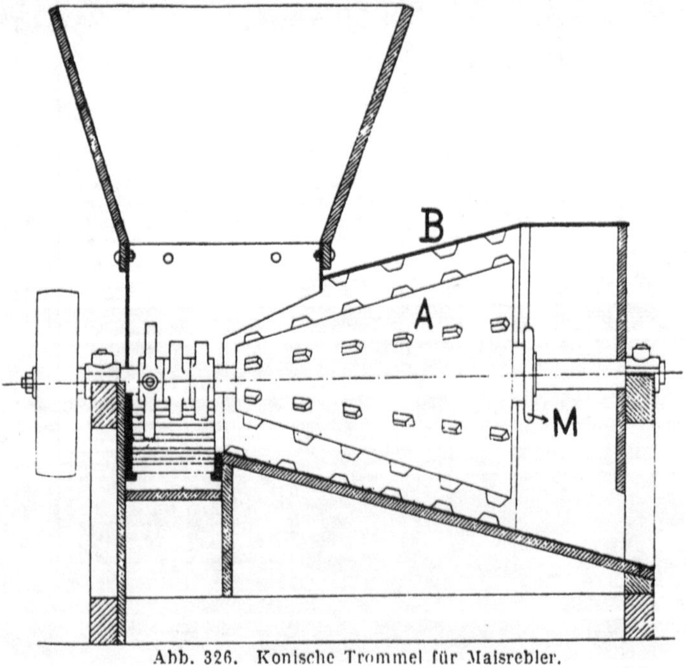

Abb. 326. Konische Trommel für Maisrebler.

Der Korb. Abb. 328 u. 329 zeigen einen gußeisernen Korb (*b*), welcher auf dem einen Teile einen größeren, auf dem anderen Teile einen kleineren Zwischenraum zwischen sich und der Trommel läßt. Das Rebeln der Kolben wird hauptsächlich auf der Kante und auf der die Trommel eng umschließenden Oberfläche erfolgen. Die eben genannte Kante ist von dem obersten Teile der Trommel etwa 10 mm entfernt. Um zur Oberfläche der Trommel gelangen zu können, ist ein Teil des Korbes abnehmbar eingerichtet. Die Regulierung erfolgt durch einen Schieber, welcher bei der Austrittsöffnung liegt und so

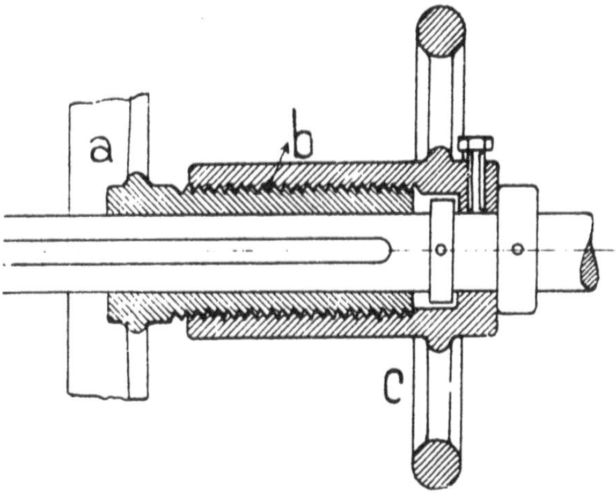

Abb. 327. Stellvorrichtung zur konischen Trommel.

verstellt werden kann, daß die Kolben längere oder kürzere Zeit im Innern des Korbes zurückgehalten werden.

2. Maisrebler mit schraubenförmiger Trommel. Die Ausbildung dieser Trommel ist bereits in den Abb. 317 und 318 wiedergegeben. Auch die Beschreibung derselben ist an dieser Stelle (S. 223) vorhanden.

3. Maisrebler mit konischer Trommel. Abb. 326 zeigt auf der einen Seite der Welle eine Stellvorrichtung *M*, welche durch Abb. 327 in größerem Maßstabe zu erkennen ist. Das Trommelkreuz hat eine verlängerte Nabe *a* mit Gewinde *b*, auf welches das Handrad *c* derart aufgeschraubt werden kann, daß es bei seiner Drehung eine Verstellung der Welle in der Längsrichtung erzielt. Hierdurch kann das Kreuz *a* und mit demselben die Trommel auf zwei Führungskeilen (Federn) verstellt werden, so daß der Abstand zwischen

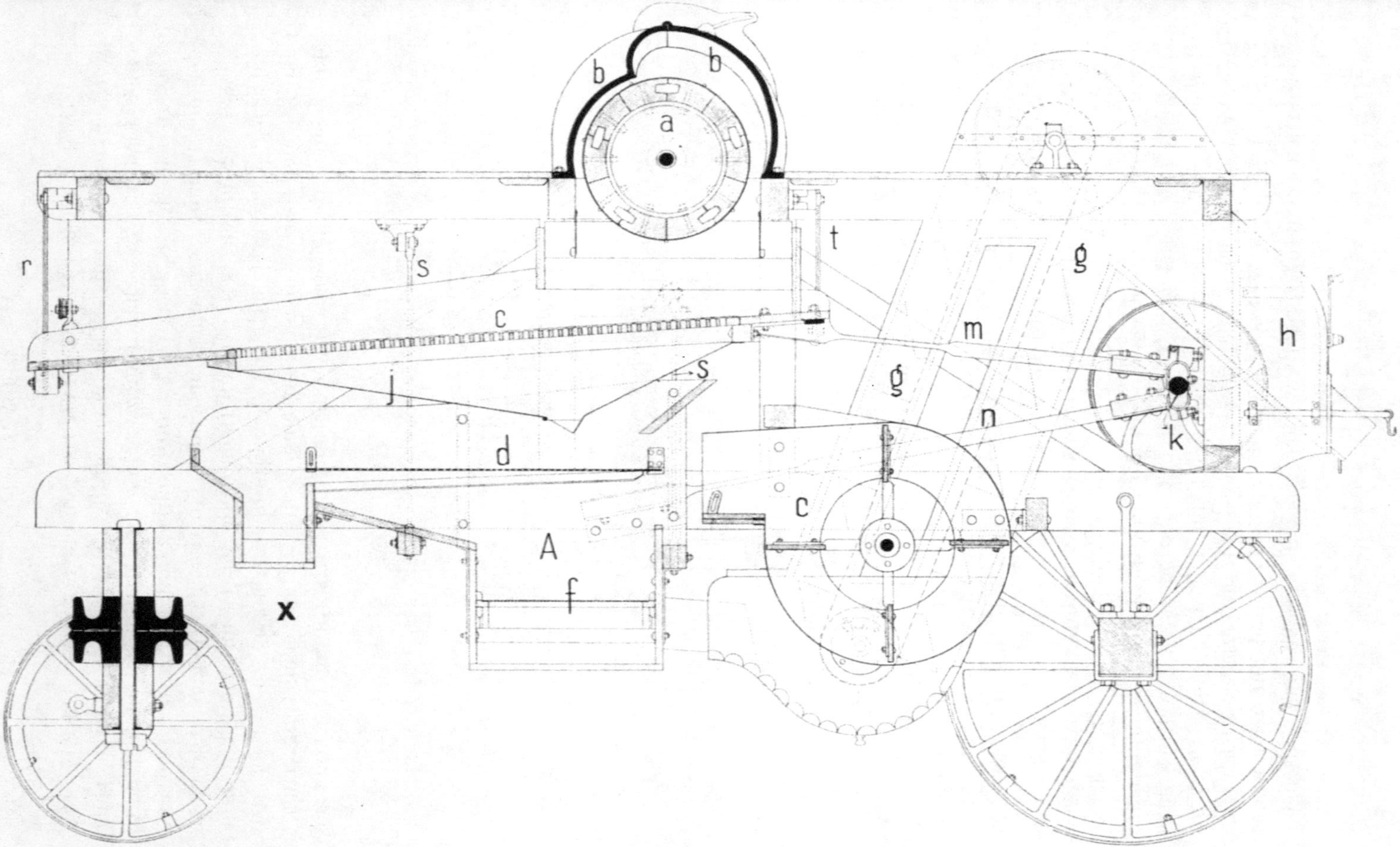

Abb. 328. Maisrebler mit Holztrommel (Längsschnitt).

der Trommel A (Abb. 326) und dem Korb B vergrößert oder verkleinert werden kann.

Abb. 328 zeigt einen Maisrebler mit zylindrischer Trommel, bei welchem die Trommel a, der Korb b, das Kolbenrad c, das Spreu-

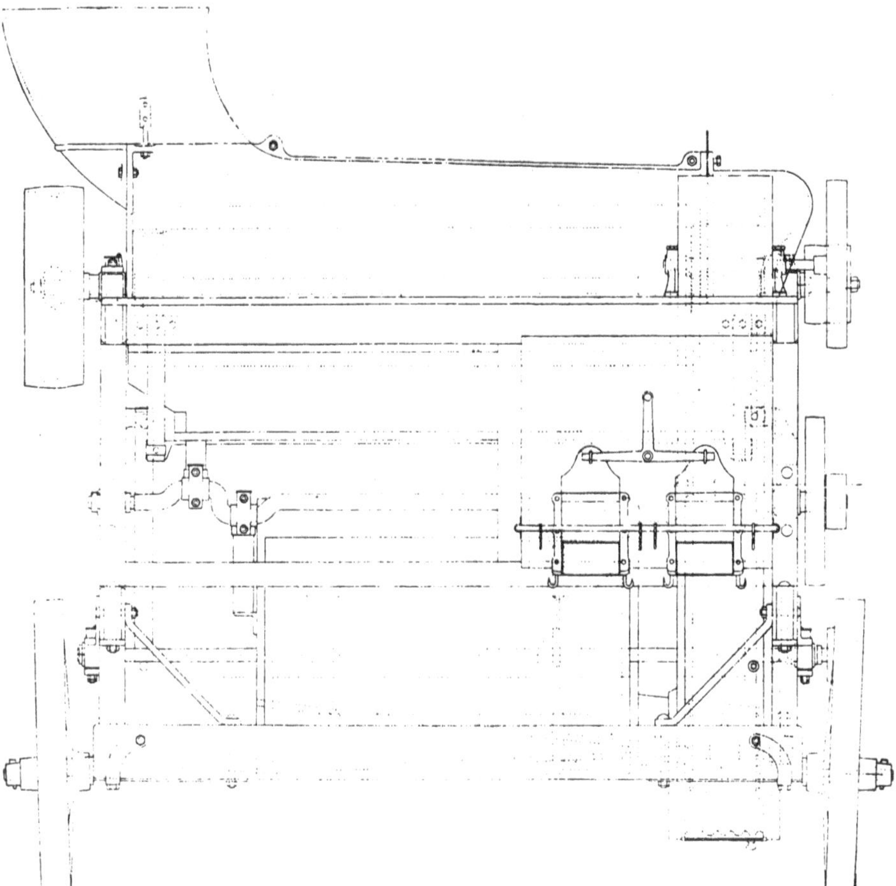

Abb. 329. Maisrebler mit Holztrommel (Vorderansicht).

sieb d, das Körnersieb f, der Elevator g und die Sackeinfüllvorrichtung h zu sehen sind. Die Kolben werden zwischen Trommel und Korb gerebelt, fallen auf das Sieb c, welches durch die Triebstangen m von der Welle k bewegt wird. Die Kolben fallen zu Boden, und die Körner gelangen über den Tisch j auf das Sieb d, welches am unteren Putz-

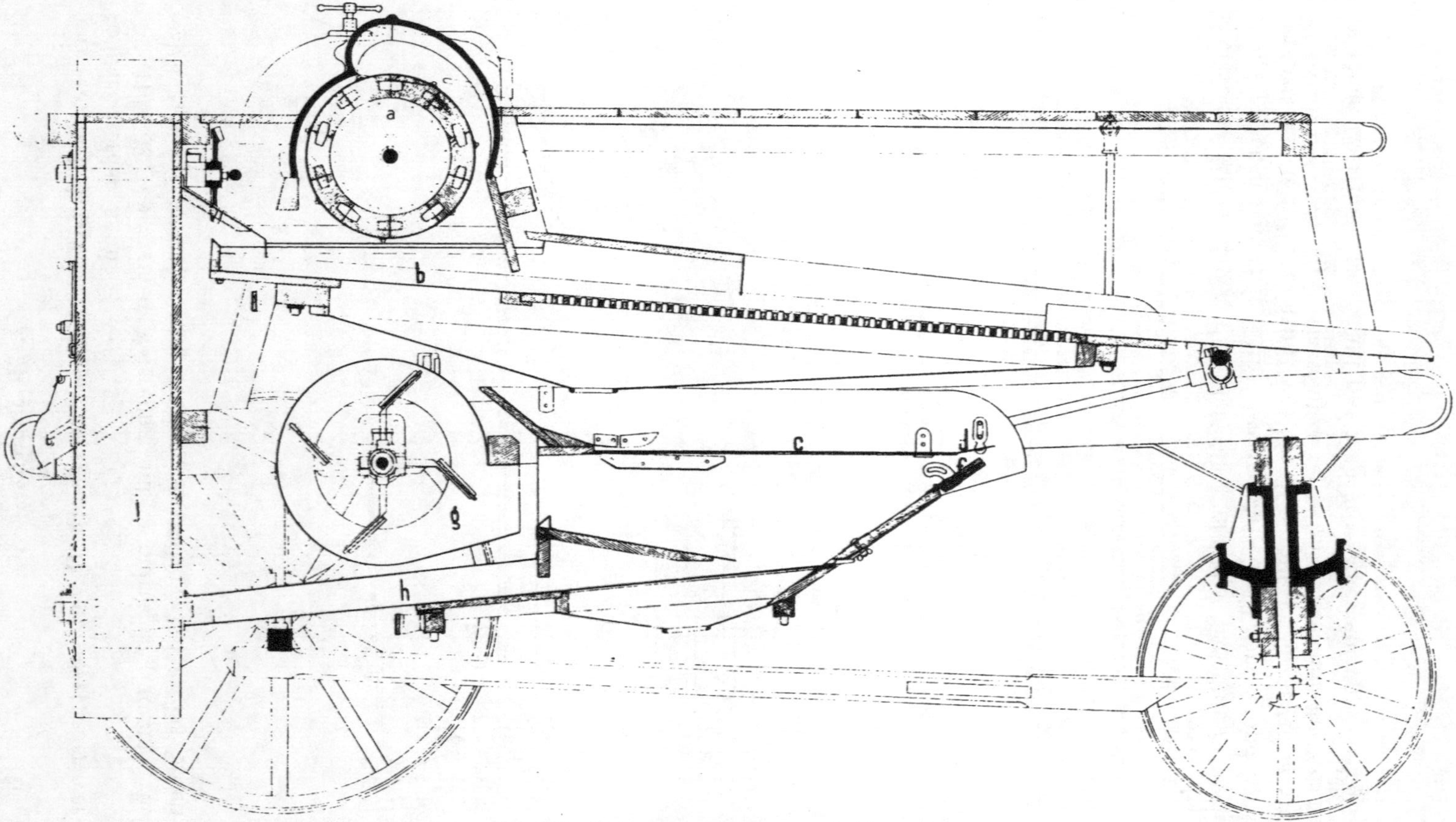

Abb. 330. Maisrebler mit Holztrommel (Längsschnitt).

kasten angeordnet ist und etwa 9 mm große Öffnungen besitzt. Auch dieser Kasten wird von der Welle *k* durch die Stangen *n* bewegt. Die Lage der Siebe kann verändert werden. Die von denselben entfernten Abfälle werden durch die Rahmen *x* aus der Maschine entfernt. Nachdem das Material noch durch das Sieb *f* gereinigt wurde, gelangt es durch den Elevator *g* in die Säcke *h*. Die Aufhängung geschieht durch die Holzfedern *v* und *s* und durch die Lederfeder *t*. Abb. 329 zeigt dieselbe Maschine in einer Seitenansicht.

In Abb. 330 findet sich eine ähnliche Konstruktion, doch ist hier unter der Trommel *a* ein gelochtes Sieb *b* vorhanden, um die abgerebelten Körner auf dem kürzesten Wege zum unteren Putzwerk zu führen. Bemerkenswert ist das lange Spreusieb mit dem regulierbaren Blech *d* sowie das ebenfalls verstellbare Brett *f*. Das durch den Ventilator *g* gereinigte Material gelangt durch den langen Kanal *h* in den Elevator *i* und von hier zu den Säcken.

In Abb. 331 sind die äußeren Ansichten dieser Maschine dargestellt. Abb. 332 zeigt einen Längs- und Querschnitt durch einen Maisrebler mit schraubenförmiger Trommel: Abb. 333 gibt die Vorder- und Seitenansicht derselben Maschine. Bei dieser Bauart ist ein Eisenrahmen verwendet. Der Ausfluß ist regulierbar, das Kolbensieb aus gelochtem Blech hergestellt, das Spreusieb verstellbar, und auch der Körnerfang kann reguliert werden; außerdem ist noch ein Staubsieb vorhanden.

Abb. 334 zeigt dieselbe Maschine mit Elevator, welcher in der Längsachse oder in der Querachse der Dreschmaschine angeordnet werden kann, je nachdem die Verhältnisse das eine oder das andere als zweckmäßiger ergeben.

In Abb. 337 ist eine Maschine dargestellt, welche zur Entblätterung und zum Rebeln von Maiskolben dient. Hier ist die Öffnung für die eintretenden Kolben *a*, der Korb *b*, die Schüttelflächen *c* und *d*, welche die Kolben und Blätter absondern, zu sehen. Der Schütteltisch *f* dient zum Ableiten der Körner, die Siebe *g* und *h*, der Ventilator *i* zum Reinigen. Die Trommel *b* ist aus Eisen oder Stahl hergestellt und macht 350 bis 550 Umdrehungen in der Minute. Die Kreuze sind mit 3, 6 oder 8 Holzleisten *k* versehen, auf welche die Stahlleisten *l* befestigt sind. Die Konstruktion des Korbes ist aus der Abbildung ersichtlich. Der Korb kann der Trommel genähert oder von derselben entfernt werden. Die Schüttelflächen *c* und *d* werden in der Weise bewegt, daß von der Trommelwelle die Riemenscheibe *m* und die Welle *n* angetrieben werden. Von hier aus wird

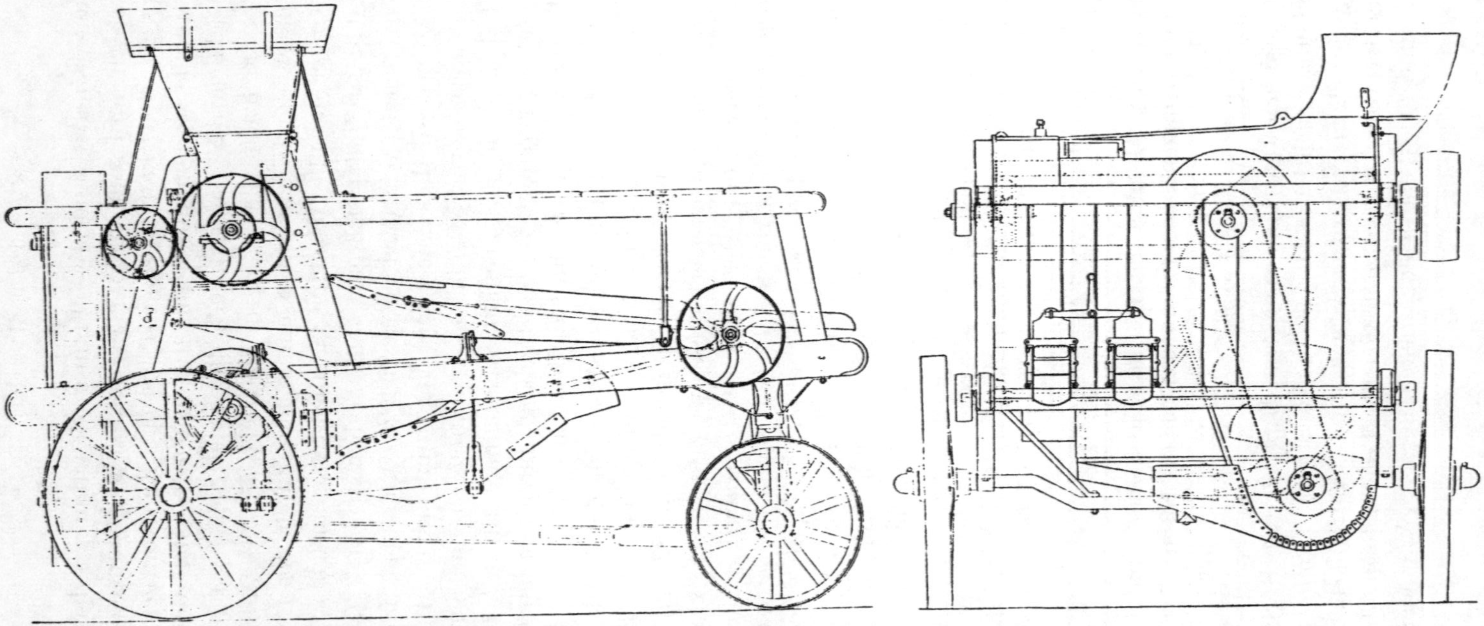

Abb. 331. Maisrebler mit Holztrommel. (Seiten- und Vorderansicht in kleinerem Maßstabe zu Abb. 330.)

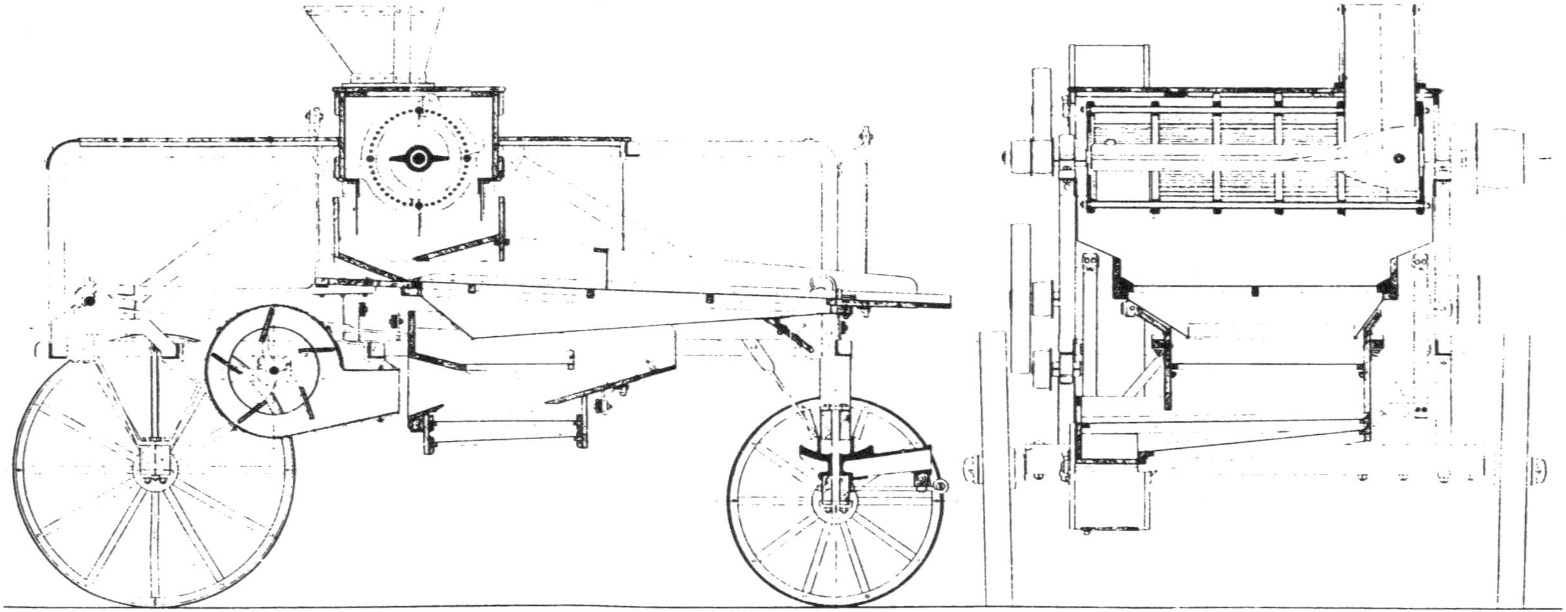

Abb. 332. Maisrebler mit schraubenförmiger Trommel. (Längs- und Querschnitt.)

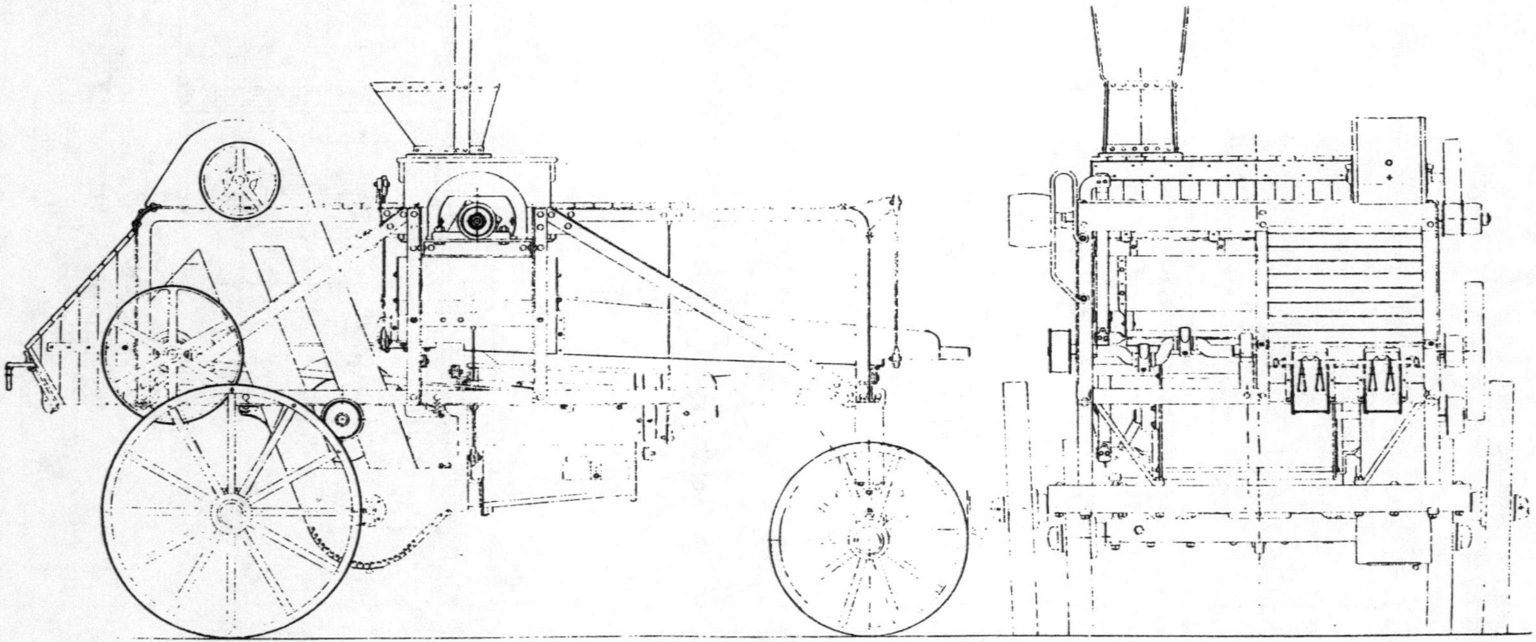

Abb. 333. Maisrebler mit schraubenförmiger Trommel. (Seiten- und Vorderansicht zu Abb. 332).

auch die Bewegung durch die Kurbel o und durch die Triebstange p auf den Hebel r und von diesem auf das Flacheisen s übertragen.

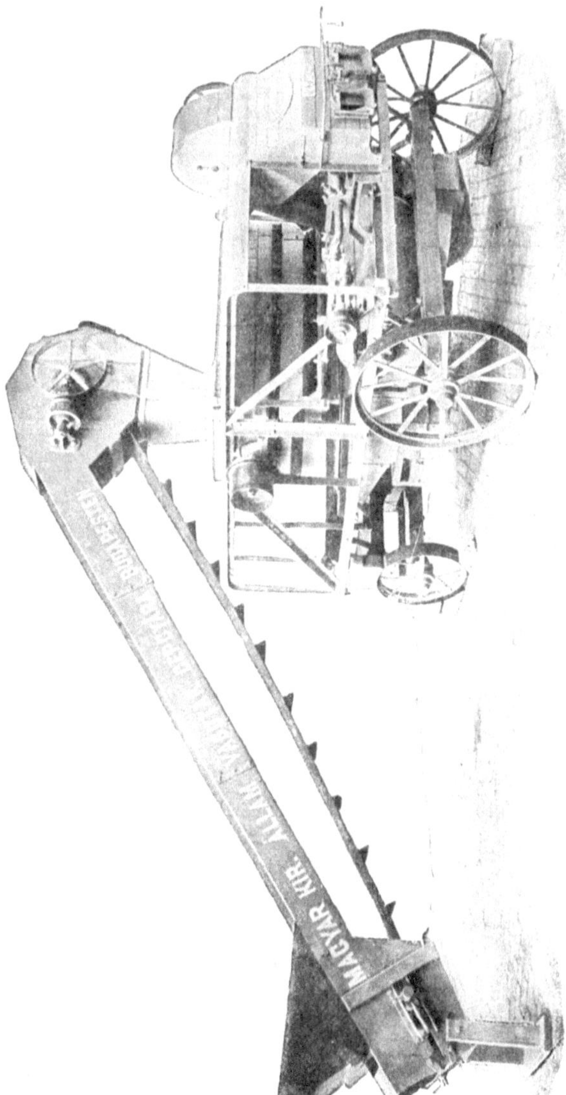

Abb. 334. Maisrebler mit schraubenförmiger Trommel und Elevator von der kgl. ungar. Staats-Maschinenfabrik in Budapest.

Die Schüttelfläche c ist auf diesem Flacheisen befestigt; sie wird aus Holzleisten gebildet, welche in einem Abstand von 25 bis 35 mm angeordnet sind. Der von dem Ventilator j erzeugte Luftstrom wird in zwei Teile zerlegt, so daß er einerseits unter die Flächen *c* und *d*, anderseits unter die Siebe *g* und *h* treten kann. Die gereinigten Körner

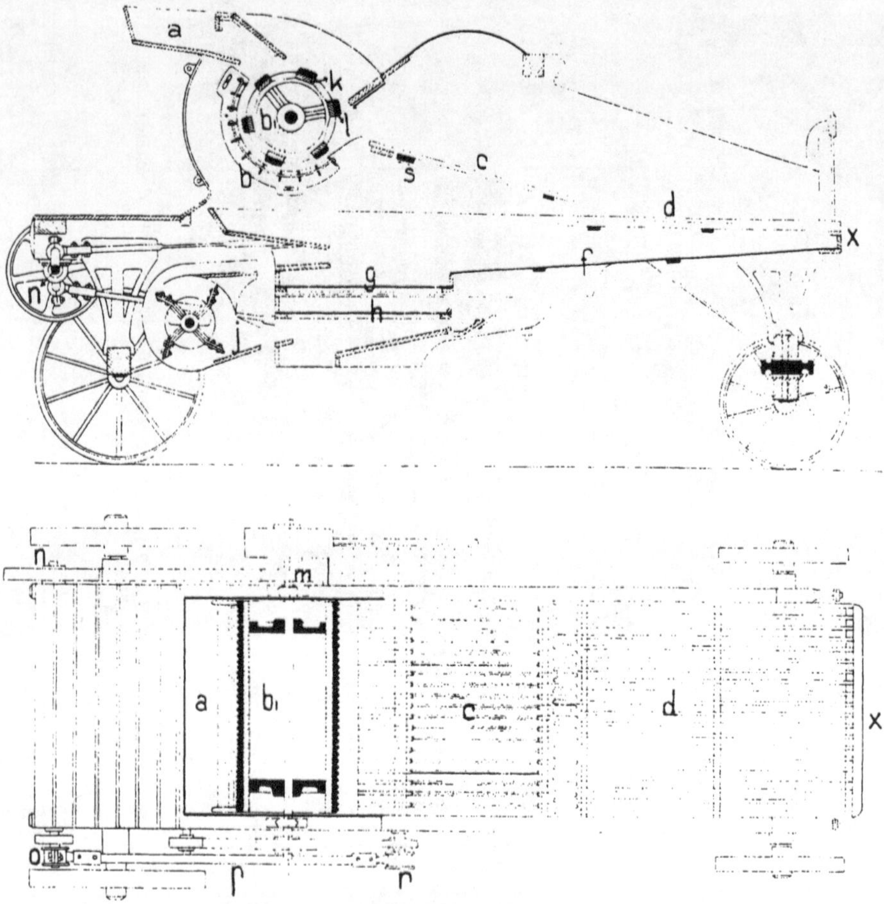

Abb. 335. Maschine zum Entblättern und Ausarbeiten der Maiskolben.

werden durch einen Elevator in die Säcke geführt, die kleineren Kolbenstücke durch das Sieb *g* abgeleitet, während Blätter und Kolben bei *x* die Maschine verlassen.

4. Die Klee-Dreschmaschinen.

Das Ausdreschen von Klee gehört zu den schwierigsten Arbeiten im Dreschbetriebe, weil die Körner in den auf den Stengeln der Pflanze sitzenden Samenköpfen verborgen sind und sich schwer gewinnen lassen. In erster Linie müssen diese Köpfe abgetrennt werden; diese Operation nennen wir das »*Dreschen*« des Klees. Hierauf müssen die Körner aus den Köpfen entfernt werden; das wird »*Enthülsen*« genannt.

Kleedreschmaschinen können in vier Gruppen eingeteilt werden:

a) Konstruktionen, welche ausschließlich zum Enthülsen dienen und in die gewöhnliche Getreidedreschmaschine eingebaut sind.

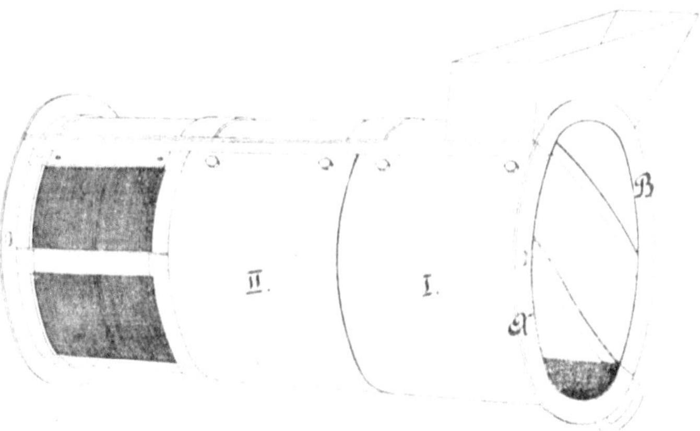

Abb. 336. Kleedruschapparat (Ansicht).

b) Vorrichtungen zum Dreschen und Enthülsen, welche in gewöhnlichen Getreidedreschmaschinen verwendbar sind.

c) Selbständige Kleedreschmaschinen, welche nur zum Enthülsen dienen.

d) Selbständige Kleedresch- und Enthülsungsmaschinen, welche ausschließlich für diese Arbeit in Benutzung treten.

Im nachstehenden sollen nur diese vier Gruppen von Kleedrescheinrichtungen etwas ausführlicher behandelt werden.

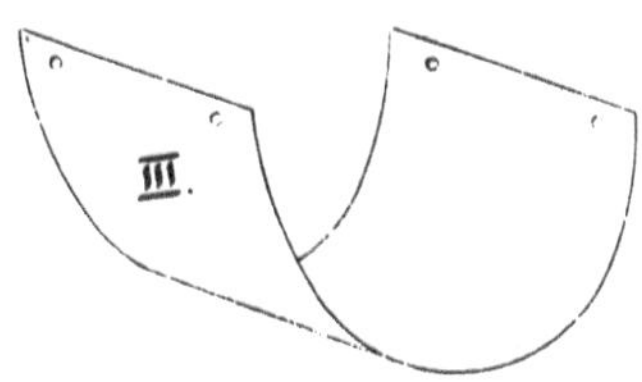

Abb. 337. Abmontiertes Blech zu Abb. 336.

Die Vorrichtung zum Enthülsen von Klee, welche in gewöhnliche Getreidedreschmaschinen eingebaut werden kann, wird in folgender Weise verwendet. Die Trommel und der Korb der gewöhnlichen Dreschmaschine bleiben unverändert; auch die Tourenzahl der Trommel wird beibehalten. Die Öffnungen in den Strohschüttlern werden durch Einflechten verkleinert. Bei den Putzwerken kommen kleingelochte Siebe in Ver-

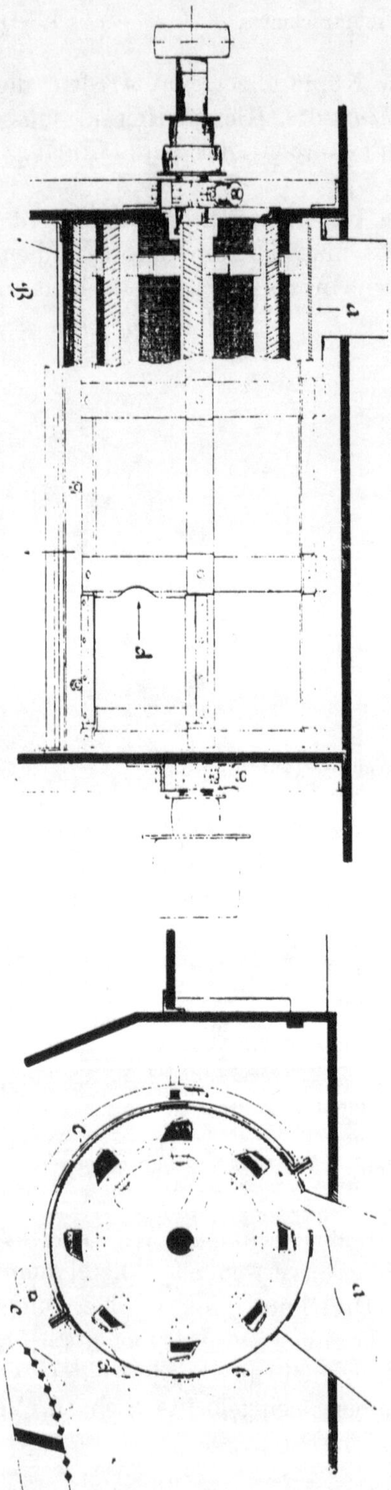

Abb. 338. Kleedruschapparat (Längs- und Querschnitt).

wendung, und sowohl der Entgranner als auch der Sortierzylinder bleiben unbenutzt. Der Klee wird in der gewöhnlichen Weise der Trommel zugeführt, und die Samenköpfe werden zwischen Tromme und Korb vom Stroh heruntergerissen. Das Stroh wird durch die Schüttler und das Kurzstroh durch den Reuter entfernt, während die Köpfe durch die Löcher des Reuters in das untere Putzwerk fallen um dort durch den starken Luftzug des großen Ventilators aus der Maschine herausgeblasen zu werden. Die Kleesamen, welche hierbei zufällig aus den Hülsen fallen, gelangen in das obere Putzwerk und von dort in den Sack.

Die Köpfe werden gesammelt und auf einem möglichst gedeckten, trockenen, staub- und steinfreien Platz gelagert, bis die ganze Menge abgedroschen ist. Nach Beendigung dieser Arbeit wird die gewöhnliche Dreschmaschine zum Enthülsen vorbereitet. Zu diesem Zwecke wird der gewöhnliche Korb der Dreschmaschine entfernt und an seine Stelle der in Abb. 336 sichtbare Zylinder montiert. Dieser Zylinder besteht aus den beiden Teilen *A* und *B*, ist aus Winkeleisen und Flacheisen gefertigt und in gehöriger Weise versteift. Diese

Teile werden nach der Montage durch Schrauben verbunden. Derjenige Teil des Zylinders, welcher an die Seite des Korbes gelangt, wird mit einem aus viereckigen Stahldrähten geflochtenen Sieb überdeckt, während der andere Teil des Zylinders (*b* in Abb. 339) aus gewelltem Blech besteht. Die Samenköpfe gelangen durch die Eintrittsöffnung (*a* in Abb. 338) in der Pfeilrichtung zur Trommel. Der Zylinder wird durch die mittlere und untere Korbstange (*e* und *f* in Abb. 338) befestigt, so daß derselbe zur Trommel einstellbar ist. Der Austritt geschieht durch den Schieber *d*, welcher verstellbar eingerichtet ist. Abb. 336 zeigt, daß unter dem Zylinderteil, welcher mit Drahtgeflecht versehen ist, die Bleche *I*, *II* und *III* durch Schrauben befestigt und abnehmbar angeordnet sind.

Abb. 337 zeigt das Blech *III*, vom Zylinder abgenommen. Der innere Durchmesser des letzteren ist um etwa 50 mm größer als der Durchmesser der Trommel.

Die Dreschmaschine wird in folgender Weise montiert:

1. Die Strohschüttler werden außer Arbeit gestellt;
2. ein neuer Kurzstrohreuter mit 5 mm Öffnungen wird eingesetzt;
3. als Spreusieb verwendet man ein geflochtenes Sieb Nr. 10;
4. als Körnersieb dient ein geflochtenes Sieb Nr. 9 oder Nr. 11;
5. als Staubsieb benutzt man ein geflochtenes Sieb Nr. 20;
6. der Entgranner wird nicht verwendet;
7. beim oberen Putzwerk werden geflochtene Siebe Nr. 14 und Nr. 16 verwendet;
8. der Sortierzylinder wird entweder nicht benutzt oder mit einem sehr feinen Sieb bedeckt, durch welches die Samen durchfallen und die größeren Rückstände am Ende des Zylinders abgeleitet werden können.

Hinsichtlich der *Handhabung der Kleedreschmaschine* ist zu bemerken:

1. Die Trommel muß die regelmäßige Tourenzahl machen;
2. die Korbstangen müssen gut gesichert sein;
3. der Schieber (*d*) wird zu zwei Drittel geöffnet;
4. die Bleche *I*, *II* und *III* werden in der erwähnten Weise verwendet;
5. die Samenköpfe werden mittels eines Holzstückes bei *a* in Abb. 339 hineingestopft;
6. im Falle die Enthülsung nicht vollständig sein sollte, d. h. wenn noch unvollkommen enthülste Köpfe oder ganze Kopf-

teile gefunden werden, so muß der Schieber mehr geschlossen und, wenn nötig, der Zylinder näher an die Trommel herangebracht werden;

7. findet man im Sack gebrochene Körner, so ist das Enthülsen zu kräftig, und man muß das Blech *III* abnehmen; werden auch dann noch Samen zerbrochen, so wird das Blech *II* und endlich auch das Blech *I* abgenommen, eventuell der Zylinder von der Trommel entfernt;

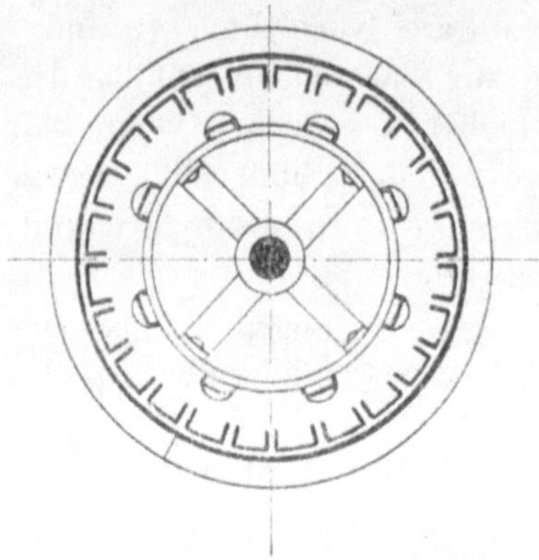

Abb. 339. Kleedrescher (Querschnitt).

8. ein abgenutztes Stahldrahtgeflecht muß durch ein neues ersetzt werden;
9. ganz feuchter Klee kann schwer enthülst werden, weil solches Material anklebt;
10. alle Kleearten nehmen Feuchtigkeit sehr rasch an und müssen daher nicht nur gegen Regen sondern auch gegen feuchte Luft oder nasse Erde geschützt werden.

Die soeben beschriebene Drescharbeit ist eine sehr langsame. Man kann hierbei etwas an Zeit sparen, wenn man mit zwei Lokomobilen und zwei Dreschmaschinen arbeitet. In diesem Falle werden mit der einen Maschine die Köpfe abgeschlagen, d. h. gedroschen, mit der andern Maschine wird das Enthülsen bewirkt.

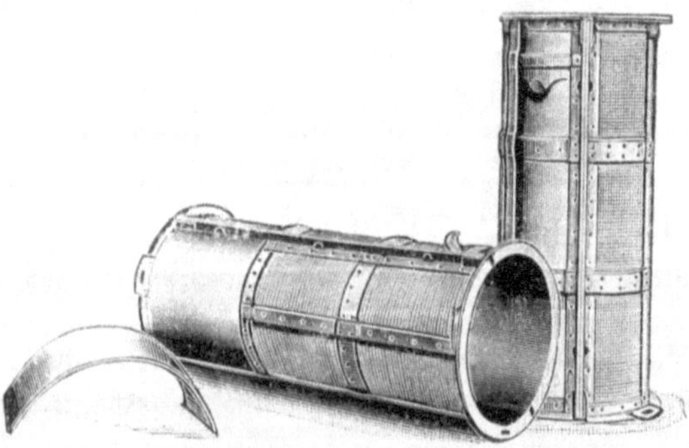

Abb. 340. Kleereiber der Bevenser Maschinenfabrik in Bevensen (Hannover).

Je nachdem der Enthülsungszylinder gestaltet wird, ändert sich die Konstruktion desselben. So zeigt Abb. 339 einen Zylinder aus kleinen U-Eisen bestehend, die auf der Innenfläche des Zylindermantels befestigt sind.

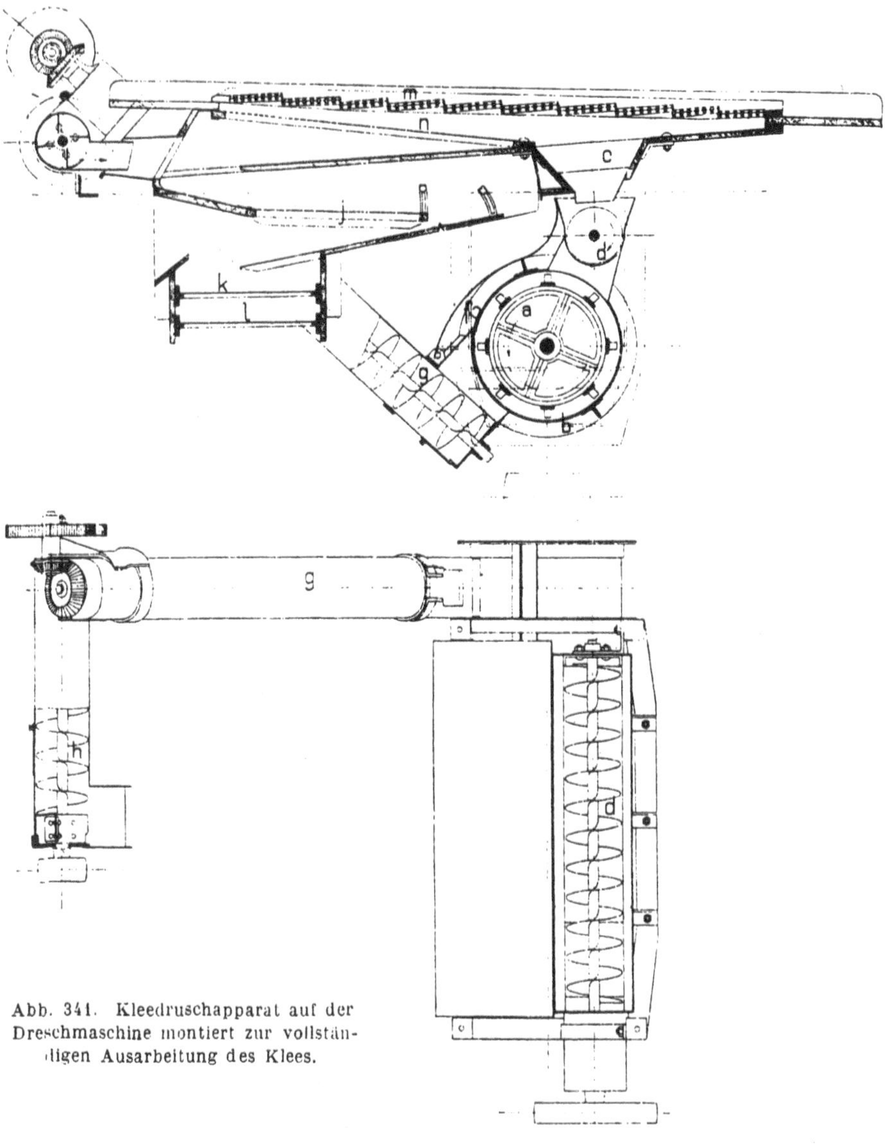

Abb. 341. Kleedruschapparat auf der Dreschmaschine montiert zur vollständigen Ausarbeitung des Klees.

Wenn nur kleine Mengen von Klee gedroschen werden sollen, genügt ein sog. Kleereiber (Abb. 340), der um die Dreschtrommel besonders angebracht wird. Soll nur vorübergehend Klee gedroschen werden, dann genügt ein Kleereiberblech (vgl. Abb. 340 links), welches im Trommelkorb befestigt wird.

Alle vorerwähnten Einrichtungen haben folgende Nachteile:

1. Die Drescharbeit geht außerordentlich langsam vor sich;
2. die quantitative Leistung ist sehr gering;
3. die Arbeit ist sehr teuer.

Kleedresch- und Enthülsungsvorrichtungen in einer gewöhnlichen Dreschmaschine eingebaut. Infolge der oben erwähnten Übelstände war man seit langem bestrebt, an der gewöhnlichen Getreidedreschmaschine eine Vorrichtung anzubringen, durch welche das Dreschen

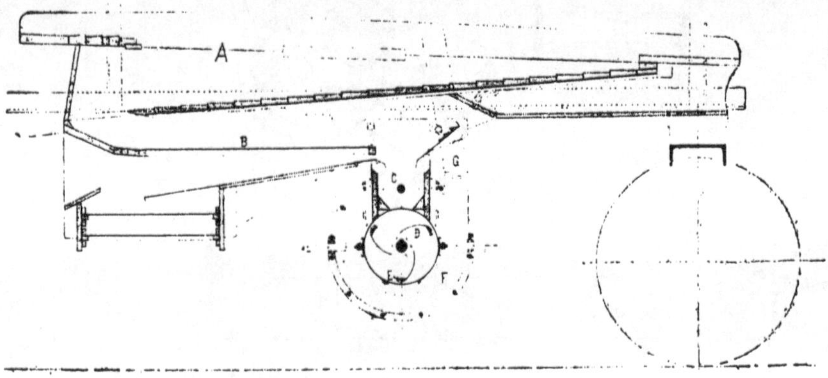

Abb. 342. Querschnitt durch die Anordnung eines Kleedreschapparates.

und das Enthülsen des Klees gleichzeitig durch ein und dieselbe Maschine erfolgen kann. In den meisten dieser Fälle bleibt die Trommel und der Korb der Dreschmaschine unverändert, und auf den oberen Teil oder auf irgend einen andern Teil der Maschine wird eine Trommel und ein dazugehörender Korb montiert, durch welche die bereits vom Stroh und Kurzstroh gereinigten Samenköpfe enthülst werden. Das so gewonnene Material wird sodann zum Zwecke der Reinigung dem unteren und dem oberen Putzwerk zugeführt.

Abb. 341 zeigt eine Vorrichtung, bei welcher die Trommelkonstruktion und die Tourenzahl der Trommel an einer gewöhnlichen Dreschmaschine unverändert bleibt, hingegen werden die Strohschüttler eingeflochten, und es gelangt ein Kurzstrohreuter mit 15 mm Öffnungen zur Verwendung. Der Dreschkorb wird mit Einsätzen versehen, und auf den unteren Teil der Dreschmaschine kommt eine auf den Rahmen befestigte Vorrichtung zum Enthülsen des Klees. Die Teile derselben sind: die Trommel *a*, der Zylinder *b*, die Aufschüttgosse *c*, die Transportschnecke *d*, der Regulierschieber *f*, die Elevatorschnecke *g* und die zum zweiten Putzwerk führende Schnecke *h*. In das letztere ist das Spreusieb *j* mit 13 mm Öffnungen, das geflochtene Körnersieb *k* Nr. 7 oder Nr. 8 und das geflochtene Sieb *l* Nr. 22 eingefügt. Der Entgranner arbeitet nicht und im oberen Putzwerke sind geflochtene Siebe Nr. 9, 12 und 14 verwendet, während der Sortierzylinder mit einem feinen Sieb Nr. 20 überzogen wird.

Wie Abb. 341 zeigt, wird die Trommel *a* aus Armen gebildet, auf welchen starke Eisenstäbe befestigt sind. Auf diesen befinden sich viereckige Stifte, welche in die Leisten eingeschraubt und spiral-

Abb. 343. Äußere Ansicht der Anordnung eines Kleedreschers.

förmig angeordnet sind. Der Zylinder ist aus Blech, gut versteift, wegen der Montage zweiteilig und im Innern mit einem scharfen Stahldrahtgeflecht bedeckt. Während des Arbeitsvorganges wird das Stroh durch die gewöhnliche Trommel gedroschen, wobei die Strohteile durch die Schüttler entfernt werden, während die Köpfe und das Kurzstroh auf den Reuter *m* gelangen, welcher das Kurzstroh entfernt. Die Köpfe fallen auf das Blechsieb *n*, welches $3^1/_2$ mm Öffnungen hat, so daß die dort durchfallenden Körner unmittelbar in das untere Putzwerk gelangen. Die Köpfe kommen von dem Siebe *n* auf den Trichter *c*, von dort in die Schnecke *d* und von hier in den Zylinder *a*, von wo das Material bereits enthülst zum Schieber *f* gebracht wird. Das durch den Elevator *g* geförderte Material kommt auf die Siebe *j*, *k* und *l*, welche das untere Putzwerk bilden, und von hier durch den gewöhnlichen Elevator in das untere Putzwerk, sodann in den Sortierzylinder und endlich in die Säcke. Die Regulierung erfolgt durch das Schließen oder Öffnen des Schlüssels *f*, so daß das zu enthülsende Material längere oder kürzere Zeit im Zylinder zurückgehalten werden kann.

Abb. 342 u. 343 zeigen eine ähnliche, jedoch einfachere und leichter montierbare Konstruktion, bei welcher wegen der leichteren Reinigung auf dem oberen Teile der Dreschmaschine eine Putzvorrichtung

Abb. 344. Kleedreschapparat, an der Dreschmaschine angebracht (eine Trommel).

angebracht ist. Hier kommen die durch die Trommel gedroschenen Köpfe in den großen Putzkasten *A*, gelangen von dort auf das Spreusieb *B*, dann in die Schnecke *C*, welche das Material zur Eintrittsöffnung der Trommel befördert. Dieselbe besteht aus den Armkreuzen *D* den darauf befestigten gerippten Stahlleisten *E*, bei welchen die Rippen sämtlich nach einer Richtung liegen, damit das enthülste Material in der Richtung der Austrittsöffnung befördert wird. Hier wird das Material durch den Exhaustor *F* übernommen und durch das Rohr *G* zur Putzvorrichtung *H* befördert, wo die Kleesamen von den Abfällen befreit werden. Die Samen und die Spreu gelangen durch die

Öffnungen des Putzzylinders in die Maschine, während die Abfälle durch ein Rohr zur Erde befördert werden. Die Körner und die Spreu gelangen auf das Spreusieb *B* (Abb. 341), welches nur die Samen durchläßt, während die noch nicht enthülsten Teile der Köpfe in

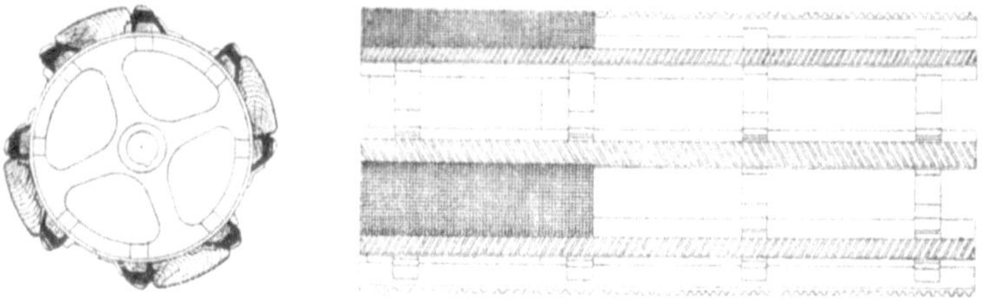

Abb. 345. Abänderung der Dreschmaschinentrommel zur Anordnung der Abb. 345.

den Zylinder zurückgeführt werden, so daß bei dieser Konstruktion die Enthülsung eine vollständige sein muß. Bei dieser Bauart werden die Strohschüttler ebenfalls eingeflochten, der Kurzstrohreuter durch

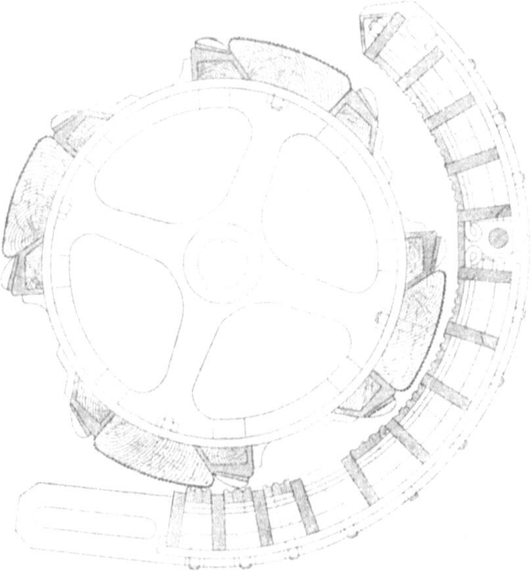

Abb. 346. Trommel und Korb zur Kleedreschmaschine (Abb. 345).

einen solchen mit kleinen Öffnungen ersetzt und der Sortierzylinder mit einem feineren Sieb überzogen.

Während bei dieser Konstruktion außer der gewöhnlichen Trommel noch eine zweite zum Enthülsen vorhanden ist, zeigt die Abb. 344 eine Anordnung, bei welcher das Dreschen und Enthülsen zu gleicher

Zeit durch eine einzige Trommel erfolgen kann. Abb. 346 stellt die abgeänderte Trommel dieser Maschine dar: Die gewöhnliche Dreschtrommel wird auf einem Drittel ihres Umfanges mit vier Holzeinsätzen versehen, deren Oberflächen mit einem starken Stahldrahtgeflecht bedeckt sind. Die Umdrehungszahl der Trommel bleibt hierbei unverändert. Die Umänderung des gewöhnlichen Dreschkorbes erfolgt in der durch Abb. 346 gekennzeichneten Weise, indem durch bearbeitete Stahleinsätze, welche zwischen den Korbleisten angebracht sind, die freien Öffnungen vollständig abgeschlossen werden. Die Lage des Korbes zur Trommel bleibt unverändert und

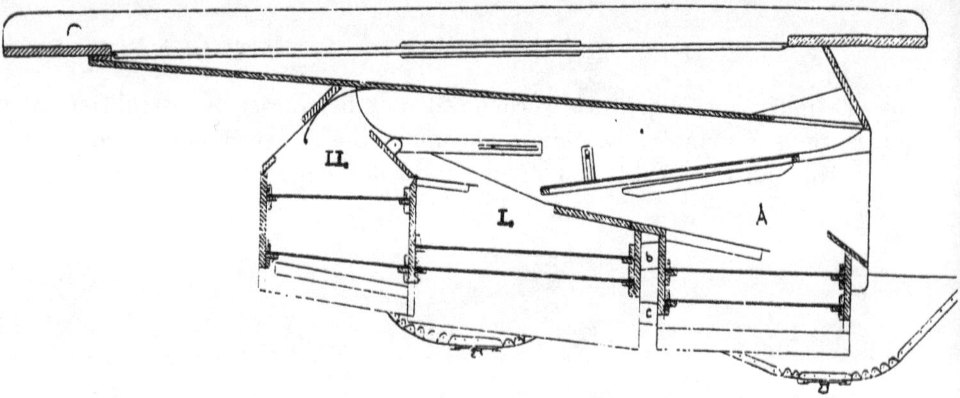

Abb. 347. Unteres Putzwerk zur Dreschmaschine (Abb. 345).

kann in gewöhnlicher Weise reguliert werden. Die Strohschüttler werden eingeflochten und mit Ersatzleisten versehen. Außerdem wird die Entfernung zwischen den einzelnen Laden durch Anbringung von Ersatzleisten verkleinert, damit die zerbrochenen Strohteile und Abfälle nicht hindurchfallen, sondern durch die Strohschüttler entfernt werden können. Der Kurzstrohreuter hat 15-mm-Öffnungen, so daß das Material, welches teilweise gebrochen, teilweise durch die Einsätze der Trommel enthülst worden ist, auf das untere Putzwerk (Abb. 347) fällt, welches außer dem gewöhnlichen Kasten *A* noch mit zwei Ersatzteilen *I* und *II* versehen ist. Die Köpfe und die enthülsten Körner kommen mit der Spreu auf das Spreusieb des Kastens *A*.

Von hier gelangen die Köpfe in den Kasten *I*, die Körner und die kleineren Teile der Köpfe auf das untere Körnersieb des Kastens *A*, wo die Körner durchfallen, die Teile der Köpfe jedoch durch den Kanal *D* in den Kasten *I* übertragen werden, während die hier durch-

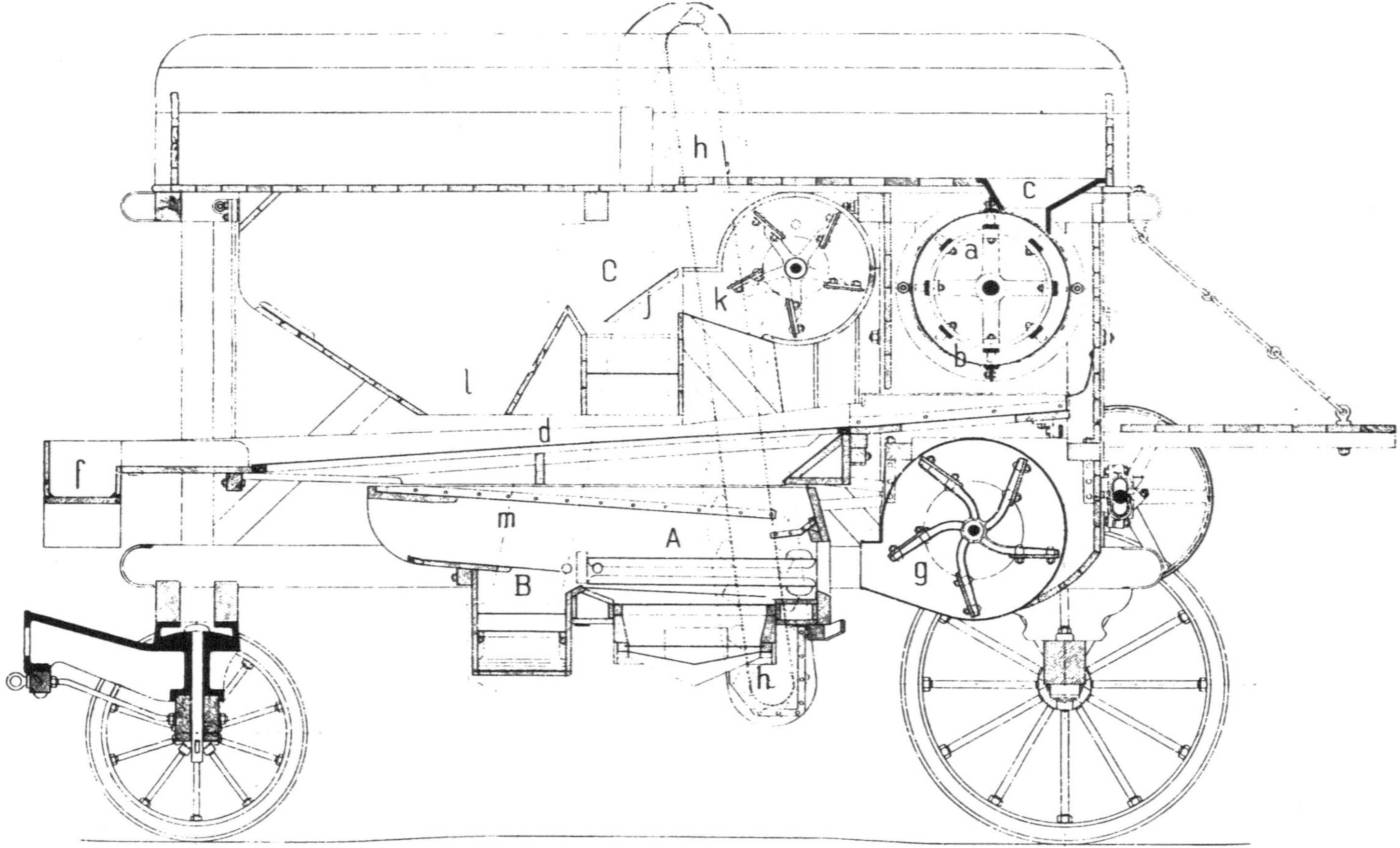

Abb. 348. Spezielle Klee-Enthülsungsmaschine (Längsschnitt).

fallenden Körner durch den Kanal *C* in den Elevator gelangen, welcher sich an den Kasten *A* anschließt. Die Spreu gelangt aus den Kasten *A* und *I* in den Spreukasten *II*, von wo ein Teil der Spreu ins Freie befördert wird, während ein anderer Teil auf das Spreusieb des Kastens *II* fällt, von wo die Körner abgeleitet werden, der Staub und die zerbrochenen Samen hingegen auf den Boden fallen. Der Kasten *A* sammelt daher die enthülsten Körner, der Kasten *I* die Köpfe und der Kasten *II* die mit der Spreu aufgefangenen Körner. Der Elevator führt die Körner von dem Kasten *A*, ohne den Entgranner zu benutzen, in das zweite Putzwerk, von dort in den Sortierzylinder und in die Säcke, während die Köpfe von dem Kasten *I* durch einen zweiten in Abb. 343 dargestellten Elevator auf diejenige Seite der

Abb. 349. Aufstellung der in Abb. 348 dargestellten Klee-Enthülsungsmaschine.

Trommel gelangen, welche mit den Einsätzen versehen ist. Die Siebe haben folgende Öffnungen: der Kurzstrohreuter 15 mm, im Kasten *A* das Spreusieb 10 mm, das obere Körnersieb $3\frac{1}{2}$ mm, während unten ein volles Blech eingeschoben ist. Im Kasten *I* sind geflochtene Siebe, oben Nr. 9, unten Nr. 22; im Kasten *II* dieselben Siebe. Im oberen Putzkasten hat das obere Sieb Öffnungen von $3\frac{1}{2}$ mm, während unten ein geflochtenes Sieb Nr. 9 liegt. Der Sortierzylinder wird mit einem Sieb Nr. 20 bedeckt.

Selbständige Klee-Enthülser. Die Abb. 348 zeigt eine solche Maschine im Schnitt, welche ausschließlich zum Enthülsen der Köpfe bestimmt ist. Auf dem Rahmen der Maschine ist die Trommel *a* gelagert, sie ist mit Leisten und schraubenartig angeordneten Stiften versehen. Der Korb *b* wird durch einen mit Spiraldrahtgeflecht bedeckten Zylinder gebildet. Die Köpfe, welche durch eine gewöhnliche Dreschmaschine gedroschen werden, gelangen in Körben, oder zuweilen auch durch einen Elevator auf die Aufschüttöffnung *c* und von hier in die Trommel. Die Enthülsung wird so wie bei den anderen Konstruktionen durch einen Schieber geregelt, so daß die Köpfe

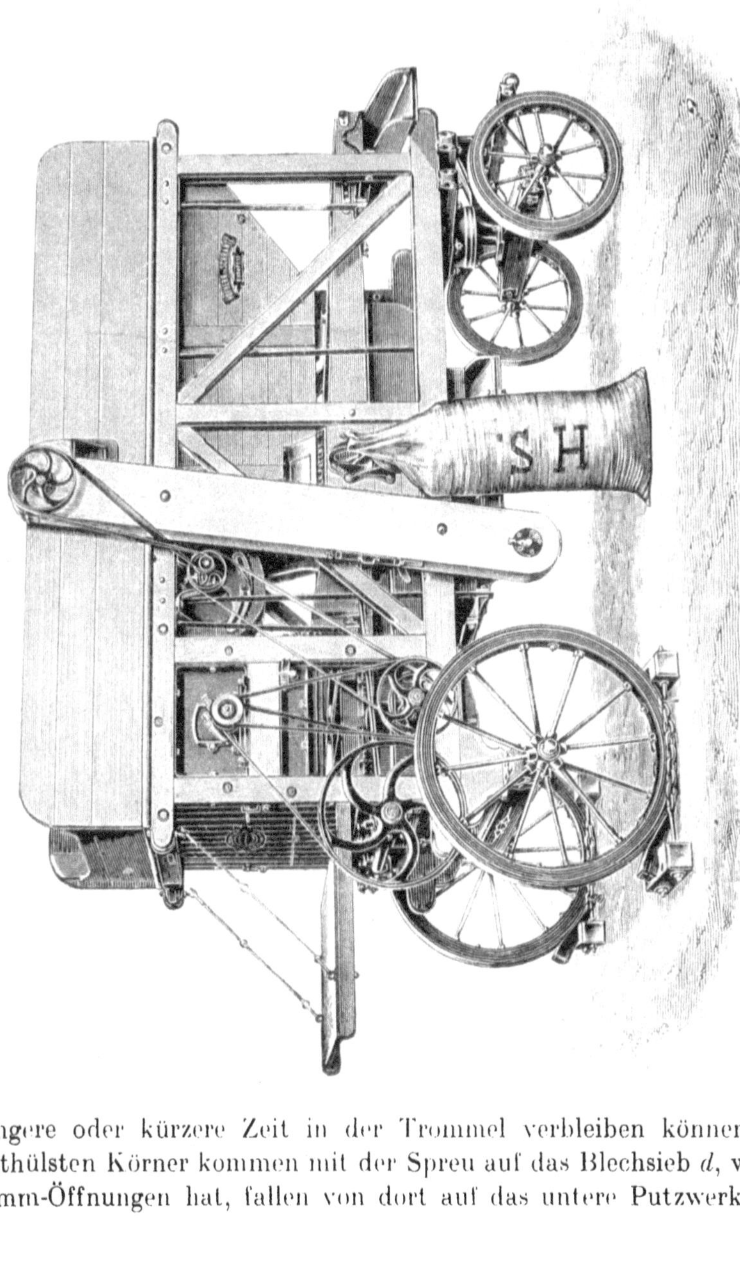

Abb. 350. Seitenansicht der in Abb. 348 dargestellten speziellen Klee-Enthülsungsmaschine.

längere oder kürzere Zeit in der Trommel verbleiben können. Die enthülsten Körner kommen mit der Spreu auf das Blechsieb *d*, welches 3-mm-Öffnungen hat, fallen von dort auf das untere Putzwerk, während die Kurzstrohteile durch die Ableitung *f* auf den Boden fallen. Das untere Putzwerk besteht aus den Teilen *A* und *B*. Das Dreschgut wird durch den großen Ventilator *d* durchgeblasen, so daß die im

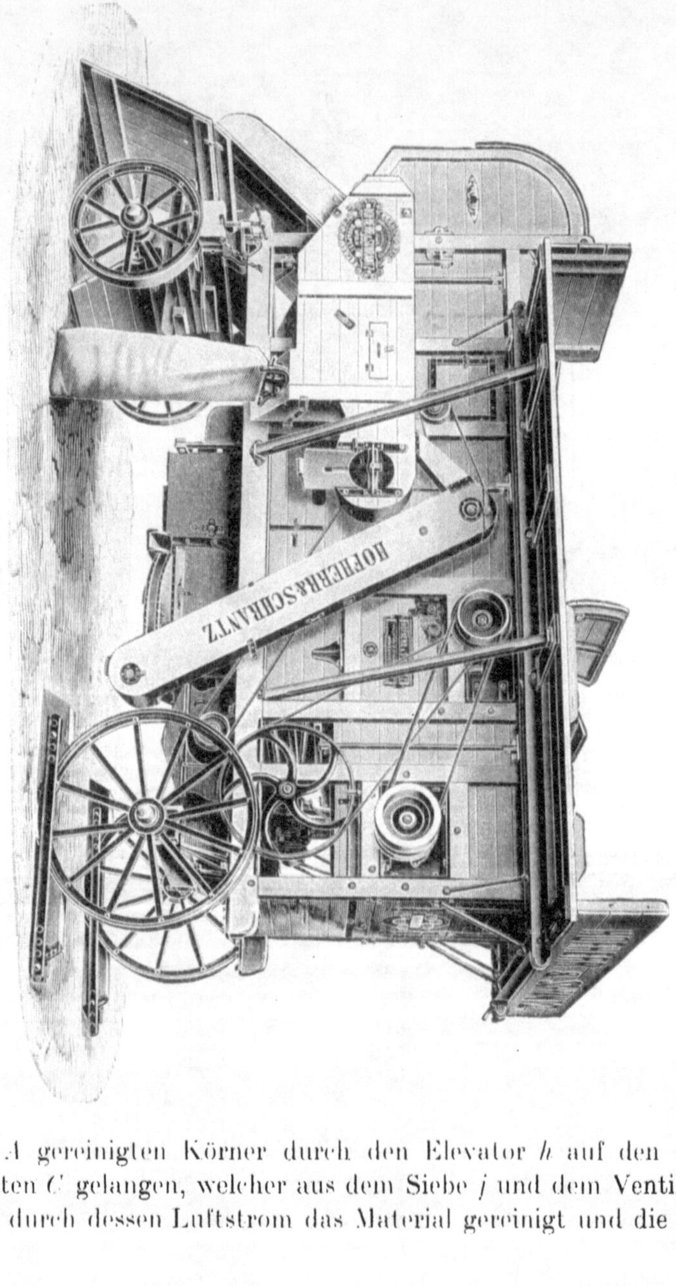

Abb. 351. Kleedresch- und Enthülsungsmaschine von Hofherr & Schranz in Wien.

Kasten *A* gereinigten Körner durch den Elevator *h* auf den oberen Putzkasten *C* gelangen, welcher aus dem Siebe *j* und dem Ventilator *k* besteht, durch dessen Luftstrom das Material gereinigt und die Spreu-

ausgeblasen wird. Die etwa mitgerissenen Körner gelangen durch die Öffnung *l* auf das Sieb *d* und werden hier zurückgehalten. Dasjenige Material, welches durch den Ventilator *g* in den Kasten *D* gelangt, wird durch die Siebe gereinigt und durch den Elevator *m* auf das Sieb *d* befördert. Der Elevator *m* liegt auf der einen Seite, der Elevator *h* auf der andern Seite der Maschine. Die zuletzt genannte Seite mit der Einsackvorrichtung ist in Abb. 351 dargestellt, während die Anordnung mit Lokomobile, Dreschmaschine und Enthülser in Abb. 350 ersichtlich ist. Auf dem Schwungrad der Dampflokomobile sind zwei Riemen übereinander angeordnet; der eine Riemen führt zum Enthülser, der andere zur Dreschmachine.

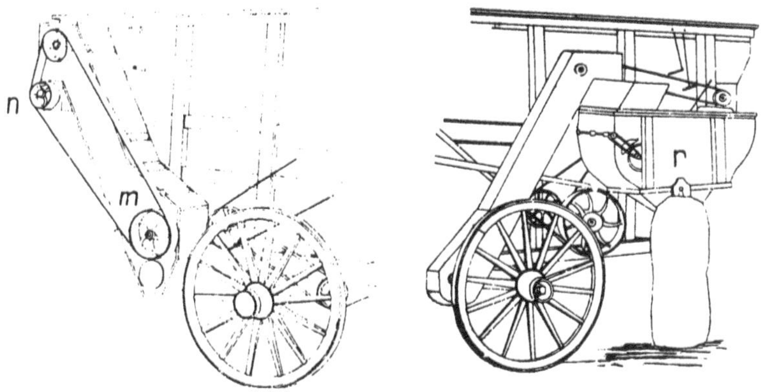

Abb. 352. Spezielle Kleedreschmaschine (oberes Putzwerk und Sackvorrichtung).

Selbständige Kleedresch- und -enthülsungsmaschinen. In Abb. 351 ist eine Maschine wiedergegeben, welche ausschließlich zum Dreschen und Enthülsen von Klee bestimmt ist. Dieselbe besitzt eine Trommel zum Dreschen und eine solche zum Enthülsen. Auch hier ist für eine zweite Putzerei gesorgt. Genau demselben Zweck dient die amerikanische Kleedreschmaschine in Abb. 352 u. 353. Die Stiftentrommel *a* bewirkt den Drusch und die mit Zinken versehene Trommel *b* lockert und befördert das Stroh, welches gemischt mit den Köpfen auf das hin und her gehende Strohsieb *d* fällt und von hier die Maschine verläßt. Die Köpfe fallen durch das Sieb *d*, während die Abfälle über das Sieb aus der Maschine gelangen. Der Tisch *f* (Abb. 353) führt die Köpfe zur Enthülsungstrommel *g*, von wo die Körner und die Spreu durch den Elevator *h* auf das Sieb *j* befördert werden, woselbst die Körner während des Herunterfallens durch den Ventilator *k* durchgeblasen werden, so daß die Spreu aus der Ma-

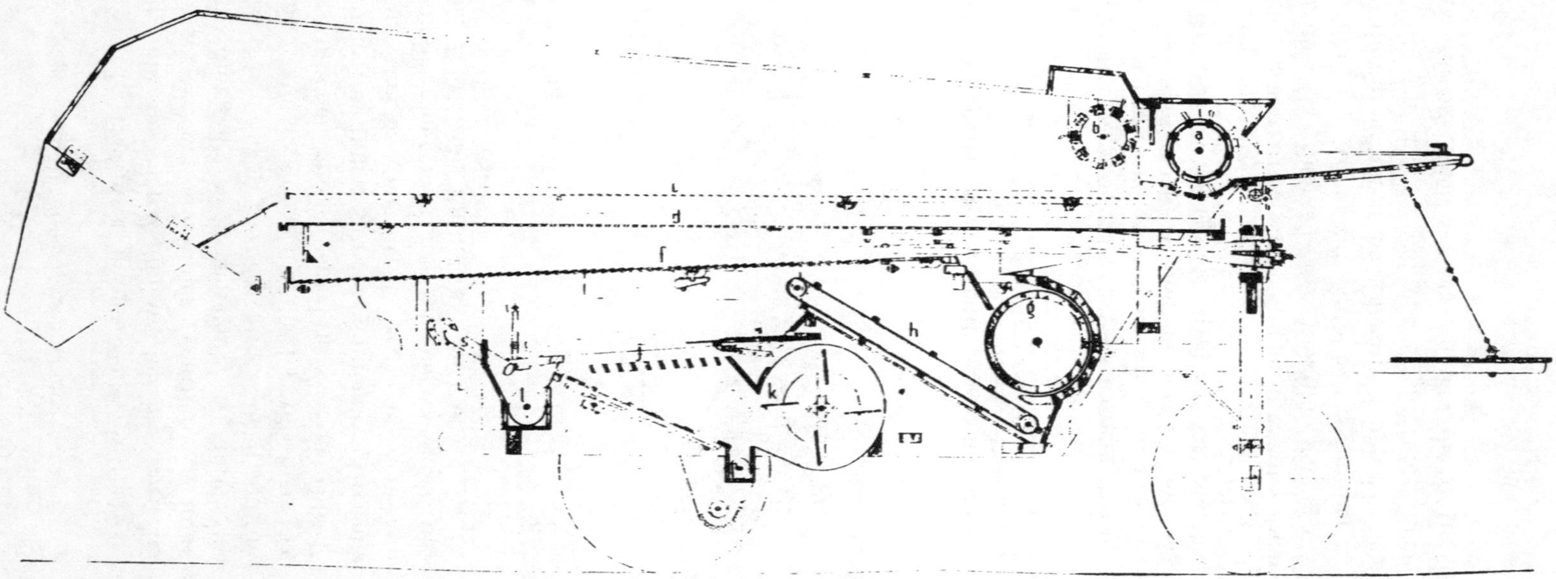

Abb. 353. Spezielle Kleedreschmaschine (Längsschnitt).

schine entfernt wird. Die Teile der Köpfe fallen von dem Siebe *j* auf die Schnecke *l*, kommen von dort in den Ventilator *m*, von hier durch die Schnecke *n* (Abb. 352) auf den Tisch *f* und von hier wieder zurück zur Enthülsungstrommel. Die gereinigten Körner gelangen von dem unteren Putzwerk durch die Schnecke *b* zum zweiten Ventilator und von hier zum zweiten Putzwerk *r* (Abb. 284), wo auch die Säcke befestigt sind. Das Material, welches von den Sieben des oberen Putzwerkes herunterfällt, gelangt durch das Rohr *s* wieder in das untere Putzwerk und von dort, falls es nötig ist, nochmals zur Enthülsungstrommel *g*.

Diese Maschine kann ausschließlich zum Kleedrusch verwendet werden und ist daher nur für solche Wirtschaften geeignet, welche große Mengen von Klee zu dreschen haben.

Für jede *Kleedreschmaschine* und für deren richtige Arbeit sind folgende *Bedingungen* maßgebend:

1. rasche Arbeit,
2. reiner Drusch und reine Enthülsung,
3. möglichst geringer Körnerbruch,
4. möglichst große Arbeitsleistung,
5. andauernde Arbeit, wobei Verstopfungen der Maschine möglichst zu vermeiden sind,
6. möglichst geringer Körnerverlust,
7. eine möglichst rasche und leichte Regulierung,
8. geringe Anschaffungskosten.

5. Die Vorrichtungen zum Dreschen von Raps, Lein, Mohn etc.

Für diese Fruchtarten wird die in Abb. 354 dargestellte Trommel gebraucht. Die Armkreuze derselben sind aus Schmiedeeisen oder Stahl-

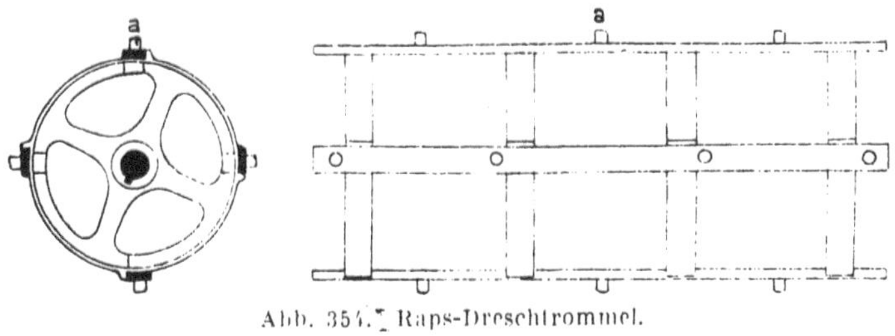

Abb. 354. Raps-Dreschtrommel.

guß, die flachen auf den Kreuzen befestigten Leisten sind mit kleinen Stiften *a* versehen. Die Befestigung dieser Trommel erfolgt auf der gewöhnlichen Dreschmaschinenwelle, welche mit sämtlichen Riemenscheiben unverändert benutzt werden kann und dieselbe minutliche Umdrehungszahl wie beim Dreschen von Getreide erhält.

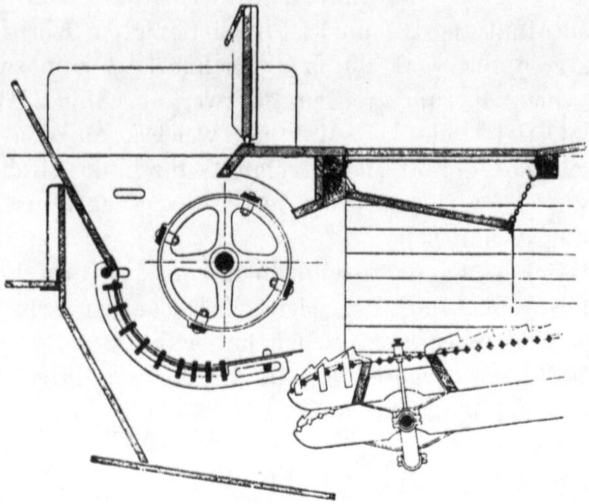

Abb. 355. Anordnung der Raps-Dreschtrommel und des dazu gehörigen Korbes.

Für *Rapsdreschmaschinen* kann auch die gewöhnliche Trommel mit acht Leisten benutzt werden; die Umfangsgeschwindigkeit muß jedoch in diesem Falle 18 m betragen, so daß hiernach der Durchmesser der neuen Antriebsriemenscheibe bemessen werden muß. Da aber die Umdrehungszahlen der Strohschüttlerwelle, der Wellen für die Spreuschüttler, den Ventilator, den Elevator usw. unverändert bleiben, müssen alle Riemenscheiben der Trommelwelle, welche für den Antrieb der angegebenen Wellen dienen, in entsprechender Weise ausgewechselt werden.

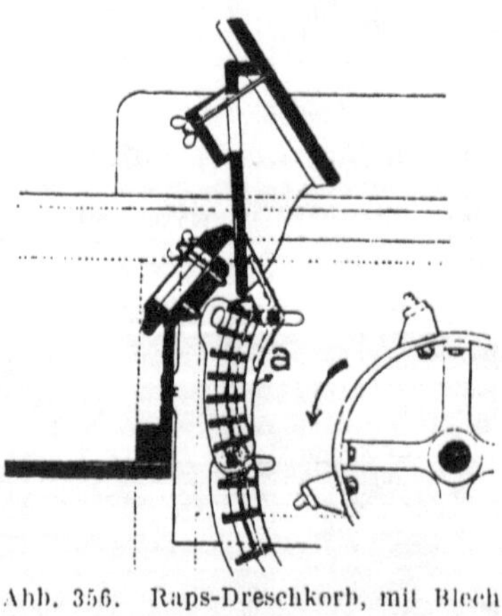

Abb. 356. Raps-Dreschkorb, mit Blech verschalt.

Eine andere Art des Rapsdrusches besteht darin, daß von der gewöhnlichen Getreidedreschtrommel vier Leisten entfernt werden, wobei dann die Tourenzahl unverändert bleibt; es können ferner anstatt der Stahlleisten und der Schlagleisten aus Eschenholz angefertigte und mit Flacheisen beschlagene Leisten verwendet werden, wobei auch in diesem Falle die Umdrehungszahl der Trommel dieselbe bleibt.

Alle diese Abänderungen verursachen Schwierigkeiten, weshalb in den meisten Fällen die in Abb. 354 dargestellte Trommel benutzt wird. Vor dem Einsetzen einer neuen oder umgeänderten Trommel muß man dieselbe unbedingt ausbalancieren.

Abb. 355 zeigt eine Abänderung des Dreschkorbes, wobei an Stelle der oberen Korbhälfte ein mit Blech beschlagenes Brett Anwendung findet, welches auf der mittleren Korbstange durch Scharniere befestigt ist. Eine andere Konstruktion ist in Abb. 356 gezeigt,

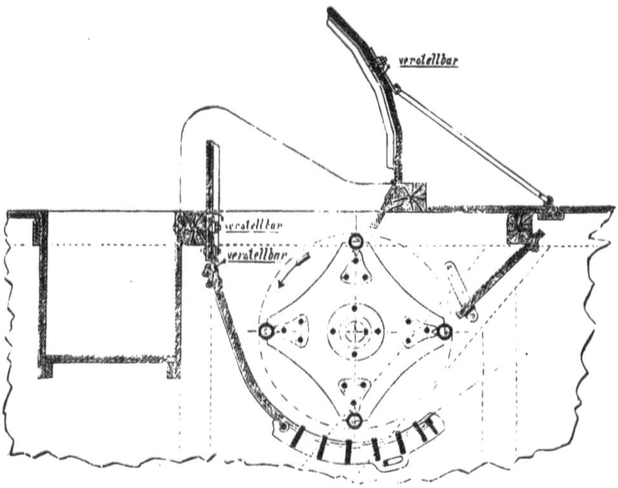

Abb. 357. Trommel zum Dreschen von Raps, Rübsen, Erbsen usw. von Th. Flöther in Gassen.

bei welcher der gewöhnliche Korb durch ein Blech *a* verdeckt wird. Hierbei wird die obere Korbhälfte ganz nach rückwärts gestellt und das Blech *a* auf der oberen Korbstange befestigt.

Eine den vorerwähnten Konstruktionen verwandte Bauart zeigt Abb. 357. Zum *Dreschen von Raps, Rübsen und Erbsen* usw. genügt das Auswechseln der Dreschtrommel unter Beibehaltung des gewöhnlichen Dreschkorbes. Wenn Bohnen gedroschen werden sollen, so muß außer der Trommel auch ein besonderer Korb eingelegt werden, wie ein solcher in Abb. 361 dargestellt ist.

Abb. 355 zeigt die Trommel und den Korb für Rapsdrusch, Abb. 358 alle Teile, welche zum Auswechseln für den Rapsdrusch notwendig werden.

Bei den obenerwähnten Materialien erfolgt die *Einstellung der Dreschmaschine* in folgender Weise: Die Strohschüttler werden, je nach dem Zustande des Materials, ob feucht oder trocken, mehr oder weniger eingeflochten und die Regulierbretter gehoben. Die Öffnungen des Kurzstrohreuters betragen 10 mm, diejenigen des Körnersiebes

Abb. 358. Teile zum Rapsdrusch.

3 mm. An Stelle des Staubsiebes wird ein volles Blech verwendet; der Entgranner wird außer Betrieb gesetzt, die oberen Siebe erhalten $5\frac{1}{2}$ und 3 mm große Öffnungen oder es kann Drahtgeflecht Nr. 10 und Nr. 9 verwendet werden, und der Sortierzylinder bleibt außer Betrieb oder er wird mit einem feinen Siebe überzogen. Die Entfernung des Korbes von der Trommel ist verschieden; als durchschnittliche Werte können hier in der Mitte 80 mm, unten 25 ÷ 40 mm gelten.

6. Die Erbsen- und Bohnen-Dreschmaschinen.

Die für diesen Drusch verwendete Trommel ist in den Abb. 359 und 360 dargestellt. Abb. 360 gibt einen Querschnitt durch die Trommel und den Korb, wobei ersichtlich ist, daß auch hier (vgl. Abb. 355)

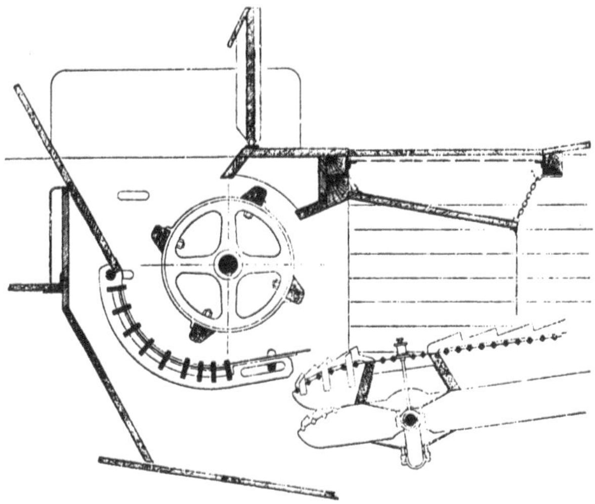

Abb. 359. Trommel und Korb zum Bohnendrusch.

die obere Korbhälfte durch ein mit Blech beschlagenes Brett ersetzt wird. Abb. 360 stellt die Trommel für Erbsen- und Bohnendrusch in einer Längsansicht und im Querschnitt dar. Sie besteht aus den

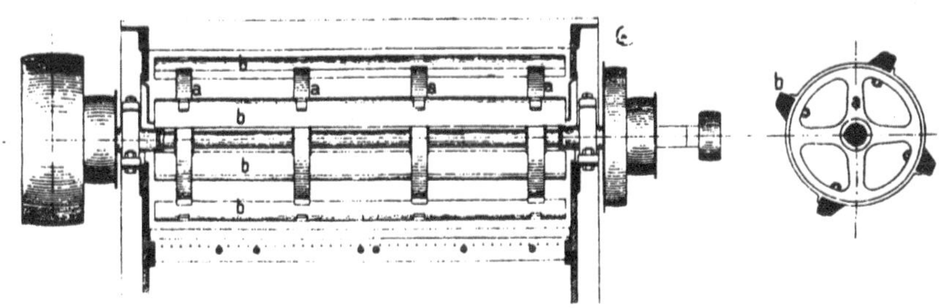

Abb. 360. Trommel zum Bohnendrusch.

Armkreuzen *a* und den aus Eschenholz gebildeten Leisten *b*, welche mit den Kreuzen durch Schrauben verbunden sind. Diese Trommel wird auf die Trommelwelle der gewöhnlichen Dreschmaschine aufgekeilt, jedoch müssen die Riemenscheiben ausgewechselt werden, da die minutliche Tourenzahl für das Dreschen von Bohnen und Erbsen etwa 400÷500 beträgt. Die anderen Wellen der Dreschmaschine behalten die normale Tourenzahl bei.

An Stelle der oberen Dreschkorbhälfte wird, wie bereits bemerkt, ein mit Blech bedecktes Brett benutzt (Abb. 359), an Stelle der unteren Korbhälfte ein anderer Korb, dessen Drähte voneinander so weit

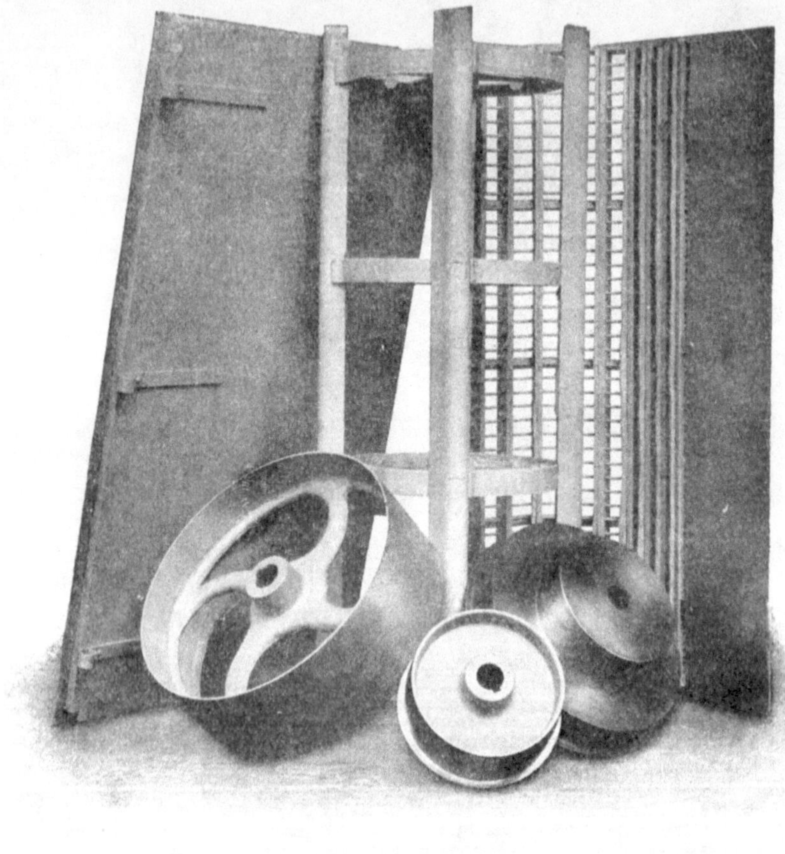

Abb. 361. Teile zum Bohnendrusch.

entfernt sind, daß die Bohnen unbeschädigt hindurchfallen können. Um das Brechen der Körner zu vermeiden, müssen die Kanten der Dreschkorbleisten gut abgerundet werden, sonst bleibt die Dreschmaschine unverändert, nur die Siebe werden je nach der Größe der Körner von Fall zu Fall anders gewählt. Sämtliche zur Abänderung notwendigen Teile sind in der Abb. 361 dargestellt.

7. Die Strohzerkleinerungs- und Quetscheinrichtungen.

Der Zweck dieser Spezialeinrichtungen ist, das Stroh und das Kurzstroh in einer bestimmten Länge zu zerschneiden, um das so zerkleinerte Material für Futterzwecke verwenden zu können. In der Regel sind diese Vorrichtungen unmittelbar mit der Dreschmaschine vereinigt. Es gibt aber auch solche, welche auf ein besonderes Fahrgestell montiert und dann an die Dreschmaschine herangeschoben werden.

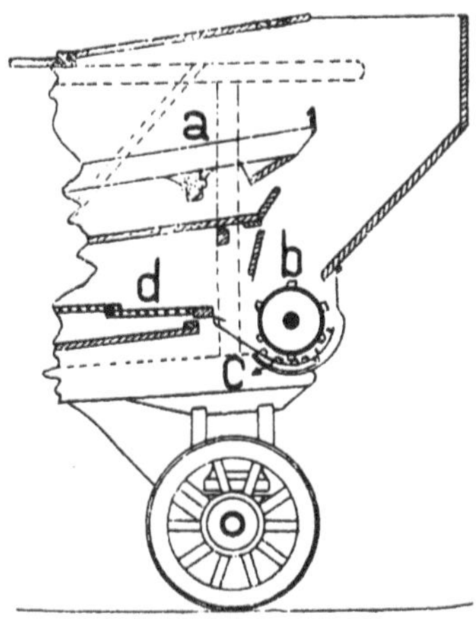

Abb. 362. Stroh-Zerkleinerungseinrichtungen (Trommel).

Abb. 362 zeigt eine Konstruktion, bei welcher das Stroh von den Strohschüttlern *a* auf den Zylinder *b* fällt, welcher ebenso wie der Korb *c* mit schraubenförmig angeordneten Messern versehen ist. Auch das Kurzstroh wird von dem Reuter *d* demselben Zylinder zugeführt. Das durch diesen Mechanismus zerkleinerte Stroh ist jedoch hart und deshalb zur Fütterung der Tiere nicht geeignet. Deshalb werden Maschinen mit zwei Zylindern gebaut (Abb. 363), bei welchen das Stroh von den Schüttlern *a*, das Kurzstroh von dem Reuter *b* zu dem Zylinder *c* gelangt, welcher das Stroh

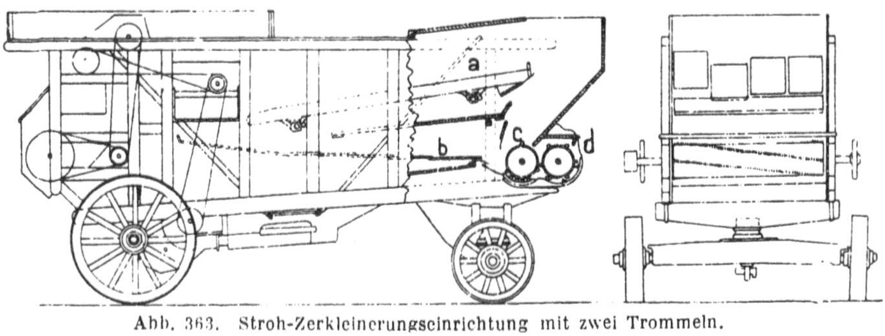

Abb. 363. Stroh-Zerkleinerungseinrichtung mit zwei Trommeln.

durch Messer zerschneidet. Von hier wird das Material einem mit viereckigen Stiften versehenen Zylinder *d* zugeführt, wobei das Stroh weichgeschlagen wird. Während in der Anordnung der Abb. 364 die beiden Zylinder in einer horizontalen Ebene nebeneinander angeordnet sind, zeigt die Abb. 364 eine Bauart, bei welcher die Zylinder

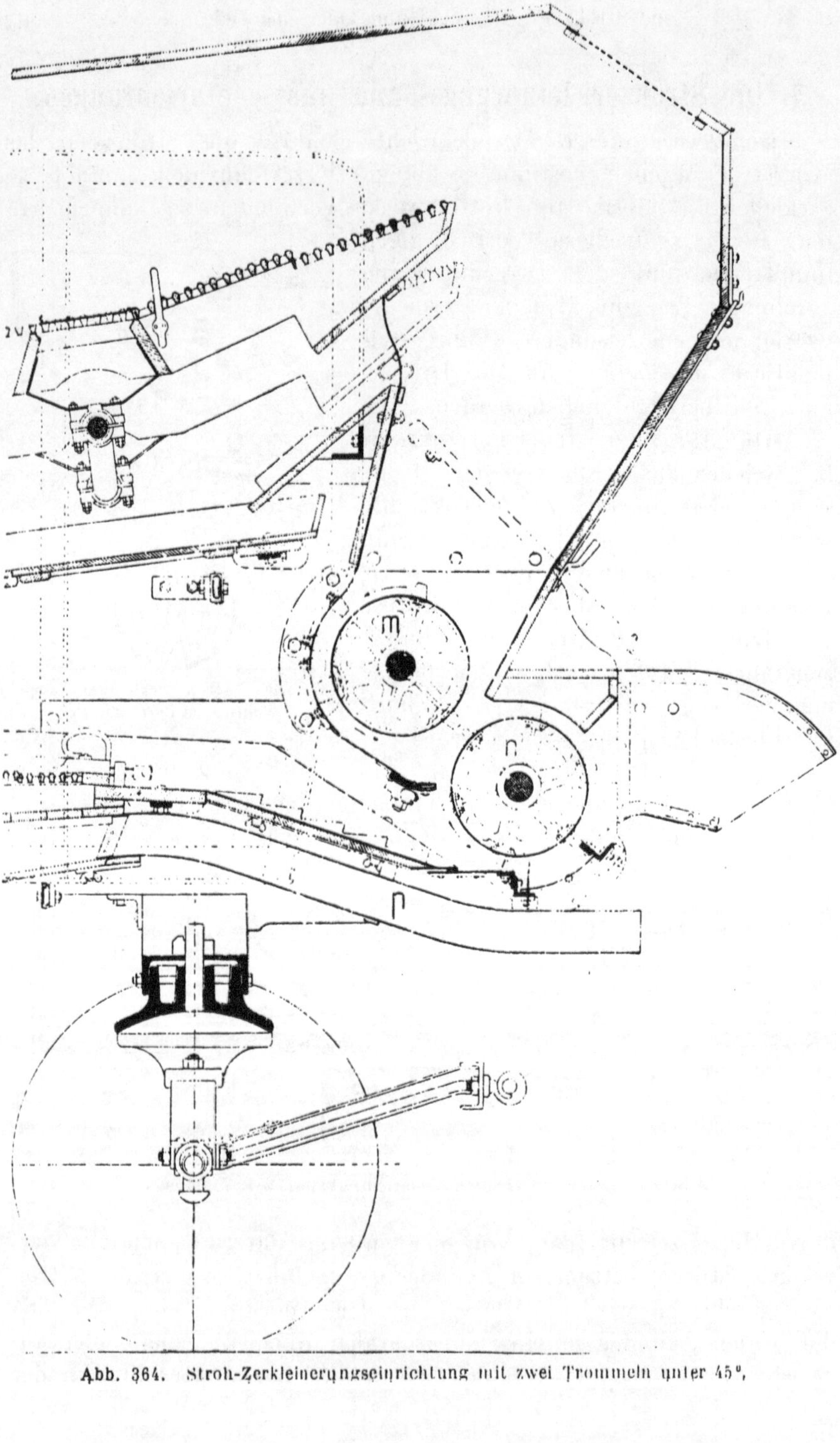

Abb. 364. Stroh-Zerkleinerungseinrichtung mit zwei Trommeln unter 45°.

m und n unter 45° zueinander liegen. Bei der letzteren Konstruktion kommen Verstopfungen seltener vor. Diese Maschine (Abb. 364) unterscheidet sich von den gewöhnlichen noch dadurch, daß die Oberfläche der Strohschüttler aus einem reuterartigen Blech oder Blechsieb gebildet ist, und daß der Kurzstrohreuter aus zwei Teilen besteht. Die Spreu kann in der gewöhnlichen Weise entfernt werden und gelangt durch einen Kanal p ins Freie oder sie wird durch einen Exhaustor auf die Oberfläche der Strohschüttler gebracht. Beide

Abb. 365. Dreschmaschine mit Strohzerkleinerungseinrichtung.

Trommelwellen sind zur Erzielung eines gleichmäßigen Ganges mit kleinen Schwungrädern versehen. Die Umdrehungszahl in der Minute beträgt hier 1200 ÷ 1300.

Abb. 365 zeigt die äußere Ansicht dieser Maschine und läßt die Lage der beiden Zylinder erkennen, von denen der höher liegende das Zerkleinern, der tiefer liegende das Erweichen des Strohes besorgt. Auch die Schwungräder, die Anordnung der Riemen und die in Schraubenlinien angebrachten Messer sind deutlich aus der Abb. 365 zu erkennen.

In Abb. 366 ist eine Dreschmaschine dargestellt, bei welcher das Stroh durch zwei glatte Walzen zerquetscht und auf diese Weise in die für Futterzwecke notwendige Form gebracht wird.

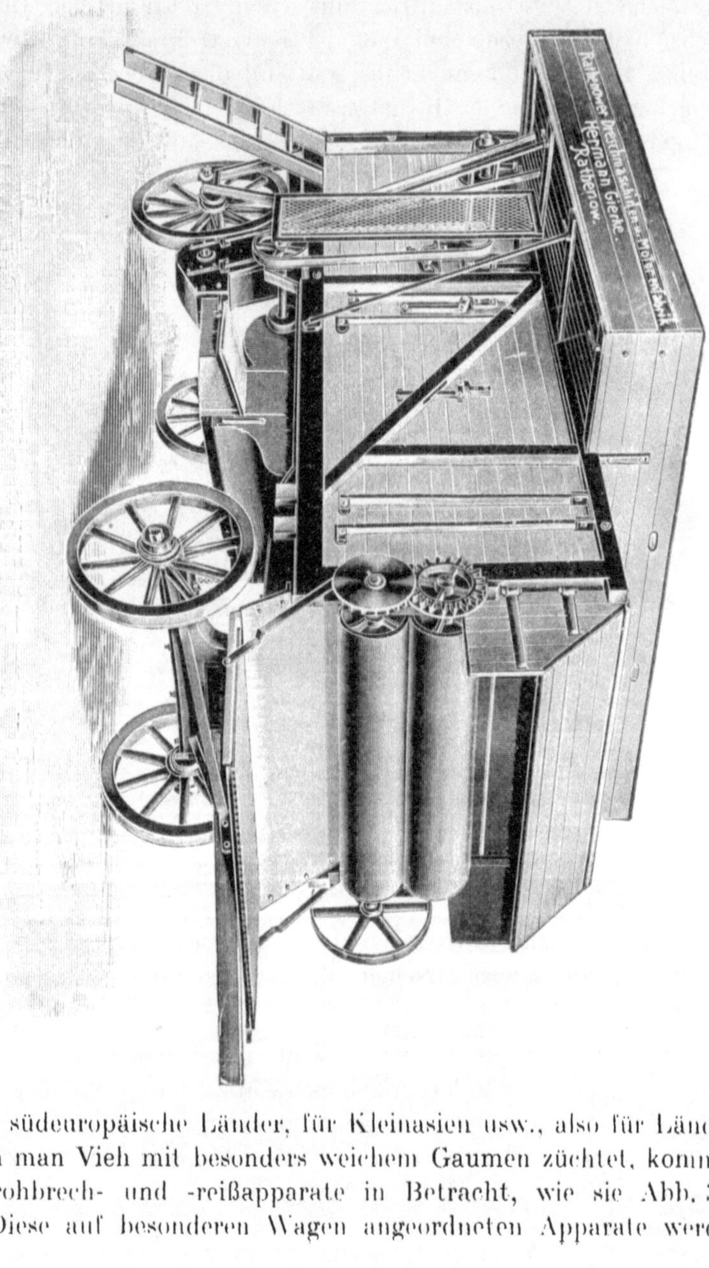

Abb. 366. Motor-Glattstroh-Dreschmaschine „Germania“ mit Stroherweichungs-Vorrichtung.

Für südeuropäische Länder, für Kleinasien usw., also für Länder, in denen man Vieh mit besonders weichem Gaumen züchtet, kommen sog. Strohbrech- und -reißapparate in Betracht, wie sie Abb. 367 zeigt. Diese auf besonderen Wagen angeordneten Apparate werden an die Motordreschmaschine angeschoben und können mittels eines Strohtransporteurs das gesamte Lang- und Kurzstroh der Dreschmaschine verarbeiten. Eine Transportschnecke, welche im Innern des Apparates angeordnet ist, drückt das ihr übergebene Stroh in den Brech- und Reißapparat, welcher aus einer schnell rotierenden Scheibe mit stumpfen Stahlzähnen besteht, die das Stroh zwischen festgespannten, ebenfalls stumpfen Stahlzähnen hindurchreißt. Die Breite dieser Maschine muß der Breite der Dreschmaschine angepaßt sein.

Abb. 367. Fahrbarer Strohbrech- und -reißapparat.

Zu diesen Zerkleinerungsapparaten für das Langstroh gehören auch jene *Häckselschneidemaschinen*, welche direkt hinter die Dreschmaschine gestellt und durch Riemenübertragung von derselben angetrieben werden können[1]).

Eine andere Methode zum Zerkleinern des Strohes besteht darin, daß unmittelbar an die Strohschüttler eine besondere *Streustrohschneidemaschine* angerückt wird, welche mit zwei auf- und abwärts gehenden Messern arbeitet, wie sie bei Mähmaschinen üblich sind.

[1]) Vgl. E. Wrobel: Die Wradislawia-Häcksel- und Grünfutter-Schneidemaschine in »Neuerungen auf dem Gebiete des landwirtschaftlichen Maschinenwesens« von A. Nachtweh, Stuttgart 1903, S. 75.

Diese Messer haben eine Anordnung wie die Vollgatter einer Holzsägemaschine. Sie stehen senkrecht zum Ablegetisch, zerschneiden das ihnen durch endlose Ketten zugeführte Stroh, welches dann zer-

Abb. 368. Stroh-Zerkleinerungsvorrichtung mit Schüttelsieb als getrennter Apparat hinter der Dreschmaschine.

kleinert von den Kettenzinken weitergeführt über die Endkante des Tisches abgeworfen wird[1]).

[1]) Vgl. H. Puchner, Die Streustrohschneidemaschinen von Zellermayer & Spann in Harthausen bei München, ebenda S. 2.

In manchen Fällen ist es üblich, das von solchen Zerkleinerungsmaschinen kommende Stroh noch auf besondere Siebmaschinen zu leiten (Abb. 369), weil mit dem zerkleinerten Stroh auch eine größere Menge guter Körner aus der Maschine zugeführt wird. Diese Siebmaschinen sind mit der Dreschmaschine verbunden und werden von der Strohschüttlerwelle angetrieben. Ihre Konstruktion besteht aus einem großen gelochten Blechsieb und aus einem unteren Putzwerk mit einem Ventilator. Das Stroh wird mit dem Kurzstroh und mit

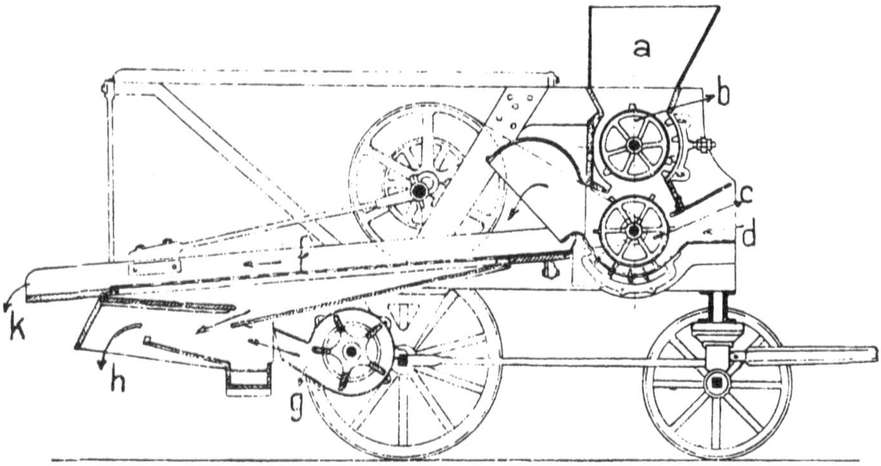

Abb. 369. Strohzerkleinerungs-Vorrichtung.

der Spreu, die letzteren manchmal auch getrennt, auf den Boden geführt, während die Körner in Körben aufgefangen werden. Die Spreu kann aus der Dreschmaschine manchmal auch direkt auf den Boden gebracht werden, ohne über die Siebmaschine gelangen zu müssen.

Abb. 370 zeigt eine Konstruktion, bei welcher die senkrecht angebrachten Zylinder mit einem Putzkasten auf ein besonderes Wagengestell angeordnet sind. Das Stroh wird durch den Einschüttrumpf *a* zum Zylinder *b* und dann zum Zylinder *c* geführt. Hier tritt auch das Kurzstroh durch die Öffnung *d* ein, und das gesamte Material gelangt auf das Sieb *f* als Gemisch von Stroh und Kurzstroh und fällt dann bei *k* auf den Boden. Die Spreu wird durch den Ventilator *g* bei *h* herausgeblasen. Diese Maschinen werden unmittelbar mit einer gewöhnlichen Dreschmaschine verbunden, und zwar so, daß das Langstroh bei *a* und das Kurzstroh bei *d* in die Maschine geführt werden kann.

Die Arbeit dieser Maschinen ist bei feuchtem und unreinem Material besonders schwierig und erfordert große Aufmerksamkeit.

V. Teil.

Verschiedene Konstruktionen von Dreschmaschinen, ihre Inbetriebsetzung und Handhabung.

Die in diesem Kapitel zu behandelnden Fragen sollen in folgenden 6 Abschnitten untergebracht werden:

1. Einige Dreschmaschinen-Konstruktionen,
2. der Betrieb der Dreschmaschine,
3. die Lage der Dreschmaschine,
4. die Montage der Dreschmaschine,
5. fehlerhaftes Funktionieren der Dreschmaschine,
6. die Leistungen der Dreschmaschinen.

1. Einige Dreschmaschinen-Konstruktionen.

Außer den einfachen Handdreschmaschinen, welche bereits beschrieben wurden, gelangen auch noch kleinere Maschinen zur Ver-

Abb. 370. Kleine Stiftendreschmaschine mit Strohschüttlern von E. Kühne in Wieselburg (Moson), Ungarn.

wendung; dieselben sind außer mit Korb und Trommel nur noch mit Strohschüttlern versehen. In dem Kapitel über die Strohschüttler sind bereits einige Darstellungen derartiger kleiner Dreschmaschinen vorhanden (vgl. Abb. 115, 119 bis 124), außerdem ist in Abb. 370

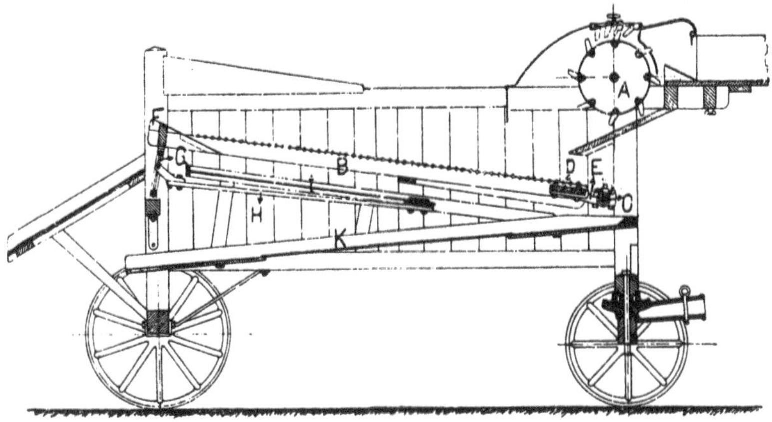

Abb. 371. Stiftendreschmaschine mit Strohschüttlern, Schütteltisch und Kurzstrohreuter.

eine solche kleine Dreschmaschine dargestellt, wobei der Antrieb der Strohschüttler und die vordere Unterstützung derselben deutlich zu sehen ist.

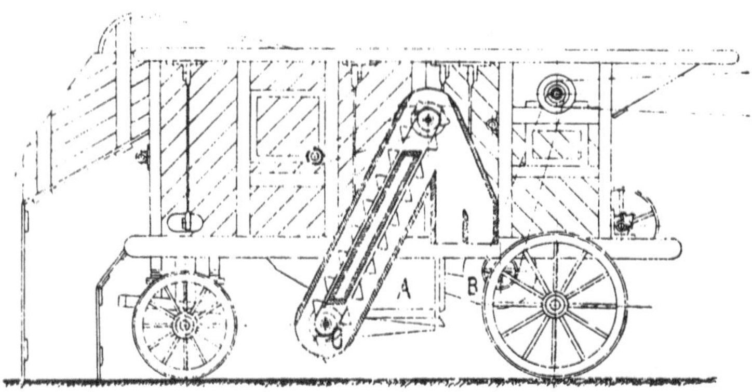

Abb. 372. Stiftendreschmaschine mit unterem Putzwerk.

Abb. 371 zeigt eine etwas vollkommenere Göpeldreschmaschine, da sie bereits mit einer Vorrichtung zum Absondern von Stroh, Kurzstroh und Körnern versehen ist. Das Dreschmaterial gelangt aus der Stiftentrommel *A* auf die mit 4 kantigen Leisten versehenen

Strohschüttler *B*, welche ihre Bewegung von der Kurbelwelle *C* in der Weise erhalten, daß die Enden der Strohschüttler durch die Lager *E* mit der gekröpften Welle *C* verbunden sind und hierdurch eine kreisförmige Bewegung erhalten. Die äußeren Enden der Strohschüttler werden durch die schwingenden Arme *F* und *G* unterstützt, so daß hier eine schwingende Bewegung eintreten kann. Die schwingenden Arme *G* sind durch die Stangen *H* mit dem Tisch *J* und dem Kurzstrohreuter *K* verbunden, so daß auch diese eine schwingende

Abb. 373. Eingebaute Göpel-Dreschmaschine.

Bewegung erhalten. Selbstverständlich ist die Reinigung bei diesen Maschinen mangelhaft, so daß die gewonnenen Körner durch Siebe oder besondere Reinigungsmaschinen noch nachgereinigt werden müssen.

Abb. 372 zeigt eine größere und vollkommenere Dreschmaschine für Göpelantrieb. Sie weicht von der vorherbeschriebenen dadurch ab, daß unter dem Kurzstrohreuter noch ein Putzkasten *A* und ein Ventilator *B* angeordnet sind, so daß hierdurch die Spreu und der

Staub aus der Maschine entfernt und die Körner einigermaßen gereinigt in den Ventilator C und von hier in die Säcke gelangen.

Derartige kleine Dreschmaschinen mit Göpelbetrieb werden oft unmittelbar in die Scheunen eingebaut. Man nennt sie dann »eingebaute Dreschmaschinen«. Eine Ausführung dieser Art ist in Abb. 373 dargestellt. Dieselbe Ausführung von Friedrich Richter & Co. in Rathenow zeigt Abb. 374. Der Antrieb vom Göpel erfolgt auf die im unteren Scheunenboden angeordnete Welle a,

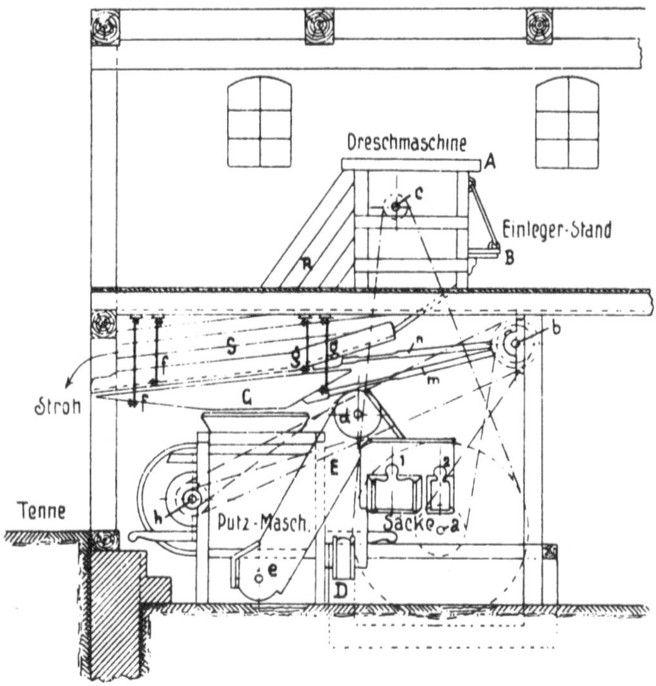

Abb. 374. Eingebaute Göpel-Dreschmaschine von Friedrich Richter in Rathenow.

auf der eine große Riemenscheibe sitzt. Von dieser erfolgt der Antrieb auf die Welle c der im ersten Stockwerke aufgestellten Dreschmaschine. Auf der seitlichen Konsole B steht der Einleger, welcher die Garben bei A in die Dreschmaschine bringt. Das Stroh und die Körner gelangen auf die Schüttelvorrichtung S, welche an den Federn gg und ff an der Decke aufgehängt ist und durch die Stangen m und n von der gekröpften Welle b die hin und her gehende Bewegung erhält. Während das Stroh auf die Tenne fällt, gelangen die Körner in die Putzmaschine, wo Spreu und Raff durch den Ventilator h

entfernt werden. Der Elevator, aus einem über *c* und *d* gehenden endlosen Becherwerke bestehend, bringt die Körner auf die Sortiermaschine, welche die Körner bei den Schiebern *1* und *2* in zwei Sorten in die Säcke abliefert. Bei *D* fallen die zerbrochenen und kleinen Körner sowie die Unkrautsamen auf den Boden.

In Abb. 375 ist eine ganz ähnliche Anlage mit Elektromotorbetrieb dargestellt. Die Sortiereinrichtung gibt hier 3 Sorten.

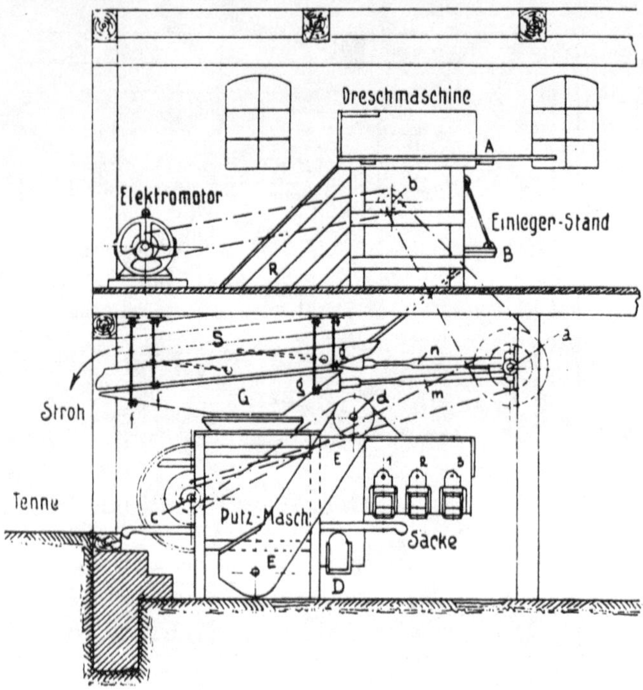

Abb. 375. Eingebaute Dreschmaschine mit elektrischem Antrieb von Friedr. Richter & Co. in Rathenow.

In Abb. 376 ist eine Stiftendreschmaschine dargestellt, bei welcher das Material von dem Speisetisch *a* zur Trommel *b* und zum Korbe *c*, von hier auf die Strohschüttler *d* gelangt, welche durch die dreifach gekröpfte Welle angetrieben werden. Die Strohschüttler sind durch Holzlager *g* mit der Welle verbunden, auf der einen Seite durch die Federn *j*, auf der andern Seite durch die Federn *h* aufgehängt. Die Oberfläche der Schüttler besteht aus gelochten Blechen *k*, so daß die den Öffnungen entsprechenden Teile der Bleche nach aufwärts gebogen sind. Der Tisch *m* wird durch die Stange *l*, der Kasten durch die Stange n von der Welle f in Bewegung gesetzt. Die Federn für den Tisch sind mit p und r, diejenigen für den Kasten mit s und t bezeichnet. Das Material gelangt auf den Kurzstrohreuter u, von

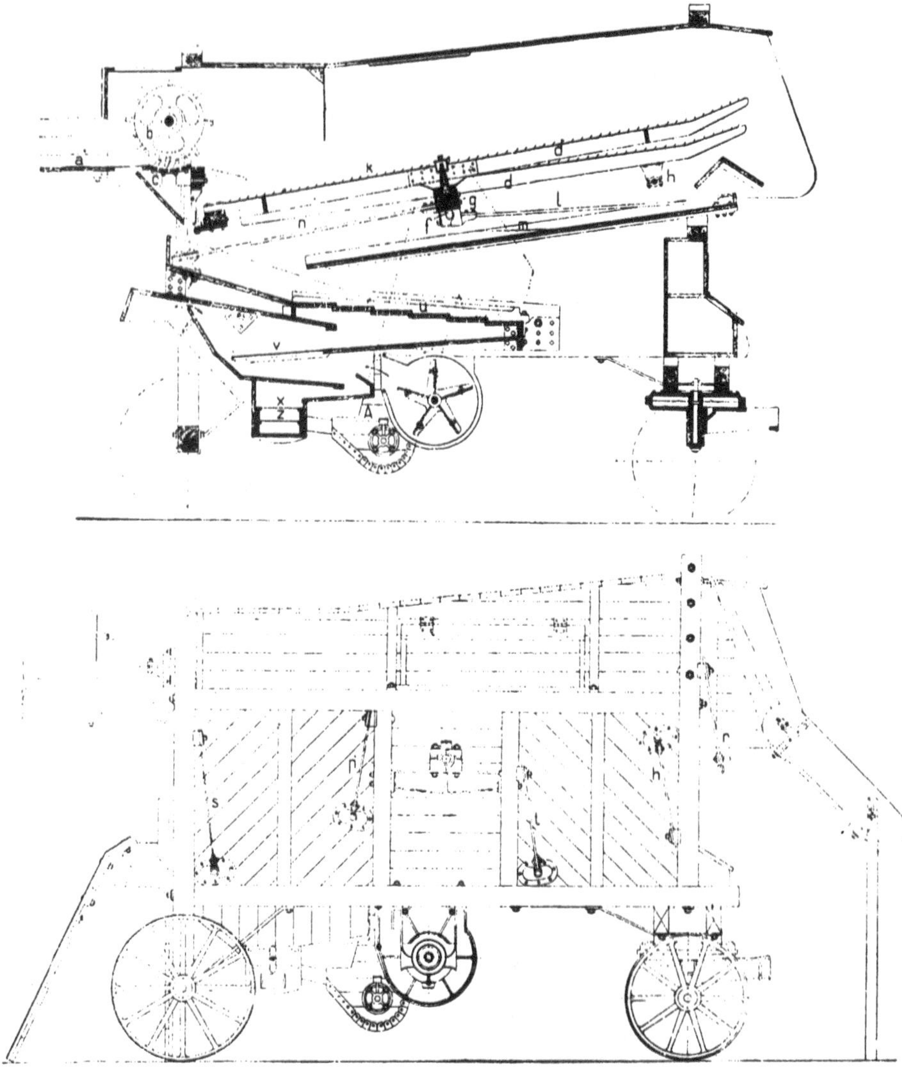

Abb. 376. Stiftendreschmaschine mit unterem Putzwerk (Einwellen-System).

hier auf das Spreusieb v, dann auf das Körnersieb x und auf das Staubsieb z und von hier durch den Elevator A in die Säcke.

Die Abb. 377 zeigt den Längsschnitt einer amerikanischen Stiftendreschmaschine. Von dem Speisetisch a gelangt

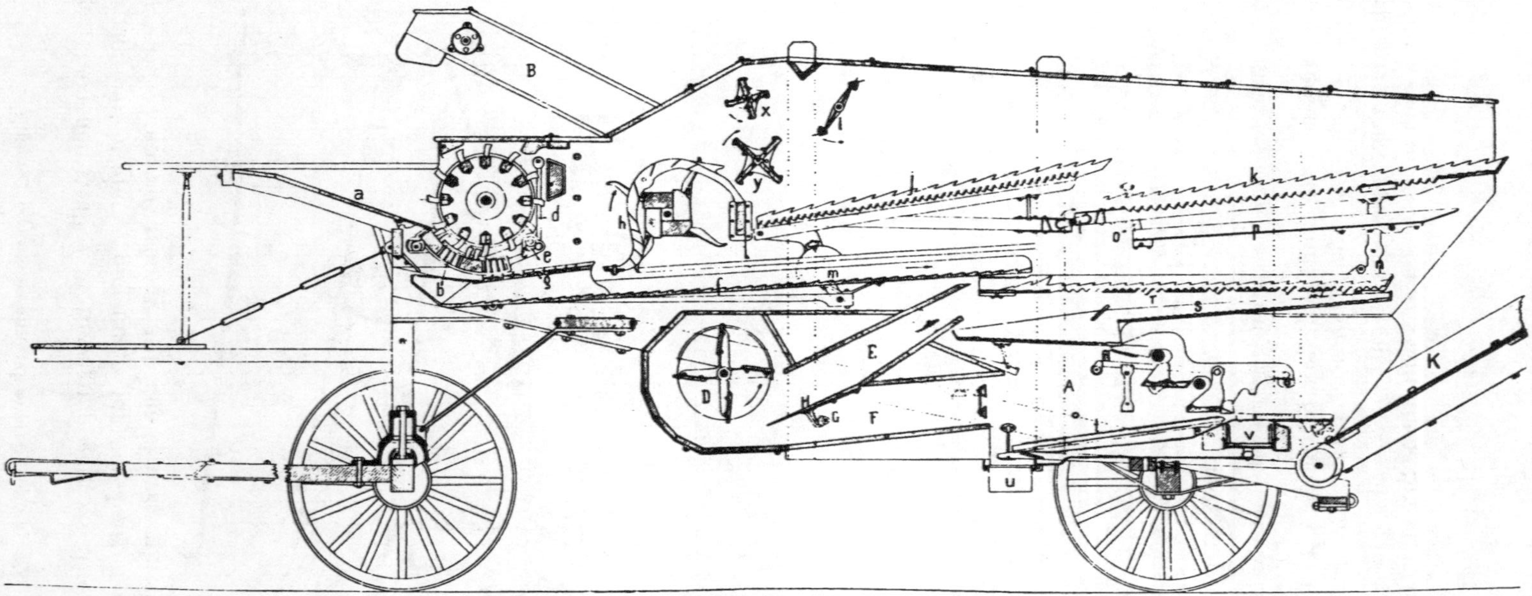

Abb. 379. Amerikanische Stiftendreschmaschine (Längsschnitt).

das Material zwischen Trommel und Korb *b*, welcher durch Exzenter und die Stange *d* in dem länglichen Schlitz *e* verstellbar angeordnet ist. Das gedroschene Material fällt durch die Öffnungen des Korbes auf den Tisch *f*, teilweise auf die Fläche *g*, während das Stroh an den vertikalen Rost *h* stößt, so daß ein Teil der Körner auf den Tisch *f* gelangt. Das Stroh wird durch die Trommeln *x* und *y* sowie durch die schwingenden Hebel *i* gelockert, gewendet und gelangt auf den ersten Strohschüttler *j* und dann erst auf den zweiten *k* und von hier auf den Boden. Der Antrieb geschieht von der mehrfach gekröpften Welle *l*. Der Tisch *f* wird durch die Arme *m*, der Kasten *A*

Abb. 378. Schlagleistendreschmaschine mit doppeltem Putzwerk.

durch die Arme *n* bewegt. Der Sammeltisch *p* ist unter dem Strohschüttler *k* an den Federn *o* aufgehängt, so daß das Material, welches die Strohschüttler verläßt, in der Pfeilrichtung über die Tische *f* und *p* in den Kasten *A* und auf das Sieb *r* gelangt, wobei das Kurzstroh ausgeschieden wird, während die übrigen Teile über den Tisch *s* in das untere Putzwerk geführt werden. Hier sondert das Staubsieb *t* den Staub ab und die Körner werden durch den Kanal *u* in den Elevator und in die Säcke geleitet, während die abgebrochenen Ähren bei *v* gesammelt und durch den Elevator *B* erneut zur Trommel befördert werden. Das Hebetuch *K* ist mit der Maschine verbunden und hebt Langstroh, Kurzstroh und Spreu in die gewünschte

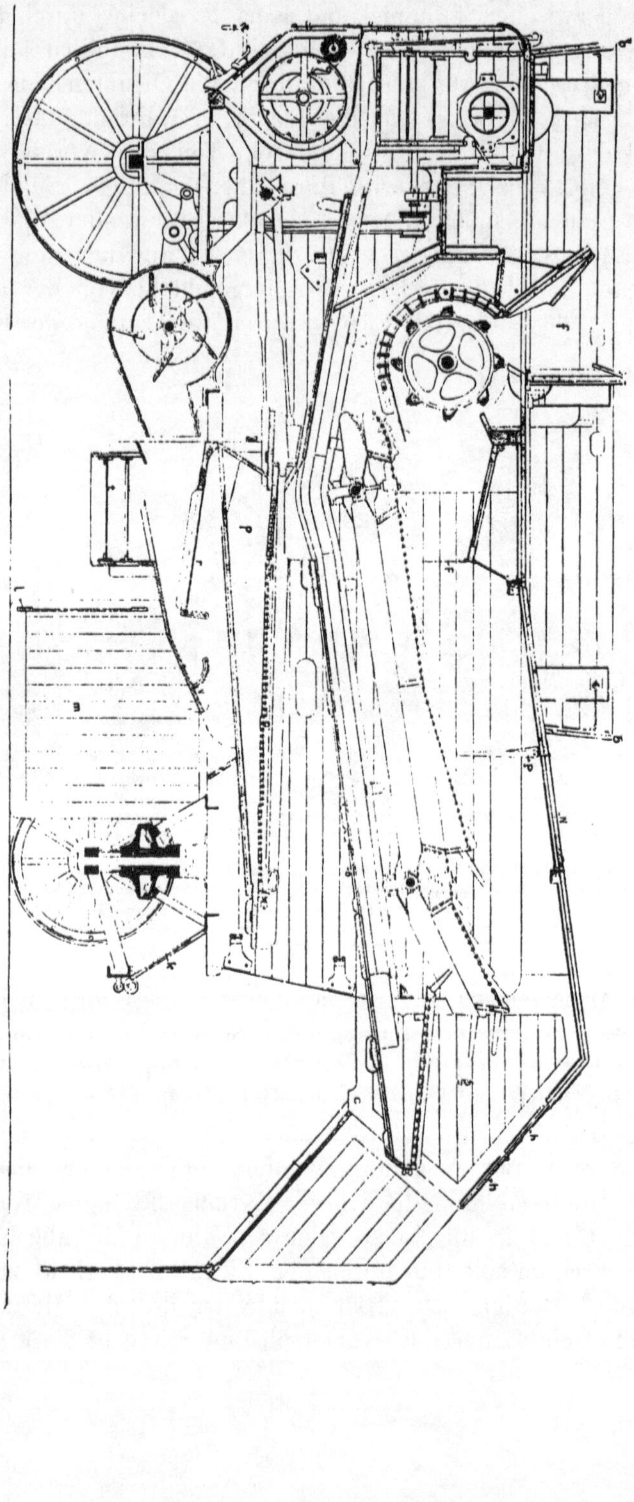

Abb. 379. Dreschmaschine mit doppelter Reinigung (Längsschnitt).

Höhe und auch entsprechende Entfernung. Der eine Teil des Luftstromes vom Ventilator *D* gelangt in den Kanal *E*, der andere wird bei *F* in den Putzkasten geführt. Zur Regulierung dient der bekannte Schieber und das stellbare Blech *H*, während die Regulierklappe bei *E* verstellbar ist, wie dies durch eine punktierte Darstellung angedeutet ist.

Abb. 378 zeigt die äußere Ansicht, Abb. 379 den Längsschnitt und Abb. 380 den Querschnitt einer Schlagleisten-Dreschmaschine mit doppeltem Putzwerk. Die Trommel und der Korb sind bereits

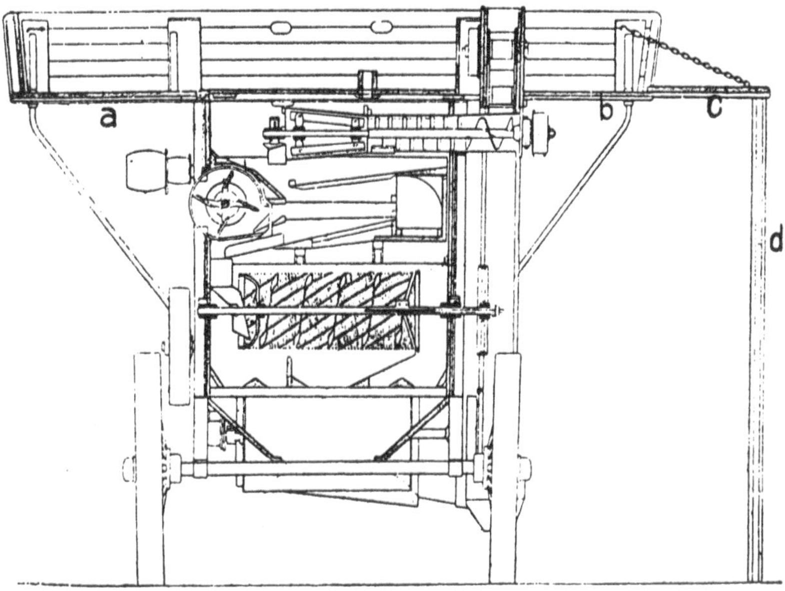

Abb. 380. Dreschmaschine mit doppelter Reinigung (Querschnitt).

in Abb. 78 und 79, 85 und 95, der Speisetisch und der Schutzdeckel in Abb. 107 und 108 dargestellt. Das Dreschmaterial gelangt auf 4 Strohschüttler, welche auf 2 gekröpften Wellen gelagert sind. Das Stroh wird durch die Bretter *F* und durch die Stäbchen *B* in gewissem Maße zurückgehalten, um dann auf das verlängerte Sieb des Schütteltisches und von dort über das Brett *i* auf den Boden zu fallen. Die Zinken *g* dienen zum Lockern des Langstrohes. Der Reuter scheidet das Kurzstroh über das Brett *k* aus, während das Gemisch der Körner und der Spreu über dem Tisch *p* auf das Spreusieb *r*, von da auf das Körnersieb *o* und das Staubsieb *t* gelangt. Der Luftstrom des Ventilators führt die leichteren Teile über das Brett *v* ins Freie.

Der Antrieb dieser Teile geschieht von der Kurzstrohwelle *x*, welche mit dem Putzkasten durch die zwei äußeren und mit dem Schütteltisch durch die zwei inneren Triebstangen verbunden ist. Der Elevator dieser Dreschmaschine ist in Abb. 195, der Entgranner 203 und 204, der kleine Ventilator in Abb. 218, der obere Putzkasten in Abb. 218 und 219 und der Sortierzylinder in Abb. 231 dargestellt. Der Querschnitt dieser Maschine ist in Abb. 380 zu sehen und zeigt deutlich die Anordnung des Entgranners, des kleinen Ventilators, des oberen Putzwerkes, des Rückleitungskanals, des Sortierzylinders und der Sacköffnungen. In derselben Abbildung bezeichnet *a* die Galerie (Dreschbühne), *c* ein Brett zur Vergrößerung derselben, *d* eine Stange zur Unterstützung dieses Brettes.

Abb. 381 zeigt die Ansicht derselben Maschine ohne Verschalung, so daß folgende Teile deutlich zu sehen sind:

die Trommel *A*,
der Korb *B*,
die Schüttler *C*,
der Körnerfang *D*,
das Regulierbrett *E*,
der Schütteltisch *F*,
die Nachschüttler *G*,
der obere Teil des Putzkastens *H*,
der untere Teil des Putzkastens *J*,
der Elevatorunterteil *K*,
der Elevatoroberteil *M*,
der Entgranner *N*,
der kleine Putzkasten *O*,
der Sortierzylinder *P*,
der Rahmen *R*,
das Drehgestell *S*,
die Anspannvorrichtung *T*,
das Hinterrad *U*,
die Hängefedern *V*,
der Oberteil der Dreschmaschine.

Abb. 382 zeigt den Längsschnitt einer anderen K o n s t r u k t i o n m i t z w e i P u t z w e r k e n. Hier ist die Schlagleistentrommel *a*, der Korb *b*, die Strohschüttler *c* mit einer Welle, die Nachschüttler *d*, das zwischen Schrauben verstellbare Lager *e* und der Deckel *f* zu sehen, nach dessen Entfernung man die Schmiergefäße erreichen kann. Der Deckel *h* auf dem Strohschütteltisch *g* ist angeordnet, um die Lager der Strohschüttler erreichen zu können. Die Strohschüttler sind vorn teilweise durch die Federn *k*, hinten teilweise durch die Federn *i* aufgehängt. Der Kurzstrohreuter *l* ist stufenförmig angeordnet und das untere Putzwerk aus dem Siebkasten *m* und Spreukasten *n* zusammengestellt. Letzterer ist bereits in Abb. 183 dargestellt und in dem dazugehörigen Text bereits erläutert. In dem oberen Putzwerk befinden sich 3 Siebe; der Ventilator *o* befördert das ausgeschiedene Material durch den Kanal *p* auf den Kurzstrohreuter *l*.

Abb. 381. Dreschmaschine mit doppelter Reinigung (ohne Verschalung).

Abb. 383 zeigt die Antriebseite dieser Maschine nebst allen Federn und den Absaugevorrichtungen von der Trommel zum oberen Putzwerk und zum Sortierzylinder, um aus denselben die leichten

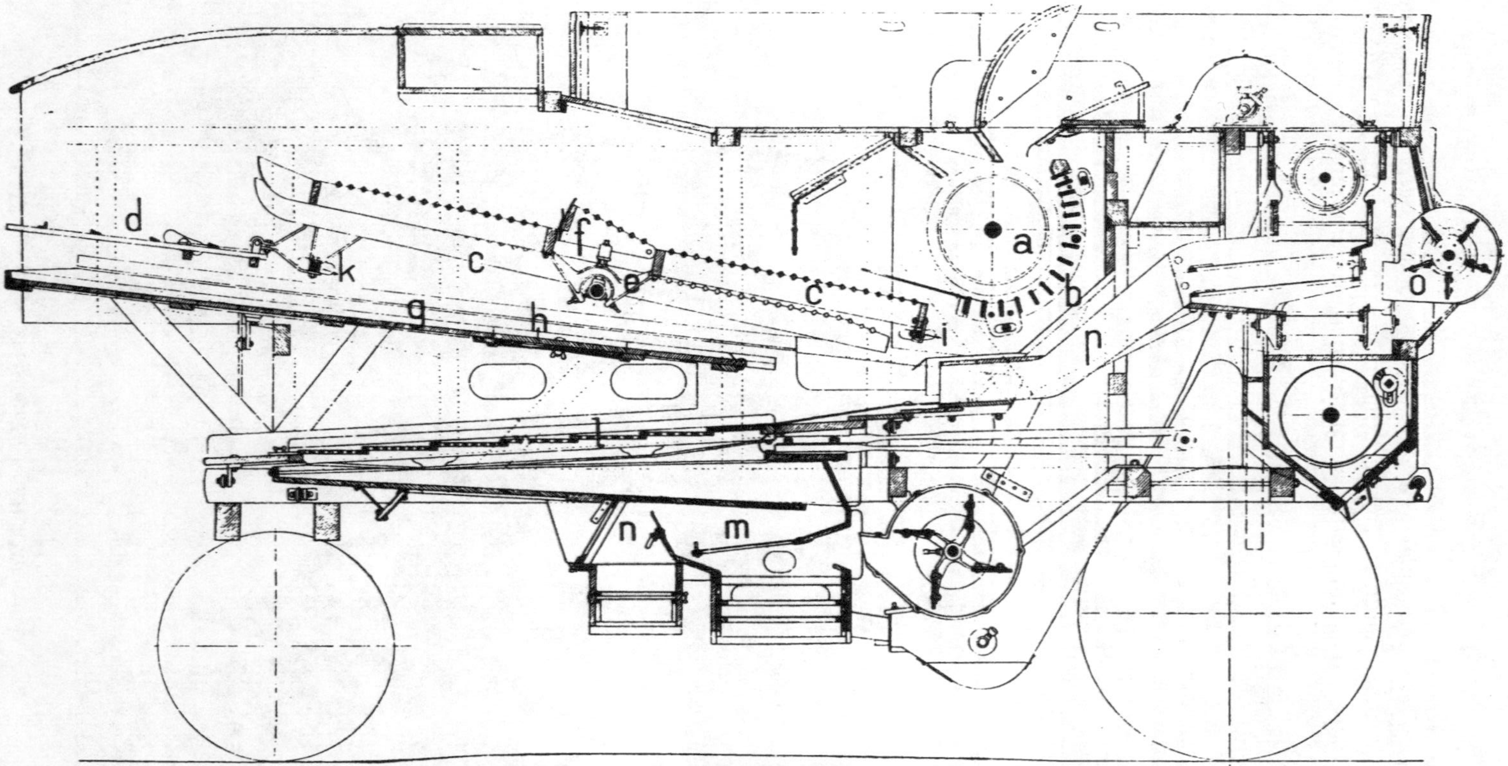

Abb. 382. Dreschmaschine mit doppelter Reinigung und Staubabsaugung.

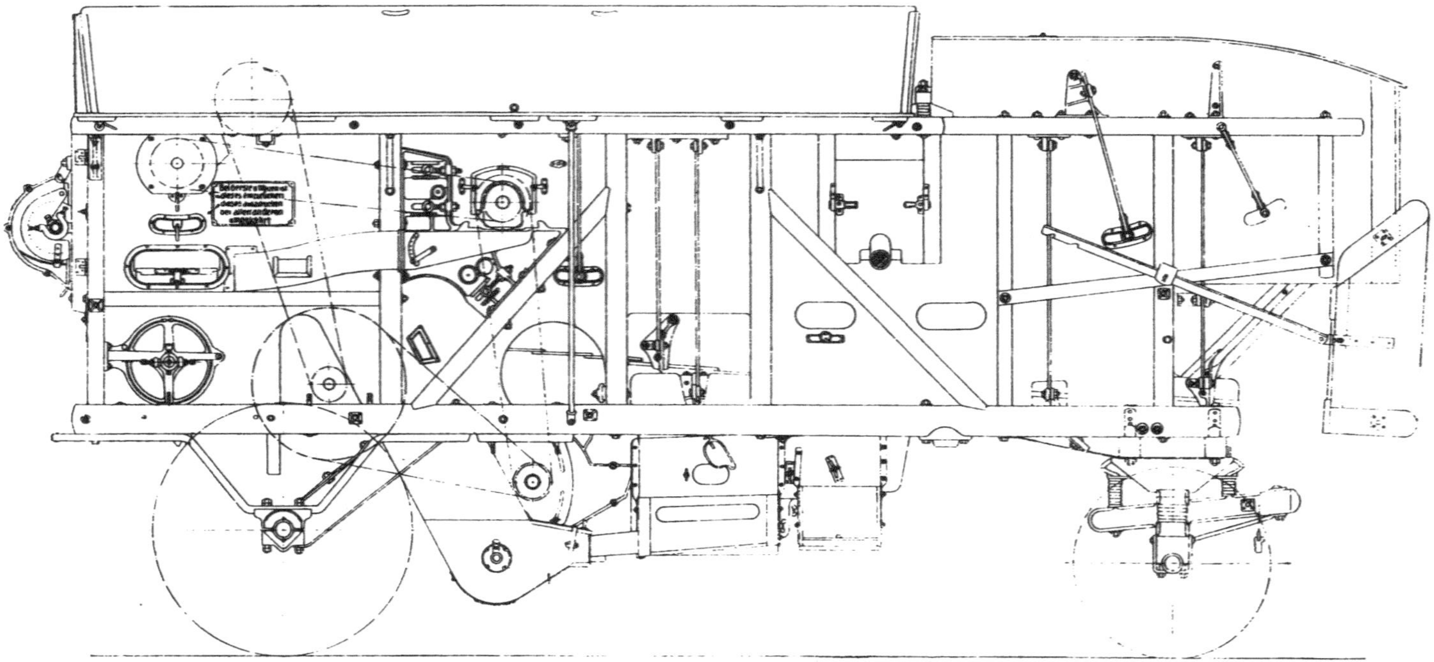

Abb. 383. Dreschmaschine mit doppelter Reinigung und Staubabsaugung. (Äußere Ansicht zu Abb. 382.)

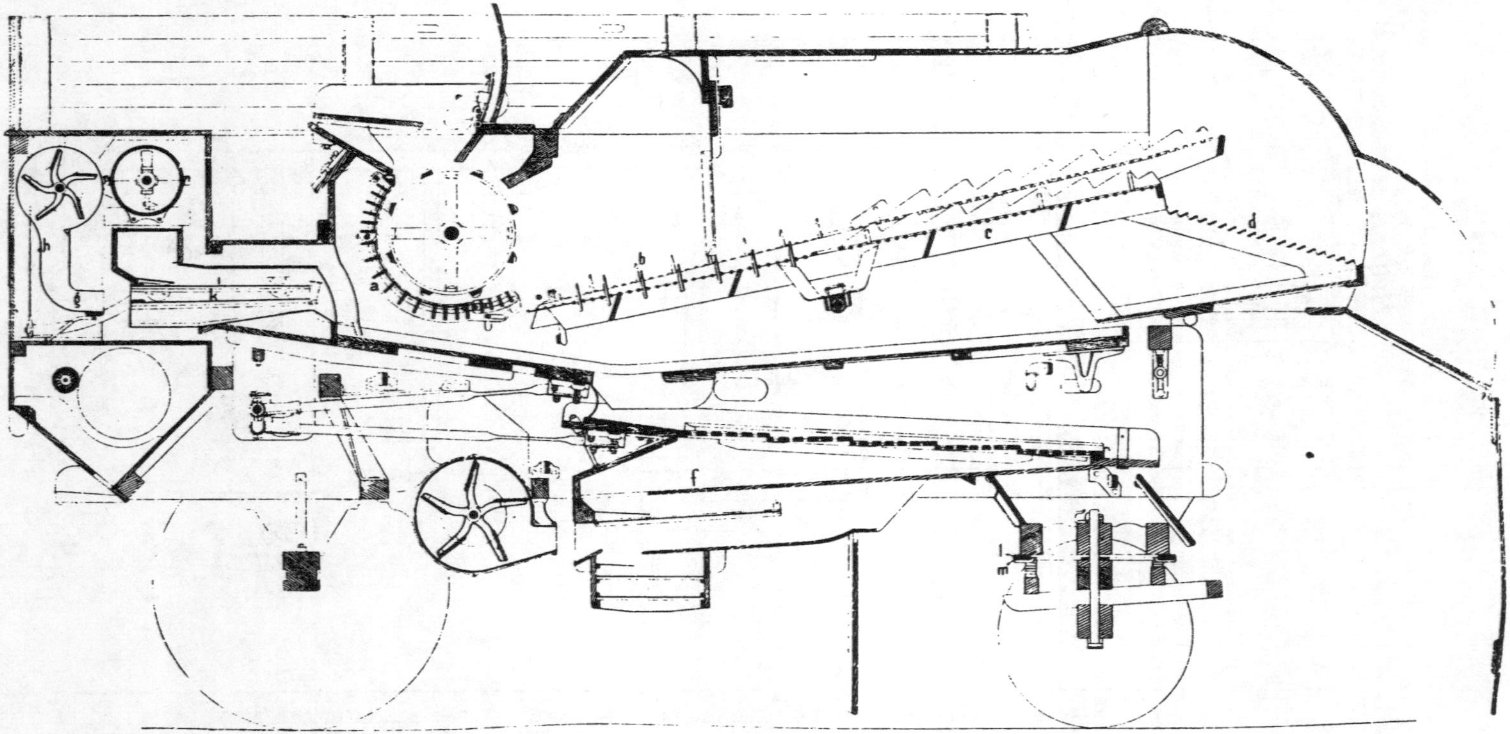

Abb. 384. Dreschmaschine mit doppelter Reinigung und dreiteiligem Korb.

Staub- und Spreuteile zu entfernen, wie dies durch die Abb. 244 ersichtlich gemacht ist.

Bei der Dreschmaschine in Abb. 384 ist der dreiteilige Korb *a* und der mit Eisenzähnen *b* besetzte Strohschüttler bemerkenswert, welch letzterer nur auf einer Welle montiert ist, welche gleichzeitig die Nachschüttler *d* trägt. Das untere Putzwerk hat eine längliche Form, so daß die Richtung des Luftstromes eine gerade Linie bildet. Der Entgranner dieser Maschine ist in Abb. 211 dargestellt. Der Kanal des kleinen Ventilators *g* kann um das Gelenk *h* nach rückwärts gehoben werden, um die Siebe *i* und *k* erreichen zu können. Die Einsackvorrichtung ist bereits durch die Abb. 242 erklärt. Das Drehgestell wird auf den flachen Ringen *l* und *m* gedreht. Abb. 145 zeigt den Nachschüttler und Abb. 385 die äußere Ansicht dieser Maschine.

Abb. 386 führt uns den Längs- und Querschnitt, Abb. 387 die Ansicht einer Dreschmaschine vor, welche mit einem besonderen, nicht symmetrischen Eisenrahmen versehen ist. Hier ist die Trommel mit Holzleisten *a*, der Korb *b*, die Strohschüttler *c*, die Welle derselben *d*, die Aufhängefedern *f* und der Schütteltisch *g* zu sehen, welcher mit dem Kurzstrohreuter *h* verbunden ist und von der Welle *l* mittels der Stangen *k* bewegt wird. Bemerkenswert an dieser Maschine ist ferner das Sieb *m* unter dem Korbe *p*, welches kleine Öffnungen besitzt, so daß die Körner, welche den Korb verlassen, unmittelbar in das untere Putzwerk *x* fallen. Der Luftstrom des Ventilators *n* gelangt geteilt in den Kasten *x*, welcher die stellbaren Teile, das Spreusieb *p* und das Brett *r* enthält. Der Stoßelevator *s*, welcher auf die Welle des Ventilators *l* gesetzt ist, befördert das Material durch den Kanal *t* in den Entgranner *u*. Dieser Entgranner ist in Abb. 209, das obere Putzwerk in Abb. 222, die äußere Ansicht in Abb. 387 zu sehen.

Abb. 388 zeigt den Längsschnitt, Abb. 390 den Querschnitt einer Dreschmaschine mit einwelligem Strohschüttler *a* und 2 Regulierbrettern *b* und *c*. Das untere Putzwerk *A* ist in der Abb. 178, der Entgranner *B* in der Abb. 210 und das obere Putzwerk *c* in der Abb. 225 dargestellt.

Abb. 390 zeigt eine Maschine mit doppeltem Putzwerk. Die Trommel *a* hat nicht die gewöhnliche Form, der Korb *b* ist regelmäßig, die Strohschüttler *c* durch 2 gekröpfte Wellen *d* und *f* unterstützt. Zur Regulierung der Strohschüttler dienen die Vorrichtungen *g* und *h*, der Schütteltisch ist mit *k*, der Nachschüttler mit *j*

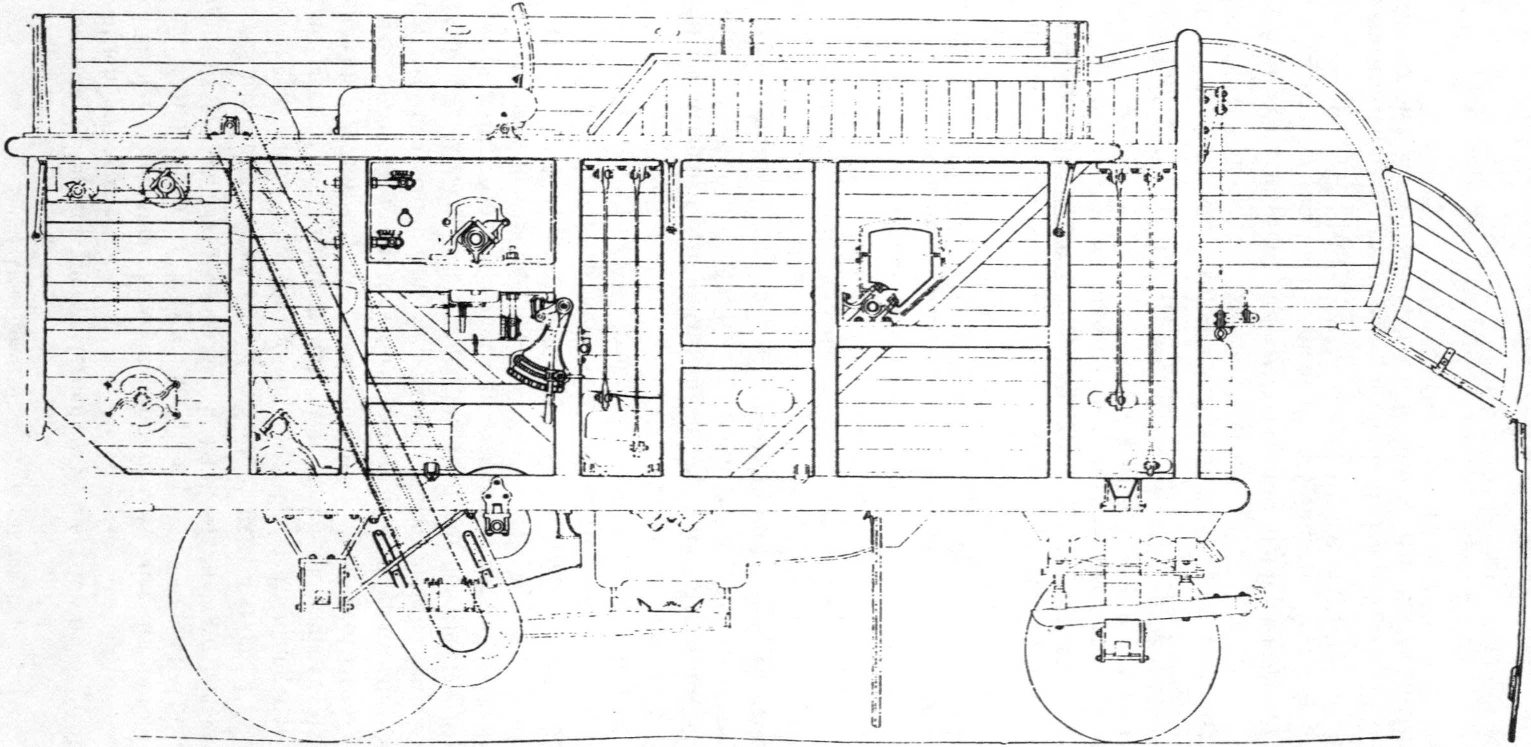

Abb. 385. Dreschmaschine mit doppelter Reinigung und dreiteiligem Korb. (Äußere Ansicht zu Abb. 384.)

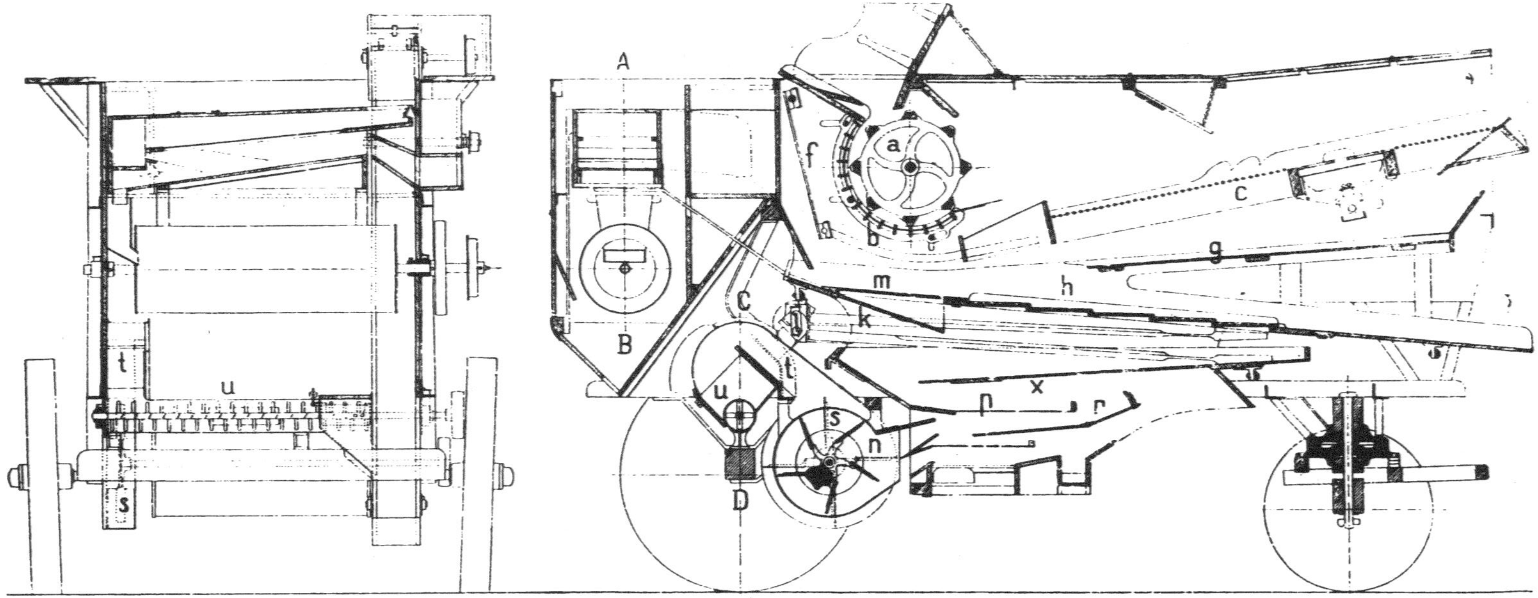

Abb. 386. Eisenrahmen-Dresohmaschine mit doppelter Reinigung.

bezeichnet. Dieser Nachschüttler sammelt das durchgefallene Material der Strohschüttler, während der Tisch *l* die durch den Korb gefallenen Teile zum Kurzstrohreuter *n* führt. Das Material des Tisches *k* kommt auf den oberen Reuter *m*, welcher das Kurzstroh ausscheidet und die Körner über den Sammeltisch *x* und mit Umgehung des Reuters *n* auf den Sammeltisch *p* des unteren Putzwerkes leitet. Der Luftstrom des Ventilators *r* streicht über zwei Spreusiebe, wobei der untere Teil des Putzkastens anstatt durch ein Brett durch ein Sieb *s* gebildet wird.

Bei der Dreschmaschine in Abb. 391 ist an Stelle des Schütteltisches eine Transportvorrichtung *A* verwendet, welche bereits in

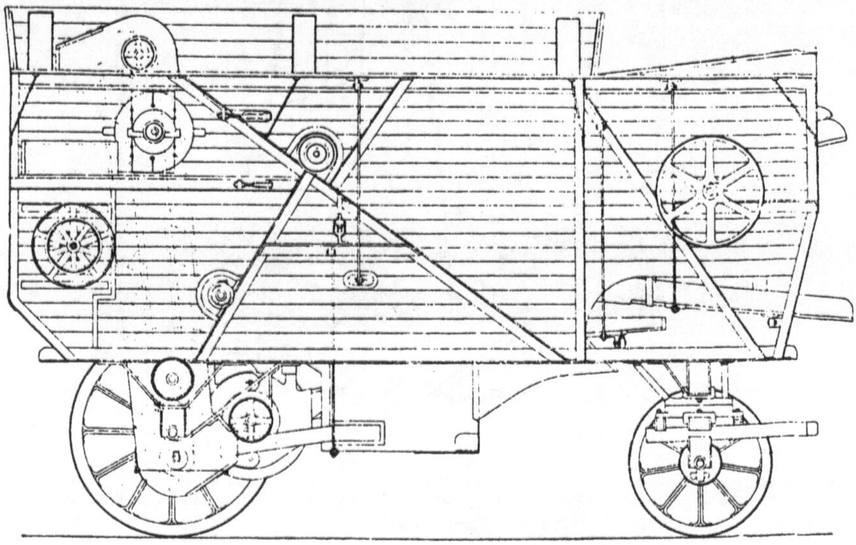

Abb. 387. Eisenrahmen-Dreschmaschine (Äußere Ansicht zu Abb. 387.)

Abb. 141 näher gekennzeichnet und daselbst auch beschrieben worden ist.

Abb. 392 zeigt den Längsschnitt und den Querschnitt einer Dreschmaschine, bei welcher der Ventilator auf der Trommelwelle befestigt ist und der Luftstrom in der Pfeilrichtung geleitet wird. Die Schlagleisten dieser Maschine sind in den Abb. 393 und 394 zu sehen.

Abb. 400 zeigt die Konstruktion einer Maschine, bei welcher die Strohschüttlerwelle *a* nicht nur die Strohschüttler, sondern auch den mit denselben verbundenen und durch Federn aufgehängten Schütteltisch *b* und den Putzkasten *c* bewegt.

Abb. 388. Dreschmaschine mit doppelter Reinigung.

Abb. 395 gibt eine Maschine, bei welcher an Stelle des gewöhnlichen Schütteltisches eine eigenartige Transportvorrichtung *a* zur Anwendung kommt.

Die Abb. 396 und 397 zeigen eine Dreschmaschine mit doppeltem Putzwerk und mit mechanischer Speise-

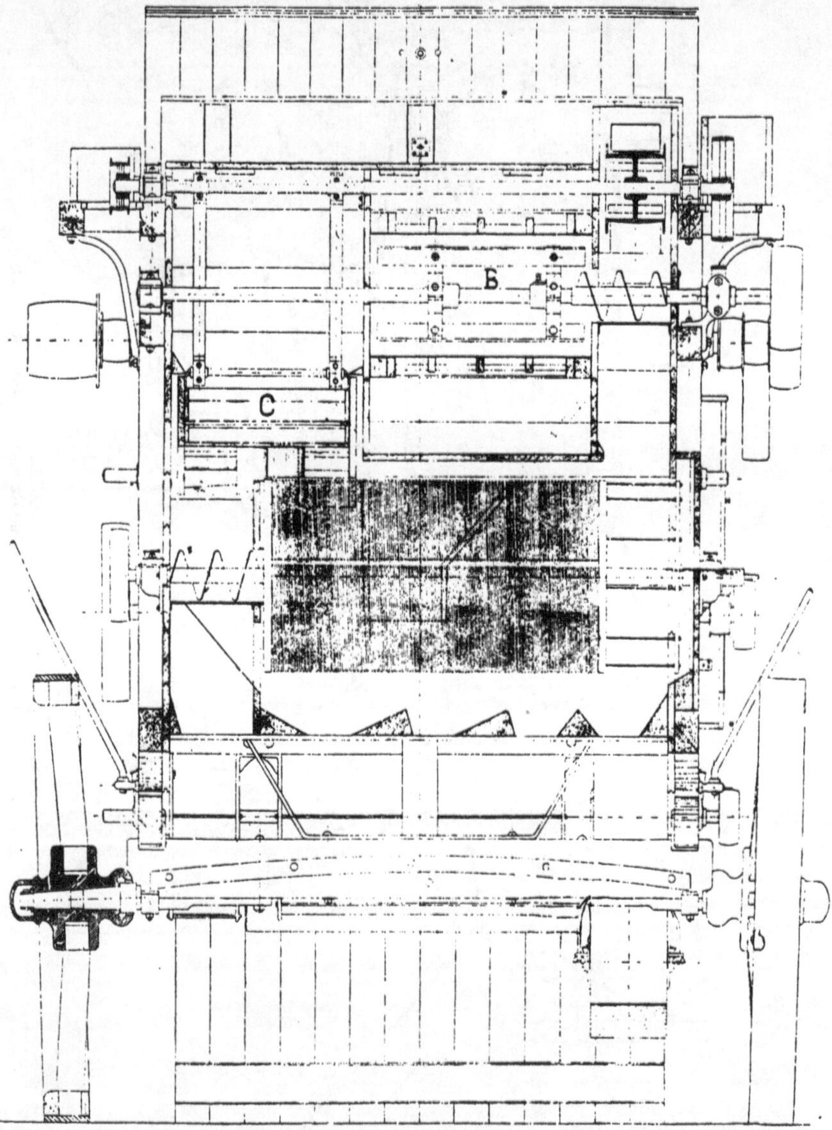

Abb. 389. Dreschmaschine mit doppelter Reinigung (Querschnitt durch die 2. Reinigung und die Sortierung zu Abb. 388 in größerem Maßstab).

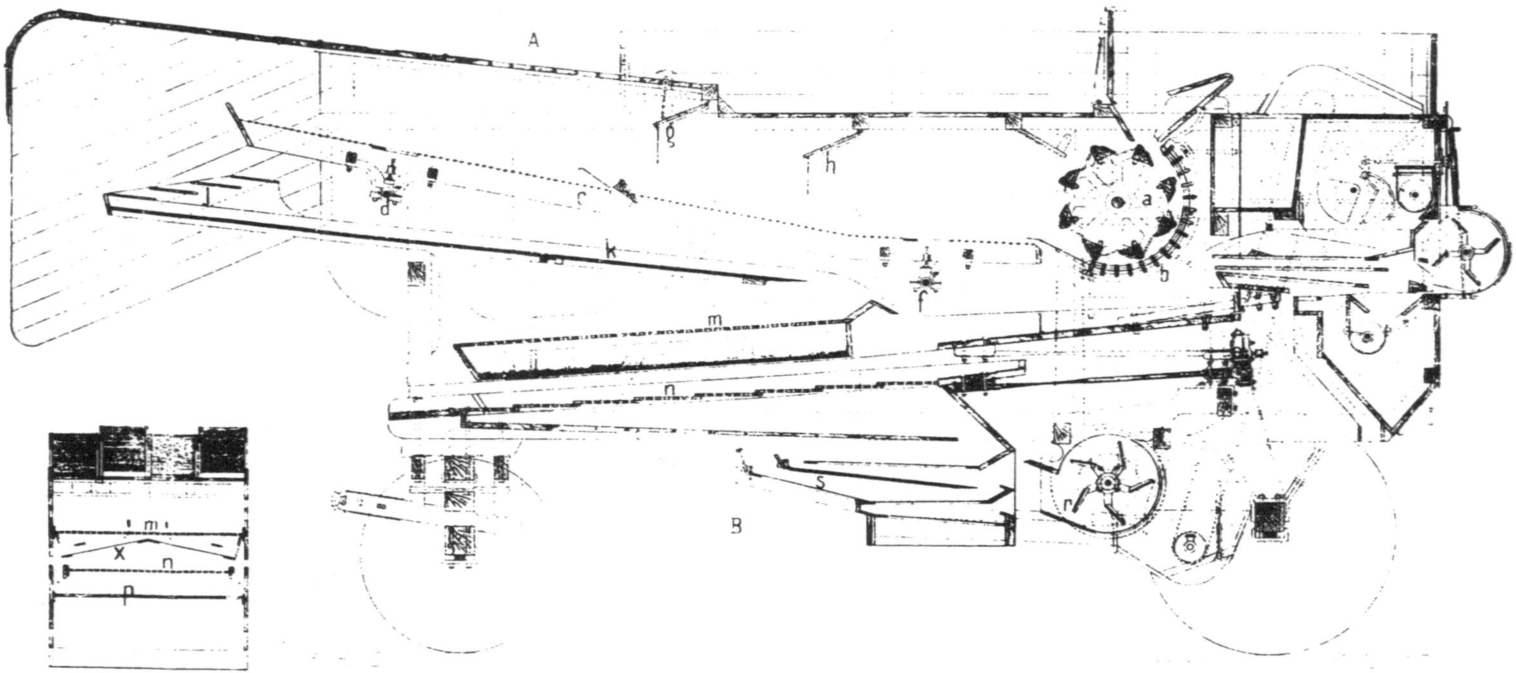

Abb. 390. Dreschmaschine mit doppeltem Kurzstrohreuter (links unten der Querschnitt A—B.)

vorrichtung. Besonders eigenartig geformt sind die Strohschüttler *b*, ferner ist das untere Putzwerk *C* zu beachten, welches

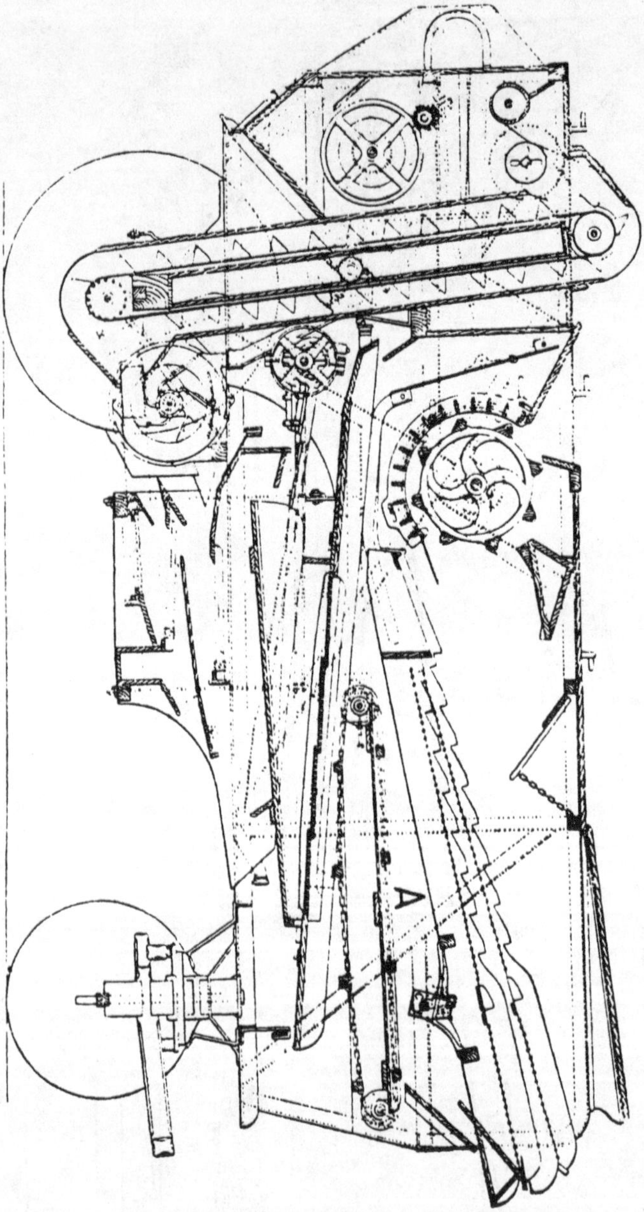

Abb. 391. Dreschmaschine mit endlosem Transportband (A).

mit einer Einsackvorrichtung für Spreu (*D* in Abb. 397) verbunden ist. Der kleine Ventilator *F*, dessen Luftleitungskanal mit *n* bezeichnet

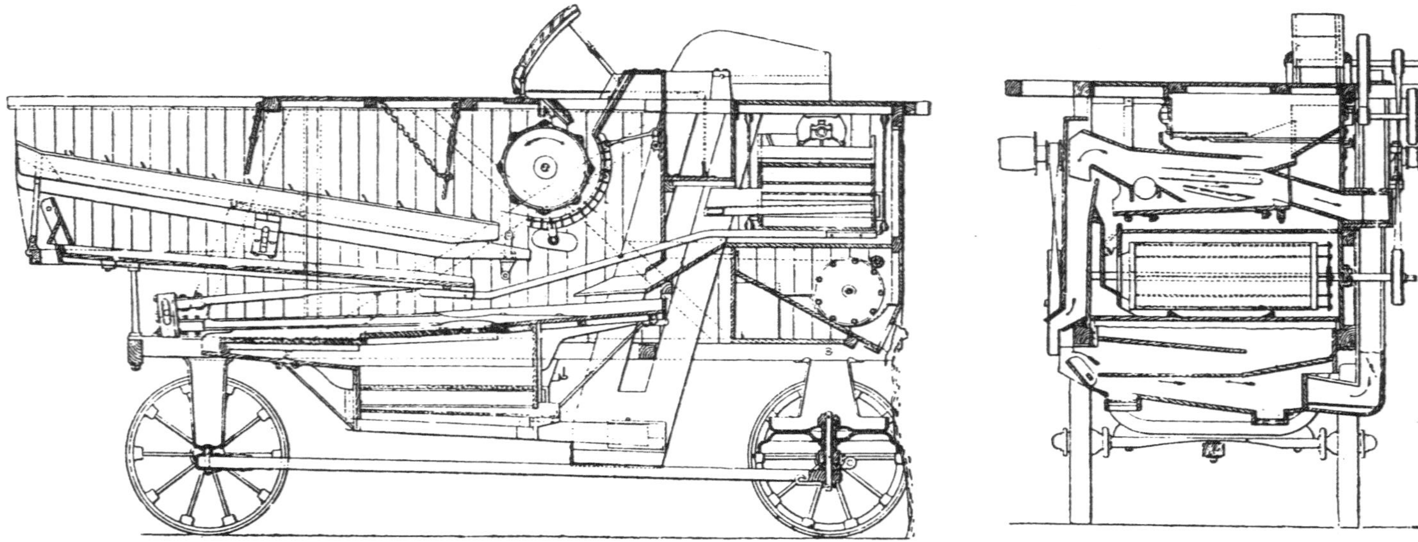

Abb. 392. Dreschmaschine mit einem Ventilator für doppelte Reinigung.

ist, liegt unmittelbar neben dem großen Ventilator *G*. Außerdem zeigt die Abb. 396 noch den Entgranner *H*.

Abb. 398 und 399 geben Schnittdarstellungen und Ansichten einer anderen Dreschmaschinenkonstruktion, deren Trommel in Abbildung 401 durch einen Teilschnitt dargestellt ist. Der Entgranner

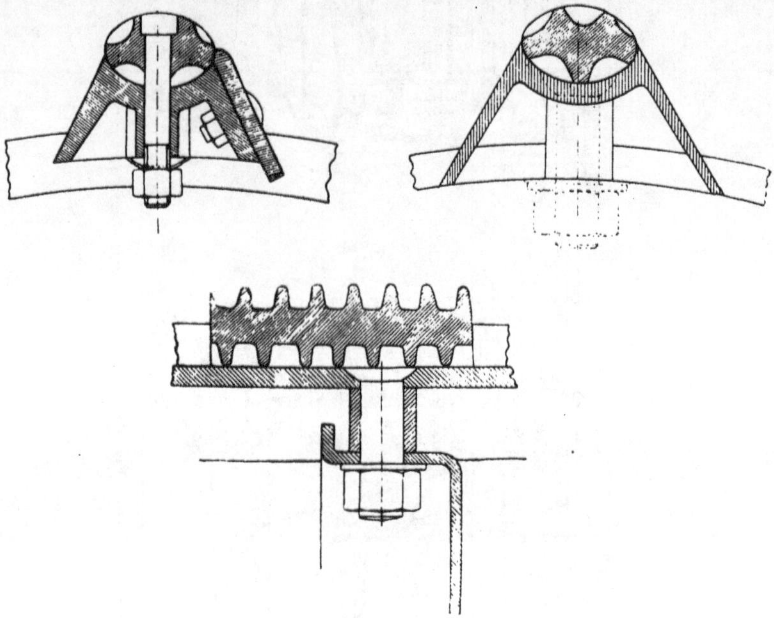

Abb. 393. Schlagleiste und ihre Befestigung zur Trommel der Dreschmaschine (Abb. 393).

dieser Maschine ist bereits in Abb. 202, das obere Putzwerk in Abb. 224 gezeigt worden.

In Abb. 402 ist der Längsschnitt und in Abb. 403 der Querschnitt durch eine Dreschmaschine dargestellt, welche von Th. F l ö t h e r, A k t. - G e s. in Gassen (Lausitz) speziell f ü r d e u t s c h e V e r h ä l t n i s s e gebaut ist. Das Dreschgut wird durch den Einlegeapparat der Dreschtrommel zugeführt, von derselben mit Leichtigkeit erfaßt und mit einer Geschwindigkeit von etwa 25—30 m pro Sekunde zwischen Trommel und Dreschkorb hindurchgeleitet. Hierbei werden die Getreidekörner aus den Ähren ausgeschlagen, während das noch mit Körnern durchsetzte Stroh den Schüttlern zum Ausschütteln übergeben wird. Schließlich gelangt das Stroh mit den etwa noch darin befindlichen

Abb. 394. Andere Form der Schlagleiste zur Dreschmaschine in Abb. 393.

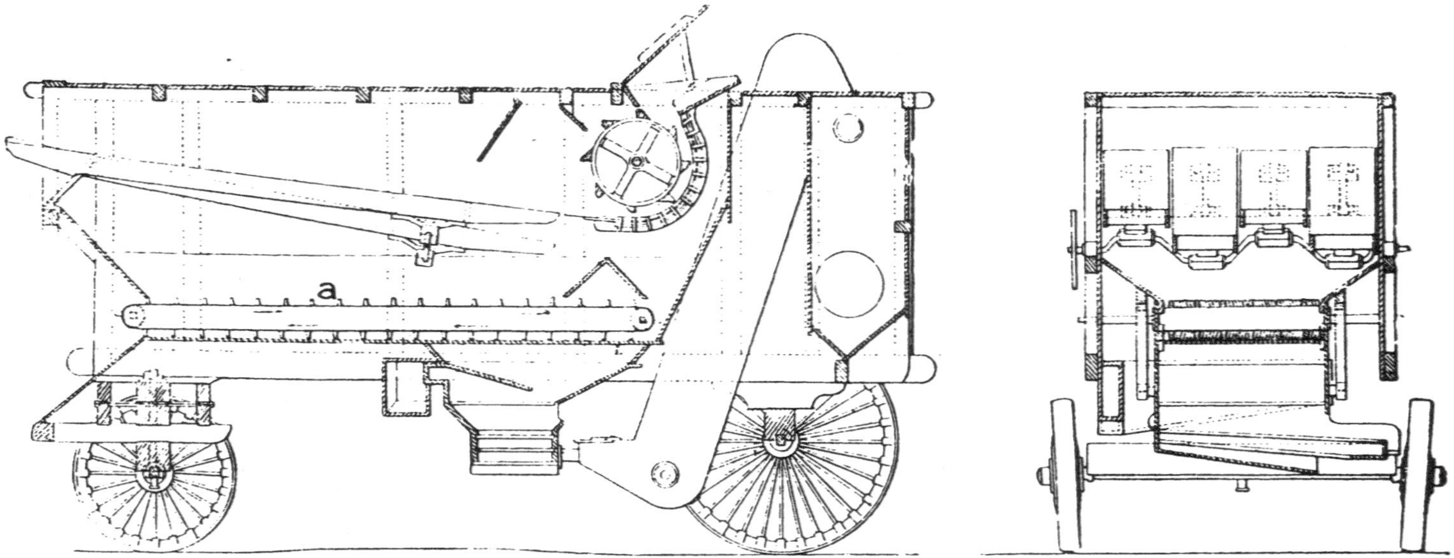

Abb. 395. Dreschmaschine mit endlosem Bande (a).

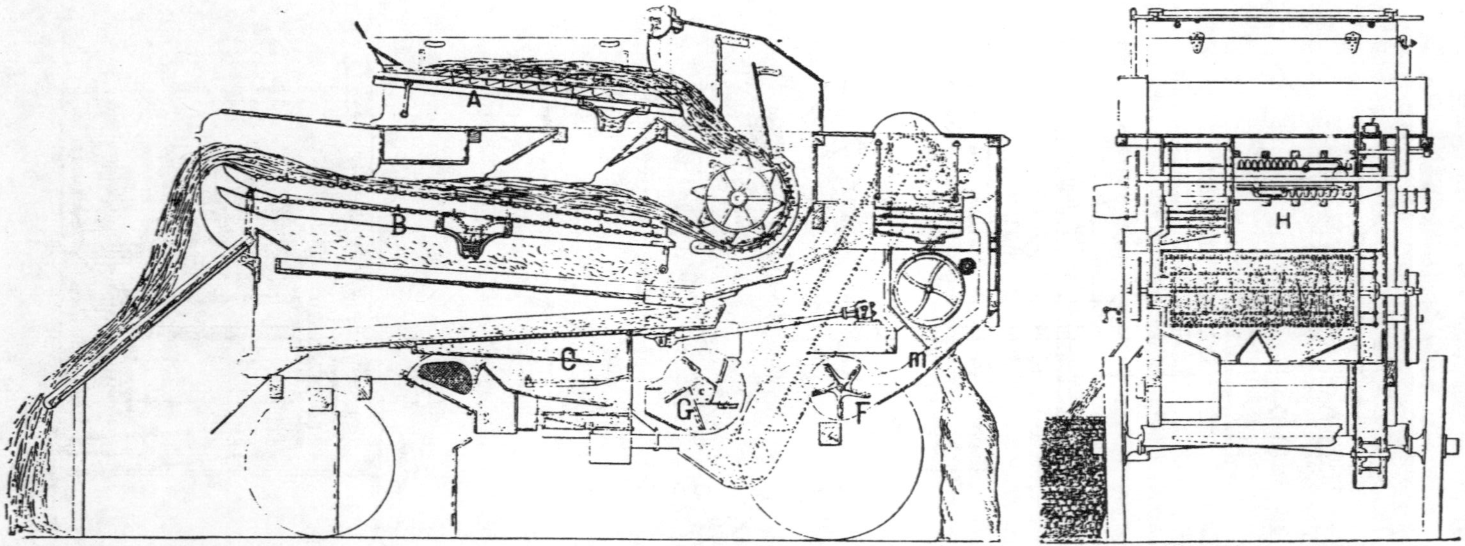

Abb. 396. Dreschmaschine mit Selbsteinleger.

Körnern auf den sog. Nachschüttler, wodurch abermals eine Absonderung stattfindet und schließlich das leere Stroh über den

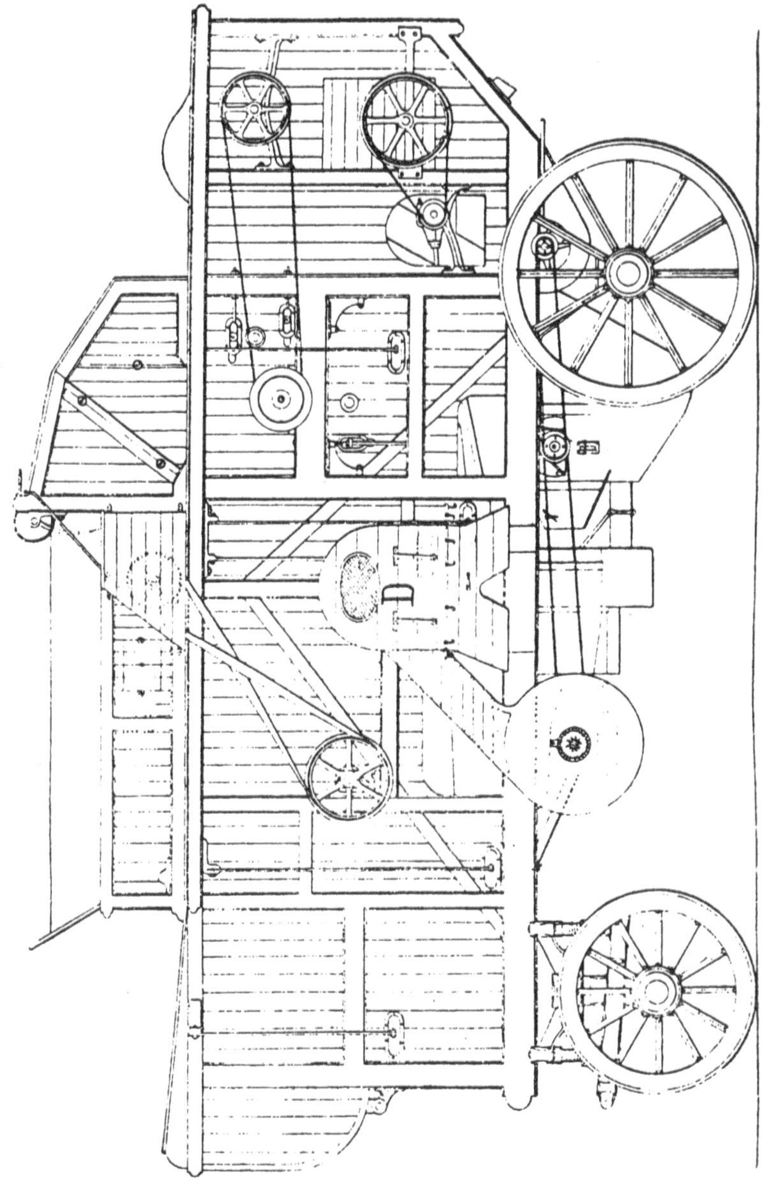

Abb. 397. Dreschmaschine mit Selbsteinleger (äußere Ansicht zu Abb. 396).

Strohabläufer hinter die Dreschmaschine fällt. Die ausgedroschenen Getreidekörner sammeln sich mit dem Kurzstroh vermischt auf der Rutsche des Oberschiffes und werden durch diese dem

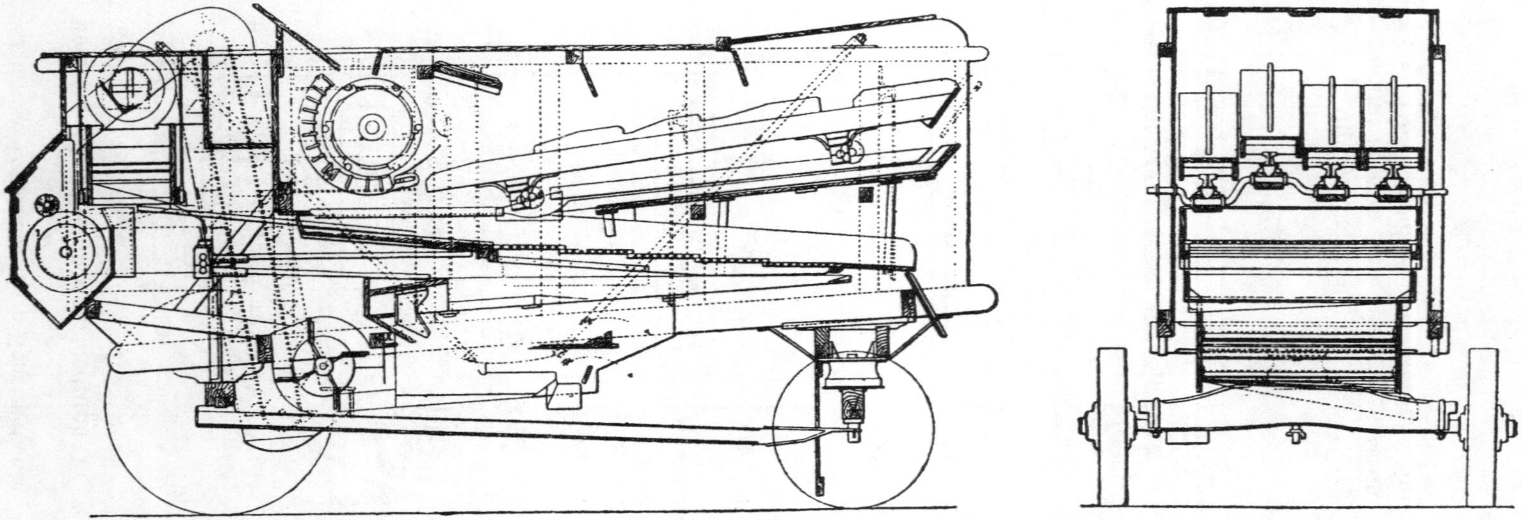

Abb. 398. Dreschmaschine mit im Querschnitte kreisförmiger Schlagleiste.

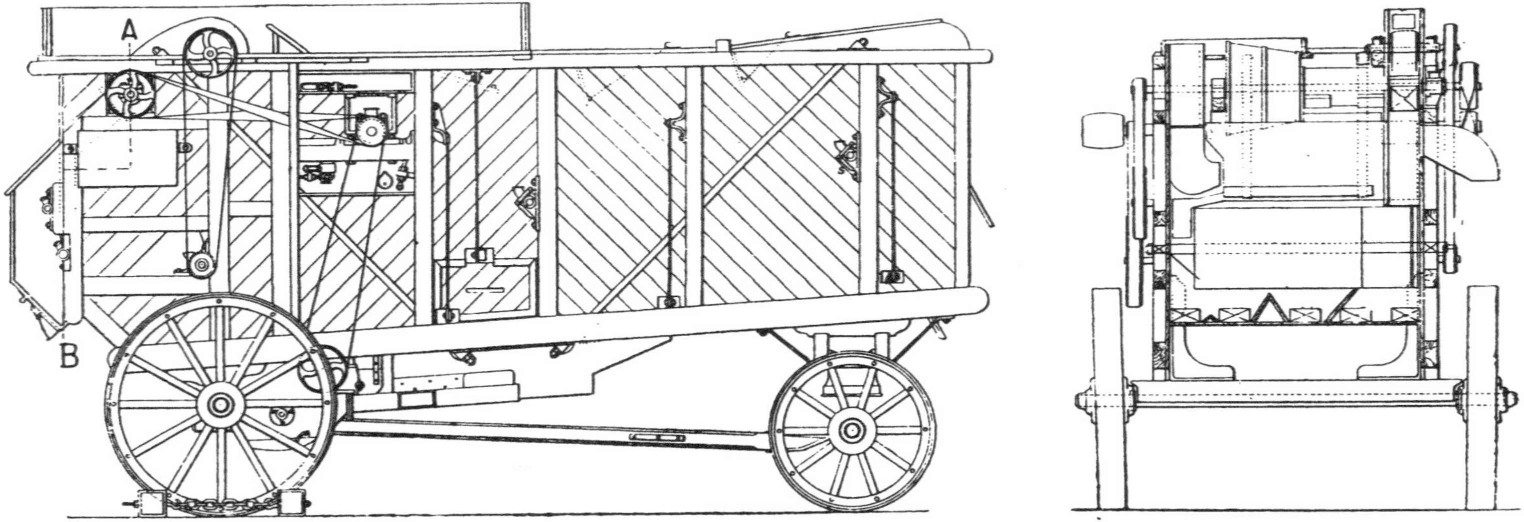

Abb. 399. Äußere Ansicht und Querschnitt zur in Abb. 398 dargestellten Maschine.

Reutersieb übergeben, welches die Trennung der Körner von Kurzstroh oder Kaff bewirkt. Das Kaff geht über dieses Sieb

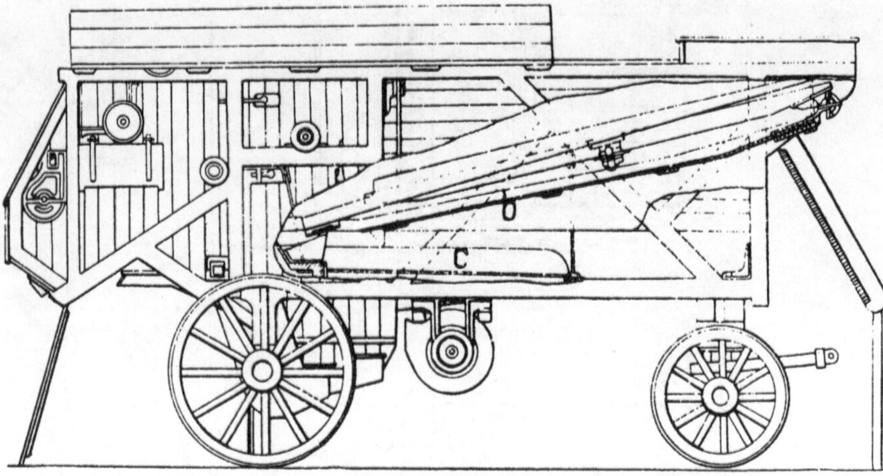

Abb. 400. Dreschmaschine, bei der Strohschüttler und unteres Putzwerk von einer Welle betrieben werden.

hinweg und fällt unter den Strohabläufer, bleibt aber durch letzteren vom Langstroh getrennt. Die Körner nebst Spreu und Ährenteile fallen durch die Löcher des Reutersiebes auf eine zweite Rutsche, von dort auf das Windsieb des Unterschiffes, wo sie dem Windstrom des Hauptventilators ausgesetzt werden und dadurch ihre erste Reinigung erfahren. Die vom Ventilator ausgeblasene Spreu wird nach dem Spreuapparat geleitet und hier von Sand und anderen kleinen Unreinigkeiten gesäubert. Die vorgereinigten Körner gelangen vom Windsieb nach dem Überlaufsieb, welches die noch dazwischen befindlichen halben Ähren, Disteln u. dgl. absiebt. Die Körner selbst fallen durch dieses Sieb auf das darunter befindliche Sandsieb und gehen über dasselbe hinweg nach

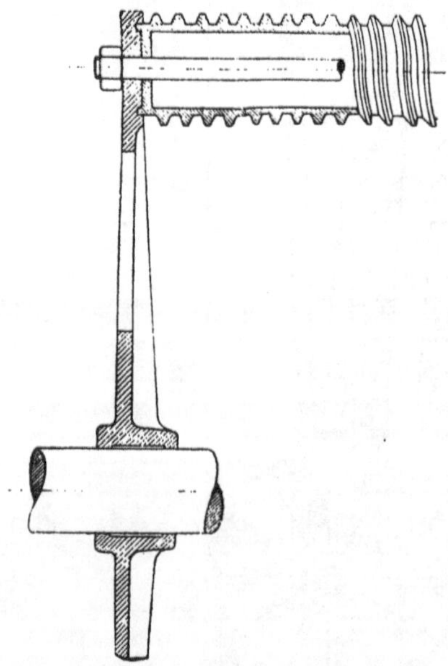

Abb. 401. Trommel-Detail zu den Abb. 398 und 399.

dem Elevator, um entweder dem Entgranner oder unmittelbar der zweiten Putzerei zugeführt zu werden. Durch das Sandsieb werden

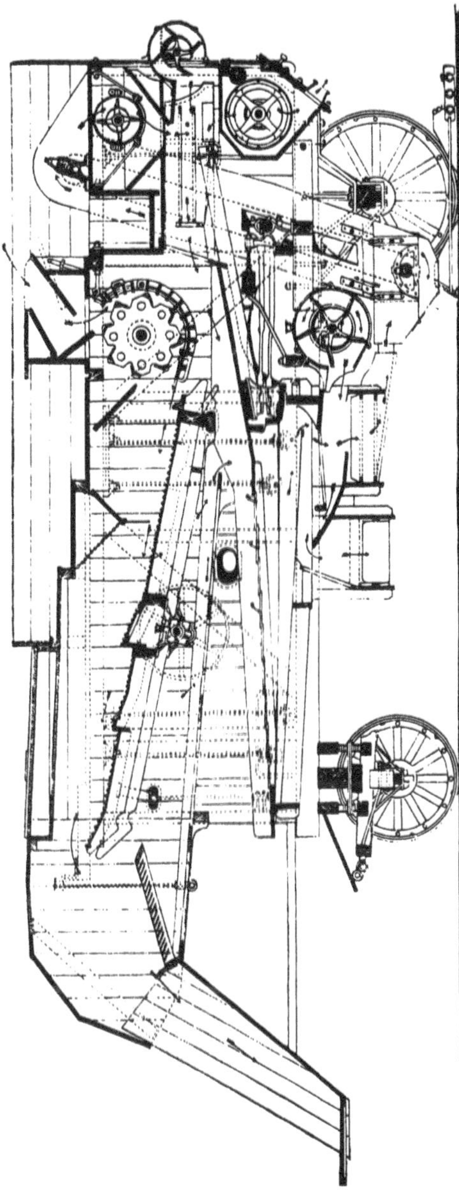

Abb. 402. Längsschnitt durch eine Dreschmaschine von Th. Flöther in Gassen (Lausitz). Bauart a.

vorher noch Sande, kleine Sämereien u. dgl. ausgesiebt und unter die Dreschmaschine geleitet. Die zweite Putzerei, auch Hinterschiff genannt, ist gleich dem Unterschiff (erste Putzerei) mit einem besonderen Ventilator ausgerüstet und besitzt zwei Blindsiebe. Die sämtlichen Siebe sind auswechselbar und können den einzelnen Getreidearten entsprechend mit verschiedenen Lochungen versehen sein. Getreide, welches sortiert werden soll, wird vor dem Austritt aus der Maschine durch Umstellen einer Klappe zu dem Sortierzylinder geleitet, um dort, den Körnergrößen entsprechend, in drei Sorten abgesondert zu werden.

Abb. 403 zeigt den Querschnitt durch den Entgranner (oben) und durch den Sortierzylinder (unten).

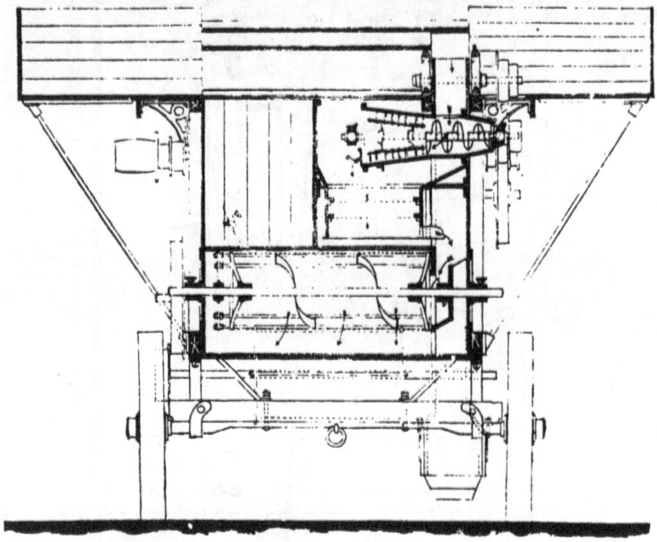

Abb. 403. Querschnitt zu Abb. 402. Bauart a.

Eine insbesondere ebenfalls von Th. Flöther, Akt.-Ges. in Gassen (Lausitz) den außerdeutschen Verhältnissen angepaßte Motor-Dreschmaschine (D. R. P. Nr. 101 267) ist in Abb. 404 im Längsschnitt und in Abb. 405 im Querschnitt dargestellt. Hinsichtlich der ersten und zweiten Putzerei ist diese Dreschmaschine der vorherbeschriebenen ziemlich ähnlich, nur fehlt hier der Spreuapparat. Die Spreu wird bei diesen Maschinen durch einen besonderen Kanal meist unter das Kaff geblasen. Soll die Spreu zu Futterzwecken verwendet werden, so kann man durch Umstellen einer Klappe dieselbe unter die Dreschmaschine leiten. Für die deutschen Verhältnisse, wo täglich etwa 300 ÷ 400 Zentner Getreide gedroschen werden, genügen zwei Putzwerke in Verbindung mit Entgranner und Sortiertrommel vollständig, um gut gereinigte marktfertige und

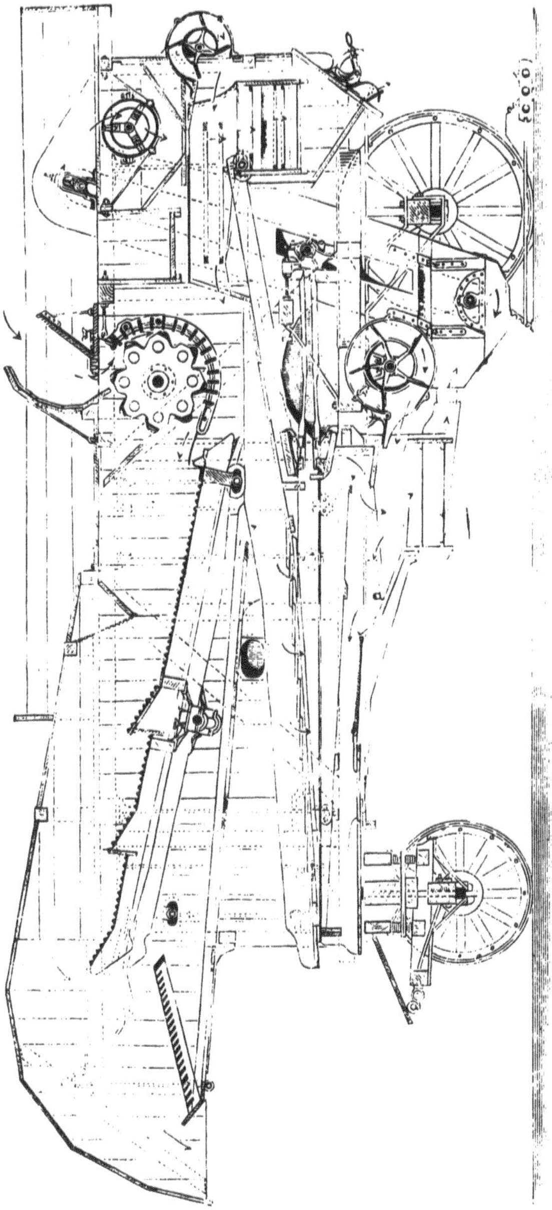

Abb. 404. Längsschnitt durch eine Flöthersche Dreschmaschine. Bauart b.

sortierte Frucht von der Dreschmaschine zu erhalten. In allen Ländern jedoch, wo man von der Dreschmaschine eine tägliche Leistung von 1000 ÷ 1200 Ztr. verlangt, muß, um diese Massen marktfertig liefern zu können, eine besondere dritte Putzerei angeordnet werden, welche bei diesen Maschinen vorhanden ist. Wir sehen sie im Querschnitte durch Abb. 405 dargestellt, woselbst die dritte Putzerei unterhalb des Entgranners vorgesehen ist und noch eine letzte Nachreinigung vornimmt. Bei diesen Maschinen wird, wie aus Abb. 405 zu sehen ist, nach 5 verschiedenen Sorten sortiert.

Abb. 406 und 407 geben den Längsschnitt und Querschnitt durch eine Motordreschmaschine von Heinrich Lanz in Mannheim, welche mit 2 Putzereien ausgerüstet ist. Von der Trommel *U* gelangt das Stroh auf die langen Strohschüttler *EE*, die durch

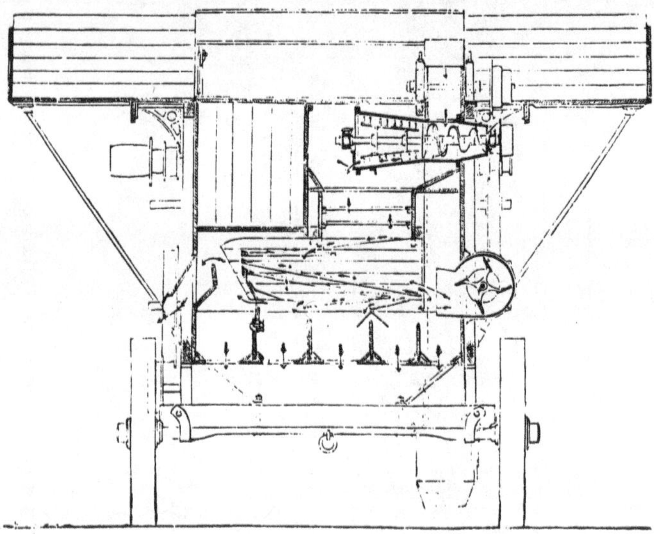

Abb. 405. Querschnitt zu Abb. 404. Bauart b.

eine Welle angetrieben werden, während die Körner durch den Dreschkorb hindurchfallen. Das etwa noch Körner enthaltende Stroh wird, nachdem es die Strohschüttler verlassen hat, durch einen besonderen Nachschüttler noch ausgeschüttelt. Sämtliches Kurzstroh, Körner und Spreu, welche vom Langstroh durch die Strohschüttler, Nachschüttler, Schüttelrost oder von der Trommel durch den Dreschkorb gefallen sind, werden durch Sammelbretter nach dem großen Reutersieb *S* geführt. Das Reutersieb, durch welches Körner und Spreu fallen, besorgt bereits eine gute Vorreinigung des Getreides, so daß die Körner durch die Löcher des Siebes hindurch nach der ersten Putzerei gelangen, während das Kurzstroh auf der linken Seite der

Maschine bei 5 zur Ablieferung kommt. Nachdem die Körner und Spreu von Lang- und Kurzstroh getrennt sind, werden sie durch

Abb. 406. Längsschnitt durch eine Dreschmaschine von Heinrich Lanz in Mannheim.

verschiedene Siebe (*9* und *Y*) in den Bereich des großen Ventilators *Z* gebracht. Das Getreide, welches jetzt auch von Spreu gereinigt ist, geht über ein Unkrautsieb *18*, durch welches kleine Unkrautsämereien hindurchfallen, und kommt dann in ein Becherwerk B_1, durch welches es in die Höhe gebracht wird. Das von dem Becherwerk kommende vorgereinigte Dreschgut wird bei *B* in eine Vorderschnecke abgeliefert, welche, wenn der Schieber *a* geschlossen ist, Grannenfrüchte und sonst sich schlecht aus den Hülsen lösendes Getreide in den Ent-

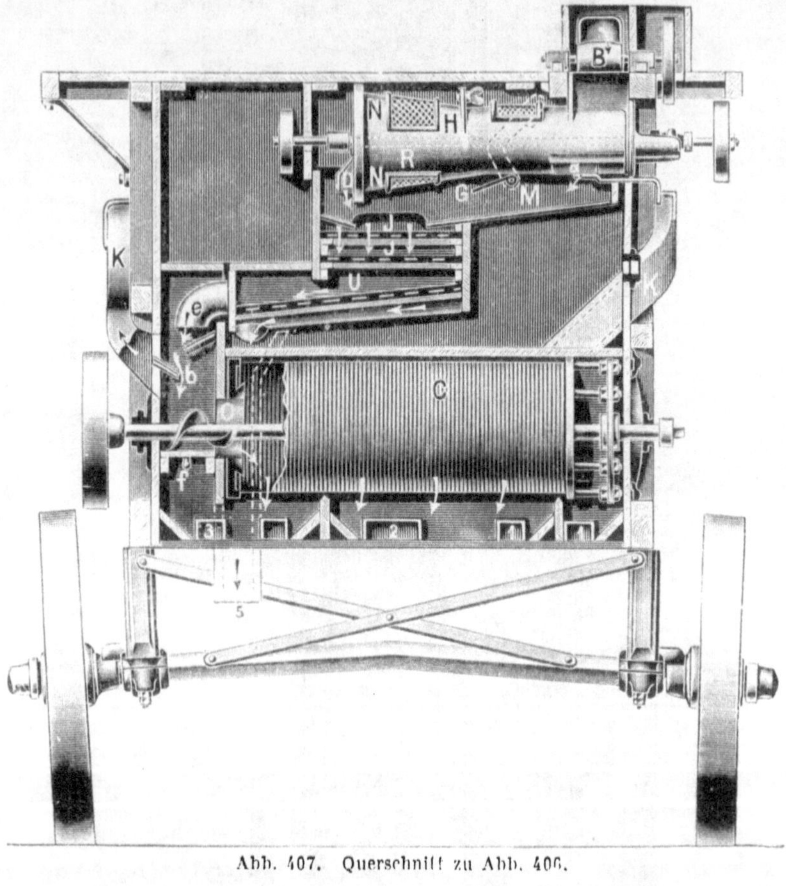

Abb. 407. Querschnitt zu Abb. 406.

granner *N* befördert, woselbst die Körner von noch anhaftenden Grannen, Hülsen u. dgl. befreit werden, um dann bei *D* in den zweiten Siebkasten zu gelangen. Nichtgrannenfrüchte wie Roggen, Hafer u. dgl. werden durch den geöffneten Schieber, also ohne den Entgranner zu passieren, direkt dem zweiten Siebkasten zugeführt. Hier passiert das Getreide die Rutsche *M*, die Siebe *JJ*, sowie auch den durch die Siebe streichenden Windstrom des zweiten Gebläses *T*

(Abb. 406), so daß die noch etwa im Getreide vorhandenen Beimischungen ausgeschieden werden. Das zum zweiten Mal gereinigte Getreide gelangt unterhalb der Siebe *JJ* auf das Unkrautsieb *U*, dann durch den Kanal *e* zu der Saugreinigung *k*, woselbst den Kör-

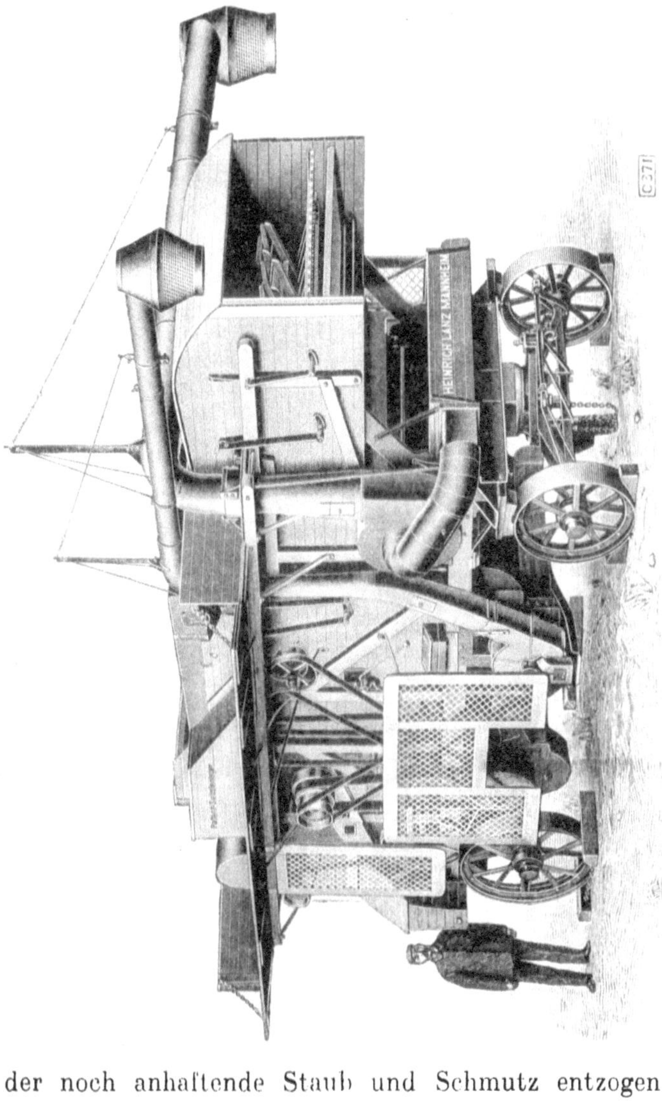

Abb. 408. Äußere Darstellung einer großen Lanzschen Motor-Dreschmaschine mit Kaff- und Kurzstrohgebläse.

nern der noch anhaftende Staub und Schmutz entzogen wird, sie fallen dann durch den Kanal *5* unter die Maschine. Das Getreide, das nicht sortiert werden soll, wird bei geöffnetem Schieber *f* durch den Auslauf *3* direkt in den Sack geleitet. Bei geschlossenem Schieber *f* gelangt das Getreide in den Sortierzylinder C, wo es nach der Korngröße sortiert und in 3 Abteilungen in die angehängten Säcke abgeliefert wird.

In Abb. 408 ist die äußere Darstellung einer Dreschmaschine mit Spreu- und Kurzstrohgebläse angegeben, wie sie von der Firma Heinrich Lanz in Mannheim seit einer Reihe von Jahren gebaut wird. Einen Längsschnitt durch diese Maschine zeigt Abb. 409, während in Abb. 410 der Querschnitt durch diese Dreschmaschine dargestellt ist. Das zu dreschende Getreide wird auf den Zubringer A (Abb. 409) geworfen und von diesem dem Selbsteinleger B zugeführt. Das Aufwerfen geschieht von den beiden Längsseiten des Zubringers, zu welchem Zwecke die in Abb. 410 dargestellten seitlich stark ausladenden Dreschbühnen vorhanden sind. Die rotierende Trommel B des Selbsteinlegers, die zwei exzentrisch gelagerte Stiftenreihen C, C_1 hat, bringen das Getreide der Dreschtrommel gleichmäßig zu.

Die Dreschtrommel D drischt nun das Getreide zwischen den auf der Trommel befestigten Schlagleisten und dem sie im Halbkreis umgebenden Dreschkorb E aus. Das Stroh wird auf die Strohschüttler F geschleudert, von diesen und den nachfolgenden Schüttlern F_1 ausgeschüttelt und dann auf den in der Verlängerung derselben sich befindenden Strohnachschüttler G geworfen, welcher noch für weitere Absonderung der Körner aus dem Stroh sorgt. Von dem Nachschüttler fällt dann das Stroh direkt in die Strohpresse. Körner, Kurzstroh, Spreu, welche durch die Schüttelwerke oder direkt durch den Dreschkorb gefallen sind, werden durch die Sammelbretter H, H_1 nach dem großen Reutersieb J geführt.

Körner und Spreu fallen durch das Reutersieb, während das Kurzstroh darüber hinweggeht und dem Kurzstrohbläser zugeführt wird, der es in die Strohpresse bläst, wo es mit dem Langstroh zusammen zu Ballen gepreßt wird. Körner und Spreu fallen auf den Siebkastenboden K und werden dann auf das Kaffsieb L gebracht, wo sie in den Bereich des Luftstromes des ersten großen Gebläses M kommen. Dieser Luftstrom bläst die Spreu nach dem Spreuablauf N, wo dieselbe gereinigt und dann seitlich nach dem Spreubläser abgeführt und von diesem auf Transportwagen befördert wird.

Das Getreide, welches jetzt auch von Spreu gereinigt ist, fällt auf Wechselsiebe O und dann auf ein Unkrautsieb P. Die Körner werden durch einen Kanal Q nach dem Elevator R und von dort durch ein Becherwerk in die Höhe nach dem Entgranner S und dem zweiten

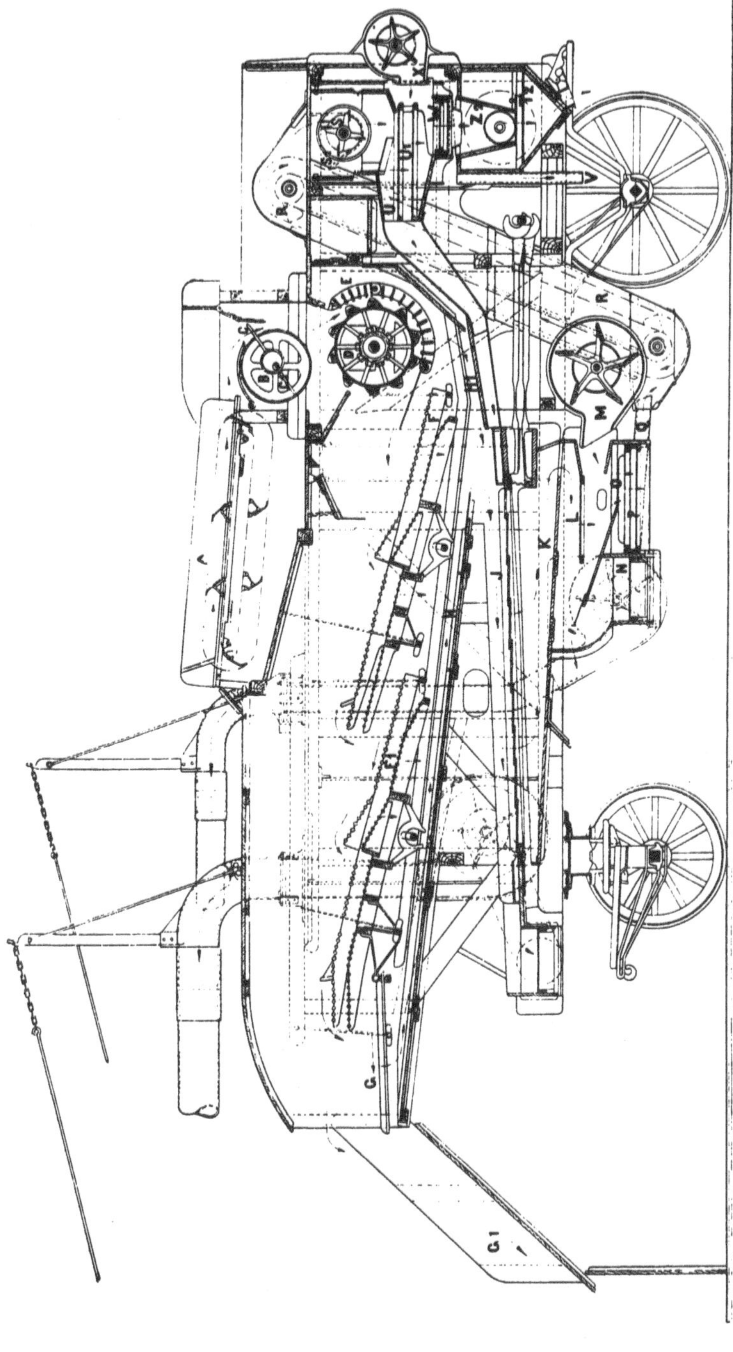

Abb. 409. Längsschnitt durch die in Abb. 408 dargestellte Lanzsche Motor-Dreschmaschine.

Putzwerk befördert. Es ist hier die Einrichtung getroffen, daß dasjenige Getreide, das nicht durch den Entgranner gehen soll, direkt dem zweiten Putzwerk zugeführt werden kann, indem durch die Klappe S_1 die Einschüttöffnung des Entgranners überdeckt wird. Im zweiten Putzwerk, wo die Körner auf die Siebe U und U_1 gelangen, werden dieselben vom Luftstrom des zweiten Gebläses X bestrichen und zum zweiten Male gereinigt, gelangen dann auf das

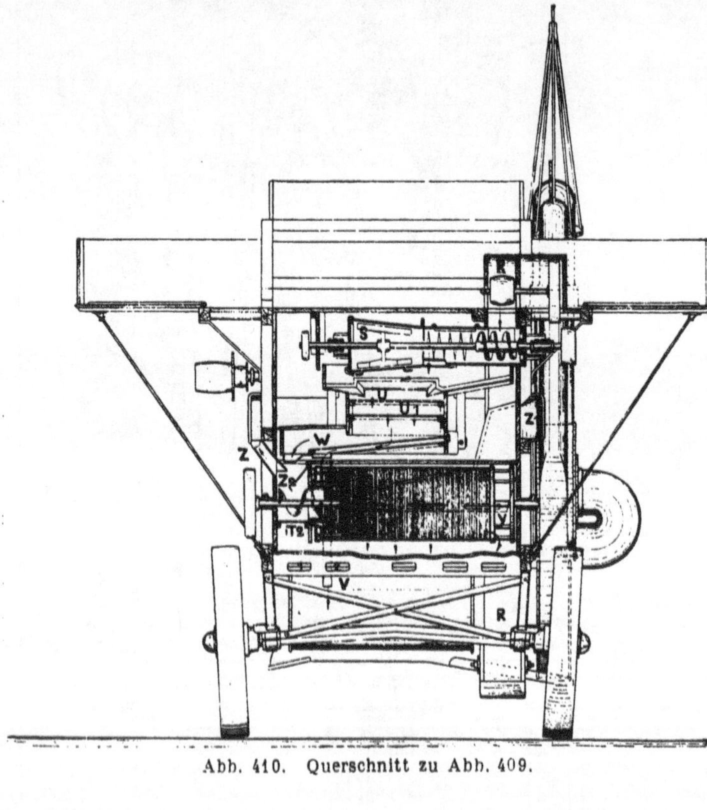

Abb. 410. Querschnitt zu Abb. 409.

Unkrautsieb W und von da mittels der Schnecke Z_2 nach dem Sortierzylinder; Sand und Unkraut fallen durch Sieb W und gehen durch Kanal V ab. Auf dem Wege nach der Schnecke kommen die Körner in den Bereich des Saugwindstromes Z, woselbst der den Körnern noch anhaftende Staub und Schmutz abgesaugt wird.

Die Saugwirkung der Trommel D wird dadurch ausgenutzt, daß beiderseits Blechkanäle Z, Z_1 angeschlossen sind, wovon der eine Z nach dem Raum über der Schnecke Z_2 geführt wird und auf das Getreide reinigend wirkt, bevor dasselbe in den Sortierzylinder kommt. Der andere Kanal Z_1, der in den Sortierzylinder mündet, hat den Zweck, den Staub, welcher sich im Sortierzylinder bildet, gleichfalls abzusaugen, so daß ein vollkommen staubfreies Getreide geliefert wird. Getreide, welches nicht sortiert werden soll, geht durch den

Abb. 412. Teil eines Längsschnittes durch eine Wolfsche Dreschmaschine.

Kanal T_2 und von da nach den Sackeinläufen *1* und *2*, wo es von den Säcken aufgenommen wird. Der Schieber T_2 ist in diesem Falle offen. Er wird geschlossen, wenn das Getreide durch den Sortierzylinder *X* gehen soll, welcher zum Enger- und Weiterstellen der Zwischenräume zwischen den Drähten eingerichtet ist, um für alle Getreidearten verwendet werden zu können,

Eine besonders deutliche Darstellung der Reinigungsvorgänge an einer Dreschmaschine von R. Wolf in Magdeburg-Buckau zeigt

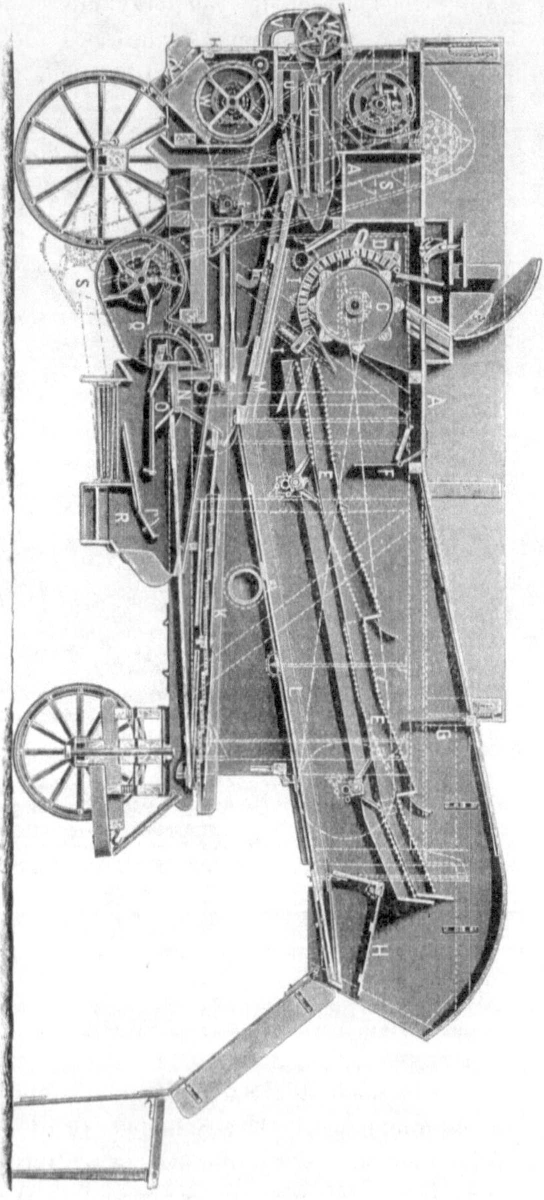

Abb. 412. Längsschnitt durch eine Motor-Dreschmaschine von R. Wolf in Magdeburg-Buckau.

Abb. 411. Die auf dem schrägen Boden L (Rutsche) sich ansammelnden Körner gelangen durch das Sieb M und den Kanal N auf die Siebe des großen Siebkastens; nach dem Durchgange durch ersteres werden sie von einem durch die Abzweigung *P* vom großen Ventilator *Q* kommenden, leicht zu regulierenden Windstrom getroffen und gut vorgereinigt, so daß die vorhandenen Beimischungen auf die Reutersiebe *K* des großen Siebkastens geblasen werden.

Die aus dem Stroh ausgeschüttelten, viel Beimengungen enthaltenden Körner werden auf den schrägen Boden *R* gebracht und über die Reutersiebe *K* geführt, wo sie vom Kurzstroh getrennt werden. Die Körner gelangen nun auf das Sieb *O* und reinigen sich auf den Blechsieben *E* gemeinsam mit dem vom Dreschkorbe kommenden

Abb. 413. Querschnitt zu Abb. 413.

den Dreschgut. Hierbei werden die Körner durch den vom Ventilator *Q* erzeugten kräftigen Windstrom von Kaff gereinigt.

In Abb. 412 ist der Längsschnitt durch die ganze Maschine, Bauart Wolf, dargestellt, während in Abb. 413 ein Querschnitt durch dieselbe Maschine, geführt durch Entgranner, zweite Reinigung und Sortiertrommel, gezeigt wird. Auch hier sind die einzelnen Vorgänge in ähnlicher Weise wie bei den bereits beschriebenen Maschinen leicht ersichtlich, so daß von einer genauen Beschreibung hier Abstand genommen werden kann.

In welcher Weise die Aufstellung einer Motordreschmaschine für sehr große Leistungen zweckmäßig erfolgen soll, ist in den Abb. 414 bis 416 zu ersehen. 414 ist der Aufriß der ganzen Anlage, 415 der

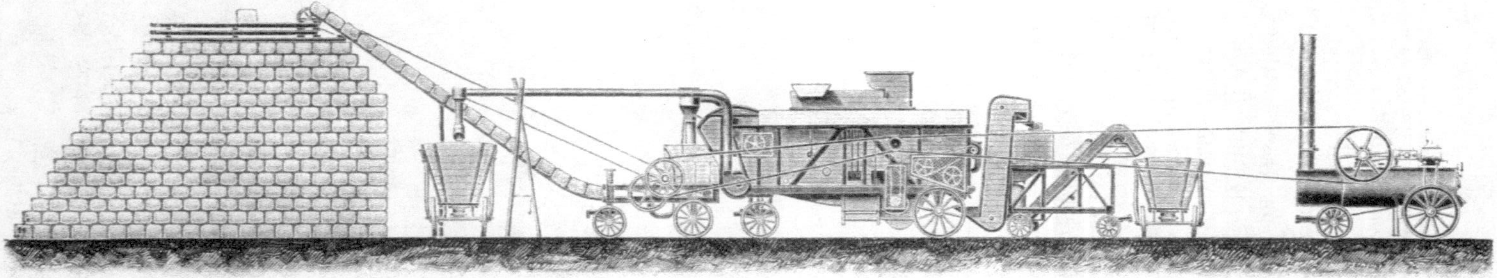

Abb. 414. Gesamt-Anordnung von Dreschmaschine mit Kaff- und Kurzstrohgebläse, Dampf-Lokomobile und Strohpresse nebst Strohballen-Diemen Aufriß.

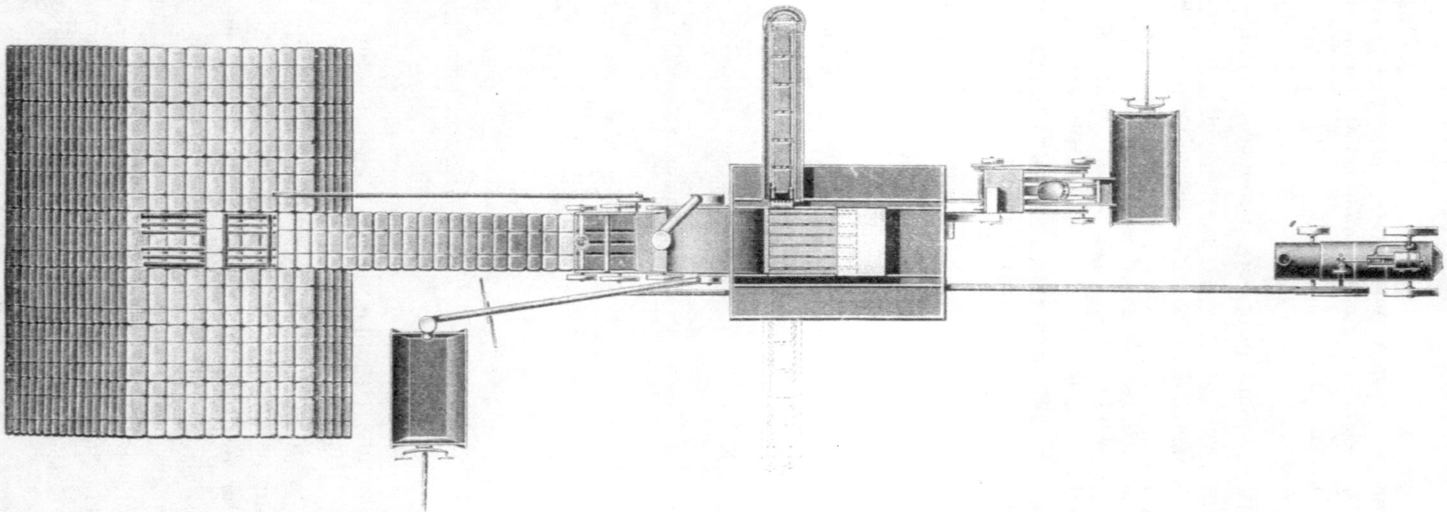

Abb. 415. Grundriß zu Abb. 416.

Grundriß, während in Abb. 416 der Kreuzriß gegeben wird. Die ganze Anlage zeigt folgende Einrichtungen: Das Kaff- und Kurzstrohgebläse (vgl. Abb. 185 bis 189, S. 127 bis 131) zur selbsttätigen Entfernung von diesen Abfallstoffen, den Ferneinleger zur bequemen Zubringung der Garben von den Wagen (Abb. 413), die selbstwindende Strohpresse mit selbsttätigem Ballenheber, eine automatische Wage (zwischen Lokomobile und Dreschmaschine) zur selbsttätigen Wägung des gedroschenen Getreides, verbunden mit Sackförderung zum Einbringen der Säcke auf den Transportwagen.

In Abb. 417 ist die äußere Darstellung einer Dreschmaschine dargestellt, wie sie von der Maschinenfabrik »Badenia« in Weinheim für außergewöhnlich große Leistungen gebaut wird. Man nennt sie auch *Riesen-Dreschmaschine.* Der Trommeldurchmesser beträgt 710 mm, die Trommel selbst ist mit 10 Schlagleisten

Abb. 416. Seitenriß zu Abb. 414.

besetzt. Die Länge der Trommel bzw. die Breite der Dreschmaschine beträgt 60″ = 168 cm. Das Gewicht dieser Riesen-Dreschmaschine beträgt etwa 6500 kg. Die Schüttler sind 6 teilige Kastenschüttler, tragen am Ende in Abb. 419 deutlich sichtbare Zinken und werfen das Stroh auf den Nachschüttler. Die Maschine besitzt eine 4 fache Windreinigung, Nachreinigungs-, Sortier- und Staubabsaugeapparate. Der Wind wird unter das Reutersieb geleitet, um das Kurzstroh aufzulockern. Oben auf der Maschine befindet sich ein Selbsteinleger (vgl. Abb. 292 u. 293). Die kräftig gehaltenen Fahrräder haben breite Reifen, die aus Schmiedeeisen mit angegossener Radnabe hergestellt sind; die Festlegung derselben ist aus Abb. 417 deutlich zu ersehen (vgl. auf Abb. 266).

In den Abb. 418 u. 419 ist die äußere Darstellung einer großen Motordreschmaschine von beiden Seiten dargestellt, sie führt den Namen »Wettin« und wird von der Firma C. A. Klinger in Altstadt-Stolpen bei Dresden gebaut. Eine Ansicht von oben zeigt Abb. 420, auf der man erkennen kann, daß im Gegensatze zu anderen

Abb. 417. Äußere Ansicht einer Riesen-Motor-Dreschmaschine von »Badenia« in Weinheim.

Abb. 418. Äußere Ansicht einer Motor-Dreschmaschine von C. A. Klinger in Altstadt-Stolpen i. Sachsen.

Abb. 419. Andere Ansicht der Motor-Dreschmaschine von Abb. 418. Antriebsseite mit Einriemenantrieb.

Systemen der Einlegerstand bei der Dreschmaschine »Wettin« seitlich angeordnet ist. Die Maschine besitzt außerdem eine Sicherheits-Einlegeeinrichtung mit Garbenauflegetisch. Das einzulegende Ge-

Abb. 129. Ansicht der Klingerschen Dreschmaschine von oben.

treide wird auf dem Tisch bequem aufgeschüttelt und der Dreschmaschine zugeführt, wobei durch zweckmäßige Einlegevorrichtungen selbst bei starkem Betriebe für größte Gleichmäßigkeit gesorgt ist. Die Maschine ist besonders charakterisiert durch den ihr eigenen

Einriemenantrieb, welchen die Abb. 418 u. 420 zeigen. Außerdem ist in Abb. 421 der Einriemenantrieb besonders deutlich zu erkennen. Ein einziger langer Riemen ist derart über die einzelnen Antrieb-

Abb. 421. Darstellung des Einriemen-Antriebes einer Klingerschen Dreschmaschine.

scheiben gelegt, daß er alle gleichzeitig antreiben kann. Lediglich für den Antrieb der zweiten Reinigung ist noch ein besonderer Riemen nötig, welcher von der Trommelwelle zur Ventilatorwelle führt. Auf der entgegengesetzten Seite dieses Einriemenantriebes ist dann noch ein Riemen von der Dreschtrommel zur Sortiertrommel notwendig (vgl. Abb. 419). In derselben Abbildung ist auch das Schutzgitter vor den schwingenden Hängefedern zu erkennen, während Abb. 418 und 420 das Schutzgitter vor den Riemenscheiben zeigt. Die großen Maschinen dieser Bauart werden mit eingebautem Spreubläser ausgerüstet (Abb. 418 u. 419).

In den Abb. 422 u. 423 sind zwei Längsschnitte durch die Dreschmaschine »Wettin« angegeben. Die erstere zeigt den zur Anwendung kommenden Selbsteinleger (vgl. Abb. 298), während in beiden Schnittdarstellungen der schiefliegende Schneckenelevator als besondere Eigenart dieses Systems zu erkennen ist.

Die Einzelteile der in Abb. 422 dargestellten Dreschmaschine sind mit Buchstaben bezeichnet und im Nachstehenden benannt:

A Einlegetisch
B Selbsteinleger
C Schutzklappe
D Dreschtrommel
E Dreschkorb
F Strohraum
G Verschlußklappe für den Zugang zum Strohraum und zur Dreschtrommel
H Stroh-Schüttelwerk
J Nachschüttler D. R. P.
K Sammelboden
L Siebwerk I. Reinigung
M Siebwerk II. Reinigung
N Siebwerk III. Reinigung
O Siebwerk IV. Reinigung
P Doppel-Ventilator
Q Ventilator III
R Spreu-Reinigung
S Körner-Elevator und Entgranner
T Sortier-Zylinder

Die Einzelteile der in Abb. 424 dargestellten Dreschmaschine sind durch die nachstehende Zusammenstellung gekennzeichnet.

A Seitlicher Sicherheits-Einlegerstand
B Einlegetisch
C Schutzhaube, verstellbar für die Dreschtrommel
D Dreschtrommel
E Dreschkorb
F Strohraum
G Verschlußklappe für den Zugang zum Strohraum und zur Dreschtrommel
H Stroh-Schüttelwerk
I Nachschüttler D. R. P.
J Sammelboden
K Siebwerk I. Reinigung
L Abfalltafel für Kurzstroh
M Siebwerk II. Reinigung
N Siebwerk III. Reinigung
O Auslaufgosse n. d. Sortierzylinder
P Körner-Elevator u. Entgranner
Q Doppel-Ventilator
R Windkanal n. d. I. Reinig.
S Windkanal n. d. II. Reinig.
T Windkanal n. d. III. Reinig.
U Spreu-Reinigungswerk mit
V Kanal zum Abfangen der Körner aus der Spreu

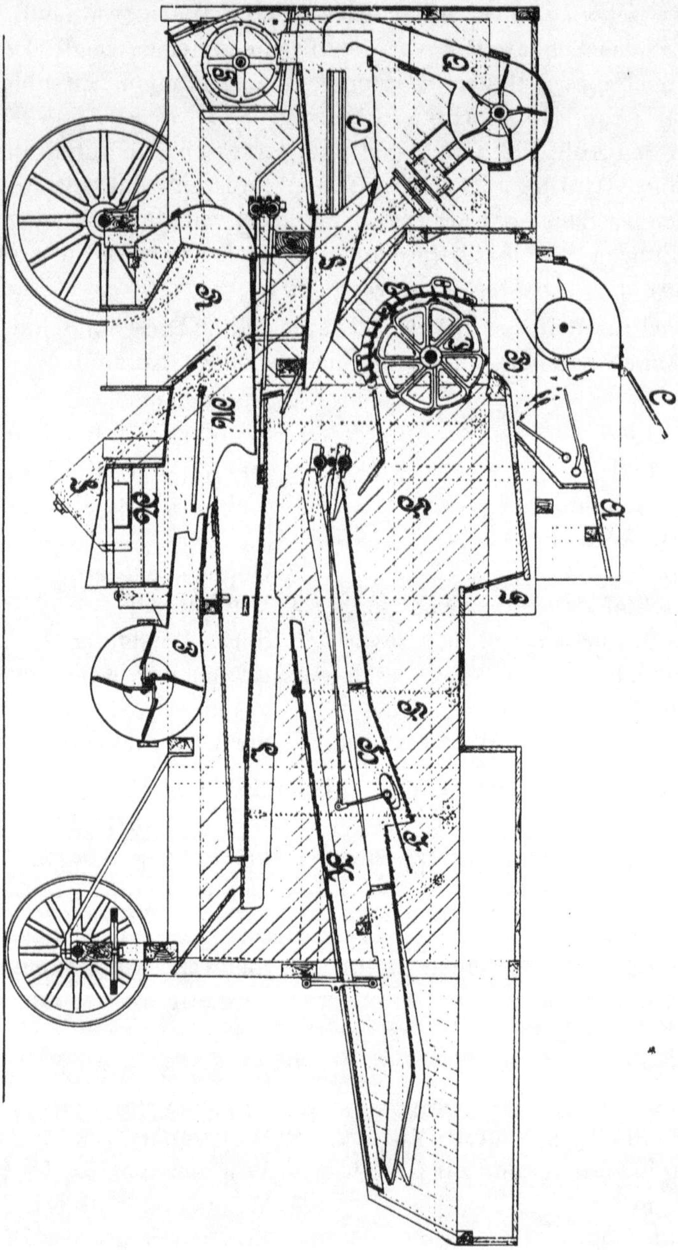

Abb. 422. Längsschnitt durch die Klingersche Dreschmaschine mit Selbsteinleger.

Eine ganz praktische Einrichtung, die namentlich in größeren Betrieben, also bei größeren Dreschmaschinen von Wert ist, wird von der Rathenower Dreschmaschinen- und Mo-

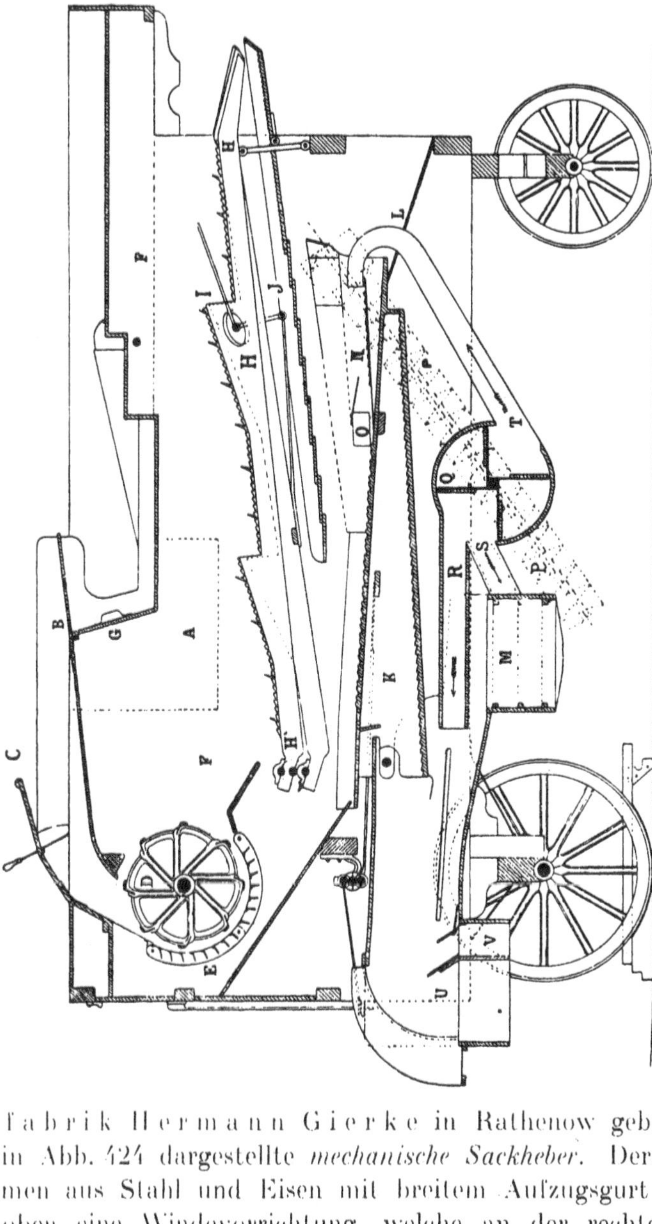

Abb. 423. Längsschnitt durch die Klingersche Dreschmaschine mit seitlichem Einlegerstand und Schraubenelevator.

torenfabrik Hermann Gierke in Rathenow gebaut. Es ist der in Abb. 424 dargestellte *mechanische Sackheber*. Derselbe ist vollkommen aus Stahl und Eisen mit breitem Aufzugsgurt gebaut, besitzt oben eine Windevorrichtung, welche an der rechten Seite der Dreschmaschine montiert wird und von einer der Siebwellen der Dreschmaschine angetrieben werden kann. Durch eine Feststellvorrichtung, die wiederum mit einer Ausrückvorrichtung versehen ist, wird der Sackheber auf eine bestimmte Höhe eingestellt, von der dann der Sack leicht abgenommen werden kann.

An der in Abb. 425 im Längsschnitt dargestellten Motordreschmaschine ist das Schüttelwerk neu und eigenartig[1]). Dasselbe be-

Abb. 424. Selbsttätiger Sackheber von der Rathenower Dreschmaschinenfabrik.

steht aus einem die ganze Breite der Maschine einnehmenden, ungeteilten Boden mit mehreren schrägen Stufen *A A' A''*. Dieser ist in der üblichen Weise mit kantigen Holzleisten rostartig besetzt. Mit dem Kornrücklaufboden *BB* ist er durch die Holzfedern *c* verbunden. Der Schüttler hängt an den Holzhängefedern *ff*, während den Kornrücklaufboden die Holzfedern *gg* halten. Die Aufhängung ist der-

[1]) Vgl. Prüfungsbericht in Heft 199 der »Arbeiten« der Deutschen Landw.-Ges., Geräteprüfungen V. Berlin 1911, S. 56.

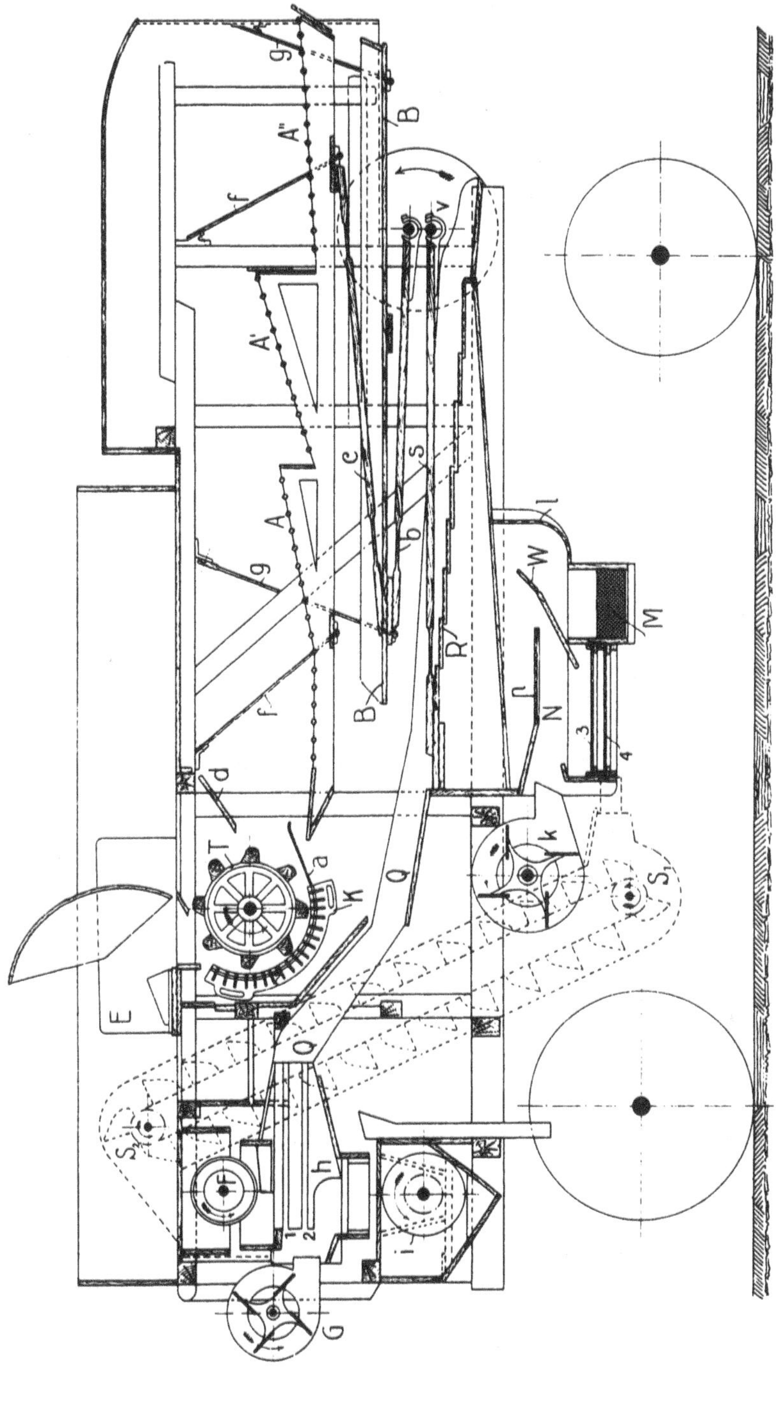

Abb. 425. Längsschnitt durch die Schulzsche »Standard«-Dreschmaschine.

artig gemacht, daß die Federn des Schüttlers in jeder Betriebsstellung nach dem Strohausgang hin, die des Rücklaufbodens nach der entgegengesetzten Seite geneigt sind. Der Antrieb erfolgt von der gekröpften Welle *v* durch die Holztriebstangen *b* und *s* und wird von dem Rücklaufboden *B* durch die Stange *c* auf den Schüttler übertragen.

Das Schüttelwerk ist durch D. R. P. Nr. 232 013 geschützt. Gebaut werden diese Dreschmaschinen vom Standardwerk Wilhelm Schulz in Hannover. In Abb. 426 ist die Dreschmaschine »Standard« in einer äußeren Ansicht zu sehen.

Abb. 426. Äußere Ansicht der »Standard«-Dreschmaschine von W. Schulz in Hannover.

Eine ganz eigenartige und interessante Dreschmaschine ist in Abb. 427 zu sehen. Sie ist amerikanischen Ursprungs[1]) und könnte mit dem Namen »pneumatische Dreschmaschine« (oder »Wind-Dreschmaschine«) belegt werden[2]). Rechts und links im Bilde sieht man zwei Einlegetische, auf welche die geöffneten Garben aufgebracht werden. Die Getreidehalme gelangen zu je zwei Ventilatoren, wo

[1]) Ich habe diese Maschine auf der Weltausstellung in St. Louis, U. S. A., 1904 gesehen. A. Nachtweh.

[2]) Vgl. Siegfried Strakosch: »Amerikanische Landwirtschaft«. Wien 1905, S. 44.

entgegengesetzte Windströme das Dreschen besorgen. Das leichte Stroh, vermutlich vollständig zerschlagen, wird durch das oben abgeleitete große Blechrohr unmittelbar auf den Diemen gebracht, während Kaff und Spreu durch das kleinere Rohr seitlich ausgeblasen werden. In der Mitte zwischen beiden Drescheinrichtungen befindet sich die Einsackvorrichtung für die ausgedroschenen Körner.

Die Leistung dieser Maschine war als sehr günstig bezeichnet: man hat aber von einer wirklich praktischen Anwendung dieser Wind-

Abb. 427. Amerikanische Wind-Dreschmaschine.

Dreschmaschine nichts erfahren. Erfinder und Patentinhaber sind Davis & Lehenbauer in Ames, Oklahama, U. S. A. Die Firma bezeichnet ihre Maschine mit: »ohne Trommel, mit Selbsteinleger und Selbststecker«.

Bei den immer mehr aufkommenden elektrischen Überlandzentralen wird die Einführung des elektrischen Betriebes im Gebiete der Landwirtschaft immer häufiger. Eine Folge davon ist, daß die Fabrikanten für Dreschmaschinen seit einer Reihe von Jahren die Anordnung so treffen, daß der zum Betriebe einer Dreschmaschine notwendige Elektromotor unmittelbar mit dem Gestell der Dreschmaschine verbunden wird. So zeigt Abb. 428 eine *Elektrodreschmaschine* der Firma »B a d e n i a«, bei welcher der Elektromotor an der schmalen

Abb. 428. Elektro-Dampfmaschine von der »Badenia« in Weinheim.

Seite der Dreschmaschine angeordnet ist und durch eine bewegliche Kabelleitung mit der Anschlußdose des Leitungsnetzes verbunden werden kann.

Abb. 429 zeigt eine Konstruktion derselben Firma, bei welcher der Elektromotor vollkommen in das Dreschmaschinengestell eingebaut ist und durch einen verhältnismäßig kurzen Riemen unmittelbar den Antrieb auf die Dreschtrommel übernimmt.

Abb. 429. Elektro-Dreschmaschine von der »Badenia« in Weinheim.

Abb. 430. Elektro-Dreschmaschine der Bevenser Maschinenfabrik.

Abb. 431. Elektro-Dreschmaschine der Bevenser Maschinenfabrik.

In Abb. 430 u. 431 sind zwei Ausführungen von *Elektrodreschmaschinen* wiedergegeben, wie sie von der Bevenser Maschinenfabrik in Bevensen (Hannover) gebaut werden. Bei der Ausführung in Abb. 427 steht der Elektromotor hinten auf dem Dreschmaschinengestell, während er bei Abb. 431 seitlich auf einer Konsole angeordnet wird. Im letzteren Falle wird der Riemen etwas länger, was zweckmäßig ist.

Ob der zum Dreschmaschinenbetrieb verwendete Elektromotor mit Gleichstrom oder mit Drehstrom arbeitet, erscheint ziemlich gleichgültig: bei den vorhandenen Überlandzentralen wird im allgemeinen meist Drehstrom in Betracht kommen, da Gleichstrom nur bei geringen Entfernungen der Sekundärstation von der Primärstation Anwendung findet. Der Drehstrom läßt sich auch besser zum Dreschen benutzen, weil er die immerhin stets vorhandenen, wenn auch geringen Schwankungen besser verträgt als der Gleichstrommotor.

Ein weiterer großer Vorteil des elektrischen Betriebes liegt in der bereits erwähnten Expansionsmöglichkeit, welche der Elektromotor mit der Dampfmaschine gemein hat. Die heute von deutschen Firmen gebauten Drehstrom- oder Gleichstrommotoren lassen sich alle bis auf 25% und mehr ihrer Normalleistung überlasten, und zwar nicht bloß für wenige Minuten, sondern auch für eine ganze Stunde. Allerdings kommt beim Drehstrommotor in Betracht, daß er bei Überlastungen leicht »funkt« oder »feuert«, was unter Umständen für den Dreschmaschinenbetrieb eine Feuersgefahr bedeuten kann. Jeder Elektromotor entnimmt der Stromleitung nur soviel Strom, als er wirklich für seine Kraftangabe braucht. Infolgedessen kann man auch ganz ökonomisch mittels eines größeren Motors eine kleinere Arbeitsmaschine betreiben. Man wird also bei der Wahl eines Motors für den Dreschmaschinenbetrieb nicht zu ängstlich zu sein brauchen und lieber in der Zahl der Pferdestärken nicht zu niedrig gehen.

2. Der Betrieb der Dreschmaschine.

Da die Getreidediemen (Feimen, Tristen oder Schober) in ihrer Aufstellung als etwas Vorhandenes zu betrachten sind, so muß der Maschinist bei Aufstellung der Dreschmaschine sich nach dem vorhandenen Diemen richten und folgendes beachten:

1. Die Maschine soll so neben dem Diemen zu stehen kommen, daß die Garben leicht und sicher der Maschine übergeben werden können.

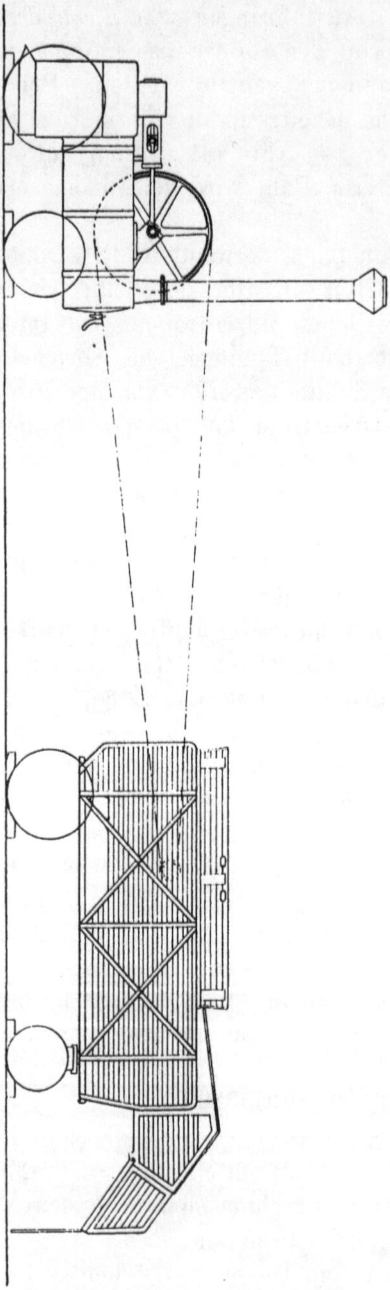

Abb. 432. Aufstellung der Lokomobile und Dreschmaschine.

2. Im Falle die Länge des Diemens nicht zu groß ist, wird die Dreschmaschine ungefähr in der Mitte derselben aufgestellt, damit man den Platz der Maschine möglichst nicht zu verändern braucht.
3. Es ist auf die herrschende Windrichtung zu achten, weil der Wind, falls er gegen die Strohschüttler bläst, die Arbeit der Dreschmaschine beeinträchtigt; ist Seitenwind vorhanden, so wird der Hauptantriebsriemen in seiner Lage gefährdet.
4. Die Maschine soll möglichst auf ebenem, glatten Boden aufgestellt werden, d. h. es sind Vertiefungen oder kleine Hügel zu vermeiden. Die Aufstellung kann viel rascher und sicherer erfolgen, wenn auf diese Umstände geachtet wird.
5. Die Hauptwelle der Lokomobile ist von der Trommelwelle der Dreschmaschine etwa 10 m entfernt zu halten, ein geringerer Abstand ist nicht zu empfehlen, weil sonst das etwa vorkommende Funkensprühen gefährlich werden könnte und anderseits das Eigengewicht eines zu kurzen Riemens nicht ausreicht, um die nötige Reibung und Spannung zu erzielen. In Abb. 433 ist die Aufstellung der Lokomobile und der Dreschmaschine dargestellt.

3. Die Lage der Dreschmaschine.

Die aufgestellte Dreschmaschine muß in ihrer Lage zweckmäßig gesichert werden. Die Hinterräder des Fahrgestelles werden durch die Hebeböcke (Abb. 270), die Vorderräder durch Holzkeile gesichert. Die Maschine muß in horizontaler und vertikaler Richtung genau eingestellt werden, um richtig funktionieren zu können. Wenn der vordere oder hintere Teil der Maschine höher oder niedriger liegt als er sollte, dann ändern sich auch die Neigungsverhältnisse der gesamten Siebe und der Schüttler, so daß der Drusch nicht in normaler Weise geschehen kann. Zum Zwecke der Kontrolle ist auf der einen Seite der Dreschmaschine ein Senkel (Abb. 433) angebracht, dessen Lage durch einen fest an der Maschine angeordneten Zeiger kontrolliert werden kann, so daß hierdurch die vertikale Lage der Dreschmaschine zu erkennen ist. Die horizontale Lage wird

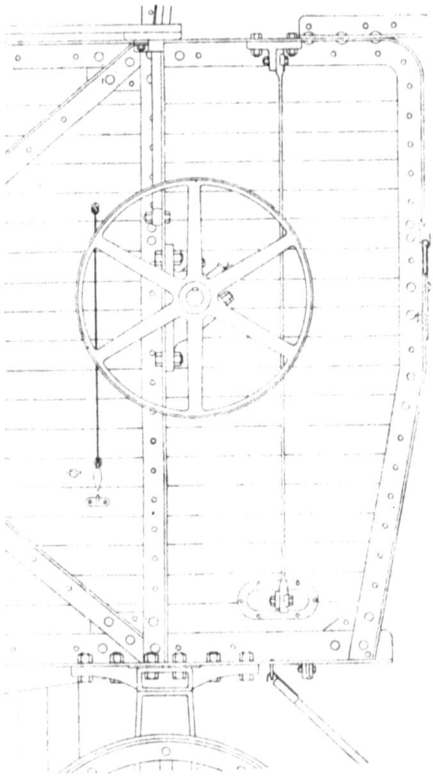

Abb. 433. Senkrechte Einstellung der Dreschmaschine.

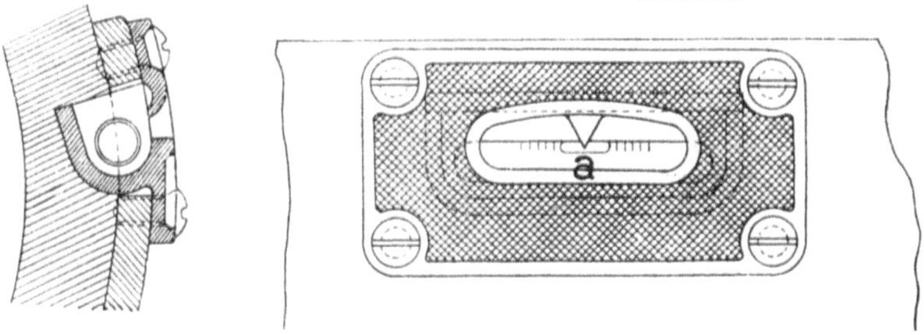

Abb. 434. Wasserwage zur wagerechten Einstellung der Dreschmaschine.

durch eine Wasserwage (Abb. 434) kontrolliert. Dieselbe ist auf der hinteren Seite der Dreschmaschine eingebaut, wie dies Abb. 434

deutlich erkennen läßt. Die Maschine steht genau horizontal, wenn die Mitte der Luftblase mit dem am Deckel angeordneten Zeiger *a* zusammenfällt. Bei nicht horizontaler Lage der Dreschmaschine neigen sich alle Siebe nach einer Richtung, so daß das Material auf die tiefer liegenden Teile der Siebe rollt. Außerdem neigen sich auch die Wellen auf die tieferliegende Seite, so daß einmal eine unnötig große Reibung entsteht, dann aber auch ein fehlerhaftes Putzen eintritt.

Ist die Dreschmaschine richtig aufgestellt, so wird auch die Dampflokomobile oder der Betriebsmotor provisorisch in seine Lage gebracht und der Hauptriemen nach dem Augenmaß so angeordnet, daß die äußere Kante des Schwungrades und der Trommelscheibe in einer Ebene liegen.

4. Die Montage der Dreschmaschine.

Für die hier folgende Auseinandersetzung sind die Bezeichnungen zu Abb. 379 u. 380 zu beachten (S. 278 u. 279).

Zunächst sind die Bretter der Galerie (Abb. 379 u. 380) aufzuklappen: dieselben sind um Gelenke drehbar und während des Transportes auf dem oberen Teile der Dreschmaschine zusammengelegt gewesen. Die Bretter werden nach dem Umklappen durch Stangen unterstützt, welche in den Rahmen der Dreschmaschine befestigt werden. Da die Galerie (Dreschbühne) als Aufenthaltsort für die auf der Maschine zu beschäftigenden Arbeiter, namentlich der sog. Garbenzureicher, dient, muß die Fläche groß genug sein, um ein ungehindertes Arbeiten zu sichern. In manchen Ländern werden neben der Dreschmaschine Gestelle errichtet und auf diesen die Garben in größerer Menge aufgestapelt, damit sie stets zur Hand sind. Ist die Entfernung des Diemens und der Dreschmaschine ziemlich groß, so wird ein Einsatzbrett (*c* in Abb. 380) angebracht und einerseits durch Ketten, anderseits durch die Stange *d* in seiner Lage gesichert. Oft entfällt dieses Einsatzbrett, dann wird das Galeriebrett auf der Seite des Diemens um sein Gelenk heruntergelassen, um in dieser Weise die Fläche der Dieme zu vergrößern. Die Bühnenseitenbretter (*b* in Abb. 379 u. 380), welche Unfälle verhüten sollen, werden gut miteinander verbunden. Auf der Seite des Diemens werden solche Bretter nicht verwendet, damit das Herüberreichen der Garben nicht erschwert wird. Zur Verhütung von Unfällen dienen ferner die Trommelbretter (*f* in Abb. 379), welche neben der Trommelöffnung liegen. Es ist ferner bei Aufstellung der Dreschmaschine zu untersuchen, ob der Deckel für die Trommelöffnung (Abb. 107) und alle anderen Sicherheitsvorrichtungen funktionieren. Vor Beginn der Arbeit muß die Klappe und der Speisetisch unbedingt geschlossen werden, hierauf sind alle Teile zu den Strohschüttlern nachzusehen; es werden die Windfänge auf den Seiten herabgelassen, das Streichbrett (*i* der Abb. 379) befestigt und die vorderen Windfangtüren (*h* der Abb. 379) in zweckmäßiger Weise angebracht. Bei Vorderwind bleiben die Türen in der Lage, wie sie Abb. 379 zeigt. Im allgemeinen werden diese Türen geöffnet, damit das Stroh ungehindert herausbefördert werden kann. Hierauf ist das Streichbrett für das Kurzstroh *k* sowie die Bretter *l* und *m* anzubringen, das letztere auf der Seite des Diemens, damit die Spreu nicht mit dem zu dreschenden Material vermengt werde. Um einen sicheren und ruhigen Gang zu erreichen, werden zwischen die Räder der Maschine und den Rahmen Keile geschoben (Abb. 265), mitunter auch ein Keil auf den Radkranz gelegt und durch eine Schraube angepreßt, deren Mutter auf dem Rahmen der Dreschmaschine befestigt ist.

Eine wichtige Aufgabe des Maschinisten liegt darin, vor Beginn des Betriebes alle Schrauben der Maschine zu untersuchen und wenn nötig nachzuziehen. Es sind ferner alle Lager zu untersuchen, zu reinigen und mit Schmiermaterial zu versehen. Verschmutzte Lager sollen mit Petroleum ausgewaschen werden, und die Schalen sollen vor Beginn der Arbeit gut geschmiert werden. Es ist ratsam, alle Wellen vor dem Betrieb von Hand zu drehen, um sich zu überzeugen, ob die Maschine leicht bewegt werden kann und nicht etwa Werkzeuge oder andere Fremdkörper in der Maschine zurückgeblieben sind. Hat man sich hiervon überzeugt, so wird die Lokomobile endgültig aufgestellt und der Hauptriemen ausprobiert. Die parallele Lage der Hauptwelle des Motors und der Trommelwelle ist wichtig, ebenso muß die Mittellinie des Schwungrades und diejenige der Antriebsscheibe der Trommel zusammenfallen. Vor Beginn des Betriebes muß ein Zeichen mit der Pfeife (Dampfpfeife) gegeben werden, um die Arbeiter auf und neben der Maschine auf den zu beginnenden Betrieb aufmerksam zu machen. Hierauf wird die Maschine langsam in Bewegung gesetzt, damit keine Stöße entstehen, durch welche der Hauptriemen herabfallen und beschädigt werden könnte. Dieser Riemen darf nicht zu stark gespannt werden, er darf aber auch nicht zu lose laufen, da im ersteren Falle ein Heißlaufen der Lager, im letzteren Falle ein Gleiten des Riemens entstehen könnte.

Nachdem alle vorbereitenden Arbeiten beendet sind, folgt die Einstellung und Regulierung der Dreschmaschine entsprechend dem zu dreschenden Material (vgl. S. 78).

Es ist am zweckmäßigsten, mit der Regulierung der Trommel und des Korbes zu beginnen und dann die Regulierung in der Reihenfolge fortzusetzen, in welcher die einzelnen Teile die Drescharbeit aufnehmen. Ein geübter Maschinist wird nach Beobachtung des zu dreschenden Materials die Einstellung der Dreschmaschine auf Grund seiner Erfahrung in zweckmäßiger Weise treffen, während der ungeübte Anfänger sich an die durchschnittlichen Angaben der Einstel-

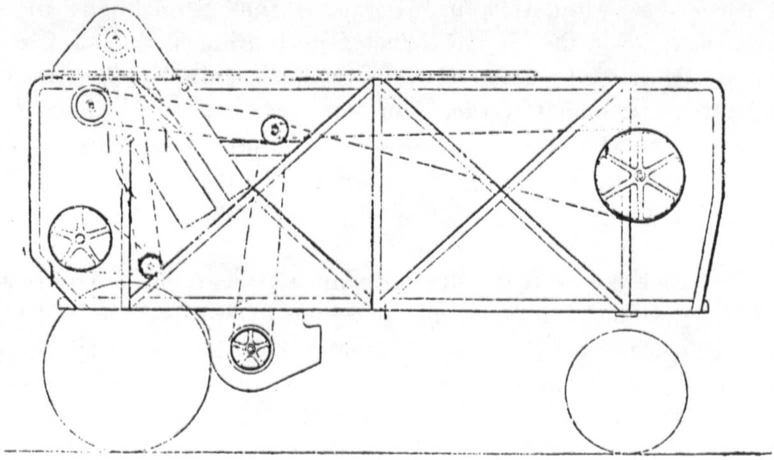

Abb. 435. Riemenanordnung für den Antrieb.

lung wird halten müssen, welche S. 78 mitgeteilt wurden. Eine endgültige Regulierung kann jedoch stets nur während des Betriebes erfolgen. Nach Einstellung der Maschine erfolgt das Auflegen der kleinen Riemen. Eine solche Anordnung zeigt Abb. 435, und zwar gesehen von der Elevatorseite aus. Auf der unteren, der sog. Antriebsseite der Dreschmaschine ist nur ein Riemen zwischen der Trommelwelle und der Spreuschüttlerwelle vorhanden. Auf der Elevatorseite ist der Antrieb von der Trommelwelle zur vorderen Strohschüttlerwelle, ferner zu den Wellen des großen Ventilators und des Entgranners vorhanden. Der Elevator und der Sortierzylinder werden von der Spreuschüttlerwelle und der kleine Ventilator von dem großen Ventilator aus in Bewegung gesetzt.

Nachdem alle Riemen aufgelegt sind, wird die Dreschmaschine in langsame Bewegung gebracht; hierbei werden alle Teile beobachtet und nach etwa eintretenden verdächtigen Schlägen mit Aufmerksamkeit gehört. Die regelmäßige Umdrehungszahl wird erst dann gegeben, wenn sich Zeichen irgendwelcher Fehler überhaupt nicht zeigen. Während des Leerganges der Maschine werden die Wellen, Lager, Riemen und sonstige bewegten Teile sorgfältig beobachtet und etwa eintretende Mängel vor Beginn des Bruches in Erfahrung gebracht. Hierauf hat der Maschinist für die Säcke, für das Brennmaterial und das Wasser sowie für die Arbeiter zu sorgen, welche zur Bedienung der Dreschmaschine notwendig sind. Ebenso hat er die Arbeiter zu leiten, das regelmäßige Einlegen der Dreschmaschine zu kontrollieren, die Maschine in all ihren Teilen zu überwachen.

In manchen Betrieben ist es üblich, die Tätigkeit des Maschinisten, dem ein besonderer Heizer zugegeben ist, lediglich auf die Überwachung der maschinellen Teile, d. h. der Bedienung der Betriebsmaschine (Lokomobile) und der Instandstellung der Dreschmaschine zu beschränken, während man die Anstellung der Arbeiter sowie die Beaufsichtigung der für das Zubringen der Garben nötigen Arbeiter einem besonderen Manne, beim Handeinlegen dem sog. Einleger, überträgt.

Das Anlassen und Abstellen der Betriebsmaschine sowie der Beginn und das Einstellen der Drescharbeit muß durch ein Signal (mit der Dampfpfeife) angezeigt werden.

5. Fehlerhaftes Funktionieren der Dreschmaschine.

Nachdem das Zeichen mit der Dampfpfeife gegeben worden ist, werden die Garben nach dem Aufschneiden des Bindegarnes oder des Strohseiles dem Einleger übergeben, der sie öffnet und mit den Ähren der Trommel zugewendet in dieselbe einführt. Der Maschinist wartet das Einführen der ersten Garben ab und beginnt sodann in Ruhe die Untersuchung der einzelnen Teile der Maschine, um etwa eintretende Fehler zu finden und sie dann zu beseitigen. Hierbei werden sich die im nachfolgenden durch einzelne Abschnitte gekennzeichneten Teile besonders hervorheben lassen.

Das Ausdreschen der Ähren. Aus der Untersuchung des Strohes läßt sich erkennen, ob die von der Dreschmaschine kommenden Ähren noch Körner enthalten. Ist dies der Fall, so können die Ursachen folgende sein:

1. Die Trommel hat nicht die notwendige Umfangsgeschwindigkeit. Es wird das der Fall sein, wenn die Antriebscheibe

im Verhältnis zum Schwungrad nicht den richtigen Durchmesser hat oder wenn der Hauptantriebsriemen gleitet.

2. Der Korb kann von der Trommel zu weit entfernt sein. In diesem Falle wird der Korb unter Beobachtung der entsprechenden Vorschriften der Trommel genähert. Wird dies so weit getrieben, daß Trommel und Korbleisten sich berühren, so kann eine Gefahr für die Maschine eintreten.
3. Eine ungleichmäßige Einstellung des Korbes, d. h. die Regulierung, kann auf beiden Seiten nicht gleichmäßig genug erfolgt sein; es bleiben dann auf der einen Seite, wo der Korb weiter von der Trommel absteht, die Ähren ungedroschen.
4. Eine Abnutzung der Korb- und Trommelleisten, wobei ein weiteres Annähern des Korbes nichts hilft, weil die stärkste Abnutzung auf dem mittleren Teile der Leisten geschieht, so daß durch die Näherstellung des Korbes eine Entfernung zwischen Korb und Trommel nicht mehr in der notwendigen Weise verringert werden kann. Eine Abhilfe läßt sich in diesem Falle nur durch eine Bearbeitung oder Erneuerung der Leisten schaffen.
5. Das Verbiegen des Korbes, d. h. wenn die Leisten nicht mehr in einer vollkommen geraden Linie liegen.
6. Die Trommel kann fehlerhaft sein, indem bereits bei der Montage einzelne Schlagleisten höher oder niedriger liegen, oder die äußerste Kante der Schlagleisten keine gerade Linie bildet.
7. Das Einlegen kann fehlerhaft geschehen, so daß die Maschine überanstrengt wird; ferner können Garben nicht gelöst worden sein oder die Trommel hat sich verstopft.
8. Die Breite des Korbes kann nach erfolgter Reparatur zu gering sein, so daß zwischen Seitenteil des Korbes und der Verschalung die Ähren hindurchrutschen. In diesem Falle müssen auf die Verschalung Holzleisten nach der Form des Korbes angebracht werden.
9. Die Kanten der Korbleisten können abgenutzt sein. Um diesen Fehler abzustellen, muß man die Korbleisten von neuem bearbeiten.
10. Die Qualität des Materials, d. h. es können beispielsweise eingetrocknete Körner in den Ähren sitzen.

11. Die Feuchtigkeit des Materials, wobei fast immer der Ausdrusch der Ähren unvollkommen bleibt. Man darf aber bei weichem Material den Korb nicht zu nahe stellen.

Der Bruch der Körner. Wenn in den Säcken gebrochene Körner vorkommen, dann kann dieser Fehler durch die Trommel oder durch den Entgranner verursacht worden sein. Um dies zu entscheiden, wird der Schieber unterhalb des Entgranners geöffnet und das dort ausströmende Material untersucht. Sind hier bereits gebrochene Körner vorhanden, so liegt der Fehler in der Trommel. Ein Bruch von Körnern durch die Trommel erfolgt:

1. bei besonders harter Qualität des Weizens, in welchem Falle mäßiger gespeist werden soll;
2. wenn die Umfangsgeschwindigkeit der Trommel zu groß ist;
3. wenn die Trommel fehlerhaft ist und einzelne Schlagleisten zu hoch liegen;
4. wenn der Korb zu nahe eingestellt wird;
5. wenn der Korb auf der einen Seite höher steht als auf der anderen.

Bei einer ganz neuen Maschine, welche noch vollständig unbenutzte Leisten hat, wird anfänglich sehr häufig ein Bruch von Körnern zu beobachten sein; derselbe wird aber nach einer kurzen Zeit wieder verschwinden.

Ein Bruch der Körner durch den Entgranner wird eintreten:

1. wenn die Umdrehungszahl des Entgranners zu groß ist;
2. wenn die Arbeit des Entgranners eine zu scharfe ist;
3. wenn die Messer und die Leisten des Entgranners neu sind.

Das Vorkommen von Körnern im Stroh. Ein Teil der Körner wird durch die Strohschüttler nicht ausgeschieden, sie gelangen dann mit dem Stroh auf den Boden. Ein guter Nachschüttler leitet den größten Teil dieser durch das Langstroh mitgerissenen Körner in die Maschine zurück. Sind jedoch unter dem Streichblech oder auf dem Wege, wo das Stroh gefördert werden soll, größere Mengen von Körnern zu finden, so sind Fehler vorhanden. Dieselben sind in folgendem zu suchen:

1. Die Öffnungen der Strohschüttler können zu klein sein, so daß die Körner nicht rasch genug hindurchfallen können;

2. die Tourenzahl des Strohschüttlers kann zu groß sein, d. h. die Übersetzung ist unrichtig oder die Umdrehungszahl der Trommel ist bereits zu groß;
3. das Fangbrett kann zu hoch gestellt sein, so daß das Stroh zu rasch entfernt wird:
4. die Maschine kann nach vorn eine zu große Neigung haben, so daß infolgedessen die Lage der Strohschüttler unrichtig ist;
5. der Riemen des Strohschüttlers kann gleiten; infolgedessen ist die Bewegung der Strohschüttler zu langsam, wodurch sich das Stroh in solcher Menge häuft, daß die Körner nicht in richtiger Weise ausgeschüttelt werden;
6. die Oberfläche der Strohschüttler kann sich verstopft haben. Dies erfolgt, wenn die Holzteile gesprungen sind und sich das Stroh in diese Risse festlegen konnte;
7. das Führungsblech des Korbes kann unrichtig eingestellt sein. Wird nämlich bei einem stellbaren Führungsblech die Einstellung desselben zu tief genommen, so wird das Stroh samt den Körnern so weit nach vorn geworfen, daß die Oberfläche der Schüttler nicht vollständig ausgenutzt werden kann;
8. die Wirkung des Nachschüttlers kann fehlerhaft sein, indem sich die Öffnungen desselben verlegt haben;
9. die Arbeit des Einlegers kann unrichtig sein, indem er die Maschine überanstrengt:
10. die Aufstellung der Dreschmaschine in horizontaler Richtung kann unrichtig sein, so daß das Stroh sich auf der einen Seite der Schüttler anhäuft und infolgedessen hier die Körner nicht regelrecht durchfallen können.

Das Vorkommen von Ähren im Kurzstroh. Dieser Fehler wird eintreten:

1. wenn die Entfernung der Drähte des Korbes zu groß ist, dies entsteht durch Verbiegen oder durch zu starkes Abnutzen der Drähte;
2. wenn die Trommel oder der Korb zu schmal sind; dieser Fall kann nach vorgenommener Reparatur des Korbes eintreten;
3. wenn angefaultes Material gedroschen wird, weil hierbei die Ähren durch die Schläge der Trommel auseinanderfallen.

Das Vorkommen von Körnern im Kurzstroh. Um dies festzustellen, wird das Kurzstroh, welches aus der Maschine fällt, durch eine Schaufel aufgefangen und durchgerüttelt, wobei die leichteren Teile entfernt und weggeblasen werden, so daß die Körner zurückbleiben können. Falls sich derartige Verluste zeigen, werden sie durch folgende Ursachen hervorgerufen sein können:

1. die Kurzstrohschichte ist zu hoch, so daß die Körner nicht hindurchdringen können;
2. die Neigung des Reuters ist zu groß, so daß das Material, falls es sehr trocken ist, zu rasch befördert wird; in diesem Falle muß man den Reuter etwas heben. Es kann aber auch die Lage der Maschine unrichtig sein, dann muß die Maschine richtig eingestellt werden;
3. die Öffnungen des Reuters sind verstopft, so daß die Körner nicht hindurchfallen können;
4. die Öffnungen des Reuters sind durch Unkraut, Erde, Steine u. dgl. teilweise versperrt; in diesem Falle ist eine häufige Reinigung notwendig;
5. der Reuter hat Risse, in welche sich das Kurzstroh einlegt und so der Beförderung des Materials hinderlich wird;
6. die horizontale Einstellung der Maschine ist fehlerhaft, so daß eine Seite des Reuters zu sehr belastet wird;
7. die Strohschüttler lassen zu viel Stroh durchfallen, weil die Entfernung zwischen den einzelnen Schüttlern zu groß ist;
8. das zweite Putzwerk bläst zu viel Material auf die Reuter zurück;
9. der Reuter ist verbogen oder hat in der Mitte eine Vertiefung, in diesem Falle setzt sich das Material fest und verhindert das Durchfallen der Körner;
10. der Sammeltisch unter dem Reuter ist nicht glatt, hat Risse oder Beschädigungen, so daß sich das Material hier festsetzt und die Öffnungen des Reuters von unten versperrt. Dieser Fall kann auch beim Dreschen feuchten Materials eintreten.

Die unter 1. als Ursache genannte allzu große Höhe der Kurzstrohschichte kann eintreten:

1. beim Dreschen von sehr trockenem oder angefaultem Material. Eine Abhilfe kann erreicht werden, wenn man den Korb etwas weiter abstellt und mäßig einlegt;
2. wenn der Korb der Trommel zu nahe gestellt ist;
3. wenn die Schüttlerwelle nicht die vorgeschriebene Umdrehungszahl hat, weil die Trommelwelle zu langsam läuft oder der Hauptantriebsriemen gleitet;

4. wenn durch die Strohschüttler viel Stroh hindurchfällt, weil die Öffnungen nicht eingeflochten sind oder einzelne Leisten fehlen.

Fehler im unteren Putzwerk können eintreten:

1. wenn Körner in der Spreu bleiben,
2. wenn der Siebkasten überläuft.

Das Vorkommen von Körnern in der Spreu kann entstehen:

1. wenn das Spreusieb zu kleine Öffnungen hat und das Durchfallen der Körner nicht genügend rasch erfolgt;
2. wenn die Öffnungen des Spreusiebes aus irgendwelcher Ursache verlegt sind;
3. wenn die Lage des Spreusiebes nicht richtig ist, da bei zu großer Neigung das Material so rasch entfernt wird, daß die Körner nicht rechtzeitig durchfallen können;
4. wenn der Luftstrom des großen Ventilators zu stark ist und Körner mit sich reißt;
5. wenn das Fangbrett zu fest gestellt ist oder an demselben die Fangleisten fehlen;
6. wenn die Einstellung der Maschine in horizontaler oder vertikaler Richtung unrichtig ist;
7. wenn die Umdrehungszahl des Ventilators zu hoch ist;
8. wenn schlechtes Material gedroschen wird, weil in diesem Falle die leichten Körner herausgeblasen werden;
9. wenn feuchtes Material gedroschen wird, weil hierbei die Spreuteile ebenso schwer sind wie die Körner;
10. wenn die Einstellung des Putzkastens und des Ventilators nicht im Einklange zueinander stehen.

Das Überlaufen des unteren Putzkastens kann eintreten:

1. wenn die Umdrehungszahl der Spreuschüttlerwelle nicht groß genug ist;
2. wenn die Umdrehungszahl des großen Ventilators nicht richtig ist;
3. wenn der Reuter zu viel Material durchläßt, was bei großen Öffnungen, bei zu raschem Gange, bei verfaultem oder sehr trockenem Material eintreten kann. In diesem Falle muß man die Öffnungen verkleinern und den rückwärtigen Teil des Reuters mit Blech bedecken;
4. wenn die Öffnungen des Körnersiebes zu klein gewählt sind;
5. wenn der Luftstrom nicht genügend stark ist und die Spreu deshalb nicht entfernt wird;

6. wenn das Fangbrett zu hoch gestellt und die Spreu hierdurch zurückgehalten wird;
7. wenn der Regulierschieber des Körnersiebes zu hoch gestellt ist und das Material nicht rasch genug das Sieb verläßt;
8. wenn feuchtes Material gedroschen wird und die Spreu zurückbleibt;
9. wenn der Elevator aus irgendeinem Grunde nicht richtig arbeitet.

Der Elevator fördert unzulänglich. Dieser Fall kann eintreten:
1. wenn der Becherriemen nicht genügend gespannt ist;
2. wenn der Antriebsriemen des Elevators gleitet;
3. wenn die Trommelwelle oder diejenige Welle, von welcher der Elevator angetrieben wird, zu langsam läuft;
4. wenn feuchtes Material gedroschen wird, so daß Körner unter den Riemen gelangen, dort zerdrückt werden und dadurch ein Gleiten des Riemens hervorrufen;
5. wenn einige Becher fehlen oder wenn einige derselben beschädigt sind;
6. wenn bei Haferdrusch der Hafer so reichlich schüttet, daß der Elevator die große Menge nicht bewältigen kann. Dieser Fehler tritt bei neueren Maschinen selten ein, weil der Elevator neuerdings immer genügend groß dimensioniert wird.

In bezug auf den Entgranner, das obere Putzwerk und den Sortierzylinder sei hier auf die betreffenden Abschnitte, in welchen die Fehler bereits erwähnt wurden, verwiesen.

Abstellen der Maschine. Wird der Dreschbetrieb eingestellt, so gibt man zunächst mit der Dampfpfeife das Zeichen, damit das Einlegen nicht weiter fortgesetzt wird, und läßt die Maschine noch einige Zeit hindurch weiterlaufen, um das in der Maschine befindliche Material noch vollkommen durchzuarbeiten. Wenn in die Säcke keine Körner mehr fallen, kann die Maschine abgestellt werden. Der Maschinist hat sodann die Aufgabe, den oberen Teil der Maschine und die Umgebung derselben zu reinigen, alle Teile zu putzen, den Hauptriemen abzunehmen und an einem geschützten Orte aufzubewahren. Die inneren Teile der Maschine und die Siebe sind vom Schmutz zu befreien, ferner die während des Drusches beobachteten Fehler zu beheben, die Lager in Ordnung zu bringen und auch auf ein gefälliges reines Äußere der Maschine zu achten. Des Nachts muß die Dreschmaschine durch Überlegen einer wasserdichten Decke geschützt werden.

6. Die Leistungen der Dreschmaschinen.

Der Kraftbedarf der einzelnen Dreschmaschinen ändert sich mit der Größe derselben, ist aber auch bei ein und derselben Maschine sehr verschieden, je nachdem das Einlegen stärker oder schwächer erfolgt. Der Kraftbedarf hängt ferner auch von der Konstruktion der Maschine ab, er ist z. B. bei Stiftendreschmaschinen geringer als bei Schlagleistenmaschinen.

Die zum Betriebe der gebräuchlichen Dreschmaschinen notwendige Kraft verteilt sich auf die einzelnen Organe wie folgt: Auf den Leergang der Dreschmaschine entfallen 25%, hiervon auf die Trommel 25%, auf die übrigen Teile 20%. Die verbleibenden 55% der Betriebskraft werden für das Dreschen selbst und für die Reinigung in Anspruch genommen. Die nachstehende Tabelle zeigt eine Zusammenstellung, in welcher die Abmessungen von Dreschmaschinen nebst dem Kraftbedarf nebeneinander angegeben sind.

Die Dreschmaschine ist dabei durch den Durchmesser (*d*) und die Länge (*l*) der Trommel bezeichnet.

Bezeichnung nominell PS	Zahl der Schlagleisten	Trommel-Durchm. *d* in mm	Trommellänge *l* in engl. Zoll	Trommellänge *l* in mm	effektiver Kraftbedarf in PS
2½ ÷ 3	6	450	48	1220[1])	5 ÷ 9
3	6	450	54	1370	6 ÷ 11
4	6	450	60	1530	7 ÷ 12
4	6	450	66	1680	7 ÷ 12
2½	6	500	30	760	5 ÷ 8
3	6	500	36	910	6 ÷ 11
4	6	500	42	1070	7 ÷ 12
4	6	500	48	1220	7 ÷ 12
5	6	500	54	1370	9 ÷ 13
5	6	500	60	1530	9 ÷ 13
5	6	500	66	1680	10 ÷ 14
4	8	610	36	910	8 ÷ 13
5	8	610	42	1070	9 ÷ 14
5	8	610	48	1220	9 ÷ 14
6	8	610	54	1370	10 ÷ 15
6 ÷ 8	8	610	60	1530	12 ÷ 17
6 ÷ 8	8	610	66	1680	13 ÷ 18[2])

[1]) Die Maße der Trommellänge, welche gleich sind der Gestellbreite im Lichten, werden auch auf ganze Zentimeter abgerundet.

[2]) Für sehr große und außergewöhnlich große Leistungen, bei denen jedoch die Trommeldimensionen nur wenig verändert werden, steigt der Kraftbedarf bis auf 35 und 40 PS.

Die **Leistung** einer gut konstruierten Dreschmaschine ist in der nachfolgenden Tabelle zusammengestellt, wobei die in 14 Stunden gedroschenen und gereinigten Körner zugrunde gelegt sind. Diese Angaben sind der Praxis entnommen und beziehen sich auf mittelgutes Getreide.

Bezeichnung durch nominell PS	Länge der Trommel in engl. Zoll	Leistung in	
		Garbenzahl pro Minute	Gewicht der Körner in g (Meter-Zentn.) pro 14 Stund.
$2^1/_2$	31	5 : 6	60 : 70
3	36	7 : 8	70 ÷ 80
4	42	9 : 10	80 : 100
5	46	11 : 12	100 : 120
6	48	13 : 14	120 : 150
8 leicht [1]	54	15 : 16	150 : 170
8 schwer	54	18 : 21	170 : 200
10	60	23 : 25	200 : 250
12	66	28 : 35	250 : 400

Je nach den verschiedenen Ländern und je nach dem Ertrage können noch bedeutend größere Leistungen erzielt werden.

Die Anzahl der notwendigen Hilfsarbeiter hängt von der Verwendbarkeit derselben sowie von der Größe der Dreschmaschine ab. Bei einer nominal 6- bis 8 pferdigen Dreschmaschine sind beiläufig 24 Arbeiter nötig, welche in folgender Weise verteilt werden:

1. für das Einlegen und auf dem Diemen 8 Arbeiter, nämlich: 5 auf dem Diemen, 2 zum Aufschneiden der Garben und ein Einleger;
2. zur Beseitigung des Strohes 8 Arbeiter, nämlich: 4 zum Fortbringen des Strohes, 4 zum Aufbauen des Diemens, welch letztere bei Verwendung eines Stackers zum Teil entbehrlich werden;
3. zur Beförderung des Kurzstrohes und zur Spreu 6 Arbeiter, nämlich: 4 zum Fortschaffen der Abfälle, 1 zum Herausholen der Spreu unter der Maschine, 1 zum Aufbauen des Diemens bzw. zum Einbringen in den Wagen;
4. an den Säcken 2 Arbeiter, von welchen der eine beim Einsacken, der andere bei der Wage beschäftigt ist.

[1]) Bedeutet leichtere oder schwerere Ausführung der Dreschmaschine, daher bei schwerer Bauart auch eine größere Leistung.

Stichwortverzeichnis.

Seite

A.

Abstandshülsen 72
Abstellen der Maschine 343
Ähren, Ausdreschen der 337
» Vorkommen von, im Kurzstroh 340
Amerikanisches System 9
Arbeitsergebnis beim Handdrusch 3
Arbeitsgang des Zanzschen Selbsteinlegers 189
Atkins 5
Aufschneidevorrichtung automat. 192
Aufschüttrumpf 137
Aufstellung, Art der 8
Augenlager 13. 14
Ausreiten der Körner 4
Austreten der Körner 3
Auswalzen der Körner 3

B.

Badenia, Selbsteinleger der . . . 201
Bänder, endlose 88
Bauarten der Dreschmaschinen . 8
Baumann, L., Selbsteinleger von 191
Beilagen 17
Befestigung, die, der Schlagleisten 64
Berenser Maschinenfabrik, Selbsteinleger der 197
Bezeichnung d. Dreschmachinen . 9
Blindsieb 122
Bohlenbelag 2
Bohnendreschmaschine 261
Breitdreschmaschinen 7
Bremsen 176

Seite

Breite der Dreschmaschine . . . 117
Bronzeschalen 22
Bund der Welle 11
Bürstenwalze 14
Bürste zum Sortierzylinder . 14. 163

C.

Ceralien 1

D.

Doppeleinleger 193
Drähte 72
Drehsinn der Trommel 7
Drehzylinder 87
Dreschen, Drusch 1
Dreschflegel 2
Dreschen des Klees 241
Dreschkorb, Umänderung des . . 250
Dreschmaschinen, Arten der . . 5
» Bauarten der 8
» der Betrieb der 270. 331
» Bezeichnung der 9
» Breite der 117
» einfache 8
» Elektro- 328
» eingebaute 273
» Einstellung der — für Raps, Klee etc. 260
» Einzelteile der 321
» feststehende 5
» transportable 8
» fehlerhaftes Funktionieren der 270. 337
» Holzrahmen der 169

Seite

Dreschmaschinen einige Konstruktionen von 270
» die Lage der 270, 333
» die Leistungen der . . 270, 344
» die Montage der . . . 270, 334
» Nebenteile der 167
» pneumatische 326
» mit doppeltem Putzwerk . . 285
» Rahmen der 169
» Riesen- 315
» mit mechan. Speisevorricht. 292
» mit einwelligem Strohschüttler 285
» für außerdeutsche Verhältn. 302
» für deutsche Verhältnisse . 294
» Versteifung der 177
Drusch 1

E.

Einfache Dreschmaschinen 8
Einlegen der Halme 7
» in die Maschine 84
Einlegerstand 81
Einstellskala 75
Eisenrahmen, nicht symmetrischer 285
Enthülsen 1
» des Klees 241
Elektrischer Betrieb 331
Elevatoren 133
Elevator, Teile des 133
» der untere Teil des 136
» -schüttler 89
Elevators, unzulängliches Fördern des 343
Entgranner 138
» Teile des 138, 145
Eisenrahmen der Dreschmaschine. 170
Erbsendreschmaschinen . . . 180, 261
Exhaustoren, Beförderung von Spreu und Kurzstroh durch . . 126
Expansionsmöglichkeit des elekttrischen Betriebes 331

F.

Fälle, drei, bei Arbeit des Entgranners 140
Feder aus Holz 108
Federn, Montage der 109

Seite

Feder, schmiedeeiserne 107
» aus Stahldraht geflochten . 107
Ferneinleger von Leonhardt . . . 206
Festkeilen der Maschine 177
Festscheibe 37
Fettschmierung 28, 31
Fingerschüttler 89
Fixieren der Lagerschalen 21
Flächensiebe 157
Flöther, Th., Selbsteinleger von . 197
Förderfläche 93
Fritz, Hermann 4
Froschlager 13
Führungsblech 73, 101

G.

Gang, toter 43
Gestell, Rad- 174
» Wagen- 12
Gierke, Selbsteinleger von 199
Gleitlager 20
Gneis 4
Göpeldreschmaschinen 8
Granit 4

H.

Häckselschneidmaschine 267
Handdreschmaschine 8, 70
Handdrusch 1
Handhabung des Elevators . . . 135
» des Entgranners 141
» des Putzwerks 122
» des Siebes 118
» des Strohschüttlers 102
» der Ventilatoren 131
Hängefedern 109
Hebelböcke 179
Hookscher Schlüssel 56
Holzlager 22
Holzrahmen der Dreschmaschine . 169
Holzzähne 41, 43
Hüllen, Hülsen 1

K.

Kaff 1
Kaffbrett 122
Kaffgebläse, Anordnung eines . . 127
Kaffsieb 120

Seite

Kalkstein 4
Kastenschüttler 91
Kegelräder 41
Keil 36
Kettentrieb 43
Klassifizierung d. Dreschmaschine 8
Kleedrescheinrichtungen, Nachteile der 246
Kleedreschmaschinen . 180, 240, 241
Kleedreschmaschine, Arbeitsbedingungen 257
» Handhabung der 243
» Montage der 243
» selbständige 255
Kleedreschvorrichtungen, eingebaut in Dreschmaschine 246
Kleeenthülser, selbständige . . . 252
Kleeenthülsungsvorrichtungen in Dreschmaschinen eingebaut . . 241
Klinger, Selbsteinleger von . . . 206
Klinkenwerk 177
Klöppel 2
Kolbenelevator 224
Kombinierte Dreschmaschinen . . 8
Komposition 22
Konstruktionen, verschiedene, von Entgrannern 142
Konstruktionsteile, ergänzende, für Strohschüttler 101
Konstruktionsunterschiede für Lager 18
Korb 52, 71
» dreiteiliger 285
» Einstellung des . . . 53, 74, 77
» -einstellung, Kontrolle der . 75
» des Maisreblers 231
» Montage und Zusammensetzung 76
» -einstellung, Regeln für die . 78
Körner, Bruch der 339
» Unversehrtbleiben der 3
» -fang 82
» sieb 121
» Vorkommen von, im Kurzstroh 340
» Vorkommen von, in der Spreu 342
» Vorkommen von, im Stroh . 339
Kranz 37

Seite

Kranz der Riemenscheibe 134
Kreuze der Trommel 46
Kugelfläche am Dreschgestell . . 175
» -lager 20
» -lagerschalen 19
Kupplungen 13
Kurbelkröpfung 91
» -wellen 12
Kurzstroh, Beförderung des, durch Exhaustoren 126
» -reuter 114
» -welle 110
Kyffhäuserhütte, Selbsteinleger der 203

L.

Lager, Anforderungen an die . . 13
» Einteilung der 13
» Erwärmung des 31
» fehlerhafte 31
» geteilte 16
» Schmieren der 25
» zwischen zwei seitlichen Schrauben drehbares 21
» -büchse 14
» -körpern, Ausgießen von . . 24
» -schalen, Gießen von . . . 23
» » kugelförmige 18
» » Material der 16
» » Verschieben der . . . 16
» -zapfen 92
Lanz, Selbsteinleger von 185
Lattenschüttler 90
Lattentücher, endlose 89
Langdreschmaschinen 7
Lederabschlußringe 30
Lein, Vorrichtungen zum Dreschen von 180, 257
Leisten der Trommel 61, 72
Leistenschrauben 62
Leonhardt, Ferneinleger von . . . 206
Losscheibe 37

M.

Maisrebler 180, 223
» in die Dreschmaschine eingebaut 223
» veränderte Konstruktion des 225
» Korb des 231

Seite

Maisreblertrommel, Aufstellung der 230
» mit zylindr. Trommel . . . 228
» mit konischer Trommel. . . 231
» mit schraubenförmiger Trommel 231
Maisrebelmaschinen, selbständigen, drei Gruppen von 227
Maschine, Abstellen der 343
Meikle, Andreas 5
Metallbüchse 14
Mineralöl 25
Moffit 5
Mohn, Vorrichtungen zum Dreschen von 180, 257
Montage der Federn 109
» der Triebstangen 113
Motordreschmaschinen . . 8, 9, 304
» zweckmäßige Aufstellung eine
Motordreschmaschine, zweckmäßigste Aufstellung einer 313

N.

Nabe 36
Nachschüttler 101, 105
Nadelschmierbecher 27

O.

Ölbehälter 25
Ölen 26
Ölschmierung 29, 31
Osterriederscher Strohelevator . . 220

P.

Pflanzenöle 25
Putzwerke, zwei Arten von . . . 147
» Konstruktion kleiner 153
Putzwerk, drittes 157
Putzwerken, Längsschnitt einer Konstruktion mit zwei 280
Putzwerk, unteres, Fehler im . . 342
» unteres 113
Putzwerke, verschiedene 124
Putzwerk, das zweite 147

Q.

Querfedern 109

R.

Radgestell 174
Räderübertragung 33

Seite

Räder, Unterkeilen der 178
Raps, Vorrichtungen zum Dreschen von 180, 257
Rathenow, Selbsteinleger von . . 199
Rebeln 1
Regelung der Schmierung 26
Regulierung der Ventilatorarbeit . 129
Reguliervorrichtung der Sortiertrommel 163
Reibungsräder 33
Reinigungsarbeit 1
» -vorgänge, Darstellung der 312
Reinigung, doppelte 8
» einfache 8
Richter, Selbsteinleger von . . . 202
Riemen 38
» -antrieb 34
» -scheiben 36
» -scheibe, Kranz der 134
» -schnalle 39
» -spanner 39
Ringschmierung 29
Rollenbündel 21
» -lager 20
Rollschüttler 89
Rute 2

S.

Sackheber, mechanischer 323
Sacköffnungen, Anordnung der . 167
Schaulöcher 175
Schlagleisten 6, 63
» -dreschmaschine, schottisches System 6, 45, 59
» -trommeln, Arten der . . . 68
Schmierapparate 25
Schmierbüchse 25
Schmieren der Lager 25
Schmiergefäß, automatisches . . . 28
Schmiernuten 27
Schmieröl 25
Schmierung, Regelung der . . . 26
Schmierungsstörungen, Ursachen der 31
Schneckenelevator 136
» schottisches System 6
Schraubenelevator 136

Seite

Schütteltisch 103
Schüttelwerk, eigenartig neues . . 324
Seitenteile 72
Selbsteinleger mit endlosem Band 181
» mit Holztrommel 185
» mit schwingender Lade . . 181
» Nachteile der 211
» Vorteile der 209
» mit Zinkentrommeln 183
» der Badenia 201
» von L. Baumann 191
» der Bevenser Maschinenfabr. 197
» von Klinger 206
» der Kyffhäuserhütte 203
» von Lanz 185
» von Rathenow 199
» von Richter 202
Selbstöler 27
Sellersches System 55
Sicherung der Stifte 48
Siebe, Anordnung der 151
» Öffnungen der 252
Siebkasten 120
Siebmaschinen 269
Siebschüttler 90
Skelettwalzen 4
Sortierzylinder . . 157, 161, 162, 163
» Absaugen aus dem 166
» Betrieb des 165
» Teile der 163
Speiseapparate, mechanische . . . 180
Speisetisch 81
Sperrklinke 55
Spreu 1
» Beförderung durch Exhaustoren 126
» Reinigungsapparat für . . . 126
Stäbchen 101
Stacker 180, 211
» mit Dreschmaschine verbunden 211
Stahldraht, verzinkter, der Sortiertrommel 164
Stahlguß 129
Stampfbeton 2
Stangen 72
Staubsieb 122
Stauffer-Schmierbüchsen 22

Seite

Steinkohlenasche 2
Steinwagen 4
Stehlager 15
Stellring 11
Stifte 47
Stiftendreschmaschinensystem, amerikanisches 6, 45, 275
Stirnräder 41
Stoßelevator 138
Streustrohschneidmaschine 267
Strohelevatoren 180, 211
» als selbständige Apparate . 214
Strohelevator, Feuersicherheit des 218
» hölzerner 214
Strohklappe 101
Strohquetscheinrichtungen . . 180, 263
Strohschüttler 86
» mit Eisenzähnen besetzt . . 285
Strohschüttlerkasten 93
Strohschüttler, schwingende . . . 89
» System der 87
Strohzerkleinerungseinrichtungen 180, 263
Stufenscheiben 38
Stützenelevator 213

T.

Teile des Elevators 133
» des Entgranners 138, 145
» wirksame 10, 45
Teilung der Lager 16
Temperguß 129
Tenne 2
Tennenboden 2
Tierische Kraft 3
Tovote-Schmierbüchse 28
Transmissionsbestandteile 10
Transportschnecke 165
Transportvorrichtung, eigenartige 290
Triebstangen 112
» Montage der 113
Trommel 45
» Ausbalanzierung der 67
» Drehsinn der 7
» geschlossene 49
» Gewicht, Tourenzahl Behandlung der 69

Seite
Trommelklappe 82
» -kreuze 46, 60
» Kreuze der 46
» Leisten der 61, 72
» Montage der 65
» -mantel 7
» -welle 60
Turner, Samuel 5

U.

Umänderung des Dreschkorbes . 250
Umfangsgeschwindigkeit 51
Universalgelenk 56
Unterkeilen der Räder 178
Unversehrtbleiben der Körner . . 3
Ursachen für Schmierungsstörungen 31
» des Warmlaufens 32

V.

Vase (Ölbehälter) 26
Ventilatoren 128
Ventilatorarbeit, Regulierung der 129
Ventilators, Behandlung des . . . 152
» Teile des 129
» auf der Trommelwelle angeordnet 288

Seite
Verkeilen der Räder 177
Verschieben der Lagerschalen . . 16
Versteifung der Dreschmaschine . 177
Vorrichtungen, besondere, f. Dreschmaschinen 180

W.

Wagengestell 12
Warmlaufens, Ursachen des . . . 32
Weißmetall, (Komposition) 22
» -Lagerschale 24
Wellen 10
» Abmessungen der 11
Welle, untere und obere, der Elevatoren 134
Wellen, gekröpfte 12
Welle, des Sortierzylinders . . . 163
Wickeln des Strohes, Ursachen des 85
Wolf, R., Selbsteinleger von . . . 193

Z.

Zahnkranz, Abmessungen des . . 41
Zahnräder 33, 40
Zweiräderelevator 213

www.ingramcontent.com/pod-product-compliance
Lightning Source LLC
LaVergne TN
LVHW092157300926
849161LV00002B/294